注塑模具
复杂结构设计及运动仿真

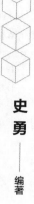

史 勇 —— 编著

U0389901

化学工业出版社
·北京·

内 容 简 介

本书在讲解模具结构设计和运动仿真基本知识的基础上，精选了注塑模具中比较有代表性的机壳模具、打印机模具、汽车模具、吸尘器模具等实例，讲述了环形内倒扣结构、斜顶上带滑块结构、滑块内出顶针结构、滑块内出滑块结构、滑块内出斜顶结构、圆弧抽芯结构、斜顶上出顶针结构、交叉杆斜顶结构等复杂模具的结构组成、运动原理、经验参数以及模具结构的运动仿真过程。

书中重要内容提供了视频讲解，扫描二维码即可观看。

书中案例提供源文件，可下载学习。

本书结构清晰、通俗易懂、实例丰富，内容贴合企业实际需求，适用于从事产品设计、模具设计及结构设计的工程技术人员学习，也可作为高校模具设计及制造专业的教学参考书。

图书在版编目（CIP）数据

注塑模具复杂结构设计及运动仿真/史勇编著. —北京：化学工业出版社，2023.8
ISBN 978-7-122-43676-4

Ⅰ.①注…　Ⅱ.①史…　Ⅲ.①注塑-塑料模具-结构设计　Ⅳ.①TQ320.66

中国国家版本馆 CIP 数据核字（2023）第 111412 号

责任编辑：贾　娜　　　　　　　　文字编辑：袁　宁
责任校对：王鹏飞　　　　　　　　装帧设计：史利平

出版发行：化学工业出版社（北京市东城区青年湖南街 13 号　邮政编码 100011）
印　　装：高教社（天津）印务有限公司
787mm×1092mm　1/16　印张 23½　字数 577 千字　2023 年 8 月北京第 1 版第 1 次印刷

购书咨询：010-64518888　　　　　　售后服务：010-64518899
网　　址：http://www.cip.com.cn
凡购买本书，如有缺损质量问题，本社销售中心负责调换。

定　　价：138.00 元

前言

模具是工业之母，是制造业的核心装备。模具设计是整个模具的灵魂，模具设计技能的高低直接关系到模具品质的好坏。近年来，随着模具行业的发展，对模具设计工程师技术水平的要求也越来越高，很多模具设计工程师对模具结构的认知需要不断精进和提高。基于此，我们编写了本书。

在注塑模具设计中，最难的就是复杂模具结构的设计，这也是模具设计师成为模具设计工程师最重要的一环。通过运动仿真与复杂模具结构相结合，可以在电脑上模拟实际模具的运动过程，使复杂模具结构的学习和认识从困难变得容易，也增添了学习模具设计的乐趣。另外，能够使用运动仿真也是模具设计工程师比较引以为傲的资本。

本书以实例解析的方式讲述了注塑模具中复杂模具的结构组成、运动原理、经验参数以及模具的运动仿真过程。全书共有两条主线，一条主线以实例方式讲述注塑模具复杂结构，另一条主线讲述注塑模具复杂结构的运动仿真，两条主线相辅相成，以实际运动方式展示了注塑模具复杂结构的运动过程，将模具设计工程师望而生畏的注塑模具复杂结构及其仿真运动变得简单易懂。

全书共分为 10 章。第 1 章讲述注塑模具基本结构、高级结构的结构组成、运动原理、经验参数，为后面复杂结构的学习打下坚实的基础。第 2 章讲述了运动仿真的基础知识及模具结构中最基础的滑块运动仿真和斜顶运动仿真，为后面运动仿真的学习做铺垫。第 3~10 章精选了注塑模具中比较有代表性的机壳模具、打印机模具、汽车模具、吸尘器模具等实例，讲述了环形内倒扣结构、斜顶上带滑块结构、滑块内出顶针结构、滑块内出滑块结构、滑块内出斜顶结构、圆弧抽芯结构、斜顶上出顶针结构、交叉杆斜顶结构等复杂模具的结构组成、运动原理、经验参数以及模具结构的运动仿真过程。

本书结构清晰、通俗易懂、实例丰富，适用于从事产品设计、模具设计及结构设计的工程技术人员学习，也可作为高校模具设计及制造专业的教学参考书。本书内容贴合企业实际需求，适合各个层次的读者阅读。

书中重要内容提供了视频讲解，扫描二维码即可观看。书中案例的源文件可到出版社网站 www.cip.com.cn 中的"资源下载"区下载学习。

本书由史勇编著。在编写过程中得到了优胜模具培训学校、雅达模具有限公司、立盛精密模具制造有限公司的大力支持。特别感谢袁迈前、周川湘、张维合、陈国华、周平、龚崇高、周升霞、屈金龙、周雪宇、敬大敏、周金涛、葛红波、史国良等老师和朋友的鼎力支持。感谢一批又一批学生对本书的殷切期望，你们的支持是我编写本书的最终动力。

由于笔者水平所限，书中不足之处在所难免，敬请广大读者批评指正。

编著者

目录

第1章
模具结构设计基础 _____ 1

第2章
运动仿真基础 24

第3章
摄影机镜头升降收缩筒（环形内倒扣）结构设计及运动仿真 42

第 **1** 章

模具结构设计基础

1.1　基本模具结构概述

　　注塑模具是一种可以批量重复生产塑料产品的生产工具。注塑模具的分类方法很多，通常按浇注系统的基本结构分为二板模、三板模及热流道模具。注塑模具主要由成型系统、浇注系统、温控系统、顶出系统、排气系统及辅助系统组成。而成型系统主要由前模与后模两部分组成（或者叫母模与公模），前模与后模打开时只有一个开模方向，因此注塑模也只

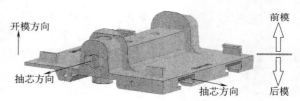

图 1-1　侧向抽芯机构

有一个开模方向。但很多塑料产品的内外侧壁带有孔或者凸台与凹槽（孔和凸凹在模具术语中叫倒扣），这些倒扣限制了产品从模具中脱模，即它们的开模方向与模具的开模方向不一致。为了能顺利地打开模具及顶出产品，需要在模具上增加侧向抽芯机构，如图 1-1 所示。侧向抽芯机构的基本原理是利用模具开合的垂直运动通过角度转变为侧向运动。侧向抽芯机构中最基本的两种结构是滑块与斜顶，一般情况下产品的外倒扣用滑块抽芯机构，内倒扣用斜顶抽芯机构。

1.2　组合模具结构概述

　　组合的模具结构是由若干基本的模具结构组成，如滑块内出滑块、滑块内出斜顶、

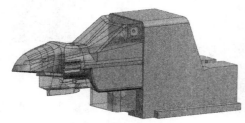

图 1-2　滑块内出滑块

滑块内出顶针等。组合的模具结构更复杂，考虑的因素更多，模具设计的难度更大，因此在设计组合模具结构的时候首先要考虑分层技术，第一层级为主要结构，第二层级为次要结构。如图 1-2 所示为滑块内出滑块，如图 1-3 所示为滑块内出斜顶，如图 1-4 所示为滑块内出顶针。

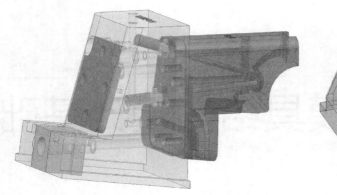
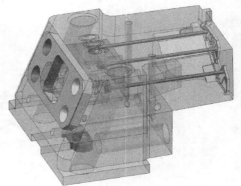

图 1-3　滑块内出斜顶　　　　　　　　　　图 1-4　滑块内出顶针

1.3　后模滑块结构

1.3.1　后模滑块的组成

后模滑块结构是注塑模具里面应用最广泛的一种模具结构（也叫普通滑块）。后模滑块主要由以下几部分组成：滑块镶件、滑块座、锁紧块、滑块座耐磨板、锁紧块耐磨板、滑块压板、斜导柱、斜导柱锁紧块、限位机构（弹簧及限位螺钉）、反铲。如图 1-5 所示。

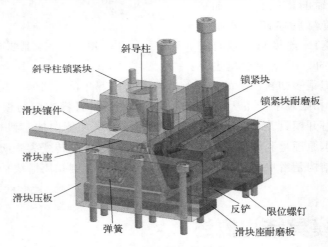

图 1-5　后模滑块组成

1.3.2　后模滑块的结构原理

后模滑块
运动仿真

后模滑块的主要作用是脱产品侧向的倒扣，其结构原理是：利用模具的开模动作，通过一定的角度使斜导柱与滑块产生相对运动，竖直的开模力通过角度转化成水平力。后模滑块运动仿真可扫二维码观看。

后模滑块按照功能又可以分为：滑动机构、动力机构、导向机构、锁紧机构、限位机构。

滑动机构包括滑块镶件和滑块座。滑块镶件属于成型件，也就是产品上面的倒扣区域。对于一些滑块，滑块镶件与滑块座做成一个整体。滑块镶件与滑块座分成两部分，有利于制模和维修。

动力机构主要是斜导柱。斜导柱固定在前模，滑块座固定在后模，利用模具的开模力通过一定角度使斜导柱与滑动产生相对运动，从而脱出倒扣。

导向机构是滑块压板，是滑块向后运动的导轨。

锁紧机构是锁紧块，保证滑块镶件及滑块在注射产品时不向后退。对于封胶面积比较大的滑块，单靠锁紧块的前模定位是不够的，在后模部分还要加反斜度（也叫反铲），如图 1-5 所示锁紧块下面的反铲。

限位机构包括弹簧和限位螺钉。限位机构的作用是保证斜导柱离开滑块座后，滑块座不向前运动也不向后运动，在合模的过程中斜导柱能够准确插入滑块座的斜导柱孔里，限位螺钉保证滑块座不向后运动，弹簧保证滑块座不向前运动。限位机构除了限位螺钉与弹簧外，还有波珠螺钉、限位夹等。

1.3.3 后模滑块的经验参数

① 滑块的长 L 与滑块的宽 W 的经验参数，如图 1-6、表 1-1 所示。

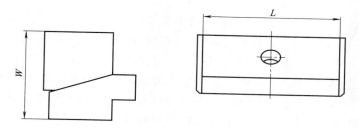

图 1-6 滑块的长与宽

表 1-1 滑块长与宽的经验参数

滑块种类	长 L/mm	宽 W/mm
小滑块	20～60	60～80
中滑块	60～160	80～120
大滑块	160～300	120～180

② 滑块座压脚与滑块压板宽的经验参数，如图 1-7、表 1-2 所示。

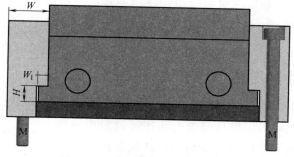

图 1-7 滑块座压脚与滑块压板宽

表 1-2 滑块座压脚与滑块压板宽的经验参数

滑块种类	W_1/mm	H/mm	W/mm	M
小滑块	4	6	18	M5~M6
中滑块	5	8	20	M6~M8
大滑块	6	10	22	M8~M10

③ 滑块行程与斜导柱直径的经验参数，如表 1-3 所示。

表 1-3 滑块行程与斜导柱直径的经验参数

滑块种类	滑块行程/mm	弹簧预压量/mm	斜导柱直径/mm
小滑块	$SK+(2~4)$	3~5	8,10
中滑块	$SK+(3~6)$	5~8	12,14,16
大滑块	$SK+(5~8)$	8~10	16,18,20,25

注：SK 为滑块倒扣长度。

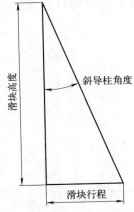

图 1-8 滑块的三角函数

④ 斜导柱斜度经验参数：10°、15°、20°、25°。滑块斜度一般比斜导柱大 2°。

⑤ 滑块的长度 L 大于 100mm 时，斜导柱要用两根。

⑥ 伸入前模的滑块镶件在出模方向要做 1°~3° 的插穿角度，为了增加滑块的寿命，滑块镶件在滑块的运动方向也要做 1°~3° 的斜度。

⑦ 滑块的三角函数如图 1-8 所示。一般情况下，滑块的行程是可以计算出来的，斜导柱的角度采用经验参数，这样可以计算出滑块的高度。当然这个滑块的高度只具有参考意义，目的是比较计算出的滑块高度与实际滑块高度，如果计算出的滑块高度比实际的滑块高度大，说明斜导柱要沉入滑块座耐磨板甚至可能沉入 B 板中；反之，则不用沉入滑块座耐磨板。在 NXUG 软件中用草图计算最为方便。斜导柱的角度越大，受力越大，寿命越短。一般情况下，若滑块的行程短，则采用小角度的斜导柱；如果滑块的行程长，则采用大角度的斜导柱。

1.4 后模斜顶结构

1.4.1 后模斜顶的组成

后模斜顶结构也是注塑模具里面应用广泛的一种模具结构。后模斜顶主要由斜顶、导向块、斜顶座组成，如图 1-9 所示。

1.4.2 后模斜顶的结构原理

后模斜顶的主要作用是脱产品侧向的内倒扣，同时具有顶出功能。其结构原理是利用模具的顶出动作通过斜顶的角度使斜顶与内模及导向块产生斜向的运动，斜顶在向上顶的过程中向上、后两个方向运动，不但顶出产品，而且脱离倒

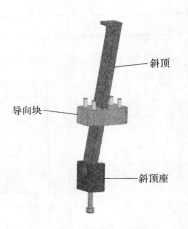

图 1-9 后模斜顶组成

扣。后模斜顶运动仿真可扫二维码观看。

后模斜顶按照功能又可以分为：滑动机构、动力机构、导向机构、定位机构。

后模斜顶
运动仿真

滑动机构主要就是斜顶。斜顶在向上顶出的过程中是一个斜向运动，必然与下面的斜顶座产生一个相对的滑动运动，通俗地讲就是斜顶的底部在斜顶座上滑动。斜顶与斜顶座的连接机构有很多类，最简单的方式是采用 T 形槽连接。

动力机构主要是斜顶座。因为斜顶座安装在顶针板上，随着顶针板的向上运动，斜顶座跟着向上运动。

导向机构分为两部分：一部分是后模仁上斜顶槽，也就是斜顶的导轨；另一部分是导向块，也起着导轨的作用。正常情况下，斜顶要加导向块，这样斜顶在向上运动的过程中有两个位置进行导向，斜顶在向上顶出时会更加平稳一些。

1.4.3　后模斜顶的经验参数

后模斜顶的主要经验参数如图 1-10 所示。

① 斜顶的角度。一般取 3°～10°，最好不要超过 15°。斜顶的角度越小，刚性越好，寿命越长；斜顶的角度越大，刚性越差，寿命越短。在顶出行程足够的情况下，尽量选择较小的角度。

② 斜顶的行程。斜顶的行程＝斜顶的倒扣＋余量（1～3mm）。对于大型模具，如果斜顶正处于产品的收缩方向，这时余量在原来的基础上要再加上产品的缩水率，防止产品缩水后其倒扣又缩回斜顶内（主要适用于大型汽车模具的斜顶）。

③ 斜顶的厚度。在结构允许的情况下，尽量加大斜顶的厚度以加强斜顶的刚度。一般情况下，厚度的取值为 8～12mm。特殊情况下，如果厚度较小，可以减小斜顶的高度来增强斜顶的刚度。如图 1-10 所示。

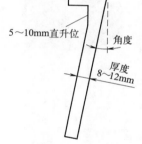

图 1-10　后模斜顶经验参数

④ 斜顶的定位。斜顶的定位有两种形式，一种是挂台，一种是直升位，如图 1-10 所示，直升位一般取 5～10mm。两种定位可以组合使用，既可以同时有挂台和直升位，也可以单独使用。单独使用时至少要有直升位，以便在加工时能够碰数。

⑤ 斜顶的 T 形槽经验参数如图 1-11、表 1-4 所示。

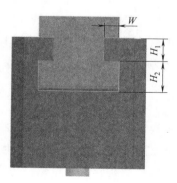

图 1-11　斜顶 T 形槽经验参数图示

表 1-4　斜顶 T 形槽经验参数值

斜顶种类	H_1/mm	H_2/mm	W/mm
小斜顶	4	4	1.5
中斜顶	6	6	2
大斜顶	8	8	3

图 1-12　斜顶的三角函数

⑥ 斜顶的三角函数如图 1-12 所示。一般情况下，斜顶的脱倒扣行程是可以计算出来的，斜顶的顶出行程（即模具的顶出行程）也可以计算出来，利用三角函数可以计算出斜顶的角度，一般情况下斜顶的角度取整数，斜顶的脱倒扣行程可以不取整数。在 NXUG 软件中用草图计算最为方便。斜顶的角度越大，受力越大，斜顶寿命越短。

1.5 前模滑块结构

1.5.1 前模滑块的组成

前模滑块结构是注塑模具高级结构中最基本的结构之一。前模滑块主要由以下几部分组

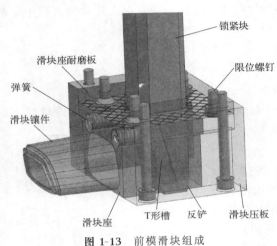

图 1-13 前模滑块组成

成：滑块镶件、滑块座、锁紧块、滑块座耐磨板、滑块压板、限位机构（弹簧及限位螺钉）等。如图 1-13 所示。

1.5.2 前模滑块的结构原理

前模滑块的主要作用是脱前模产品侧向的外倒扣，其结构原理是利用模具的开模动作，通过一定的角度使锁紧块的 T 形块与滑块 T 形槽产生相对运动，竖直的开模力通过角度转化成水平力。前模滑块运动仿真可扫二维码观看。

前模滑块按照功能又可以分为：滑动机构、动力机构、导向机构、锁紧机构、限位机构。

滑动机构包括滑块镶件和滑块座。滑块镶件属于成型件，也就是产品上面的倒扣区域，对于一些滑块，滑块镶件与滑块座做成一个整体（一般情况下，前模滑块镶件与滑块座都做成一个整体，因为多数情况下前模滑块镶件相对都比较小）。

前模滑块的动力机构与锁紧机构合二为一，主要是锁紧块，锁紧块上带有 T 形块，因此前模滑块的锁紧块在开模时为前模滑块提供动力，在合模时锁紧滑块。锁紧块固定在面板上，滑块座固定在 A 板，利用模具的开模力通过一定角度使锁紧块的 T 形块与滑块 T 形槽产生相对运动，从而脱出倒扣。同时锁紧块起锁紧作用，保证滑块镶件及滑块在注射产品时不向后退，由于前模滑块的锁紧块固定在前模面板上，固定位距离前模滑块较远，因此前模滑块的锁紧块都要加反铲。因为前模滑块的锁紧块固定在前模面板，开模时要做开模动作，所以前模滑块要选择三板模架。

导向机构是滑块压板，是滑块向后运动的导轨。

限位机构包括弹簧和限位螺钉。限位机构的作用是保证锁紧块离开滑块座后滑块座不向前运动也不向后运动，在合模的过程中锁紧块的 T 形块能够准确插入滑块座的 T 形槽中。限位螺钉保证滑块座不向后运动，弹簧保证滑块座不向前运动。限位机构除了限位螺钉与弹簧外，还有波珠螺钉、限位夹等。

1.5.3 前模滑块的经验参数

① 前模滑块的经验参数，如图 1-14、表 1-5 所示。

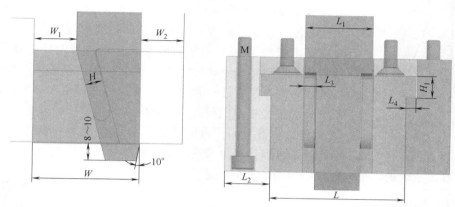

图 1-14 前模滑块的示意图

表 1-5 前模滑块的经验参数

滑块类型	W/mm	W_1/mm	W_2/mm	L/mm	L_1/mm	L_2/mm	L_3/mm	L_4/mm	H/mm	H_1/mm	M
小滑块	50~60	20~25	20~25	60~70	30~35	18	4	4	6	6	M5~M6
中滑块	60~70	25~30	25~30	70~80	35~40	20	5	5	8	8	M6~M8
大滑块	70~80	30~35	30~35	80~100	40~50	22	6	6	10	10	M8~M10

② 前模滑块行程等于滑块倒扣长度＋余量（3~5mm）。

③ 前模滑块的角度一般为 15°~25°，如果前模滑块的行程较小，可采用较小的角度，增加滑块寿命。在锁紧块的底部必须加反铲，反铲角度一般情况下为 10°，反铲高度为 8~10mm，如图 1-14 所示。

④ 如图 1-14 所示，图中 W_2 的值为锁紧块距离模架边的值，此值不小于 20mm，因为在锁紧块的上端有"冬菇头"，如果 W_2 值太小，则强度不够。

⑤ 锁紧块一般锁在面板上的原因有两点：一点是面板的厚度要比水口板的厚度厚，可以加高锁紧块上"冬菇头"的高度；另一点是三板模第一次开模的位置是水口板与 A 板之

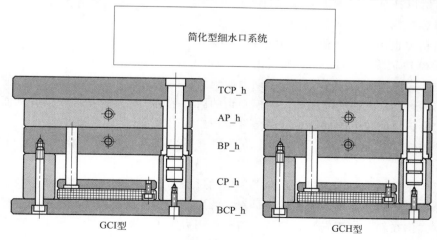

图 1-15 GCI 型和 GCH 型模架

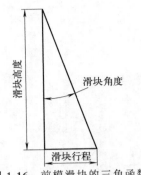

图 1-16 前模滑块的三角函数

间，如果锁紧块锁在水口板上，前模滑块的开模力会作用在水口板与 A 板之间，会增加它们之间开模的难度，也就是需要更大的开模力才能使它们开模。

⑥ 前模滑块结构必须选择三板模模架，即使进胶方式是大水口系统，也必须选择三板模中的 GCI 型模架，如图 1-15 所示，要保证面板与 A 板之间能够开模，从而打开前模滑块。前模滑块结构不可以把锁紧块固定在 B 板上（像后模滑块一样利用 A、B 板之间的开模力打开滑块），这是因为产品留在后模，在 A、B 板开模的过程中，前模滑块未能完全脱离倒扣，从而拉伤产品。

⑦ 前模滑块的三角函数如图 1-16 所示。一般情况下，滑块的行程是可以计算出来的，滑块的高度也可以大概估算出来，这样可以计算出滑块的角度，建议滑块的角度最好是整数。

1.6 前模斜顶结构

前模斜顶
运动仿真

1.6.1 前模斜顶的组成

前模斜顶结构也是注塑模具高级结构中最基本的结构之一。前模斜顶主要由以下几部分组成：斜顶、斜顶耐磨板（或斜顶座）、顶针面板、顶针底板、盖板、回针、弹簧、撑头。如图 1-17 所示。

1.6.2 前模斜顶的结构原理

前模斜顶的主要作用是脱前模产品侧向的内倒扣，前模斜顶结构原理与后模斜顶结构原理一样。但前模斜顶机构要比后模斜顶机构复杂很多，这是因为前模没有顶出机构，所以在前模斜顶上必须设计顶出机构与回位机构。另外前模斜顶与后模斜顶的顶出动力也不一样，前模斜顶靠弹簧顶出，后模斜顶靠注塑机的顶棍顶出。

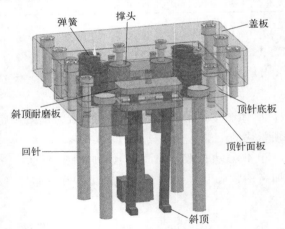

图 1-17 前模斜顶组成

前模斜顶的结构原理是利用弹簧力作为动力使顶针板向前运动，通过斜顶的角度使斜顶与内模产生斜向的运动，从而脱离倒扣。前模斜顶的回位是通过模具分型面合模，从而推动回针回位，即前模斜顶回位。前模斜顶运动仿真可扫二维码观看。

前模斜顶按照功能又可以分为：滑动机构、顶出机构、回位机构、动力机构及封装机构。

滑动机构主要就是斜顶，斜顶在向上顶出的过程中是一个斜向运动，必然与下面的顶针板产生一个相对的滑动运动，通俗讲就是斜顶的底部在顶针板上滑动。斜顶的连接机构有很多种类，本案例在斜顶底部安装有管钉。斜顶作用力在顶针板上，为了增加斜顶寿命，在顶针板上增加斜顶耐磨板。

顶出机构主要是顶针面板与顶针底板，主要作用是保证斜顶的顶出及回位。如果顶针板比较大，需要在顶针板上增加撑头以保证模具的强度。

回位机构就是指顶针板上的回针，在合模时回针作用在分型面（即 A、B 板之间），模具合模压着回针向后运动，从而带动斜顶回位。回针的另一作用就是导向，因此前模斜顶一般不安装导柱导套进行导向。

动力机构就是指前模斜顶上的弹簧，在分型面（即 A、B 板之间）开模的瞬间，弹簧推动顶针板向前运动，斜顶在向前运动的同时脱出前模倒扣。

封装机构就是前模斜顶上的盖板，主要作用就是封装斜顶机构，同时为弹簧的弹出提供反向推力。

1.6.3 前模斜顶的经验参数

前模斜顶的主要经验参数如图 1-18 所示。

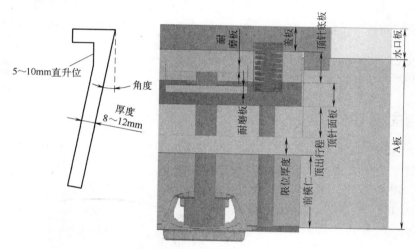

图 1-18 前模斜顶经验参数

① 斜顶的角度。一般取 3°～10°，最好不要超过 15°。斜顶的角度越小，刚性越好，寿命越长；斜顶的角度越大，刚性越差，寿命越短。前模斜顶尽量采用大斜度，这样斜顶的顶出行程就比较小，可以减小 A 板的厚度。

② 斜顶的行程。斜顶的行程＝斜顶的倒扣＋余量（1～2mm），对于大型模具，如果斜顶正处于产品的收缩方向，这时余量在原来的基础上要再加上产品的缩水率，防止产品缩水后其倒扣又缩回斜顶内（主要适用于大型汽车模具的斜顶）。

③ 斜顶的厚度。在结构允许的情况下，尽量加大斜顶的厚度以加强斜顶的刚度，一般情况下厚度的取值为 8～12mm。特殊情况下，如果厚度较小，可以减小斜顶的高度来增强斜顶的刚度。如图 1-18 所示。

④ 斜顶的定位。斜顶的定位有两种形式，一种是挂台，另一种是直升位，如图 1-18 所示，直升位一般取 5～10mm。两种定位可以组合使用，既可以同时有挂台和直升位，也可以单独使用。单独使用时至少要有直升位，以便在加工时能够碰数。

⑤ 斜顶的管钉直径一般取斜顶厚度的一半，管钉中心距离斜顶底部 10～15mm。

⑥ 斜顶耐磨板厚度一般为 6～8mm，前模斜顶一般不采用斜顶座的形式，因为斜顶座

会占用较多的空间。

⑦ 前模斜顶的顶针板厚度可参考模架顶针板的厚度。前模斜顶的顶针板较小时可在模架顶针板的基础上减 5mm。一般情况下前模斜顶的顶针面板最少 20mm，前模斜顶的顶针底板最少 25mm。

⑧ 前模斜顶的盖板厚度一般取 20～25mm。当盖板较大时，可适当加厚，盖板要沉入 A 板最少 10mm 进行定位。

⑨ A 板的厚度＝前模仁厚度＋限位厚度＋顶出行程厚度＋顶针面板厚度＋顶针底板厚度＋盖板厚度－水口板厚度。带有前模斜顶的 A 板会比较厚，因此为了减小 A 板的厚度，可以缩短顶出行程，或者把盖板沉入水口板中。

⑩ 斜顶三角函数如图 1-19 所示。斜顶的脱倒扣行程是可以计算出来的，斜顶一般采用大角度，利用三角函数可以计算出斜顶的顶出行程。一般情况下，斜顶的角度、顶出行程取整数，斜顶的脱倒扣行程可以不取整数。在 NXUG 软件中用草图计算最为方便。

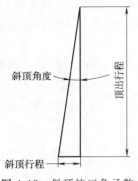

图 1-19　斜顶的三角函数

1.7　哈夫滑块结构

1.7.1　哈夫滑块的组成

哈夫滑块结构也是注塑模具高级结构中最基本的结构之一。哈夫滑块主要由以下几部分组成：滑块镶件、滑块座、滑块座耐磨板、斜面耐磨板、滑块压块、滑块导向块、斜导柱、斜导柱锁紧块、限位机构（弹簧及限位螺钉）等。如图 1-20 所示。

1.7.2　哈夫滑块的结构原理

哈夫是英文音译，half 就是对半、二分之一的意思，在注塑模具中用两个半滑块包住整个产品的滑块叫作哈夫滑块，一般多用于杯形产品，如图 1-21 所示。哈夫滑块的主要作用是脱产品整圈的外倒扣，其结构原理与后模滑块的结构原理是一样的，都是利用模具的开模动作，通过一定的角度使斜导柱与滑块产生相对运动，竖直的开模力通过角度转化成水平力。哈夫滑块运动仿真可扫二维码观看。

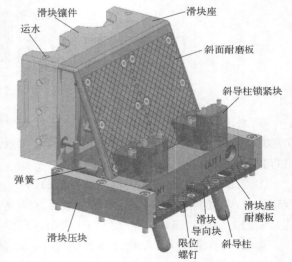

图 1-20　哈夫滑块组成

哈夫滑块从严格意义上来讲也属于后模滑块，但与普通后模滑块有不一样的地方。由于哈夫滑块包住整个产品，所以哈夫滑块通常情况下都比较高，在这种情况下，由于整个滑块都伸入前模也就是 A 板中，模具合模时，可以利用 A 板来锁紧滑块座，也就是通常讲的原生锁紧。这样可以减少滑块的组成结构，减少模具的成本，而且便于模具的装配。

哈夫滑块按照功能又可以分为：滑动机构、动力机构、导向机构、锁紧机构、限位机构。

滑动机构包括滑块镶件和滑块座。滑块镶件属于成型件，也就是产品上面的倒扣区域。对于一些滑块，滑块镶件与滑块座做成一个整体。滑块镶件与滑块座分成两部分有利于制模和维修。

动力机构主要是斜导柱，斜导柱固定在前模，滑块座固定在后模，利用模具的开模力通过一定角度使斜导柱与滑块产生相对运动，从而脱出倒扣。

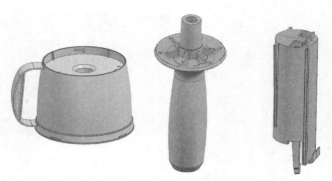

图 1-21　杯形产品

导向机构是滑块压板，是滑块向后运动的导轨。

本案例的锁紧机构是 A 板，因为滑块镶件都伸入 A 板中，可以利用 A 板作为锁紧块进行锁紧，这样也可以优化模具结构，减少模具成本；同时，由于整个滑块镶件都伸进 A 板中，可以不加反铲。锁紧机构的作用是保证滑块镶件及滑块在注射产品时不向后退。

限位机构包括弹簧和限位螺栓。限位机构的作用是保证斜导柱离开滑块座后滑块座不向前运动也不向后运动，在合模的过程中斜导柱能够准确插入滑块座的斜导柱孔里。限位螺栓保证滑块座不向后运动，弹簧保证滑块座不向前运动。限位机构除了限位螺栓与弹簧外，还有波珠螺栓、限位夹等。

1.7.3　哈夫滑块的经验参数

① 滑块的长 L 与滑块的宽 W 的经验参数，如图 1-22、表 1-6 所示。

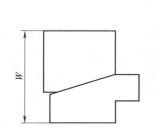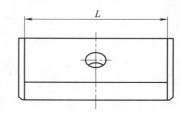

图 1-22　滑块的长与宽

表 1-6　滑块长与宽的经验参数

滑块种类	长 L /mm	宽 W/mm
小滑块	20～60	60～80
中滑块	60～160	80～120
大滑块	160～300	120～180

② 滑块座压脚与滑块压板宽的经验参数，如图 1-23、表 1-7 所示。

③ 滑块行程与斜导柱直径的经验参数如表 1-8 所示。

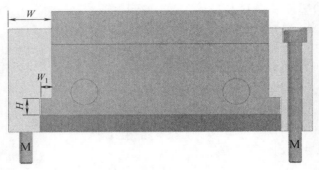

图 1-23　滑块座压脚与滑块压板宽

表 1-7　滑块座压脚与滑块压板宽的经验参数

滑块种类	W_1/mm	H/mm	W/mm	M
小滑块	4	6	18	M5～M6
中滑块	5	8	20	M6～M8
大滑块	6	10	22	M8～M10

表 1-8　滑块行程与斜导柱直径的经验参数

滑块种类	滑块行程/mm	弹簧预压量/mm	斜导柱直径/mm
小滑块	$SK+(2～4)$	3～5	8,10
中滑块	$SK+(3～6)$	5～8	12,14,16
大滑块	$SK+(5～8)$	8～10	16,18,20,25

注：SK 为滑块倒扣长度。

④ 斜导柱斜度经验参数：10°、15°、20°、25°。滑块斜度一般比斜导柱大2°。

⑤ 滑块的长度 L 大于100mm时，斜导柱要用两根。

⑥ 伸入前模的滑块镶件在出模方向要做1°～3°的插穿角度，为了增加滑块的寿命，滑块镶件在滑块的运动方向也要做1°～3°的斜度。

⑦ 哈夫滑块必须设计锁紧机构，即虎口，如图1-24所示。虎口角度一般为5°，虎口的宽度一般为18～25mm，虎口的高度一般为哈夫滑块高度的2/3，如果哈夫滑块的高在60mm以下，虎口的高度可以设计成与哈夫滑块高度一样。虎口的厚度一般为8～10mm。

⑧ 哈夫滑块的包胶面积比较大，通常情况下哈夫滑块要设计冷却系统，如图1-25所示为经典哈夫滑块的冷却系统。

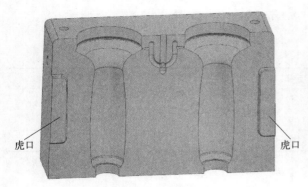

图 1-24　哈夫滑块的虎口

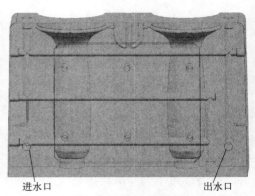

图 1-25　哈夫滑块的冷却系统

⑨ 哈夫滑块的长度比较长，一般情况下都会超过100mm，因此需要在哈夫滑块中间设计导向块，用于增加滑块的稳定性。如图1-20所示的滑块导向块。导向块的宽度一般设计为20～30mm，导向块伸入滑块座6～8mm，导向块在B板上需要设计"冬菇头"定位。

⑩ 滑块的三角函数如图1-26所示。一般情况下，滑块的行程是可以计算出来的，斜导柱的角度采用经验参数，这样可以计算出滑块的高度，当然这个滑块的高度只具有参考意义，目的是比较计算出的滑块高度与实际滑块高度。如果计算出的滑块高度比实际的滑块高度大，说明斜导柱要沉入滑块座耐磨板，甚至可能沉入B板中，反之，则不用沉入滑块座耐磨板。在NXUG软件中用草图计算最为方便。斜导柱的角度越大，受力越大，寿命越短。一般情况下，若滑块的行程短，则采用小角度的斜导柱；如果滑块的行程长，则采用大角度的斜导柱。

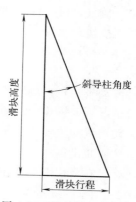

图 1-26　滑块的三角函数

1.8　爆炸滑块结构

1.8.1　爆炸滑块的组成

爆炸滑块结构也是注塑模具高级结构中最基本的结构之一。爆炸滑块主要由以下几部分组成：滑块座耐磨板、导向块、限位块、滑块、弹簧、弹簧扶针、运水、拉钩，如图1-27所示。

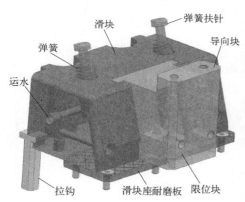

图 1-27　爆炸滑块组成

1.8.2　爆炸滑块的结构原理

爆炸滑块通常用来脱前模胶位比较深、胶位与模具的摩擦比较大的产品，其结构原理与前模斜顶类似。利用弹簧的开模作用，使斜槽与滑块产生相对运动；竖直开模力通过角度转化为水平力。其开模过程很像手榴弹爆炸，因此叫作爆炸滑块。如图1-28所示。使用爆炸滑块，可以减小模具的高度，减少产品的拉伤和变形。工厂常称爆炸滑块为：前模弹块、弹弓滑块、胶杯滑块

等。爆炸滑块运动仿真可扫二维码观看。

爆炸滑块本质上还是前模滑块，但与普通前模滑块有不一样的地方。首先，爆炸滑块与普通前模滑块的开模动力不一样，普通前模滑块利用拨块开模，而爆炸滑块利用弹簧开模；其次，爆炸滑块整个滑块都伸入前模也就是A

手榴弹爆炸

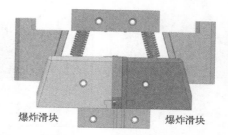

爆炸滑块　　　　　爆炸滑块

图 1-28　爆炸滑块开模后状态

板中，模具合模时可以利用 A 板来锁紧滑块座，也就是通常讲的原生锁紧块，普通前模滑块利用拨块锁紧滑块。

爆炸滑块按照功能又可以分为：滑动机构、动力机构、导向机构、锁紧机构、限位机构。

滑动机构包括滑块镶件和滑块座。滑块镶件属于成型件，也就是产品上面的倒扣区域，通常情况下，爆炸滑块的滑块镶件与滑块座做成一个整体。

动力机构主要是弹簧与拉钩，当 A、B 板开模时，弹簧开始工作，带动爆炸滑块斜向运动，从而脱出倒扣。弹簧使用久了会产生疲劳，导致弹簧不能弹开爆炸滑块，因此大型爆炸滑块必须在滑块上面装拉钩。拉钩的作用是强行拉开爆炸滑块。拉钩的结构形式有两种，如图 1-29、图 1-30 所示。

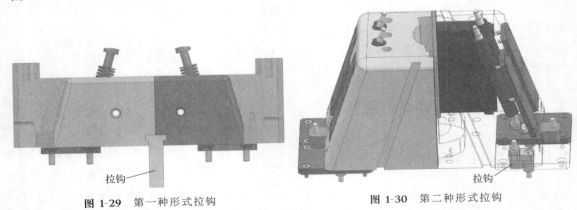

图 1-29　第一种形式拉钩　　　　　图 1-30　第二种形式拉钩

导向机构是导向块，是滑块向后运动的导轨。

本案例的锁紧机构是 A 板与后模仁，因为滑块镶件都伸入 A 板中，可以利用 A 板作为锁紧块进行锁紧，A、B 板合模时利用后模仁及耐磨板把爆炸滑块压入 A 板中。锁紧机构的作用是保证滑块镶件及滑块在注射产品时不向后退。

限位机构即限位块，限位机构的作用是保证爆炸滑块弹到位后限制继续滑动。

1.8.3　爆炸滑块的经验参数

① 滑块的长 L 与宽 W 的经验参数如图 1-31、表 1-9 所示。

② 导向块的经验参数如图 1-32、表 1-10 所示。

③ 滑块行程与弹簧直径的经验参数如表 1-11 所示。

④ 弹簧及导向块斜度经验参数：10°、15°、20°、25°。弹簧与导向块斜度必须一样。

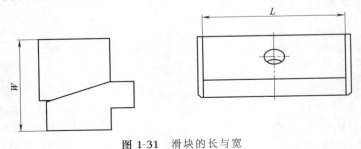

图 1-31　滑块的长与宽

表 1-9　滑块长与宽的经验参数

滑块种类	长 L/mm	宽 W/mm
小滑块	20～60	60～80
中滑块	60～160	80～120
大滑块	160～300	120～180

表 1-10　导向块的经验参数

滑块种类	L/mm	W/mm	H/mm	L₁/mm	D/mm
小滑块	40～50	20～25	20～25	6	8
中滑块	60～70	25～30	25～30	8	10
大滑块	80～90	30～35	30～35	10	12

表 1-11　滑块行程与弹簧直径的经验参数

滑块种类	滑块行程/mm	弹簧预压量/mm	弹簧直径/mm
小滑块	SK＋(2～4)	5～8	16,18
中滑块	SK＋(3～6)	8～10	20,25
大滑块	SK＋(5～8)	10～15	30,40

注：SK 为滑块倒扣长度。

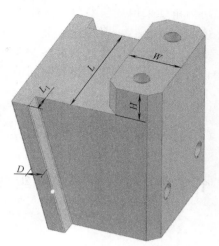

图 1-32　导向块示意图

⑤ 不管是何种类型的爆炸滑块，弹簧必须设计两组。弹簧中间必须加扶针导向。

⑥ 爆炸滑块的两侧面在出模方向要做 1°～3° 的插穿角度，可以增加滑块的寿命。

⑦ 爆炸滑块必须设计锁紧机构，即虎口，如图 1-33 所示。虎口角度一般设计为 5°，宽度一般设计为 18～25mm，高度一般为爆炸滑块高度的 2/3，如果爆炸滑块的高度在 60mm 以下，虎口的高度可以设计成与爆炸滑块高度一样（本案例设计得一样高）。虎口的厚度一般设计为 8～10mm。

⑧ 由于爆炸滑块的包胶面积比较大，通常情况下，爆炸滑块要设计冷却系统。如图 1-34 所示为爆炸滑块的冷却系统。

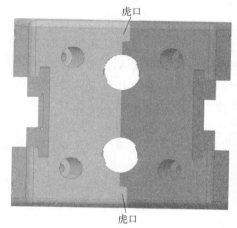

图 1-33　爆炸滑块的虎口

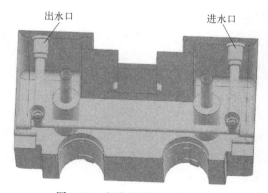

图 1-34　爆炸滑块的冷却系统

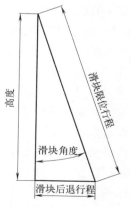

图 1-35　爆炸滑块的三角函数

⑨ 爆炸滑块的三角函数如图 1-35 所示。滑块的后退行程是可以计算出来的，爆炸滑块的角度采用经验参数，这样可以计算出高度，计算出来的高度最多占到爆炸滑块总高度的三分之二，因为爆炸滑动是在导向块中滑动的，如果计算出来的高度与爆炸滑块的高度一样，爆炸滑块就会脱离导向块，从而掉下来。一般情况下，可以把爆炸滑块的限位行程设计为整数，爆炸滑块的后退行程设计为小数。在 NX UG 软件中用草图计算最为方便。

1.9　前模斜滑块结构

前模斜滑块运动仿真

1.9.1　前模斜滑块的组成

前模斜滑块结构也是注塑模具高级结构中最基本的结构之一。前模斜滑块主要由以下几部分组成：斜滑块、锁紧块、T 形槽、轨道、反铲，如图 1-36 所示。

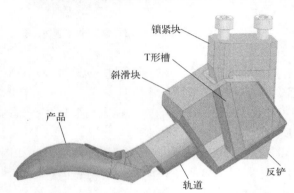

图 1-36　前模斜滑块组成

1.9.2　前模斜滑块的结构原理

前模斜滑块的主要作用是脱产品侧向的斜倒扣，其结构原理是利用模具的开模动作通过一定的角度使 T 形槽与斜滑块产生相对运动，竖直的开模力通过角度转化成斜度方向力。前模斜滑块运动仿真可扫二维码观看。

前模斜滑块与前模滑块的结构原理是一样的，区别在于前模斜滑块有两个角度需要计算，计算过程比较复杂。

前模斜滑块按照功能又可以分为：滑动机构、动力机构、导向机构、锁紧机构、限位机构。

滑动机构包括滑块镶件和滑块座。滑块镶件属于成型件，也就是产品上面的倒扣区域，本案例滑块镶件与滑块座做成一个整体（一般情况下，前模斜滑块镶件与滑块座都做成一个整体，因为多数情况下前模斜滑块镶件都相对比较小）。

前模斜滑块的动力机构与锁紧机构合二为一，主要是锁紧块，锁紧块上带有 T 形块，因此前模斜滑块的锁紧块在开模时为前模斜滑块提供动力，在合模时锁紧滑块。锁紧块固定在面板上，滑块座固定在 A 板上，利用模具的开模力通过一定角度使锁紧块的 T 形块与滑块 T 形槽产生相对运动，从而脱出倒扣。同时锁紧块起锁紧作用，保证滑块镶件及滑块在注射产品时不向后退。由于前模斜滑块的锁紧块固定在前模面板上，固定位距离前模斜滑块较远，因此前模斜滑块的锁紧块都要加反铲。由于前模斜滑块的锁紧块固定在前模面板，开模时要做开模动作，因此前模斜滑块要选择三板模模架。

导向机构是滑块压板，是斜滑块向后运动的导轨。本案例比较特殊，没有滑块压板，但前模斜滑块是一定要轨道的。本案例的轨道位于前模斜滑块的前端部分，如图 1-36 所示。注意这段轨道不能有斜度，而且不能做成圆形，因为圆形轨道可以使滑块旋转。

限位机构包括弹簧和限位螺钉。限位机构的作用是保证锁紧块离开滑块座后滑块座不向前运动也不向后运动。本案例比较特殊，没有设计限位机构，这是由于本案例为大水口牛角进胶，面板与 A 板之间的开模仅仅拉开前模斜滑块，锁紧块中的 T 形块与滑块 T 形槽不完全脱离，因此不用设计限位机构。

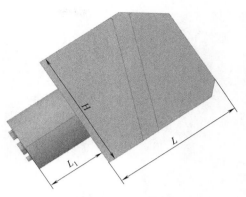

1.9.3 前模斜滑块的经验参数

① 滑块的长 L 与滑块的高 H 的经验参数如图 1-37、表 1-12 所示，L_1 为轨道的长度。

② 锁紧块的经验参数如图 1-38、表 1-13 所示。

图 1-37　滑块的长与高

表 1-12　滑块长与高的经验参数

滑块类型	L/mm	H/mm	L_1/mm
小滑块	60～70	50～60	25～30
中滑块	70～80	60～70	30～35
大滑块	80～100	70～90	35～40

表 1-13　锁紧块的经验参数

滑块类型	W	H	W_1
小滑块	20～30	6	4
中滑块	30～40	8	5
大滑块	40～60	10	6

③ 滑块行程与弹簧直径的经验参数如表 1-14 所示。

表 1-14　滑块行程与弹簧直径的经验参数

滑块种类	滑块行程/mm	弹簧预压量/mm	弹簧直径/mm
小滑块	$SK+(2～4)$	3～5	6,8
中滑块	$SK+(3～6)$	5～8	10,12
大滑块	$SK+(5～8)$	8～10	16,20

注：SK 为滑块倒扣长度。

图 1-38　锁紧块示意图

④ 锁紧块 T 形块斜度经验参数：$10°$、$15°$、$20°$、$25°$。T 形块与 T 形槽之间避空 $0.2～0.5\text{mm}$。

⑤ 前模斜滑块的三角函数如图 1-39 所示。一般情况下，前模斜滑块的后退行程是可以计算出来的（倒扣＋余量），前模斜滑块的斜度是可以测量出来的，而 T 形槽的角度由经验值确定。所以图 1-39 中可以由左边的三角函数推导出右边的三角函数。斜滑块中最重要的一点就是右侧上面三角形中 L 的值与右侧下面三角形中 L 的值相等，这是整个斜滑块三角函数的关键点。根据直角三角函数，$L=\cos A×$斜滑块行程，$H_2=\sin A×$斜滑块行程，因为右侧上面三角形中 L 的值与右侧下面三角形中 L 的值相等，所以 $H_1=L/\tan B$，开模行程＝H_1+H_2。如本案例斜滑块行程＝（倒扣＋余量）＝2+3=5mm，斜滑块斜度经过测量是 $35°$，因此，$L=\cos A×$斜滑块行程＝$\cos 35°×5=4.1\text{mm}$，$H_2=\sin A×$斜滑块行程＝$\sin 35°×5=2.87\text{mm}$，$H_1=L/\tan B=4.1/\tan 15°=15.3\text{mm}$，开模行程＝$H_1+H_2=15.3+2.87=18.17\text{mm}$。即面板与 A 板之间开模 18.17mm，斜滑块向斜度方向运动 5mm，通常情况下面板与 A 板之间的开模行程取整数。在 NXUG 软件中用草图计算最为方便。

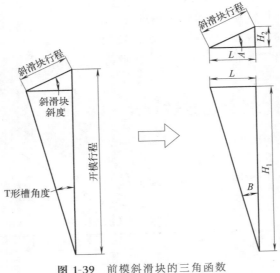

图 1-39　前模斜滑块的三角函数

1.10　前模内滑块结构

1.10.1　前模内滑块的组成

前模内滑块结构是注塑模具高级结构中最基本的结构之一。前模内滑块主要由以下几部分组成：滑块镶件、滑块座、锁紧块、滑块压板、限位机构（波珠螺钉）。如图 1-40 所示。

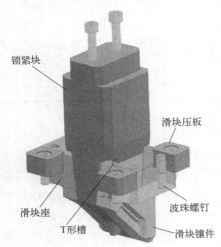

图 1-40　前模内滑块组成

1.10.2　前模内滑块的结构原理

前模内滑块的主要作用是脱前模产品侧向的内倒扣。其结构原理是利用模具的开模动作，通过一定的角度使锁紧块 T 形块与滑块 T 形槽产生相对运动，竖直的开模力通过角度转化成水平力。前模内滑块运动仿真可扫二维码观看。

前模内滑块
运动仿真

前模内滑块按照功能又可以分为：滑动机构、动力机构、导向机构、锁紧机构、限位机构。

滑动机构包括滑块镶件和滑块座。滑块镶件属于成型件，也就是产品上面的倒扣区域，本案例滑块镶件与滑块座做成一个整体（一般情况下，前模内滑块镶件与滑块座都做成一个整体，因为多数情况下前模内滑块镶件都相对比较小）。

前模内滑块的动力机构与锁紧机构合二为一，主要是锁紧块，锁紧块上带有 T 形块，因此前模内滑块的锁紧块在开模时为前模内滑块提供动力，在合模时锁紧滑块。锁紧块固定在面板上，滑块座固定在 A 板，利用模具的开模力，通过一定角度使锁紧块的 T 形块与滑块 T 形槽产生相对运动，从而脱出倒扣。同时锁紧块起锁紧作用，保证滑块镶件及滑块在注射产品时不向后退，由于前模内滑块的锁紧块固定在前模面板上，固定位距离前模内滑块较远，因此前模内滑块的锁紧块都要加反铲（本例是因为两侧都有内滑块，所以不加反铲）。由于前模内滑块的锁紧块固定在前模面板，开模时要做开模动作，因此前模内滑块要选择三板模模架。

导向机构是滑块压板，是滑块向后运动的导轨。

限位机构是波珠螺钉，限位机构的作用是保证锁紧块离开滑块座后滑块座不向前运动也不向后运动，在合模的过程中，锁紧块的 T 形块能够准确插入滑块座的 T 形槽中，波珠螺钉可以保证滑块座不动。波珠螺钉一般用于滑块重量较轻的滑块机构中。

1.10.3　前模内滑块的经验参数

① 前模内滑块的经验参数如图 1-41、表 1-15 所示。

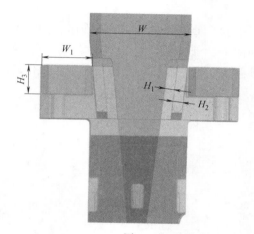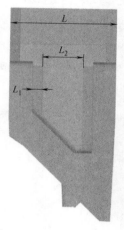

图 1-41　前模内滑块的示意图

表 1-15　前模内滑块的经验参数

滑块类型	W/mm	L/mm	W_1/mm	H_3/mm	H_1/mm	H_2/mm	L_1/mm	L_2/mm
小滑块	50～60	60～70	25～30	15～20	6	6	4	20～25
中滑块	60～70	70～80	30～40	20～25	8	8	5	25～30
大滑块	70～80	80～100	40～50	25～30	10	10	6	30～40

② 前模内滑块行程等于滑块倒扣长度＋余量（1～3mm）。

③ 前模内滑块的角度一般为 8°～20°，如果前模内滑块的行程较小，可采用较小的角度，增加滑块寿命。

④ 锁紧块一般锁在面板上，原因有两点：一是面板的厚度要比水口板的厚度厚，可以加高锁紧块上"冬菇头"的高度；另一点是三板模第一次开模的位置是水口板与 A 板之间，如果锁紧块锁在水口板上，前模内滑块的开模力会作用在水口板与 A 板之间，会增加它们之间开模的难度，也就是需要更大的开模力才能使它们开模。

⑤ 前模内滑块结构必须选择三板模模架，即使进胶方式是大水口系统，也必须选择三板模中的 GCI 型模架，

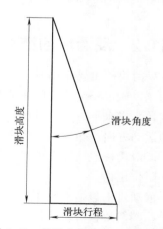

图 1-42　前模内滑块的三角函数图

如图 1-15 所示，要保证面板与 A 板之间能够开模，从而打开前模内滑块。前模内滑块结构不可以把锁紧块固定在 B 板上（像后模滑块一样利用 A、B 板之间的开模力打开滑块），这是因为产品留在后模，在 A、B 板开模的过程中，前模内滑块未能完全脱离倒扣，从而拉伤产品。

⑥ 前模内滑块的三角函数如图 1-42 所示。一般情况下，滑块的行程是可以计算出来的，滑块的高度也可以大概估算出来，这样可以计算出滑块的角度，建议滑块的角度最好是整数。

1.11　反滑块结构

1.11.1　反滑块的组成

反滑块结构是注塑模具里面应用较少的一种模具结构。主要在内倒扣顶部有骨位，不能设计成斜顶的情况下设计成反滑块，如图 1-43 所示。

反滑块主要由以下几部分组成：锁紧块、滑块压板、反滑块压板、限位机构（弹簧及管钉），如图 1-44 所示。

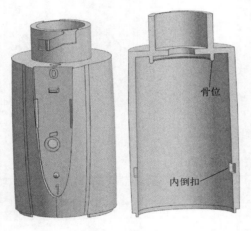

图 1-43　反滑块产品

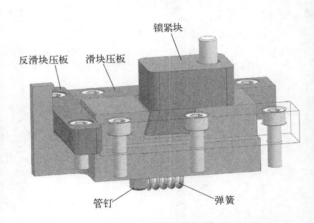

图 1-44　反滑块组成

1.11.2　反滑块的结构原理

反滑块的主要作用是脱产品侧向的内倒扣，其结构原理是利用模具的开模动作，通过一定的角度使锁紧块与滑块产生相对运动，竖直的开模力通过角度转化成水平力。反滑块与正常滑块的区别：反滑块的运动方向与正常滑块的运动方向是相反的。反滑块运动仿真可用手机扫描二维码观看。

反滑块按照功能又可以分为：滑动机构、动力机构、导向机构、锁紧机构、限位机构。

反滑块运动仿真

滑动机构包括滑块镶件和滑块座。滑块镶件属于成型件，也就是产品上面的倒扣区域。对于一些滑块，滑块镶件与滑块座做成一个整体。滑块镶件与滑块座分成两部分，有利于制模和维修（一般情况下，反滑块都比较小，因此把滑块镶件与滑块座设计成整体形式）。

反滑块的动力机构与锁紧机构合二为一，主要是锁紧块，锁紧块上带有斜销，因此反滑块的锁紧块在开模时为反滑块提供动力，在合模时锁紧反滑块。锁紧块固定在 A 板上，滑块座固定在 B 板上，利用模具的开模力，通过一定角度使锁紧块的斜销与反滑块斜槽产生相对运动，从而脱出倒扣。同时锁紧块起锁紧作用，保证反滑块在注射产品时不向前运动。

导向机构是滑块压板，是反滑块向前运动的导轨。

限位机构包括弹簧和管钉。限位机构的作用是保证锁紧块的斜销离开滑块座后滑块座不向前运动也不向后运动，在合模的过程中斜销能够准确插入滑块座的斜槽中，管钉保证滑块座不向前运动，弹簧保证滑块座不向后运动。限位机构除了管钉与弹簧外，还有波珠螺钉、限位夹等。本案例也可以用限位夹。

反滑块压板的主要作用是压住并锁紧反滑块，如果不设计反滑块压板，则需要在后模仁上加工隧道式反滑块孔，加工难度加大。

1.11.3 反滑块的经验参数

① 由于反滑块的尺寸一般情况下都比较小，因此反滑块的各个尺寸变化都不是很大。反滑块的宽 W_1 的经验参数为 25～40mm，反滑块的长 L_1 及 L_2 的经验参数均为 15～25mm，反滑块的高 H 的经验参数一般为 H_3 的 2 倍到 3 倍，H_3 的取值可根据反滑块行程及角度计算出来，如图 1-45 所示。

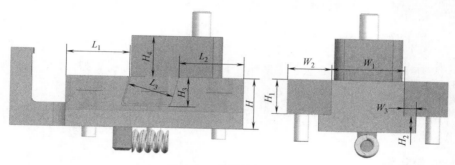

图 1-45 反滑块长与宽

② 滑块座压脚的宽 W_3 一般取 3～5mm，高 H_2 一般取 5～8mm。反滑块压板宽 W_2 的经验参数为 18～20mm，高 H_1 的经验参数为 15～30mm，如图 1-45 所示。

③ 反滑块行程的经验参数为倒扣行程＋（3～5mm）的余量。

④ 反滑块斜销斜度经验参数：15°～20°。

⑤ 反滑块运动方向与普通滑块的运动方向刚好是相反的，因此一定要在反滑块前面留出反滑块运动的避空空间。

⑥ 反滑块弹簧安装的方向与普通滑块安装的方向也是相反的，普通滑块的弹簧安装在滑块座的前面，而反滑块的弹簧要安装在滑块座的后面。

⑦ 反滑块的三角函数如图 1-46 所示。一般情况下，反滑块的行程是可以计算出来的，锁紧块斜销的角度采用经验参数，这样可以计算出斜销的高度。反滑块的高度是斜销高度的 2 倍到 3 倍，因此斜销的高度不宜过高。在 NXUG 软件中用草图计算最为方便。斜销

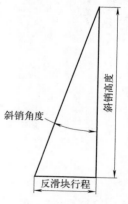

图 1-46 反滑块的三角函数图

的角度越大，受力越大，寿命越短。一般情况下，若反滑块的行程短，则采用小角度的斜销；如果反滑块的行程长，则采用大角度的斜销。

1.12 二次顶出结构

1.12.1 二次顶出结构的组成

二次顶出结构是注塑模具里面应用较多的一种模具结构。当产品的骨位较多，不能一次全部顶出，或者产品内部有较小的倒扣需要强制脱模时，一般会采用二次顶出结构。

如图 1-47 所示的圆筒形产品，模具抽芯后箭头所指的区域还包含在后模中，需要用顶针再顶一次产品，把产品从后模中顶出。因为需要后模抽芯，因此后模相当于推板。

图 1-47 二次顶出产品

二次顶出结构有两种形式，一种是单顶针板，另一种是双顶针板。单顶针板二次顶出结构主要用于推板结构的模具，如图 1-48 所示为单顶针板的二次顶出结构，主要由以下几部分组成：顶针板、推板、B 板、顶针、扣机。双顶针板二次顶出结构如图 1-49 所示，主要由以下几部分组成：B 板、第一组顶针板、第二组顶针板、扣机。

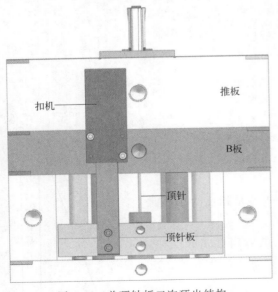

图 1-48 单顶针板二次顶出结构

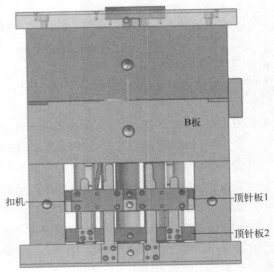

图 1-49 双顶针板二次顶出结构

1.12.2 二次顶出结构的结构原理

二次顶出结构种类很多，本书以单顶针板二次顶出结构为例来讲述其结构原理，如图

1-48 所示。单顶针板二次顶出结构是利用模具的顶出动作,通过顶针板带动 B 板 (即推板)在扣机的作用下一起向上运动,内模芯一般固定在底板上不动,B 板在扣机的作用下运动一段距离后停止运动,顶针板继续向上顶出,从而构成二次顶出。单顶针板二次顶出结构运动仿真可扫描二维码观看。

单顶针板二次顶出结构按照功能又可以分为:顶出机构、底板、B 板、扣机。

顶出机构主要由顶针板及顶针组成,作用是推动产品的顶出。底板主要作用是固定内模芯或者可以理解成抽芯机构。B 板包括内模,构成推板结构。扣机作用是控制顶出顺序。

双顶针板二次顶出结构按照功能又可以分为:第一组顶出机构、第二组顶出机构、扣机。

单顶针板二次
顶出结构
运动仿真

第一组顶出机构主要由顶针板及顶针组成,作用是推动产品的第一次顶出。第二组顶出机构主要由顶针板及顶针组成,作用是推动产品的第二次顶出。扣机作用是控制顶出顺序。

1.12.3 二次顶出扣机的结构原理

单顶针板二次顶出扣机结构如图 1-50 所示。

单顶针板二次顶出扣机的原理:长剑锁在顶针板上,扣机盒锁在底板上,扣机销锁在 B 板上,顶针板在顶出过程中长剑顶着扣机销带动 B 板向上运动,由于扣机盒固定在底板上,而底板是不动的,这样当扣机销的斜面运动到扣机盒的斜面时,扣机销向里运动,这时扣机销脱离长剑,B 板失去动力停止运动,顶针板继续向上运动完成第二次顶出。

双顶针板二次顶出扣机结构如图 1-51 所示。

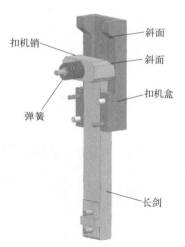

图 1-50 单顶针板二次顶出扣机结构

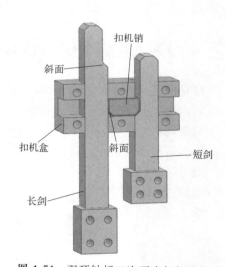

图 1-51 双顶针板二次顶出扣机结构

双顶针板二次顶出扣机的原理:长剑锁在后模底板 (不运动),扣机盒锁在第一组顶出板,短剑锁在第二组顶出板,顶棍顶在第二组顶针板带动第二组顶针板向上运动,由于短剑锁在第二组顶针板上,短剑顶着扣机销,而扣机销安装在扣机盒上,扣机盒又安装在第一组顶针板上,因此第二组顶针板向上运动时带动第一组顶针板向上运动,完成第一次顶出;当扣机销的斜面接触到长剑的斜面时 (长剑固定在后模底板,因此长剑不运动),扣机销向里运动,此时短剑脱离扣机销,第一组顶针板失去动力停止运动,第二组顶针板继续向上运动,完成第二次顶出。

第2章

运动仿真基础

2.1 NX 运动仿真概述

NX 运动仿真是通过计算机技术，在已经设计好的模型基础上，对模型设置连杆、运动副及约束，添加驱动方式，使模型上的各个连杆有序运动，从而模拟模型的实际运动。NX 运动仿真可以分析模型的运动规律，检查模型运动的干涉情况，最后输出模型运动的动画视频。本书是以注塑模具为基础讲解 NX 运动仿真，最主要的目的是帮助模具设计工程师以最直观的方式检查模具的运动过程及模具运动时的干涉情况，从而深入理解复杂模具的结构。本书以 Unigraphics NX 软件来讲解运动仿真。

2.2 NX 运动仿真基本流程

① 打开模型并进入运动仿真模块。
② 新建仿真。
③ 指定连杆。
④ 添加运动副。
⑤ 设置运动驱动。
⑥ 解算方案及求解。
⑦ 输出运动动画。

2.3 连杆

连杆指由若干（两个以上）有确定相对运动的构件用低副（转动副或移动副）连接组成的机构。连杆是运动仿真中的基本元素。模型中所有参与运动仿真的机构都要指定连杆。连杆就像我们身体中的骨骼，若干个骨骼组成了我们的骨架。

点击"主页"→"机构"→"连杆"图标，打开如图 2-1

图 2-1 "连杆"对话框

所示的对话框。

①"连杆对象"。选择模型中的各个实体，可以一次选一个实体，也可以选多个实体。

②"质量属性选项"。一般选择"自动"，默认情况下也是"自动"，所以此项可以不选。

③"设置"。在运动仿真中不运动的连杆叫固定连杆，每一个运动仿真中必须有一个固定连杆。如果是固定连杆，只需在方框中打钩，如果不是固定连杆，无需打钩。

④"名称"。可在下面的方框中输入连杆的名称，默认从 L001 开始，一般采用默认形式。

2.4 运动副

运动副是两构件直接接触并能产生相对运动的活动连接。两个构件以上参与接触而构成运动副的点、线、面等元素被称为运动副元素。按照运动副的接触形式分类：面和面接触的运动副在接触部分的压强较低，被称为低副；而点或线接触的运动副称为高副。高副比低副容易磨损。低副一般有旋转副、滑动副、螺旋副，高副有车轮与钢轨、凸轮与从动件、齿轮传动等。在 NX 运动仿真中，系统提供了丰富的运动副，但在注塑模具的运动仿真中，我们常用到的运动副有滑动副、旋转副、齿轮副等。运动副相当于我们身体上每块骨头之间的连接，比如我们的手指只能做弯曲动作，我们的脑袋只能做半旋转动作。

点击"主页"→"机构"→"接头"图标，打开如图 2-2 所示的对话框。此处的接头翻译有点不准确，应该翻译成运动副。以往的版本都是翻译成运动副。

图 2-2 "运动副"对话框

①"类型"。运动副的类型包括："旋转副""滑动副""柱面副""螺旋副""万向节副""球面副""平面副""固定副""等速运动副""共点运动副""共线运动副""共面运动副""方向运动副""平行运动副""垂直副"。在注塑模具的运动仿真中用得最多的是滑动副与旋转副。在后面的章节会详细讲解。

②"选择连杆"。选择定义运动副的连杆。一般情况下，对于定义滑动副最好选择连杆上滑动方向的线，这样就不用定义滑动副的原点和方向了；对于定义旋转副最好选择旋转的中心，这样就不用再定义旋转副的圆心。

③"指定原点"。对于滑动副可指定连杆上的中点或者端点，对于旋转副必须指定旋转的中心点。

④"指定矢量"。指定滑动副或者旋转副的方向。

⑤"□啮合连杆"。如果在啮合连杆前面的复选框打钩，则两个连杆之间有联动关系，两个连杆通过一个点，一个连杆带动另外一个连杆运动。

⑥ "设置显示比例"。控制约束对象符号在图形窗口中的显示大小。默认值为 1.0000。运动仿真中所有对话框中此功能的意思是一样的，在后续的对话框中不再做解释。

⑦ "名称"。运动副的名称，默认从"J001"开始，后面逐渐增加，一般用默认值。

图 2-3　"齿轮耦合副"对话框

2.5　齿轮副

齿轮副是两个相啮合的齿轮组成的基本机构。齿轮副属于高副机构。齿轮副模拟的是两齿轮的啮合运动。

点击"主页"→"耦合副"→"齿轮耦合副"图标，打开如图 2-3 所示的对话框。

① "第一个运动副"。指定第一个齿轮的旋转副。

② "第二个运动副"。指定第二个齿轮的旋转副。

③ "设置比率"。指定第一个齿轮与第二个齿轮的传动比。

④ "名称"。指定齿轮耦合副的名称，默认从"J001"开始。一般采用默认值。

2.6　阻尼器

阻尼器类似于摩擦力，它能消耗能量，逐步降低运动的机动性。比如汽车行驶在泥泞的路上会严重降低汽车行驶的速度，泥泞的路面就相当于阻尼力。但阻尼器也有与一般的滑动摩擦力不一样的地方，阻尼器的阻力不是恒定的。阻尼力始终与应用该阻尼器机构的速度成正比，且与运动方向相反。

点击"主页"→"连接器"→"阻尼器"图标，打开如图 2-4 所示的对话框。

① "附着"。阻尼器的附着可以选择"连杆""滑动副""旋转副""柱面副"。一般情况下最好选择"滑动副"或者"旋转副"，不要选择"连杆"，这是因为"连杆"后续的步骤比较多，而选择"滑动副"或者"旋转副"后续的步骤更为简单。

② "运动副"。指定要产生阻尼力机构的运动副。

图 2-4　"阻尼器"对话框

③ "参数"。参数中阻尼的"类型"一般选择"表达式"，"值"输入"1.0"，一般情况下用默认值。

④ "名称"。指定阻尼器的名称，默认从"D001"开始。一般采用默认值。

2.7 3D 接触

3D 接触是针对两个连杆的,可以实现两个连杆仅接触而不发生碰撞和干涉。指定 3D 接触,必须选择两个连杆的实体,两个实体可以预先接触,也可以在运动中接触。3D 接触在解算时需要较长的解算时间,接触的面越多,解算时间越长。在进行齿轮仿真中,也可以通过两齿轮的 3D 接触,而且不用齿轮耦合副,也可以实现齿轮的运动仿真,后者更简单一些。

点击"主页"→"接触"→"3D 接触"图标,打开如图 2-5 所示的对话框。

① "类型"。3D 接触的类型有两种:"CAD 接触"和"球-CAD"。"CAD 接触"指两个实体之间的接触。"球-CAD"指球与实体之间的接触。通常情况下选前一种类型。

② "操作"。选择第一个连杆上的实体。

③ "基本"。选择第二个连杆上的实体。

④ "参数"。参数下面的选项有很多,通常情况下全部选择默认数值。值得注意的是,如果在解算方案时"3D 接触"出错,则需要在"参数"下面的"刚度"后面的输入框中在原有数值基础上再加大其数值,就可解决出错的问题。

图 2-5 "3D 接触"对话框

⑤ "名称"。指定 3D 接触的名称,默认从"G001"开始。一般采用默认值。

2.8 点在线上副

图 2-6 "点在线上副"对话框

点在线上副的作用是控制连杆上的一个点始终沿着线进行运动,即连杆沿着线运动。点可以是基准点或者模型上的点,线可以是平面曲线或者是 3D 曲线。使用命令时由于机构在运动仿真中不会考虑连杆之间的干涉,因此创建连接时必须考虑点和曲线的相对位置。点和曲线最好在模型上先设计出来,再进行运动仿真。

点击"主页"→"约束"→"点在线上副"图标,打开如图 2-6 所示的对话框。

① "点"。下面有两个选项,分别为"选择连杆"和"点"。意思为指定执行此命令的连杆及点。

② "曲线"。指定执行此命令的线。

③ "名称"。指定点在线上副的名称,默认从"J001"开始。一般采用默认值。

2.9 驱动

在 NX 运动仿真中，如果要让连杆运动起来就需要在连杆上添加驱动，驱动为整个机构的运动提供动力来源。驱动一般添加在运动副上。驱动类似于汽车的发动机，汽车之所以可以行走，是因为发动机为其提供动力。

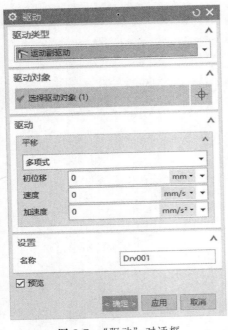

图 2-7 "驱动"对话框

点击"主页"→"机构"→"驱动"图标，打开如图 2-7 所示的对话框。注意在"驱动对象"中必须指定运动副，才会出现"驱动"的下拉菜单。

① "驱动类型"。有两种，分别为"运动副驱动"和"连杆驱动"，一般选择"运动副驱动"，前者更简便一些。

② "驱动对象"。指定要驱动的运动副。

③ "驱动"下面的"平移"部分重要选项说明如下：

• "无"：运动副没有驱动，则由其它运动副提供动力。

• "多项式"：运动副为旋转或者线性运动的等常运动，需要设置"初位移""速度"和"加速度"的参数。对于简单的运动仿真，此选项较为常用。

• "函数"：给运动副添加一个复杂的、符合数学规律的函数运动。对于较复杂的运动仿真，此选项较为常用。

④ "名称"。指定驱动的名称，默认从"Drv001"开始。一般采用默认值。

2.10 函数

NX 运动仿真中提供了丰富多彩的各种类型的函数，但对于注塑模具的运动仿真，用得最多的还是运动函数中的 STEP 函数。STEP 函数也叫间歇函数，也可以理解为递增递减函数。

STEP 函数的格式：STEP（x, x0, h0, x1, h1）。函数中五个变量的定义如下：

• 第一个变量（x）：x 是自变量，在 NX 中一般定义为 time。

• 第二个变量（x0）：x0 是自变量的初始值，在 NX 中是时间段开始时间点，可以是常数、设计变量或其它函数表达式。

• 第三个变量（h0）：h0 是 STEP 函数递增递减的初始值，可以是常数、设计变量或其它函数表达式。

• 第四个变量（x1）：x1 是自变量的结束值，在 NX 中是时间段结束时间点，可以是常数、设计变量或其它函数表达式。

• 第五个变量（h1）：h1 是 STEP 函数递增递减的结束值，可以是常数、设计变量或其它函数表达式。

举例说明以下四个函数的作用：

- STEP（x，0，0，3，100），0～3s，位移 100。
- STEP（x，3，20，5，90），0～3s，位移 20；3～5s，位移 90。
- STEP（x，5，0，7，45），0～5s，位移 0；5～7s，位移 45。
- STEP（x，5，-20，7，45），0～5s，位移-20；5～7s，位移 45。

点击"主页"→"机构"→"驱动"图标。注意在"驱动对象"中必须指定运动副，才会出现"驱动"的下拉菜单。在"驱动平移"选项中选择"函数"，弹出如图 2-8 所示对话框。在对话框中点击"函数"后面的"↓"图标，在弹出的对话框中点击"函数管理器"按钮，弹出如图 2-9 所示对话框。在对话框中点击"新建"按钮，弹出如图 2-10 所示对话框。在对话框中"插入"后面选择"运动函数"，在下面下拉菜单中找到"STEP（x，x0，h0，x1，h1）"函数，然后双击此函数，此函数会进入"公式"下面的输入文本框中，在此文本框中修改 STEP 函数的五个变量。可以在"名称"后面的输入文本框中输入 STEP 函数的名称函数较多时修改 STEP 函数的名称，管理函数时更方便一些。

图 2-8　"驱动"里面的"函数"对话框

图 2-9　"XY 函数管理器"对话框

图 2-10　"XY 函数编辑器"对话框

复杂 STEP 函数式又分为嵌入式和增量式两种，在后续的章节中再以实际的案例进行讲解。

2.11　滑块的运动仿真实例

本节以注塑模具中最简单的滑块的实际案例来讲解其运动仿真，在进行运动仿真之前必

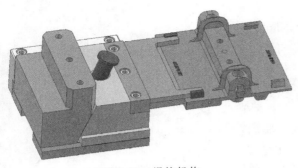

图 2-11　滑块机构

须准备好滑块机构的组装实体，滑块机构可以是装配结构，也可以是非装配结构。本节主要讲解滑块的运动仿真，因此把模具上其它结构都删除了，只留下滑块机构，如图 2-11 所示。滑块运动原理比较简单，通过开模动作，把模具的竖直开模力通过斜导柱转化为滑块的水平开模力，因此斜导柱属于动力机构，滑块属于滑动机构。滑块的运动仿真具体步骤如下。

① 首先打开 NX12.0 软件，点击"文件"→"打开"命令，打开目录：注塑模具复杂结构设计及运动仿真实例＼第 2 章-运动仿真基础＼行位运动仿真 .prt。

② 如果是初次使用 NX12.0 运动仿真，则需要进行用户默认设置。方法如下：点击"文件"→"实用工具"→"用户默认设置"图标，打开如图 2-12 所示的对话框。在左侧下拉菜单中找到"仿真"→"运动"→"前处理器"，然后在右侧"求解器和环境"下面的"求解器"中选择"RecurDyn"求解器。这是因为 NX12.0 的求解器已经发生变化，系统默认还是"Simcenter Motion"求解器，在解算时会出错。设置完成后，点击"确定"按钮。关闭软件再重新打开软件，默认设置才会起作用。

图 2-12　"用户默认设置"对话框

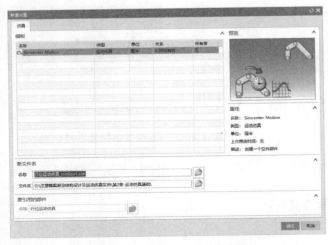

图 2-13　"新建仿真"对话框

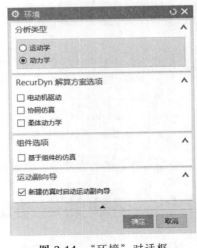

图 2-14　"环境"对话框

③ 进入运动仿真模块。点击"应用模块"→"仿真"→"运动"图标。

④ 新建仿真文件。点击"主页"→"解算方案"→"新建仿真"图标，打开如图 2-13 所示的对话框。在对话框中"名称"及"文件夹"都可以选择默认。然后点击"确定"按钮，弹出如图 2-14 所示的对话框。

a. "分析类型"有两种，分别是"运动学"和"动力学"。

• "运动学"：运动学分析主要处理各种运动，研究机构的位移、速度、加速度和反作用力，并根据解算步长和解算时间对机构做动画仿真。机构的重力、外部载荷及机构的摩擦会影响反作用力，但不会影响机构的运动。运动学仿真机构中的连杆和运动副都是刚性的，机构的自由度不能大于 0。如果选择"运动学"则不能定义下面的"RecurDyn 解算方案选项"。

• "动力学"：动力学分析主要处理物体各种运动的力，动力学分析将考虑机构实际运行时的各种因素影响，机构中的初始力、摩擦力、实体的质量和惯性等参数都会影响机构的运动。当机构的自由度为 1 或者大于 1 时，必须进行动力学分析，如果要进行机构的静态平衡研究，也必须进行动力学分析，否则无法在解算方案中选择"静力平衡"选项。注塑模具运动仿真一般都选择"动力学"分析。

b. "RecurDyn 解算方案选项"下面有如下三个选项，进行注塑模具运动仿真时，这三项都不选。

• "□电动机驱动"：选择此项后，可以在运动仿真模块中创建 PDMC（永磁直流）电动机，并结合信号图工具，来模拟电动机对象。

• "□协同仿真"：选择此项后，可启用"工厂输入"和"工厂输出"工具，此工具可在运动仿真中创建特殊的输入输出变量以实现协同仿真。

• "□柔体动力学"：选择此项后，可以在运动仿真模块中为连杆添加柔性连接，并进行柔体动力学分析。

c. "组件选项"下面的"□基于组件的仿真"。选择此项后，在创建连杆时只能选择装配组件，某些运动仿真只有在基于装配的主模型中才能完成。默认不选择。

d. "运动副向导"下面的"□新建仿真时启动运动副向导"。选择此项后，会启动运动副向导。默认选择。

⑤ 定义连杆。

a. 定义固定连杆。点击"主页"→"机构"→"连杆"图标，打开如图 2-15 所示的对话框。

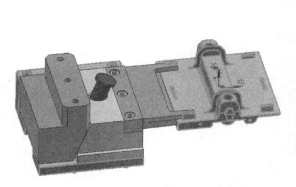

图 2-15 定义第 1 个连杆

图 2-16 运动导航器

由于在滑块运动仿真中，产品、压块和滑块座耐磨板及其螺栓都是不运动的，因此把它们定义为一个连杆（定义连杆时，连杆可以是一个实体，也可以是多个实体），点击"连杆对象"下面的"选择对象"按钮，选取产品、压块和滑块座耐磨板及其螺钉。由于它们在运动仿真时是不运动的，在"设置"下面"□固定连杆"的复选框中打钩。在运动仿真中必须至少有一个固定连杆。第 1 个连杆的名称采用默认值"L001"，在后续的操作中也可以用"L001"来代表第 1 个连杆。定义第 1 个连杆后，会在运动导航器中显示第 1 个连杆的名称（L001）及第 1 个运动副的名称（J001），如图 2-16 所示。因为勾选了"□固定连杆"，所以会自动生成固定副。在运动导航器中把连杆名称前的复选框勾掉，可以在显示区域隐藏此连杆。

b. 定义第 2 个连杆。点击"主页"→"机构"→"连杆"图标，打开如图 2-17 所示的对话框。点击"连杆对象"下面的"选择对象"按钮，选取斜导柱、锁紧块、锁紧块耐磨板及螺钉，定义成第 2 个连杆，由于斜导柱、锁紧块、锁紧块耐磨板及螺钉是运动的，所以不能在"□固定连杆"的复选框中打钩。第 2 个连杆的名称也采用默认值"L002"，在后续的操作中也可以用"L002"来代表第 2 个连杆。实际的模具运动中，由于斜导柱、锁紧块、锁紧块耐磨板及螺钉固定在前模，是不运动的，后模及滑块向后运动，但由于是初次学习运动仿真，为了大家更好理解，所以设计成斜导柱、锁紧块、锁紧块耐磨板及螺钉向上运动。

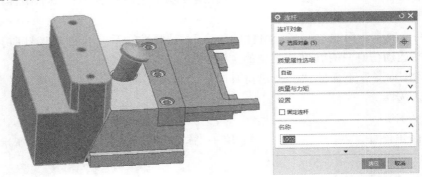

图 2-17 定义第 2 个连杆

c. 定义第 3 个连杆。点击"主页"→"机构"→"连杆"图标，打开如图 2-18 所示的对话框。点击"连杆对象"下面的"选择对象"按钮，选取滑块、滑块镶件及螺钉定义成第 3 个连杆，由于滑块、滑块镶件及螺钉是运动的，所以不能在"□固定连杆"的复选框中打钩。第 3 个连杆的名称采用默认值"L003"，在后续的操作中也可以用"L003"代表第 3 个连杆。

⑥ 定义运动副。

a. 定义第 1 个运动副。由于斜导柱、锁紧块、锁紧块耐磨板及螺钉向上运动，因此把它定义成一个滑动副。点击"主页"→"机构"→"接头"图标，打开如图 2-19 所示的对话框。

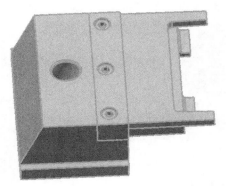

图 2-18　定义第 3 个连杆

在"类型"下拉菜单中选择"滑块",然后在"操作"下面"选择连杆"中直接选择锁紧块上的边,这样既会选择上面定义的第 2 个连杆,还会定义滑动副的原点和方向,注意一定要选择与滑动副方向一样的边。如图 2-19 所示,在锁紧块的边上显示滑动副的原点和方向,这样下面两步"指定原点"和"指定矢量"就不用再定义了,节省操作时间。第 1 个运动副的名称采用默认值"J002",在后续的操作中也可以用"J002"代表第 1 个运动副。

　　注意:这里为什么是"J002",而不是"J001"呢?因为在前面定义第 1 个连杆时勾选固定连杆,会自动生成第 1 个运动副,即固定副"J001",所以定义的第 1 个运动副就自动采用默认值"J002",后面排序以此类推。

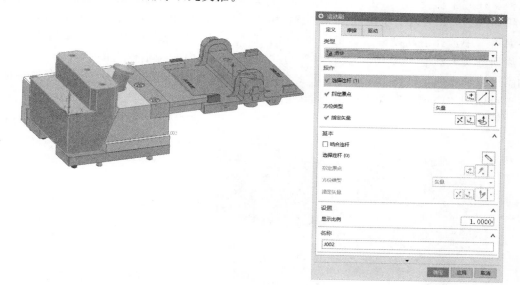

图 2-19　定义第 1 个滑动副

　　b. 定义第 2 个运动副。由于滑块、滑块镶件及螺钉向左侧运动,因此把它定义成一个滑动副。点击"主页"→"机构"→"接头"图标,打开如图 2-20 所示的对话框。在"类型"下拉菜单中选择"滑块",然后在"操作"下面"选择连杆"中直接选择滑块上的边,这样既会选择上面定义的第 3 个连杆,还会定义滑动副的原点和方向,注意一定要选择与滑动副方向一样的边。第 2 个运动副的名称采用默认值"J003",在后续的操作中也可以用"J003"代表第 2 个运动副。

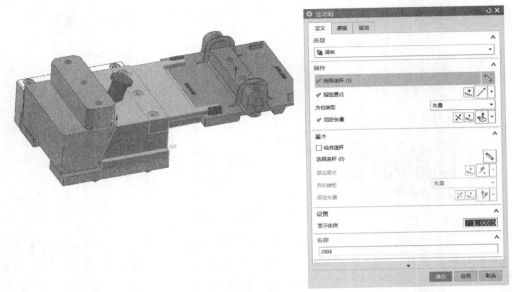

图 2-20　定义第 2 个滑动副

⑦ 定义驱动。

斜导柱与锁紧块向上运动，必须对其定义驱动，由于只是向上做简单的移动，驱动的类型可以选择平移中的多项式。点击"主页"→"机构"→"驱动"图标，打开如图 2-21 所示的对话框。在"驱动类型"下拉菜单中选择"运动副驱动"，"驱动对象"选择斜导柱、锁紧块、锁紧块耐磨板及螺钉的滑动副。注意：由于在显示区域中滑动副不好选择，可以在"运动导航器"中选择滑动副，这样更方便一些。在"平移"下拉菜单中选择"多项式"，"速度"后面的文本框中输入 10，"初位移"与"加速度"后面的文本框中都输入 0，定义后的滑动副沿滑动方向每秒移动 10mm。第 1 个驱动的名称采用默认值"Drv001"，在后续的操作中也可以用"Drv001"代表第 1 个驱动。

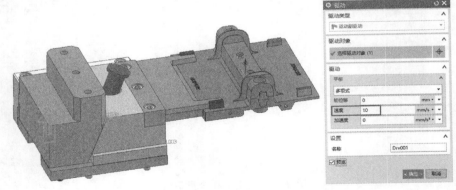

图 2-21　定义驱动

⑧ 定义 3D 接触。

一般情况下也要对滑块、滑块镶件及螺钉的运动副（即 J002）定义驱动，但本案例没有对其定义驱动，这是因为很难设计成斜导柱、锁紧块、锁紧块耐磨板及螺钉（即连杆 L001）与滑块、滑块镶件及螺钉（即连杆 L002）同步运动，即使利用函数设计成同步运动也不符合滑块的运动原理，所以设计成斜导柱与滑块 3D 接触，由斜导柱带动滑块向左侧运动，这也符合滑块运动的原理。点击"主页"→"接触"→"3D 接触"图标，打开如图 2-22 所示的对话框。在"类型"中选择"CAD 接触"，在"操作"下面"选择体"中选择斜导柱，注意一定要选择实体，在"基本"下面"选择体"中选择滑块，也一定要选择实体。3D 接触的名称采用默认值"G001"，在后续的操作中也可以用"G001"代表第 1 个 3D 接触。

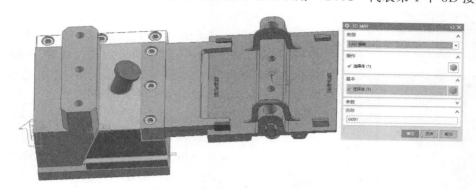

图 2-22 定义 3D 接触

⑨ 定义阻尼器。

由于滑块、滑块镶件及螺钉向左侧的运动驱动力是靠斜导柱与滑块的 3D 接触实现的，因此当斜导柱与滑块脱离接触后，滑块由于惯性，会继续向左侧运动。这不符合滑块的运动原理，实际的滑块运动中由于限位螺钉作用，在斜导柱脱离滑块后，滑块会碰到限位螺钉，限位螺钉阻碍滑块继续向左侧运动。在运动仿真中，为了消除滑块的惯性运动，可以在滑块上添加阻尼器，斜导柱与滑块脱离接触后即停止运动。点击"主页"→"连接器"→"阻尼器"图标，打开如图 2-23 所示的对话框。在对话框中"附着"下选择"滑动副"，"运动副"中选择滑块、滑块镶件及螺钉的运动副（即 J003），在"运动导航器"下面选择"J003"运动副。其它选项均采用默认参数。阻尼器的名称采用默认值"D001"，在后续的操作中也可以用"D001"代表第 1 个阻尼器。

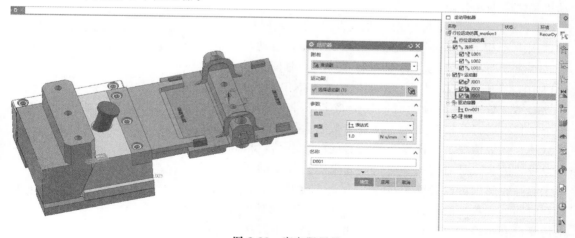

图 2-23 定义阻尼器

⑩ 定义解算方案及求解。

定义解算方案就是设置机构的分析条件，定义解算方案包括定义解算类型、分析类型、时间、步数、重力、求解器参数等。在一个机构中可以定义多种解算方案，不同的解算方案

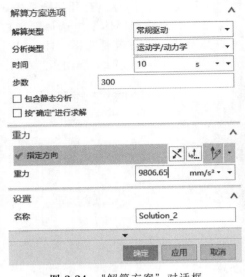

图 2-24　"解算方案"对话框

可以定义不同的分析条件。点击"主页"→"解算方案"→"解算方案"图标，打开如图 2-24 所示的对话框。

a."解算类型"。用于选择解算方案的类型。包括以下四种：

• "常规驱动"：选择此选项后，解算方案是基于时间的一种运动形式，在这种运动形式中，机构在指定的时间段内按指定的步数进行运动仿真。此选项通常为默认选项。

• "链接运动驱动"：选择此选项后，解算方案是基于位移的一种运动形式，在这种运动形式中，机构以指定的步数和步长进行运动仿真。

• "电子表格运动"：选择此选项后，解算方案利用电子表格的运算功能进行常规和关节运动驱动的仿真。

• "柔性体"：选择此选项后，使用 NX Nastran 在高级模拟中生成的输出，可以同时分析弹性变形和刚体运动。

b."分析类型"。用于选择分析方案的类型。包括以下三种：

• "运动学/动力学"：选择此选项后，可以在运动学分析和动力学分析之间进行选择。点击"主页"→"解算方案"→"解算方案"图标→"环境"图标，在弹出对话框中可对"运动学"和"动力学"进行切换。此选项通常为默认选项。

• "静态平衡"：选择此选项后，可以模拟机构从原始设计位置到静态平衡位置的运动。

• "控制/动力学"：选择此选项后，仅当在"环境"对话框中选择"动力学分析类型"和"电机驱动器"或"协同仿真"选项时可用。用于模拟电动机或 Simulink 控制系统与运动机构之间的联合模拟。

c."时间"。即分析中用于指定步数的持续时间（秒），如本例中希望斜导柱所在连杆（L002）向上运动 100mm，而在"驱动"中定义的位移是每秒 10mm，时间就等于 100 除以 10，等于 10 秒，则在"时间"的文本框中输入 10。

d."步数"。将设置的时间段分成若干个瞬态位置（若干个步长）进行分析和显示。设置步数越大则需要运算的时间越长。一般情况下，设置步数是时间的 100 倍，精确仿真可以设置的步数是时间的 200 倍，如果想让设置的时间恰好等于实际时间，可以设置为 60 倍。实际的运用中，为了减少运算时间，步数一般设置为时间的 20～30 倍，此种情况对运动仿真没有影响，只是输出的动画比较模糊。本案例为了减少运算时间，步数设为时间的 30 倍，步数为 300。

e."□按'确定'进行求解"。在此选项的复选框上打钩后，点击下面的"确定"按钮，会自动进行求解，而不需要执行下一步的"求解"运算。一般情况下，在此选项前打钩。

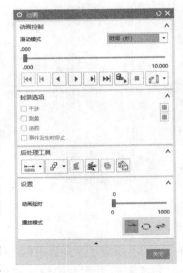

图 2-25　"动画"对话框

⑪ 生成动画。

设置完解算方案并求解后，即可播放机构的运动仿真，并可把机构运动仿真的结果输出为动画视频的文件。也可以根据结果对机构的运动情况、关键位置的运动轨迹、运动状态下组件干涉等进行进一步的分析，以便检验和改进机构的设计。点击"分析"→"运动"→"动画"图标，打开如图 2-25 所示的对话框。

    a. "滑动模式"共有两种，分别为"时间（秒）"和"步数"。

    • "时间（秒）"：动画以设定的时间进行运动仿真。

    • "步数"：动画以设定的步数进行运动仿真。

    b. "播放模式"共有三种，分别为"单次播放""循环播放""往返播放"。

    c. 在播放区域中还有"播放""停止""单帧播放"等按钮，由于这类功能比较常用，大家可自行了解。

滑块运动仿真

滑块运动仿真视频可用手机扫描二维码观看。

2.12　斜顶的运动仿真实例

本节以注塑模具中最简单的斜顶的实际案例来讲解其运动仿真，在进行运动仿真之前必须准备好斜顶机构的组装实体，斜顶机构可以是装配结构，也可以是非装配结构。本节主要讲解斜顶的运动仿真，因此把模具上其它结构都删除了，只留下斜顶机构，如图 2-26 所示。斜顶运动原理比较简单，通过顶出动作，把模具的竖直顶出力通过斜度转化为斜顶的侧向抽芯，因此顶针板属于动力机构，斜顶属于滑动机构。斜顶的运动仿真具体步骤如下。

① 首先打开 NX12.0 软件，点击"文件"→"打开"命令，打开目录：注塑模具复杂结构设计及运动仿真实例\第 2 章-运动仿真基础\斜顶运动仿真.prt。

② 进入运动仿真模块。点击"应用模块"→"仿真"→"运动"图标。

③ 新建仿真文件。点击"主页"→"解算方案"→"新建仿真"图标，打开如图 2-27 所示的对话框。在对话框中"名称"及"文件夹"都可以选择默认。然后点击"确定"按钮，弹出如图 2-28 所示的对话框。均采用默认选项。

④ 定义连杆。

a. 定义固定连杆。点击"主页"→"机构"→"连杆"图标，打开如图 2-29 所示的对话框。由于在斜顶运动仿真中，斜顶导向板锁在 B 板上不运动，因此把它定义为一个固定连杆，点击"连杆对象"下面的"选择对象"按钮，选取斜顶导向板。由于它在运动仿真时是不运动的，在"设置"下面的"□固定连杆"的复选框中打钩。在运动仿真中必须至少有一个固定连杆。第 1 个连杆的名称采用默认值"L001"，在后续的操作中也可以用"L001"来代表第 1 个连杆。定义第 1 个连杆后，会在运动导航器中显示第 1 个连杆的名称（L001）及第 1 个运动副的名称（J001），如图 2-30 所示。因为勾选了"□固定连杆"，所以会自动生成固定副。在运动导航器中，把连杆名称前的复选框勾掉，可以在显示区域隐藏此连杆。

图 2-26　斜顶机构

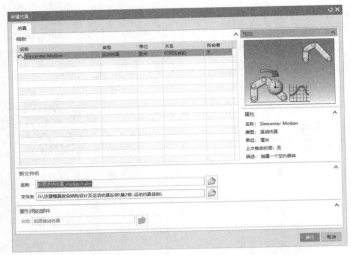

图 2-27 "新建仿真"对话框

图 2-28 "环境"对话框

图 2-29 定义第 1 个连杆

图 2-30 运动导航器

b. 定义第 2 个连杆。点击 "主页"→"机构"→"连杆"图标，打开如图 2-31 所示的对话框。点击 "连杆对象"下面的 "选择对象"按钮，选取斜顶底部上下耐磨板和产品，定义成第 2 个连杆，由于斜顶耐磨板安装在顶针板上，而顶针板是向上运动，所以斜顶耐磨板也是向上运动，顶针板上有斜顶及顶针顶着产品，因此产品也是向上运动的，所以不能在 "□固定连杆"的复选框中打钩。第 2 个连杆的名称也采用默认值 "L002"，在后续的操作中也可以用 "L002"代表第 2 个连杆。

c. 定义第 3 个连杆。点击 "主页"→"机构"→"连杆"图标，打开如图 2-32 所示的对话框。点击 "连杆对象"下面的 "选择对象"按钮，选取斜顶定义成第 3 个连杆，由于斜顶是运动的，所以不能在 "□固定连杆"的复选框中打钩。第 3 个连杆的名称采用默认值 "L003"，在后续的操作中也可以用 "L003"代表第 3 个连杆。

⑤ 定义运动副。

a. 定义第 1 个运动副。由于斜顶耐磨板及产品向上运动，因此把它定义成一个滑动副。点击 "主页"→"机构"→"接头"图标，打开如图 2-33 所示的对话框。在 "类型"下拉菜单中

图 2-31 定义第 2 个连杆

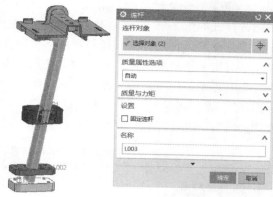

图 2-32 定义第 3 个连杆

选择"滑块"，然后在"操作"下面"选择连杆"中直接选择耐磨板上的边，这样既会选择上面定义的第 2 个连杆，还会定义滑动副的原点和方向，注意一定要选择与滑动副方向一样的边。如图 2-33 所示在锁紧块的边上显示滑动副的原点和方向，这样下面两步"指定原点"和"指定矢量"就不用再定义了，节省操作时间。第 1 个运动副的名称采用默认值"J002"，在后续的操作中也可以用"J002"代表第 1 个运动副。

注意：这里为什么是"J002"，而不是"J001"呢？因为在前面定义第 1 个连杆时勾选固定连杆，会自动生成第 1 个运动副，即固定副"J001"，因此定义的第 1 个运动副就自动采用默认值"J002"，后面排序以此类推。由于此运动副需要驱动，可以"定义"后面的"驱动"中为其定义驱动，此方法在后续章节中再做讲解。

b. 定义第 2 个运动副。由于斜顶不但向斜度方向运动，而且在运动的过程中还向后退以脱倒扣，因此斜顶有两个运动副——斜度方向运动副和侧向后退运动副。首先定义斜顶斜度方向的滑动副。点击"主页"→"机构"→"接头"图标，打开如图 2-34 所示的对话框。在"类型"下拉菜单中选择"滑块"，然后在"操作"下面"选择连杆"中直接选择斜顶斜度上的边，这样既会选择上面定义的第 3 个连杆，还会定义滑动副的原点和方向，注意一定要选择与滑动副方向一样的边。第 2 个运动副的名称采用默认值"J003"，在后续的操作中也可以用"J003"代表第 2 个运动副。

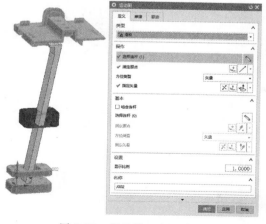

图 2-33 定义第 1 个运动副

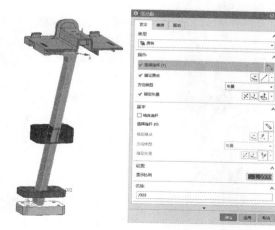

图 2-34 定义第 2 个运动副

c. 定义第 3 个运动副。定义斜顶后退方向的滑动副。点击"主页"→"机构"→"接头"图标，打开如图 2-35 所示的对话框。在"类型"下拉菜单中选择"滑块"，然后在"操作"下面"选择连杆"中直接选择斜顶底部横向方向上的边，这样既会选择上面定义的第 3 个连杆，还会定义滑动副的原点和方向，注意一定要选择与滑动副方向一样的边。

重要提示：由于斜顶是跟随斜顶耐磨板向上运动，所以必须单击"基本"选项下的"选择连杆"，选择斜顶耐磨板连杆（即 L002），如图 2-36 所示。第 3 个运动副的名称采用默认值"J004"，在后续的操作中也可以用"J004"代表第 3 个运动副。

图 2-35　定义第 3 个运动副　　　　　图 2-36　定义第 3 个运动副选择连杆

⑥ 定义驱动。

斜顶上面的耐磨板锁在顶针板上，随着顶针板向上运动，必须对其定义驱动，由于只是向上做简单的移动，驱动的类型可以选择平移中的多项式。点击"主页"→"机构"→"驱动"图标，打开如图 2-37 所示的对话框。在"驱动类型"下拉菜单中选择"运动副驱动"，"驱

图 2-37　定义驱动

动对象"选择斜顶耐磨板及产品的滑动副（即 J002），注意由于在显示区域中滑动副不好选择，可以在"运动导航器"中选择滑动副，会更方便一些。在"平移"下拉菜单中选择"多项式"，"速度"后面的文本框中输入 10，"初位移"与"加速度"后面的文本框中都输入 0，定义后的滑动副沿滑动方向每秒移动 10mm。第 1 个驱动的名称采用默认值"Drv001"，在后续的操作中也可以用"Drv001"代表第 1 个驱动。

⑦ 定义解算方案及求解。

定义解算方案就是设置机构的分析条件，定义解算方案包括定义解算类型、分析类型、时间、步数、重力、求解器参数等。在一个机构中可以定义多种解算方案，不同的解算方案可以定义不同的分析条件。点击"主页"→"解算方案"→"解算方案"图标，打开如图 2-38 所示的对话框。由于斜顶向上顶出 60，在驱动中的速度是 10mm/s，因此在解算方案中的时间就是 60 除以 10 等于 6 秒，步数可以取时间的 30 倍，即 180 步。

⑧ 生成动画。

设置完解算方案并求解后，即可播放机构的运动仿真，并可把机构运动仿真的结果输出为动画视频的文件。也可以根据结果对机构的运动情况、关键位置的运动轨迹、运动状态下组件干涉等进行进一步的分析，以便检验和改进机构的设计。点击"分析"→"运动"→"动画"图标，打开如图 2-39 所示的对话框。点击"播放"按钮即可播放斜顶的运动仿真。

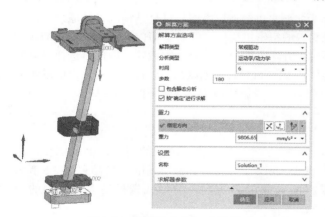

图 2-38　"解算方案"对话框

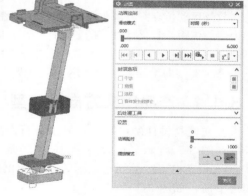

图 2-39　斜顶运动仿真动画

斜顶运动仿真视频可用手机扫描二维码观看。

斜顶运动仿真

第3章

摄影机镜头升降收缩筒（环形内倒扣）结构设计及运动仿真

摄影机镜头升降收
缩筒模具结构

3.1 摄影机镜头升降收缩筒产品分析

本章以摄影机镜头内的升降收缩筒产品为实例来讲解环形内倒扣模具结构的设计原理、经验参数及运动仿真。升降收缩筒属于摄影机镜头内的精密机构，升降收缩筒内的环形内倒扣的作用为调节焦距，对尺寸精度的要求比较高，同时在升降收缩筒的筒外有圈齿轮，因此可选择具有高硬度、尺寸稳定性好、耐疲劳和耐化学性能好的 PPS 材料，根据以往的经验，客户给出的缩水率是 1.0035（即千分之 3.5）。用手机扫描二维码可观看摄影机镜头升降收缩筒模具结构。

3.1.1 产品出模方向及分型

在模具设计的前期，首先要分析产品的出模方向、分型线、产品的前后模面及倒扣。产品如图 3-1 所示。产品最大外围直径 130.26mm，产品高 108.38mm，产品的主壁厚为 3.0mm。由于产品属于筒形，产品的出模方向选择正 Z 方向，分型线选择最大外围圆的 R 角下面，如图 3-2 所示。

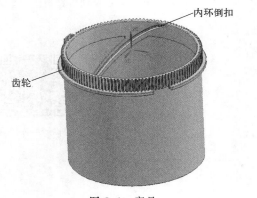

图 3-1 产品

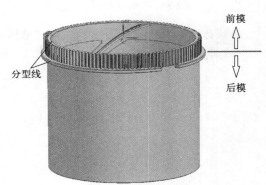

图 3-2 产品分型线

3.1.2 产品的前后模面

产品的前后模面如图 3-3 所示。直升面可以出在前模也可以出在后模。由于大部分的直升面位于环形内倒扣区域，此区域采用组合斜顶脱模，因此可以不用做拔模斜度，齿轮区域的直升面不可做拔模斜度。

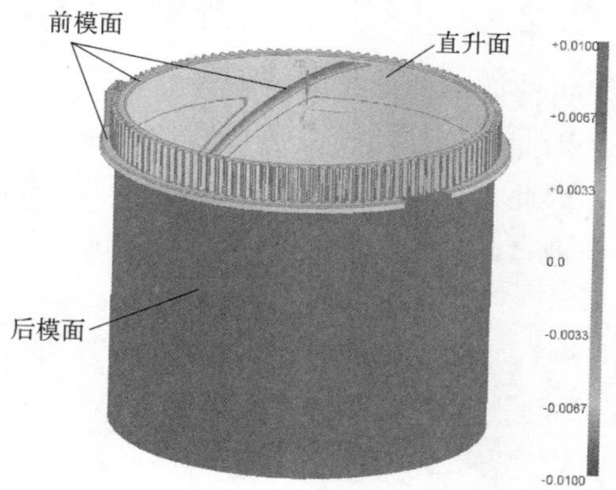

3.1.3 产品的倒扣

产品倒扣如图 3-4 所示，图中三个箭头所指的产品内部有三条凸轮，由于采用 PPS 材料，不可强制脱模，必须采用内部脱模机构，根据多年设计经验，可采用组合斜顶内缩脱模机构。组合斜顶内缩脱模机构如图 3-5 所示。

3.1.4 产品的浇注系统

图 3-3　产品的前后模面

由于整个产品的外表面都属于外观面，因此不能从产品的外观面处进胶，齿轮的上表面位于装配位之内，此面装配完成后不影响产品的外观，可从此表面做针点式浇口进胶。特别注意，对于圆形产品，最少选三点浇口进胶，而且浇口位置呈 120°均匀分布，否则产品的流动不平衡。对于尺寸精度要求较高的产品，切忌两点进胶或一点进胶，这样的进胶形式会导致产品注塑后是椭圆形的，影响产品的装配。由于本产品最大外围直径约 130mm，产品较大，产品的平均壁厚 2.4mm，因此采用六点针点式浇口，每个浇口间隔 60°均匀分布。本产品针点式浇口进胶如图 3-6 所示。

图 3-4　产品倒扣

图 3-5　组合斜顶内缩脱模机构

图 3-6　针点式浇口进胶

3.2　摄影机镜头升降收缩筒模具结构分析

3.2.1　摄影机镜头升降收缩筒模具的模架

本产品选择针点式进胶形式，因此模架选择简化型细水口模架，模架型号为 FCI3535 A90 B220 C150，模架如图 3-7 所示。模架为简化型细水口模架，因此需要三次开模，第一次开模开水口板与 A 板之间，主要作用是把浇口与产品拉断，并把浇注系统从前内模及 A 板中拉出。第二次开模开水口板与面板之间，主要作用是把浇注系统从唧嘴（浇口套）中拉出。第三次开模开 A 板与 B 板之间，主要作用是使产品顶出。

3.2.2　摄影机镜头升降收缩筒模具的前模仁

　　升降收缩筒模具的前模仁如图 3-8 所示。由于齿轮在前模，而齿轮中的齿需要线割加工，因此齿轮处的胶位必须设计成镶件的形式。齿轮中间的镶件中的胶位需要火花放电加工，因此也设计成镶件。前模仁的四角有四个虎口，用于前后模仁的精定位。前模仁中间有一个圆盲孔，用于与后模镶件精定位。

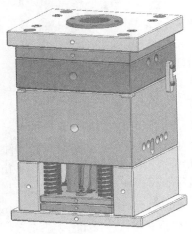

图 3-7　升降收缩筒模具的模架

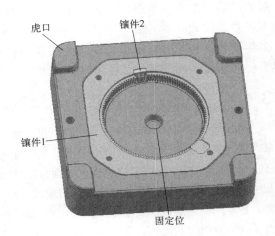

图 3-8　升降收缩筒模具的前模仁

3.2.3　摄影机镜头升降收缩筒模具的后模仁

　　升降收缩筒模具的后模仁如图 3-9 所示。由于后模的胶位太深，加工时需要火花放电加工，加工时间长，成本高，因此在后模仁的底部又设计一个镶件，后模仁就可以采用慢走丝线割加工，大大地节省加工时间及加工成本。后模仁下面的镶件采用 CNC 数控中心加工及线割加工也更方便一些。

3.2.4　摄影机镜头升降收缩筒模具的组合斜顶内缩机构

　　升降收缩筒模具的组合斜顶内缩机构如图 3-10 所示。在后面的章节中会重点讲解组合斜顶内缩机构的结构组成、运动原理及经验参数，这里不再赘述。

图 3-9　升降收缩筒模具的后模仁

图 3-10　组合斜顶内缩机构

3.3　组合斜顶内缩机构的结构组成

组合斜顶内缩机构的结构组成如图 3-11 所示。机构中各个部件的作用如下：

① 第一组斜顶。第一组斜顶共有四个斜顶，此四个斜顶为小斜顶，由于此四个斜顶的角度大，运动过程中走得快，为其它四个斜顶腾出空间。

② 第二组斜顶。第二组斜顶共有四个斜顶，此四个斜顶为大斜顶，由于此四个斜顶的角度小，运动过程中走得慢，其它四个小斜顶腾出空间后四个大斜顶才能运动。

③ 斜顶锁紧块。由于八个斜顶组成升降收缩筒的内圆，因此对八个斜顶的运动精度要求比较高。斜顶锁紧块上设计梯台或者梯槽的目的就是保证斜顶在运动过程中更平稳。

④ 斜顶导向块。斜顶导向块作用在斜顶下端进行导向，与上端的斜顶锁紧块组合成双段导向，斜顶进行运动时更加平稳。

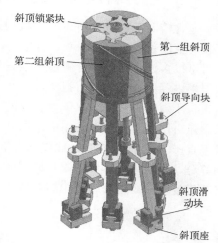

图 3-11　组合斜顶内缩机构结构组成

⑤ 斜顶滑动块。安装在斜顶的底部，斜顶不但向上顶出，还向侧向滑动，从而脱倒扣。斜顶滑动块与斜顶座配合使用。

⑥ 斜顶座。斜顶座安装在斜顶滑动块的底部，与斜顶滑动块配合使用，斜顶滑动块在斜顶座上滑动。

3.4　组合斜顶内缩机构的运动原理

组合斜顶内缩机构主要由四个小斜顶和四个大斜顶组合而成，小斜顶的斜顶角度较大，大斜顶的斜顶角度较小，由于两组斜顶的斜顶角度相差几倍以上，所以角度大的斜顶走得快，角度小的斜顶走得慢，角度大的斜顶走得快从而为角度小的斜顶腾出后退空间。两组斜顶的角度对比如图 3-12 所示。组合斜顶运动前的状态如图 3-13 所示，组合斜顶运动后的状态如图 3-14 所示。

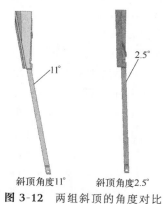

图 3-12　两组斜顶的角度对比

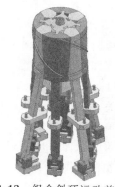

图 3-13　组合斜顶运动前状态

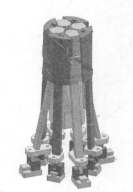

图 3-14　组合斜顶运动后状态

3.5 组合斜顶内缩机构的经验参数

3.5.1 组合斜顶大小的设计

通常情况下，组合斜顶内缩机构适用于内径大于 80mm 的内缩件，若内径太小，设计斜顶时空间位置不够。斜顶的件数与内径有关，内径较小时可以设计三组组合斜顶，内径较大时可以多设计几组组合斜顶。本案例的内径 115mm，因此可以设计成四组组合斜顶，选取上端内径圆弧线，然后把圆弧线等分成四份，如图 3-15 所示。由于每一组斜顶又分成大斜顶与小斜顶，一般情况下大斜顶的圆弧长度是小斜顶圆弧长度的 3 倍左右，因此可以把四段圆弧再次四等分，取其中的一段作为小斜顶的大小，如图 3-16 所示。最好把小斜顶设计成垂直于 X 方向，或者设计成垂直于 Y 方向。可以再次把刚才四段圆弧中的其中一段圆弧两等分，从两段圆弧中的端点向圆弧中心连一条线，然后测量直线与 X 轴或者 Y 轴的角度，最后用旋转命令把圆弧线中间旋转于 X 轴或者 Y 轴之上，如图 3-17 所示。

图 3-15 组合斜顶内缩
机构圆弧线四等分

图 3-16 单组斜顶内缩
机构圆弧四等分

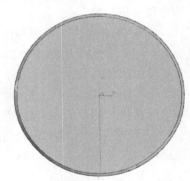

图 3-17 圆弧线摆正

3.5.2 组合斜顶角度的设计

组合斜顶有多个角度需要设计。首先设计小斜顶的平面角度，一般情况下小斜顶两侧的角度最好能垂直于圆弧线，但垂直于圆弧线后此角度可能是带有小数位的，最好能把此角度调整为整数角度（便于加工和测量）。本案例两侧角度垂直于圆弧线后是 22.5°，可调整为 24°，如图 3-18 所示。其次是设计小斜顶 Z 方向的角度，小斜顶向后退的过程中，小斜顶的侧面最好与大斜顶的侧面分离（即不接触，也就不用摩擦，可大大提高斜顶寿命），此角度可设计为 3°~5°，角度的大小与小斜顶下端的尺寸大小有关，在小斜顶的底部要加斜顶杆，小斜顶的底部最少要比斜顶杆大。小斜顶 Z 方向角度如图 3-19 所示。小斜顶 Z 方向角度拉伸的片体以圆心为中心旋转 90°，复制三份，然

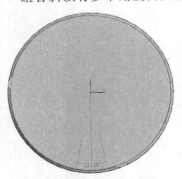

图 3-18 小斜顶平面角度

后用拆分体命令拆分实体。拆分后的实体如图 3-20 所示。最后设计大斜顶与小斜顶的角度，本机构的核心就是大小斜顶的角度差，理论上角度差越大越好，但在实际设计中，小斜顶的

角度一般是大斜顶的 4 倍或以上，这是因为一般情况下斜顶的角度设计成 3°～8°，假如大斜顶角度设计成 3°，小斜顶角度就要设计成 12°，12° 的斜顶角度较大，寿命会缩短。假如大斜顶角度设计成 2°，顶出行程就比较大。本案例小斜顶角度设计成 11°，大斜顶角度设计成 2.5°，如图 3-12 所示。环形内倒扣的最大倒扣为 2mm，因此斜顶的行程就是 2（最大外倒扣）+2（余量）=4mm，斜顶三角函数如图 3-21 所示。

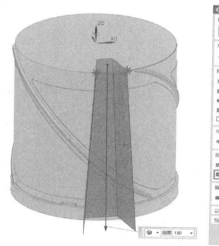

图 3-19　小斜顶 Z 方向角度

图 3-20　拆分后的实体

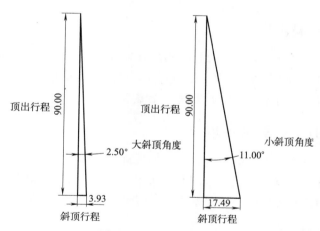

图 3-21　斜顶三角函数

3.5.3　组合斜顶厚度及梯槽的设计

斜顶的厚度一般设计为 8～12mm，本案例斜顶由于中间有梯槽结构，所以不宜设计太厚，本案例斜顶厚度为 9mm，斜顶宽度为厚度的 2 倍（18mm）。斜顶要设计直升位，直升位 5～10mm。小斜顶由于空间限制，设计成梯台形式，大斜顶比较大可设计成梯槽形式，梯槽经验数据可参考第 1 章的前模滑块中梯槽的经验数据。本案例由于空间有限，梯槽的厚度设计为 3mm，梯槽的宽度也设计为 3mm。斜顶厚度及梯槽的经验数据如图 3-22 所示。

3.5.4 斜顶滑动块及斜顶座

如图 3-23 所示为斜顶滑动块及斜顶座。斜顶滑动块安装在斜顶上,中间用销钉连接。由于斜顶的宽度有 18mm,为了减少斜顶滑动块的宽度,斜顶的底部可适当减小。斜顶座用螺钉锁在顶针板上,斜顶座上的梯台经验数据如图 3-24 所示。

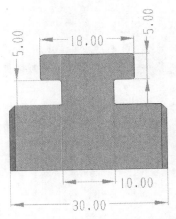

图 3-22　组合斜顶厚度及　　　图 3-23　斜顶滑动块及斜顶座　　　图 3-24　斜顶座上的梯台经验数据
梯槽的经验数据

3.5.5 斜顶的避空

由于小斜顶角度比较大,斜顶行程长,小斜顶顶到位后,四个小斜顶会相互干涉,因此在如图 3-25 中三个箭头所指的位置设计三处避空,以防止斜顶相互干涉。大斜顶角度较小,斜顶行程短,斜顶顶出不会干涉,因此大斜顶无需避空。

3.5.6 斜顶的加工注意事项

由于斜顶精度比较高,四组斜顶组合起来形成规则的圆,如果分别对每个斜顶用不同的基准进行加工,累计公差就比较大。为了保证斜顶的精度,设计如图 3-26 所示的夹具,把每个斜顶装入夹具中进行加工时,由于基准是一样的,可以保证斜顶的加工精度。

夹具

图 3-25　斜顶避空　　　　　　　　　图 3-26　斜顶夹具

3.6 组合斜顶内缩机构的运动仿真

组合斜顶内缩机构的模具结构比较复杂，属于非常规模具结构，如果以前没有设计过类似的模具，还是非常有挑战性的。但是组合斜顶内缩机构的运动仿真比较简单，和常规斜顶运动仿真类似，可用手机扫描二维码观看。利用运动仿真可以真实模拟组合斜顶内缩机构的运动状态，这是在模具设计中很难做到的，因此复杂结构的运动仿真使模具设计如虎添翼，对于模具结构的理解、检查起到立竿见影的效果。

3.6.1 组合斜顶内缩机构的运动分解

组合斜顶内缩机构的运动仿真动作与普通斜顶动作步骤基本一致，不过组合斜顶的斜顶数量更好。其运动可分解成三步：

① 顶针板（即斜顶座）恒定向上运动。

② 斜顶第一个运动方向沿斜顶斜度方向向上运动。

③ 斜顶第二个运动方向沿斜顶后退方向向后运动，注意一定要选择下面的斜顶座作为基座。

3.6.2 连杆

在定义连杆之前首先打开以下目录的文件：注塑模具复杂结构设计及运动仿真实例\第3章-摄影机镜头升降收缩筒\03-升降收缩筒-运动仿真.prt。进入运动仿真模块，接着点击"主页"→"解算方案"→"新建仿真"图标，新建运动仿真，其它选项可选择默认设置。

① 定义固定连杆。在本案例中斜顶锁紧块、斜顶导向块都是固定不运动的，因此可将它们定义为固定连杆。点击"主页"→"机构"→"连杆"图标，打开如图3-27所示的对话框。点击"连杆对象"下面的"选择对象"按钮，选取斜顶锁紧块及所有斜顶导向块定义成第1个连杆。注意一定要在对话框中"□固定连杆"的复选框中打钩。定义第1个连杆后，会在运动导航器中显示第1个连杆的名称（L001）及第1个运动副的名称（J001）。

② 定义第2个连杆。斜顶座安装在顶针板上，在顶出过程中顶针板向上顶出，即斜顶座向上顶出。在斜顶座顶出的同时，产品也向上运动，产品与斜顶座同

图3-27 定义固定连杆

步运动，因此把所有的斜顶座及产品定义为第2个连杆。点击"主页"→"机构"→"连杆"图标，打开如图3-28所示的对话框。点击"连杆对象"下面的"选择对象"按钮，选择产品和所有斜顶座定义成第2个连杆，由于斜顶座及产品需要向上运动，所以不能在"□固定连杆"的复选框中打钩。第2个连杆的名称采用默认值"L002"。

③ 定义第 3 个连杆。斜顶滑动块与斜顶通过销钉连接起来，因此把斜顶、斜顶滑动块和销钉定义为第 3 个连杆。点击"主页"→"机构"→"连杆"图标，打开如图 3-29 所示的对话框。点击"连杆对象"下面的"选择对象"按钮，选择第一个斜顶、斜顶滑动块和销钉定义成第 3 个连杆，由于斜顶需要运动，所以不能在"□固定连杆"的复选框中打钩。第 3 个连杆的名称采用默认值"L003"。

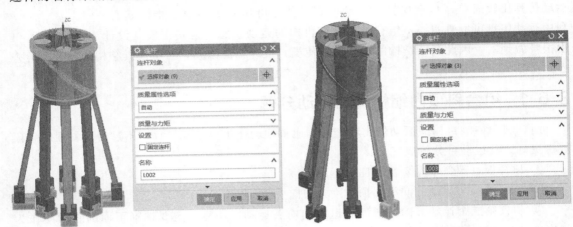

图 3-28　定义第 2 个连杆　　　　　　图 3-29　定义第 3 个连杆

④ 定义第 4～10 个连杆。其它 7 个斜顶定义连杆的方法与定义第 3 个连杆的方法完全一样，依次定义后面的 7 个斜顶、斜顶滑动块和销钉的连杆。连杆的名称分别为"L004"至"L010"。

3.6.3　运动副

① 定义第 1 个运动副。由于斜顶座及产品向上运动，因此把它定义成一个滑动副。点击"主页"→"机构"→"接头"图标，打开如图 3-30 所示的对话框。在"类型"下拉菜单中选择"滑块"，然后在"操作"下面"选择连杆"中直接选择斜顶座上的边，这样既会选择上面定义的第 2 个连杆，还会定义滑动副的原点和方向，注意一定要选择与滑动副方向一样的边。如图 3-30 所示在斜顶座的边上显示滑动副的原点和方向，这样下面两步"指定原点"和"指定矢量"就不用再定义了，节省操作时间。第 1 个运动副的名称采用默认值"J002"。由于此运动副需要驱动，可以"定义"后面的"驱动"中为其定义驱动，点击"驱动"按钮，弹出如图 3-31 所示对话框，在"平移"下拉菜单中选择"多项式"，"速度"后面的文本框中输入 9，"初位移"与"加速度"后面的文本框中都输入 0，定义后的滑动副沿滑动方向每秒移动 9mm。

② 定义第 2 个运动副。由于斜顶向两个方向运动，不但向斜顶的斜度方向运动，还向后退从而脱离倒扣，所以斜顶需要定义两个运动副。首先定义向斜顶斜度方向运动的运动副。点击"主页"→"机构"→"接头"图标，打开如图 3-32 所示的对话框。在"类型"下拉菜单中选择"滑块"，然后在"操作"下面"选择连杆"中直接选择斜顶斜度方向的边，这样既会选择上面定义的连杆，还会定义滑动副的原点和方向，注意一定要选择与滑动副方向一样的边。如图 3-32 所示在斜顶的边上显示滑动副的原点和方向，这样下面两步"指定原点"和"指定矢量"就不用再定义了，节省操作时间。第 2 个运动副的名称采用默认值"J003"。

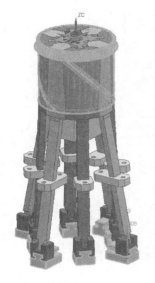

图 3-30　定义第 1 个运动副

图 3-31　定义第 1 个运动副的驱动

图 3-32　定义第 2 个运动副

③ 定义第 3 个运动副。接着定义斜顶向后退方向运动的运动副。点击"主页"→"机构"→"接头"图标，打开如图 3-33 所示的对话框。在"类型"下拉菜单中选择"滑块"，然后在"操作"下面"选择连杆"中直接选择斜顶滑动块的边，这样既会选择上面定义的连杆，还会定义滑动副的原点和方向，注意一定要选择与滑动副方向一样的边。如图 3-33 所示，在斜顶的边上显示滑动副的原点和方向，这样下面两步"指定原点"和"指定矢量"就不用再定义了，节省操作时间。

重要提示：由于斜顶是跟随斜顶座向上运动，所以必须单击"基本"选项下的"选择连杆"，选择斜顶座连杆（即 L002），如图 3-34 所示。第 3 个运动副的名称采用默认值"J004"。

图 3-33　定义第 3 个运动副　　　　　　图 3-34　定义第 3 个运动副选择连杆

④ 定义第 4~17 个运动副。依次对剩下的 14 个斜顶定义斜顶斜度方向的滑动副和斜顶后退方向的滑动副，重复定义运动副的步骤②、③。运动副的名称依次为"J005"至"J018"。

3.6.4　驱动

本案例的驱动在前面定义第 1 个运动副时已经定义过，如图 3-31 所示。在"平移"下

图 3-35　两种方式定义驱动的区别

拉菜单中选择"多项式"，"速度"后面的文本框中输入 9，"初位移"与"加速度"后面的文本框中都输入 0，定义后的滑动副沿滑动方向每秒移动 9mm。定义驱动有两种方式，第一种是在定义运动副后直接定义驱动，第二种是按运动仿真流程定义完运动副后再定义驱动。读者可根据自己的习惯选择自己喜欢的方式定义驱动。不过第一种方式定义出来的驱动在右侧运动导航器中不会显示驱动，但有驱动的运动副的图标明显与没有驱动的运动副图标不一样，如图 3-35 所示。第一种方式定义驱动时不用选择运动副，而第二种方式定义驱动时要选择运动副，笔者习惯于选择第一种方式定义驱动。

3.6.5　解算方案及求解

点击"主页"→"解算方案"→"解算方案"图标，打开如图 3-36 所示的对话框。由于斜顶向上顶出 90，在驱动中的速度是 9mm/s，因此在解算方案中的时间就是 90 除以 9 等于 10s，步数可以取时间的 30 倍，即 300 步。

3.6.6 生成动画

点击"分析"→"运动"→"动画"图标，打开如图 3-37 所示的对话框。点击"播放"按钮即可播放组合斜顶内缩机构的运动仿真动画。图 3-37 是斜顶顶出后的状态图。组合斜顶内缩机构运动仿真的动画可用手机扫描二维码观看。

组合斜顶内
缩机构运动
仿真的动画

图 3-36 "解算方案"对话框

图 3-37 组合斜顶内缩机构的运动仿真动画

第 4 章

汽车油箱盖底座（斜顶上带滑块）结构设计及运动仿真

汽车油箱盖底
座模具结构

4.1 汽车油箱盖底座产品分析

本章以某汽车油箱盖底座产品为实例来讲解斜顶上带滑块模具结构的设计原理、经验参数及运动仿真。汽车油箱盖总成如图 4-1 所示，分两次成型，首先在第一套模具中注塑硬胶产品，接着再把硬胶产品拿出来放入第二套软胶模具中注塑软胶产品，因此软胶模具也叫包胶模，本章主要讲解硬胶产品的模具结构及运动仿真。汽车油箱盖底座产品属于内观件，因此对产品的分型线及进胶口的位置要求不高。但由于油箱盖底座产品既是燃油的入口，又是燃油的密封口，因此对产品尺寸精度的要求比较高。产品与燃油接触，产品的材料必须选择耐腐蚀、耐热、电绝缘性好、高强度及高刚度的，本案例选用的材料是 PP＋GF30％，根据以往的经验，客户指定的缩水率是 1.005（即千分之五）。汽车油箱盖底座模具结构可用手机扫描二维码观看。

图 4-1 汽车油箱盖总成

4.1.1 产品出模方向及分型

在模具设计的前期，首先要分析产品的出模方向、分型线、产品的前后模面及倒扣。产品如图 4-2 所示。产品最大外围尺寸长宽高分别为 197.8mm×155.4mm×45.2mm，产品的主壁厚为 2.0mm。根据模具设计原则，产品的出模方向选择正 Z 方向，由于产品属于内观件，分型线除了在产品最大外围外，还可以在产品的中间，如图 4-3 所示。

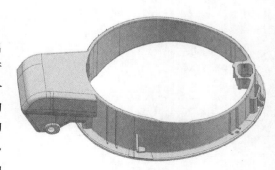

图 4-2 产品

4.1.2 产品的前后模面

产品的前后模面如图 4-4 所示。直升面可以出在前模也可以出在后模，由于大部分的直升面出在滑块上，因此可以不用做拔模斜度。

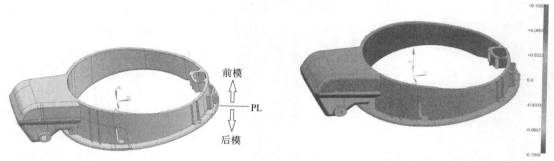

图 4-3 产品分型线　　　　　　　　　　图 4-4 产品的前后模面

4.1.3 产品的倒扣

产品倒扣如图 4-5 所示，图（a）中箭头所指区域均为外倒扣，要采用滑块结构。图（b）中箭头所指区域为内倒扣，由于此内倒扣开口尺寸小，内部尺寸大，因此不可用常规脱内倒扣结构，可设计成斜顶上带滑块的结构，如图 4-6 所示。

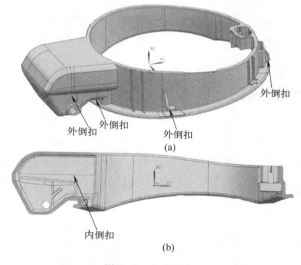

(a)

(b)

图 4-5 产品倒扣

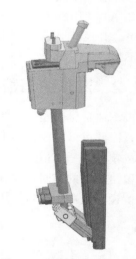

图 4-6 斜顶上带滑块结构

4.1.4 产品的浇注系统

由于产品是内观件，因此可以从产品的任何区域进胶。本产品属于汽车内饰件，对产品的尺寸要求比较高，所以采用单嘴热流道转冷流道形式。根据模具设计中浇口设计原则，选择浇口位置时，产品的充填一定要平衡，因此最好选择从产品的一端向另一端充填，根据产品的形状及尺寸，浇口的位置如图 4-7 所示。

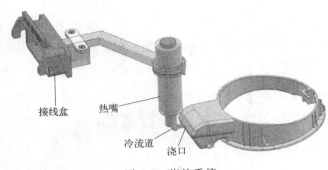

接线盒　热嘴

冷流道　浇口

图 4-7　浇注系统

注意：图中浇口端区域设计成
滑块，为了更容易加工及后续的模
具装配，一般情况下都会把滑块设
计成平面，而图中浇口的另一侧由
于产品设计，分型面是曲面的，把
浇注系统设计到平面上是最优选择，
而且浇口的另一侧有外倒扣，需要
设计成滑块结构，因此更无法设计
浇口。因为浇注系统设计到滑块上
面，所以流道必须设计成梯形或者
U形，不能设计成圆形，否则滑块无法后退。由于产品的材料加了玻璃纤维，所以浇口设
计成扇形。

热嘴（热流道）由热流道公司设计。由于产品是一模一穴，而且从产品的一侧进胶，所
以模具设计成偏芯结构。整个浇注系统经模流分析验证，可以满足产品充填及保压的需求。

4.2　汽车油箱盖底座模具结构分析

4.2.1　汽车油箱盖底座模具的模架

本产品采用热流道转冷流道扇形浇口侧进胶的形式，因此选择大水口模架，模架型号为
CI4545 A140 B130 C170，模架如图 4-8 所示。模架为大水口工字形模架，因此只需一次开
模即可，开模开 A 板与 B 板之间，主要作用是方便产品的顶出。因为采用的是单嘴热流道，
可以不加热流道板。

4.2.2　汽车油箱盖底座模具的前模仁

汽车油箱盖底座模具的前模仁如图 4-9 所示。由于产品是一个圆形形状，中间没有任何
胶位，因此可以在模仁的中间设计滑块的斜导柱及锁紧块。前模箭头所指的凸起区域较高，
设计成镶件。一般情况下，模仁的形状都设计成规则的四方体形状，但本案例的模仁为了给
滑块留出更多的空间，设计成跟随产品外形的异形形状。由于模仁是异形形状，所以前模仁
的两侧设计成两个虎口，用于前后模仁的精定位。

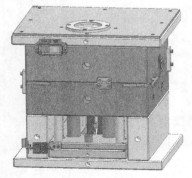

图 4-8　汽车油箱盖底座模具的模架

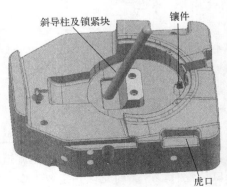

斜导柱及锁紧块　镶件

虎口

图 4-9　汽车油箱盖底座模具的前模仁

4.2.3 汽车油箱盖底座模具的后模仁

汽车油箱盖底座模具的后模仁如图 4-10 所示。后模中间通孔是斜顶的导向通道，后模仁上设计燕尾槽是因为斜顶太大，加强斜顶的导滑机构。在后模仁的燕尾槽旁边因为骨位太深，设计一个镶件，便于加工及排气。在模仁的另一侧设计有滑块定位，一定要在模仁上设计滑块定位，否则会影响滑块的精度。

4.2.4 汽车油箱盖底座模具的三组普通小滑块

汽车油箱盖底座模具的三组普通小滑块如图 4-11 所示。滑块 2 与滑块 3 都属于普通滑块，经验参数和结构原理可参考第 1 章模具结构设计基础。滑块 1 属于延迟滑块，这是因为滑块 1 上面的产品胶位倒扣出模方向不一致，必须设计成两次外抽，如图 4-12 所示。在滑块 1 中分别设计两个滑块（大滑块绿色，小滑块蓝色），小滑块下面设计燕尾槽，小滑块的斜导柱孔与斜导柱没有避空（准确讲通常斜导柱孔与斜导柱避空 0.5mm），大滑块的斜导柱孔与斜导柱处于避空状态，如图 4-13 所示。在开模时由于斜导柱先接触到小滑块，小滑块沿燕尾槽的斜度方向向后运动，而大滑块的斜导柱与斜导柱孔处于避空状态，因此大滑块不动。小滑块走到位后，波珠螺钉限位，小滑块停止运动，此时斜导柱刚好接触到大滑块的斜导柱孔，由于小滑块安装在大滑块上，大滑块与小滑块一起向后运动，从而脱离倒扣区域，完成滑块运动。

4.2.5 汽车油箱盖底座模具的斜顶上带滑块结构

汽车油箱盖底座模具的斜顶上带滑块结构如图 4-14 所示。在后面的章节中会重点讲解斜顶上带滑块结构组成、运动原理及经验参数，这里不再赘述。

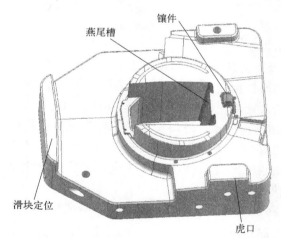

图 4-10　汽车油箱盖底座模具的后模仁

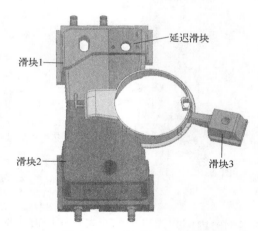

图 4-11　三组普通小滑块

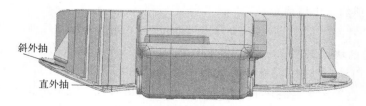

图 4-12　延迟滑块的产品示意图

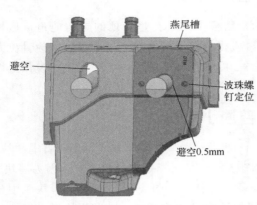

图 4-13　延迟滑块的斜导柱避空示意图　　　　　图 4-14　斜顶上带滑块结构

4.3　斜顶上带滑块结构组成

斜顶上带滑块结构组成如图 4-15 所示。机构中各个部件的作用如下。

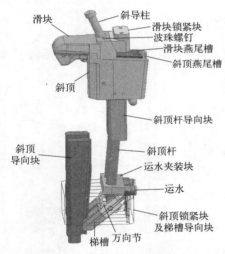

图 4-15　斜顶上带滑块结构组成

① 滑块。滑块的作用是先抽一部分内倒扣区域，为斜顶的后退腾出空间。注意：滑块的运动方向最好设计成斜度方向，这样可以退出更多的空间。

② 斜导柱。斜导柱的作用是为滑块的后退提供动力，由于滑块的行程较大，斜导柱的角度可适当设计大一些，为了保证斜导柱的强度，斜导柱的直径可以适当加大一些。

③ 滑块锁紧块。滑块锁紧块的作用是锁紧滑块，防止在模具注射过程中，在注射压力作用下，滑块后移。滑块锁紧块的角度一般比斜导柱的角度大 2°。

④ 滑块燕尾槽。滑块燕尾槽的作用是为滑块的后退提供导向，滑块燕尾槽要锁在斜顶上并且精定位。在滑块燕尾槽上设计有波珠螺钉定位孔，作用是为滑块的后退提供定位。

⑤ 斜顶。斜顶的作用是抽产品的内倒扣，由于本案例的内倒扣开口小内部大，先用滑块抽完上部分内倒扣后，为斜顶的后退留出空间，然后斜顶斜着后退。斜顶较大，因此斜顶上需要设计运水进行冷却。由于斜顶较大，斜顶上设计燕尾槽，使斜顶的顶出更稳定。

⑥ 斜顶杆。斜顶杆安装在斜顶上，与下面的万向节连接，起到延伸斜顶长度的作用。

⑦ 斜顶杆导向块。斜顶杆导向块的作用是为斜顶在向上顶出过程中进行导向，一般情况下斜顶杆采用导套导向，本案例采用方形导向块主要是为了便于加工和装配。

⑧ 运水夹装块。运水夹装块的作用是设计运水的出入口，便于安装喉嘴。

⑨ 万向节及导向块。万向节为斜顶的底部装置，相当于斜顶的斜顶座，不过比起斜顶座

更容易装配，而且万向节可随着斜顶的斜度进行调整，可批量化生产。因此广泛用于汽车模具的斜顶底部，用来代替斜顶座。导向块安装在万向节上，主要作用是为斜顶的斜度进行导向。

⑩ 斜顶锁紧块。斜顶锁紧块锁在顶针底板上，斜顶锁紧块锁上加工有梯槽，与万向节上的导向块配合，为斜顶的斜度进行导向。

⑪ 斜顶导向块。由于斜顶斜度方向的角度较大，斜顶导向块的作用是为斜顶提供导向，斜顶导向块相当于双杆斜顶中另一根杆。斜顶导向块中梯形块角度与斜顶杆的角度一致。

4.4 斜顶上带滑块运动原理

斜顶上带滑块机构主要由滑块和斜顶两部分组合而成，由于产品内倒扣开口区域较小，而内部较大（和瓶口有点类似，瓶口小而内部大），如图 4-16 所示。本案例用常规模具结构抽内倒扣不能实现，因此采用斜顶上带滑块的模具结构，在开模时首先利用开模力使斜导柱与滑块产生相对运动，竖直开模力通过角度转化为滑块运动方向的力，从而使滑块后退脱离倒扣区域，为斜顶的后退腾出空间，如图 4-17 所示。此时斜顶不能水平方向后退，否则会与产品干涉，如图 4-18 所示的三条线，斜顶必须沿着三条线方向运动，那么斜顶到底沿着哪条线运动呢？可以取线 1 和线 2 两条线角度的平均值，将此角度与线 3 的角度相比较，如果此角度大于线 3 的角度则无问题，如果此角度小于线 3 的角度则以线 3 的角度作为斜顶斜度方向的角度。斜顶斜度方向的角度必须满足三条线的角度，即斜顶向斜度方向后退时不能与三条线的角度相干涉，也就是不能与产品相干涉。斜顶斜度方向的角度如图 4-19 所示，图中箭头所指的角度即斜顶斜度方向的角度。因为斜顶有两个角度，所以也叫斜斜顶，或者双斜度斜顶。由于斜顶斜度方向的角度较大，达到 50°，所以在斜度的底部设计有斜顶导向块，此斜顶导向块的作用相当于双杆斜顶，减少斜顶的承受力，增加斜顶的寿命。斜顶向斜度方向运动后，如图 4-20 所示。斜顶顶出后只是脱出一部分的倒扣，最后产品靠人工或者机械手脱出另一部分倒扣。

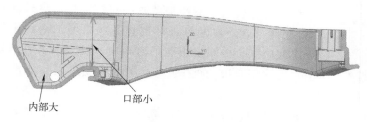

内部大　　口部小

图 4-16　产品内倒扣

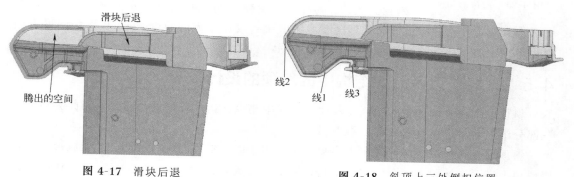

滑块后退

腾出的空间

图 4-17　滑块后退

线2　　线1　线3

图 4-18　斜顶上三处倒扣位置

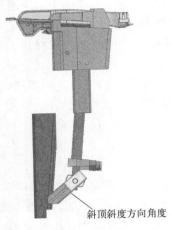

斜顶斜度方向角度

图 4-19 斜顶斜度方向角度

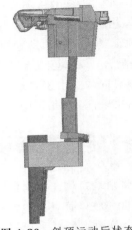

图 4-20 斜顶运动后状态

4.5 斜顶上带滑块经验参数

4.5.1 斜顶上带滑块结构中滑块的设计

斜顶上带滑块结构中的滑块要完全脱离内倒扣区域，因此滑块的行程较大，需要后退

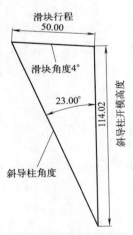

滑块行程 50.00

滑块角度4°

23.00°

斜导柱开模高度 114.02

斜导柱角度

图 4-21 滑块三角函数

50mm。设计斜导柱时，斜导柱的角度可以取经验数据中的最大值，斜导柱角度经验数据一般为 17°～23°，本案例中斜导柱角度设计成 23°。为了增加斜导柱的寿命，斜导柱的直径取经验数据中的最大值，可根据第 1 章中滑块的经验数据。此滑块宽度方向的数据是 63.5mm，勉强可算中滑块。斜导柱直径可取经验值 14mm，由于滑块的行程较大，滑块采用波珠螺钉定位，波珠螺钉选择较大尺寸 M8 的螺牙，波珠螺钉最好选择两颗以增加滑块定位的稳定性。由于空间限制，滑块采用燕尾槽导向，可大大节省滑块空间。燕尾槽的角度采用常规角度 60°，燕尾槽宽度可设计成滑块宽度的二分之一，燕尾槽固定在斜顶上，因此燕尾槽要加"冬菇头"定位及四角加螺钉锁紧，在燕尾槽及斜顶上要设计斜导柱的避空。滑块在向后退的过程中如果设计成水平方向后退，滑块前面的封胶位区域会与斜顶封胶位区域摩擦，会减少模具的寿命，因此滑块设计成斜度方向后退（注意：滑块后退方向的斜度要大于滑块封胶位区域的斜度），而且滑块斜度方向后退也可减少斜导柱的长度。滑块三角函数如图 4-21 所示。

4.5.2 斜顶上带滑块结构中的斜顶的设计

斜顶上带滑块结构中的斜顶比较大，斜顶中要设计运水管道进行冷却，因此斜顶由以下三部分组成：斜顶头、斜顶杆、斜顶座。

斜顶头是斜顶的上部区域，主要起封胶作用。由于斜顶上面有大部分的封胶位区域，所以斜顶上需要设计运水。由于空间限制，运水设计成直径为 4mm 的冷却管道。在斜顶头上必须设计斜顶杆装配孔以便安装斜顶杆，冷却液经斜顶头部流入斜顶杆，再从斜顶杆的底部流出。斜顶头部需要设计斜导柱避空孔。另外，由于斜顶头部较大，需要在斜顶头部设计燕尾槽，保证斜顶的导向，燕尾槽的角度采用常规角度60°，燕尾槽宽度可设计成斜顶宽度的二分之一左右。斜顶头部如图4-22所示。

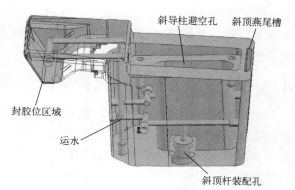

图4-22　斜顶头部

斜顶杆是斜顶的中间区域，主要起连接及导向作用。斜顶杆上有斜顶导向块及运水夹装块。由于斜顶头部较大，斜顶杆的直径可选择大直径（18mm）的斜顶杆。由于斜顶杆是圆柱形的，在顶出的过程中会转动，所以斜顶杆的顶部和底部需要设计平面进行定位，斜顶杆和斜顶头部可安装销钉连接。由于斜顶杆的中间要走运水，可在斜顶杆的两侧安装销钉进行定位连接。斜顶杆的上部设计斜顶杆导向块对斜顶杆进行导向，通常情况下斜顶杆采用导套导向，本案例为了加工方便采用方形斜顶杆导向块进行导向。斜顶杆的中心需加工冷却水孔，由于斜顶杆底部需要锁螺栓，因此运水孔设计成盲孔。在斜顶杆的底部设计运水夹装块，主要目的是安装运水的喉嘴。运水夹装块由两部分组成，把斜顶杆夹装在正中间，两块夹装块用螺钉锁定。在夹装块的运水孔处要设计防水胶圈，防止夹装块与斜顶杆接触区域漏水。在斜顶杆的顶部与斜顶头接触处也要设计防水胶圈，防止斜顶杆与斜顶头接触区域漏水。压紧块的作用是压紧斜顶杆导向块，防止斜顶杆导向块后退。斜顶杆如图4-23所示。

斜顶座是斜顶的底部区域，主要起顶出及导向作用。斜顶座主要由斜顶锁紧块、万向节、万向节导向块1、万向节导向块2和斜顶导向块组成。斜顶锁紧块作为主体锁在顶针板上，万向节的两侧是万向节导向块1，万向节导向块1的后面是万向节导向块2。万向节、万向节导向块1和万向节导向块2组合成导向机构与斜顶锁紧块中的T形槽配合，为斜顶的斜向运动提供导向。T形槽的经验值可参考第1章前模滑块中的T形槽经验数据。万向

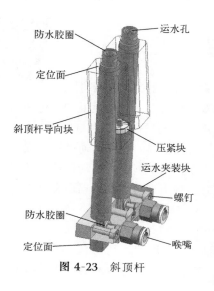

图4-23　斜顶杆

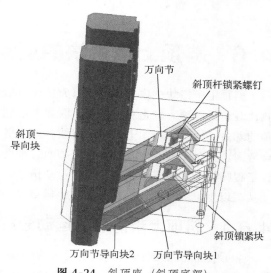

图4-24　斜顶座（斜顶底部）

节上的锁紧螺钉锁在斜顶杆的底部，使斜顶杆与斜顶座连接起来。斜顶导向块锁在后模底板与 B 板之间，为斜顶向上顶出起导向作用。斜顶导向块上 T 形槽的斜度必须与斜顶杆的角度一致。斜顶座如图 4-24 所示。

4.5.3 斜顶上带滑块结构中的斜顶的角度设计

此斜顶属于双斜度斜顶，也叫斜斜顶。第一个斜顶的角度是斜顶杆的角度，此角度的经验值通常是 3°～10°，本案例斜顶杆选用的角度是 5°。因为本案例只是把斜顶底部倒扣脱离，并不是将斜顶脱离整个倒扣，因此选用 5°的斜顶角度。第二个斜顶的角度是万向节上导向块的角度，此角度设计与胶位上的角度有关，在本案例中胶位上有三个角度，三个角度如图 4-25 所示。角度 1 是 40°，角度 2 是 60°，角度 3 是 40.59°，三个角度中角度 1 的角度最小，由于斜顶是向斜上方运动的，因此可选择三个角度中最小的角度（即角度 1 的角度）作为斜顶底部万向节上导向块的角度。由于此角度过大，所以斜顶设计为双杆斜顶（斜顶导向块相当于斜顶的另一个杆），斜顶导向块可以大大减小斜顶杆所承受的力，增加斜顶的寿命，因此，此斜顶既是斜斜顶也是双杆斜顶。斜顶的三角函数如图 4-26 所示。

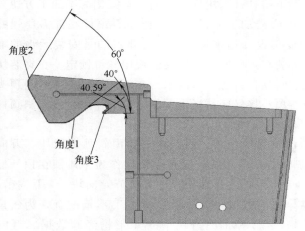

图 4-25　斜顶上三个角度

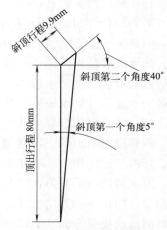

图 4-26　斜顶的三角函数

4.6　斜顶上带滑块的运动仿真

斜顶上带滑块的模具结构在日常的模具设计中非常罕见，特别是本案例的斜顶既是斜斜顶，也是双杆斜顶，既要考虑到斜顶的双斜度设计，又要考虑斜顶的寿命。另外，斜顶上还带有滑块，对于滑块及斜顶的运动顺序都要进行综合考虑。这对于普通模具设计工程师而言难度非常大，特别是斜斜顶的运动模拟，很多模具设计工程师都是云里雾里，但是通过运动仿真，可以真实模拟出斜斜顶的运动轨迹，使斜斜顶运动从难以想象变得真实可见。可用手机扫描二维码观看斜顶上带滑块的运动仿真过程。

斜顶上带滑块的运动仿真

4.6.1 斜顶上带滑块的运动分解

斜顶上带滑块的运动仿真主要分为两部分，一部分是滑块的运动仿真，另一部分是斜顶的运动仿真，但两部分又是相互关联的，因为滑块是在斜顶上进行滑动的。滑块及斜顶的两次运动要区分先后顺序，因此要用到运动函数中的 STEP 函数。第一个时间段内，滑块运动斜顶不动；第二个时间段内，滑块不动斜顶运动。其运动可分解成以下几步。

① 斜导柱及锁紧块向上运动（第一个 STEP 函数），模拟 A、B 板的开模动作，实际的模具运动应该是斜导柱及锁紧块安装在前模（即定模），是不运动的，后模（即动模）向下运动。因为刚开始讲解运动仿真，为了便于大家更好理解及简化运动仿真，设计的动作是斜导柱及锁紧块向上运动。

② 滑块向后方斜向运动，注意一定要选择下面的斜顶作为基座，斜导柱与滑块之间要添加 3D 接触，滑块需要添加阻尼。由于滑块是斜向向下运动，因此在"解算方案"中的"重力"选项的文本框中输入 0，否则斜顶在向上运动时，滑块由于是斜向运动，在重力影响下会向后退。

③ 斜顶锁紧块及产品向上运动（即顶针板顶出）。

④ 斜顶第一个运动方向沿斜顶斜度方向向上运动。

⑤ 斜顶第二个运动方向沿万向节导向块方向运动。注意：一定要选择下面的斜顶锁紧块作为基座。

4.6.2 连杆

在定义连杆之前先打开以下目录的文件：注塑模具复杂结构设计及运动仿真实例 \ 第 4 章 - 汽车油箱盖底座（斜顶上带滑块）\ 04 - 斜顶上带滑块 - 运动仿真 .prt。进入运动仿真模块，接着点击"主页"→"解算方案"→"新建仿真"图标，新建运动仿真，其它选项可选择默认设置。

① 定义固定连杆。在本案例中斜顶杆导向块、斜顶导向块都是固定不运动的，因此可将它们定义为固定连杆。点击"主页"→"机构"→"连杆"图标，打开如图 4-27 所示的对话框。点击"连杆对象"下面的"选择对象"按钮，选取斜顶杆导向块、锁紧块及斜顶导向块定义成第 1 个连杆。注意一定要在对话框中"□固定连杆"的复选框中打钩。定义第 1 个连杆后，会在运动导航器中显示第 1 个连杆的名称（L001）及第 1 个运动副的名称（J001）。

② 定义第 2 个连杆。斜导柱及锁紧块向上运动，因此把斜导柱及锁紧块定义为第 2 个连杆。点击"主页"→"机构"→"连杆"图标，打开如图 4-28 所示的对话框。点击"连杆对象"下面的"选择对象"按钮，选择斜导柱及锁紧块定义成第 2 个连杆，由于斜导柱及锁紧

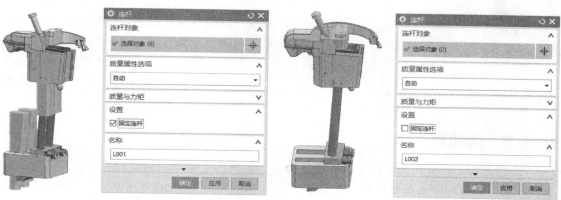

图 4-27　定义固定连杆　　　　　　图 4-28　定义第 2 个连杆

块需要向上运动，所以不能在"□固定连杆"的复选框中打钩。第2个连杆的名称采用默认值"L002"。

③ 定义第3个连杆。滑块需要在斜顶上的燕尾槽中滑动，因此把滑块定义为第3个连杆。点击"主页"→"机构"→"连杆"图标，打开如图4-29所示的对话框。点击"连杆对象"下面的"选择对象"按钮，选择滑块定义成第3个连杆，由于滑块需要运动，所以不能在"□固定连杆"的复选框中打钩。第3个连杆的名称采用默认值"L003"。

④ 定义第4个连杆。斜顶锁紧块安装在顶针上，在顶出过程中随顶针板一起向上顶出，同时在顶针板向上顶出过程中，产品与顶针板一起向上运动，因此把斜顶锁紧块及产品定义为第4个连杆。点击"主页"→"机构"→"连杆"图标，打开如图4-30所示的对话框。点击"连杆对象"下面的"选择对象"按钮，选择斜顶锁紧块及产品定义成第4个连杆，由于斜顶锁紧块及产品需要运动，所以不能在"□固定连杆"的复选框中打钩。第4个连杆的名称采用默认值"L004"。

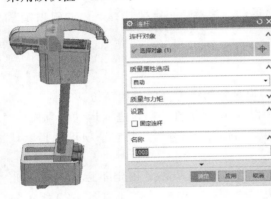

图 4-29　定义第3个连杆

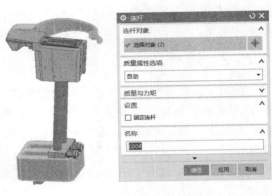

图 4-30　定义第4个连杆

图 4-31　定义第5个连杆

⑤ 定义第5个连杆。剩下所有实体定义为第5个连杆，即斜顶、斜顶杆、万向节。万向节导向块、滑块燕尾槽及运水夹装块装配起来作为斜顶的主体有两个运动方向。点击"主页"→"机构"→"连杆"图标，打开如图4-31所示的对话框。点击"连杆对象"下面的"选择对象"按钮，选择剩下所有实体定义成第5个连杆，由于斜顶及配件需要运动，所以不能在"□固定连杆"的复选框中打钩。第5个连杆的名称采用默认值"L005"。

4.6.3　运动副

① 定义第1个运动副。由于斜导柱及滑块锁紧块向上运动，因此把它定义成一个滑动副。点击"主页"→"机构"→"接头"图标，打开如图4-32所示的对话框。在"类型"下拉菜单中选择"滑块"，然后在"操作"下面"选择连杆"中直接选择滑块锁紧块上的边，这

样既会选择上面定义的第 2 个连杆，还会定义滑动副的原点和方向，注意一定要选择与滑动副方向一样的边。如图 4-32 所示在滑块锁紧块的边上显示滑动副的原点和方向，这样下面两步"指定原点"和"指定矢量"就不用再定义了，节省操作时间。第 1 个运动副的名称采用默认值"J002"。

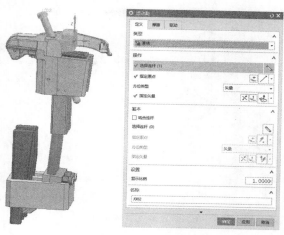

② 定义第 2 个运动副。在斜导柱带动下，滑块沿滑块燕尾槽的方向运动，因此把它定义成一个滑动副。点击"主页"→"机构"→"接头"图标，打开如图 4-33 所示的对话框。在"类型"下拉菜单中选择"滑块"，然后在"操作"下面"选择连杆"中直接选择滑块的边，这样既会选择上面定义的第 3 个连杆，还会定义滑动副的原点和方向，注意一定要选择与滑动副方向一样的边。如图 4-33 所示在滑块边上显示滑动副的原点和方向，这样下面两步"指定原点"和"指定矢量"就不用再定义了，节省操作时间。

图 4-32　定义第 1 个运动副

重要提示：由于滑块是跟随斜顶运动，所以必须单击"基本"选项下的"选择连杆"，选择斜顶（即 L005），如图 4-34 所示。

第 2 个运动副的名称采用默认值"J003"。

图 4-33　定义第 2 个运动副　　　　　　　　图 4-34　定义第 2 个运动副选择连杆

③ 定义第 3 个运动副。由于斜顶有两个运动方向，不但向斜顶的斜度方向运动，还沿万向节导向块方向运动，从而脱离倒扣，所以斜顶需要定义两个运动副。首先定义向斜顶斜度方向运动的运动副。点击"主页"→"机构"→"接头"图标，打开如图 4-35 所示的对话框。在"类型"下拉菜单中选择"滑块"，然后在"操作"下面"选择连杆"中直接选择斜顶斜度方向的边，这样既会选择上面定义的连杆，还会定义滑动副的原点和方向，注意一定要选择与滑动副方向一样的边。如图 4-35 所示在斜顶运水夹装块边上显示滑动副的原点和方向，

图 4-35　定义第 3 个运动副

这样下面两步"指定原点"和"指定矢量"就不用再定义了，节省操作时间。第 3 个运动副的名称采用默认值"J004"。

④ 定义第 4 个运动副。接着定义斜顶沿万向节导向块方向运动的运动副。点击"主页"→"机构"→"接头"图标，打开如图 4-36 所示的对话框。在"类型"下拉菜单中选择"滑块"，然后在"操作"下面"选择连杆"中直接选择万向节导向块的边，这样既会选择上面定义的连杆，还会定义滑动副的原点和方向，注意一定要选择与滑动副方向一样的边。如图 4-36 所示在万向节导向块的边上显示滑动副的原点和方向，这样下面两步"指定原点"和"指定矢量"就不用再定义了，节省操作时间。

重要提示：由于斜顶跟随斜顶锁紧块向上运动，所以必须单击"基本"选项下的"选择连杆"，选择斜顶锁紧块（即 L004），如图 4-37 所示。

第 4 个运动副的名称采用默认值"J005"。

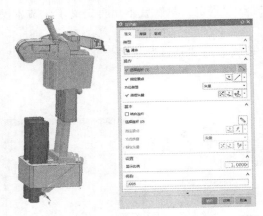

图 4-36　定义第 4 个运动副

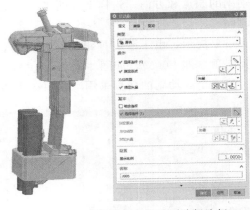

图 4-37　定义第 4 个运动副选择连杆

⑤ 定义第 5 个运动副。斜顶锁紧块安装在顶针板上，顶针板向上运动带动斜顶锁紧块向上运动，斜顶锁紧块在其它结构的配合下驱使斜顶斜向运动，产品在斜顶及顶针带动下向上直向运动，即斜顶锁紧块与产品的运动方向是一致的。点击"主页"→"机构"→"接头"图标，打开如图 4-38 所示的对话框。在"类型"下拉菜单中选择"滑块"，然后在"操作"下面"选择连杆"中直接选择斜顶锁紧块上的边，这样既会选择上面定义的连杆，还会定义滑动副的原点和方向，注意一定要选择与滑动副方向一样的边。如图 4-38 所示在斜顶锁紧块边上显示

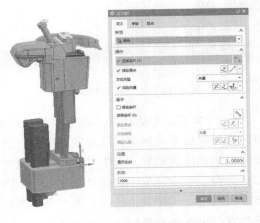

图 4-38　定义第 5 个运动副

滑动副的原点和方向，这样下面两步"指定原点"和"指定矢量"就不用再定义了，节省操作时间。第5个运动副的名称采用默认值"J006"。

4.6.4　3D 接触与阻尼器

① 定义 3D 接触。一般情况下也要对滑块的运动副（即 J003）定义驱动体，但本案例没有对其定义驱动体，这是因为很难设计成斜导柱、锁紧块（即连杆 L002）与滑块（即连杆 L003）同步运动，即使利用函数设计成同步运动也不符合滑块的运动原理，因此设计成斜导柱与滑块 3D 接触，由斜导柱带动滑块沿斜度方向运动，这也符合滑块运动的原理。点击"主页"→"接触"→"3D 接触"图标，打开如图 4-39 所示的对话框。在"类型"中选择"CAD 接触"，在"操作"下面"选择体"中选择斜导柱，注意一定要选择实体，在"基本"下面"选择体"中选择滑块，也一定要选择实体。3D 接触的名

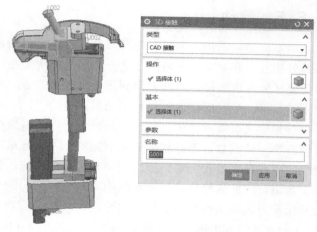

图 4-39　定义 3D 接触

称采用默认值"G001"，在后续的操作中也可以用"G001"来代表第一个 3D 接触。

② 定义阻尼器。由于滑块沿燕尾槽方向的运动驱动力是靠斜导柱与滑块的 3D 接触实现的，因此当斜导柱与滑块脱离接触后，滑块由于惯性，会继续运动，这不符合滑块的运动原理。实际的滑块运动中由于限位螺钉作用，在斜导柱脱离滑块后，滑块会碰到限位螺钉，限位螺钉阻碍滑块继续运动（本案例采用波珠螺钉限位）。在运动仿真中，为了消除滑块的惯

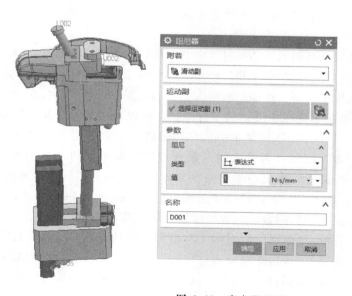

图 4-40　定义阻尼器

性运动，可以在滑块上添加阻尼器，斜导柱与滑块脱离接触后即停止运动。点击"主页"→"连接器"→"阻尼器"图标，打开如图 4-40 所示的对话框。在对话框中"附着"选择"滑动副"，"运动副"选择滑块的运动副（即 J003），在"运动导航器"下面选择"J003"运动副。其它选项均采用默认参数。阻尼器的名称采用默认值"D001"，在后续的操作中也可以用"D001"来代表第一个阻尼器。

4.6.5 驱动

本案例的运动仿真主要分为两部分，首先是滑块的运动仿真，其次是斜顶的运动仿真，两部分相互关联但又有先后顺序之分，因为滑块是在斜顶上进行滑动的。滑块及斜顶的两次运动要区分先后顺序，因此要用到运动函数中的 STEP 函数。第一个时间段内，滑块运动斜顶不动；第二个时间段内，滑块不动斜顶运动。

首先定义滑块运动仿真的 STEP 函数。因为滑块的行程比较大，有 50mm，根据前面所讲的滑块三角函数，斜导柱需要向上运动 114.02mm，同时斜顶需要向上顶出 80mm，为了避免斜顶在顶出过程中斜顶上的滑块与斜导柱干涉，斜导柱向上运动的距离等于两者之和再加上余量。因此斜导柱向上运动的距离＝114.02＋80＋50（余量）≈245mm。斜导柱与滑块的开模动力来源于模具 A、B 板的开模，开模速度较快，因此可用 5s 时间使斜导柱向上运动 245mm。计算出的 STEP 函数如下：STEP（x，0，0，5，245）。第一个 0 表示时间从 0s 开始到 5s 结束，第二个 0 表示位移从 0 开始到 245mm 结束。可参考前面章节中的函数讲解。

其次定义斜顶运动仿真的 STEP 函数。斜顶运动仿真是由两个 STEP 函数相加而得出的，因为斜顶在滑块运动仿真时是静止不动的，所以斜顶的第一个 STEP 函数是 STEP（x，0，0，5，0），即斜顶在 0~5 秒的运动距离为 0，也就是定义斜顶静止不动，等滑块运动完成后，斜顶再向上顶出。由于模具在顶出过程中较慢，因此可定义斜顶用 5s 时间向上顶出 80mm。计算出的 STEP 函数如下：STEP（x，0，0，5，0）＋STEP（x，5，0，10，80）。第一个函数表示时间从 0s 到 5s，位移从 0 到 0，第二个函数表示时间从 5s 到 10s，位移从 0 到 80mm，即斜顶在第一个函数的 5s 时间内静止不动，在第二个函数的 5s 时间内向上运动 80mm。

斜导柱和滑块锁紧块是向上运动的，必须对其定义驱动，由于要定义函数，驱动的类型可以选择平移中的函数。点击"主页"→"机构"→"驱动"图标，打开如图 4-41 所示的对话框。在"驱动类型"下拉菜单中选择"运动副驱动"，"驱动对象"选择斜导柱和滑块锁紧块的滑动副（即 J002）。由于在显示区域中滑动副不好选择，可以在"运动导航器"中选择滑动副，这样更方便一些。在"平移"下拉菜单中选择"函数"，"数据类型"选择"位移"，然后点击"函数"后面的"↓"图标，再点击"函数管理器"弹出如图 4-42 所示对话框，在对话框中点击下面的"↙"图标，弹出如图 4-43 所示对话框。在对话框中首先在"插入"后面选择"运动函数"，接着在下面的下拉菜单中选择 STEP（x，x0，h0，x1，h1）函数，最后在"公式"下面的文本框中编辑函数，函数最后数值是 STEP（x，0，0，5，245），编辑完成后点击下面的"√"图标。"名称"后面的文本框可用默认设置，也可以自定义（函数较多时，为方便管理可自定义）。最后连续点击"确定"按钮，完成斜导柱和滑块锁紧块上运动副的函数驱动。第 1 个驱动的名称采用默认值"Drv001"，在后续的操作中也可以用"Drv001"代表第 1 个驱动。

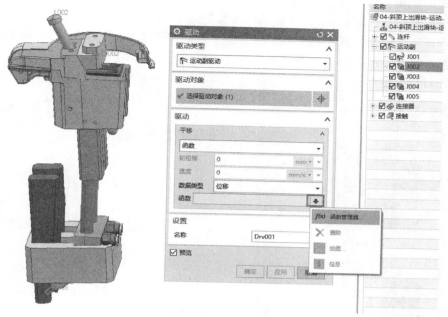

图 4-41 定义滑块驱动

图 4-42 "XY 函数管理器"对话框

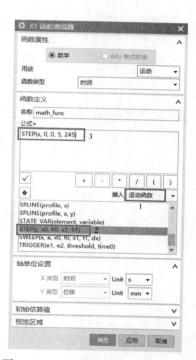

图 4-43 "XY 函数编辑器"对话框

　　斜顶锁紧块安装在顶针板上，顶针板向上运动带动斜顶锁紧块向上运动，斜顶锁紧块在其它结构的配合下驱使斜顶斜向运动，产品在斜顶及顶针带动下向上直向运动，即斜顶锁紧块与产品的运动方向是一致的。因此也需对斜顶锁紧块及产品定义驱动，由于要定义函数，驱动的类型可以选择平移中的函数。点击"主页"→"机构"→"驱动"图标，打开如图 4-44

所示的对话框。在"驱动类型"下拉菜单中选择"运动副驱动","驱动对象"选择斜顶锁紧块和产品的滑动副（即J006）。由于在显示区域中滑动副不好选择，可以在"运动导航器"中选择滑动副，这样更方便一些。在"平移"下拉菜单中选择"函数","数据类型"选择"位移"，然后点击"函数"后面的"↓"图标，再点击"函数管理器"弹出如图4-45所示对话框。在对话框中点击下面的"↗"图标，弹出如图4-46所示对话框。在对话框中首先在

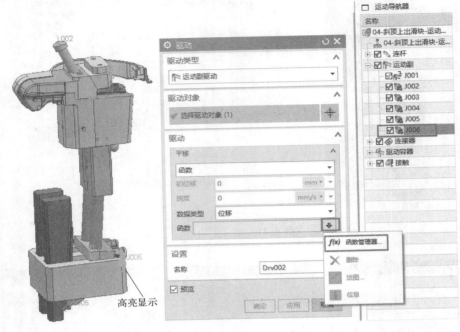

图 4-44 定义斜顶驱动

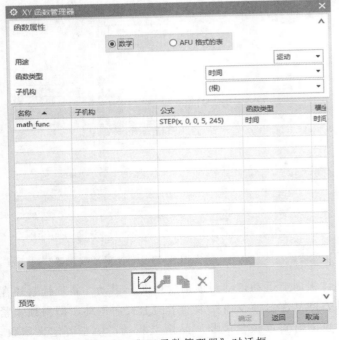

图 4-45 "XY 函数管理器"对话框

图 4-46 "XY 函数编辑器"对话框

"插入"后面选择"运动函数",接着在下面的下拉菜单中选择 STEP(x,x0,h0,x1,h1) 函数,最后在"公式"下面的文本框中编辑函数,函数最后数值是 STEP(x,0,0,5,0)+ STEP(x,5,0,10,80),编辑完成后点击下面的"√"图标。添加第 2 个函数时可先在文本框中输入一个"+"然后再点击下面的 STEP(x,x0,h0,x1,h1) 函数,函数会添加到文本框中或者把前面的函数复制后再粘贴到后面也可以。"名称"后面的文本框可用默认设置,也可以自定义(函数较多时,为方便管理可自定义)。最后连续点击"确定"按钮,完成斜导柱和滑块锁紧块上运动副的函数驱动。第 2 个驱动的名称采用默认值"Drv002",在后续的操作中也可以用"Drv002"代表第 2 个驱动。

4.6.6 解算方案及求解

点击"主页"→"解算方案"→"解算方案"图标,打开如图 4-47 所示的对话框。由于在函数中所用的总时间是 10s,所以在解算方案中的时间就是 10s,步数可以取时间的 30 倍,即 300 步。

特别提醒:由于滑块是斜向运动,所以斜顶在向上顶出过程中,滑块由于重力会左右摆动(模具中添加有波珠螺栓对滑块行程进行定位,滑块不会左右摆动),运动仿真中使用的是阻尼,会产生此问题。为了解决此问题,在"重力"后面的文本框中输入 0 即可。在"□按'确定'进行求解"的复选框中打钩,点击"确定"后会自动进行求解。

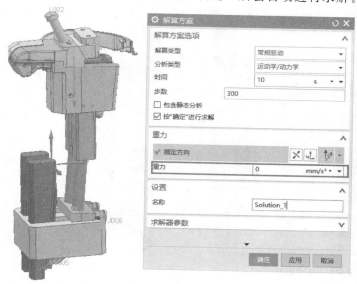

图 4-47 "解算方案"对话框

4.6.7 生成动画

点击"分析"→"运动"→"动画"图标,打开如图 4-48 所示的对话框。点击"播放"按钮即可播放斜顶上带滑块的运动仿真。图 4-48 左侧是斜顶顶出后的状态图。从图中可见运水夹装块与斜顶杆导向块干涉了,这是一个模具设计问题,通过运动仿真轻易就检查出来了。如图 4-49 所示是模具后模,从图中可见限位柱的高度是高于运水夹装块的,但此模的斜顶是斜斜顶,在向上顶出过程中还斜向运动,因此从模具的静态图中就容易忽略此问题,会导致试模时模具干涉,如果使用运动仿真就非常容易检查出此类问题。

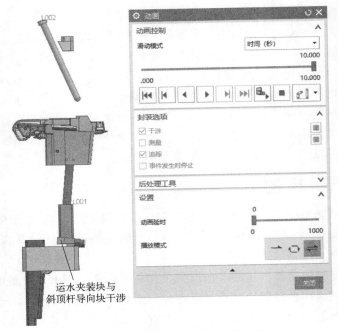

图 4-48 斜顶上带滑块的运动仿真

运水夹装块与
斜顶杆导向块干涉

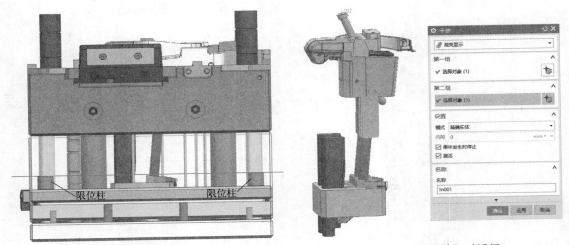

图 4-49 模具后模

图 4-50 "干涉"对话框

在运动仿真中检查干涉的步骤如下。点击"分析"→"运动"→"干涉"图标,打开如图
4-50 所示的对话框。在对话框中"第一组选择对象"选择运水夹装块。"第二组选择对象"
选择斜顶杆导向块。"模式"选择"精确实体",在"□事件发生时停止"及"□激活"的复
选框中都打钩,最后点击"确定"按钮。

点击"主页"→"解算方案"→"解算方案"图标,打开如图 4-51 所示的对话框。时间还
是输入 10s,步数依然输入 300,重力后面文本框输入 0,名称采用默认值,最后点击"确
定"按钮。

点击"分析"→"运动"→"动画"图标,打开如图 4-52 所示的对话框。在对话框中"封
装选项"下面的"□干涉"和"□事件发生时停止"复选框中打钩。点击"播放"按钮即可

播放斜顶上带滑块的运动仿真。图中是斜顶干涉后的状态图。图中会显示干涉实体，并且显示"部件干涉"动画事件。从本案例可以看出，运动仿真不但可以模拟机构的运动轨迹，而且可以提示部件间的相互干涉。干涉的解决方法是，在模具设计中减掉运水夹装块干涉部分，或者把限位柱加高（限位柱加高会影响斜顶顶出行程）。

斜顶上带滑块的运动仿真动画

斜顶上带滑块的运动仿真动画可用手机扫描二维码观看。

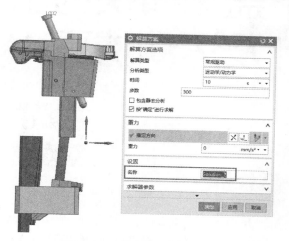

图 4-51　"解算方案"对话框

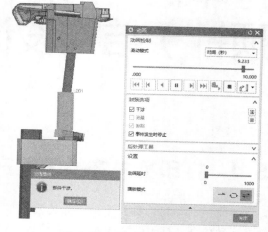

图 4-52　"部件干涉"动画

第5章

打印机内饰件下盖（滑块内出顶针）结构设计及运动仿真

打印机内饰件
下盖模具结构

5.1 打印机内饰件下盖产品分析

本章以打印机内饰件下盖产品为实例来讲解滑块内出顶针模具结构的设计原理、经验参数及运动仿真。打印机模具属于精密模具，对尺寸精度要求比较高。模具设计时需要注意浇口的形式、浇口的位置及浇口的数量以及合理的冷却系统布局，以减少后续试模时产品的翘曲变形。由于产品属于内饰件，因此对产品外观要求不高，浇口的形式可采用细水口的点浇口也可采用大水口的边浇口。内饰件的塑胶材料一般选择强度高、韧性好、易于加工成型的 ABS 材料，或者选择 ABS＋PC 材料。本案例选择 ABS＋PC 材料，根据以往的经验，客户给出的缩水率是 1.0045（即千分之 4.5）。用手机扫描二维码可观看打印机内饰件下盖模具结构。

5.1.1 产品出模方向及分型

在模具设计的前期，首先要分析产品的出模方向、分型线、产品的前后模面及倒扣。产品如图 5-1 所示。产品最大外围尺寸（长、宽、高）为 399.2mm×99.7mm×74.3mm，产品的主壁厚为 1.7mm。由于产品属于内饰件，对于产品的外观要求不高，选择出模方向时可以把较少骨位的面出在前模，较多骨位的面出在后模，防止在开模时产品粘前模。产品上的倒扣较多，很多地方需要滑块结构才可出模，产品的出模方向选择正 Z 方向，分型线如图 5-2 和图 5-3 所示。

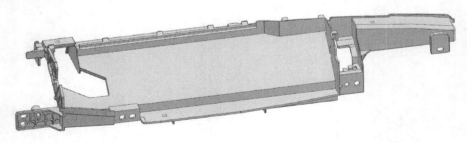

图 5-1 产品

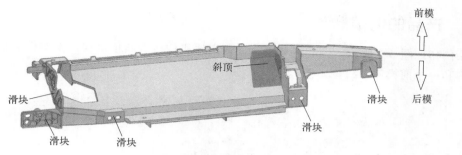

图 5-2 产品分型线 (一)

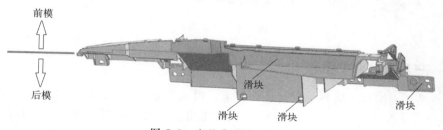

图 5-3 产品分型线 (二)

5.1.2 产品的前后模面

产品的前后模面如图 5-4 和图 5-5 所示。直升面可以出在前模也可以出在后模,由于大部分的直升面位于倒扣区域附近,此区域采用滑块脱模,因此可以不用做拔模斜度。

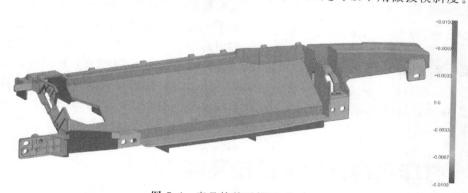

图 5-4 产品的前后模面 (一)

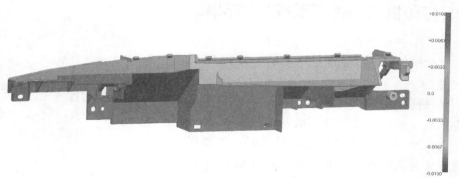

图 5-5 产品的前后模面 (二)

5.1.3 产品的倒扣

产品倒扣如图 5-6 所示，倒扣区域需要设计滑块机构或者斜顶机构。本案例共设计七个滑块机构和一个前模斜顶机构。

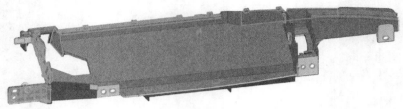

图 5-6　产品倒扣

5.1.4 产品的浇注系统

由于产品是内饰件，对外观没有什么要求，因此产品浇口位置的选择自由度比较大，可以采用三板模点浇口，也可以选择两板模的边浇口，由于产品比较大而且是一模一穴，选择两板模的边浇口会导致模具偏心。由于产品比较大，一个浇口肯定不行，最少需要两个浇口，产品的两侧都需要设计滑块，多个浇口是否会与滑块干涉也是需要考虑的一个问题，而且两板模浇口从产品的一侧进胶是否会导致充填不平衡更是需要考虑的另一个问题。综合各方面的因素考虑，选择三板模点浇口更适合本

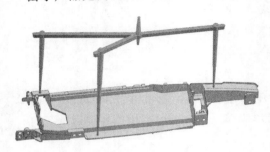

图 5-7　三个点浇口进胶

案例产品。本案例产品选择三个点浇口进胶，如图 5-7 所示，经过模流分析验证，可以满足充填条件。点浇口的直径 1.5mm，浇口的高度 2mm，浇口的角度 20°。梯形流道截面尺寸上端宽度 8mm，高度 6mm，角度 10°。浇注系统经模流分析验证，可以满足产品充填及保压的需求。

5.2 打印机内饰件下盖模具结构分析

5.2.1 打印机内饰件下盖模具的模架

本产品采用三板模点浇口形式的浇注系统，因此选择细水口模架，模架型号为 DCI4070 A155 B130 C110，模架如图 5-8 所示。模架为细水口工字形模架，第一次开模开水口板与 A 板之间，主要作用是把浇口与产品拉断，并把浇注系统从前内模及 A 板中拉出。第二次开模开水口板与面板之间，主要作用是把浇注系统从唧嘴中拉出。第三次开模开 A 板与 B 板之间，主要用于产品的顶出。三板模的开模

图 5-8　打印机内饰件下盖模具的模架

动作详见本案例的运动仿真。

5.2.2 打印机内饰件下盖模具的前模仁

打印机内饰件下盖模具的前模仁如图 5-9 所示。由于产品较大，产品的前模面中间有一条深骨位，如图 5-10 所示。在注塑时此处深骨位排气困难，在加工时不易省模，因此从深骨位的中间把模仁设计成两段，也就是通常所说的模仁镶拼结构。镶拼结构一般用于大型模具，镶拼结构主要作用是便于加工和排气。在模仁的上端有四个较小的圆孔，这些圆孔是滑块斜导柱的孔，在模仁的中间有两个较大的圆孔，这两个圆孔是前模斜顶回针孔，在模仁的中间还有一个四方形的斜顶导向孔。

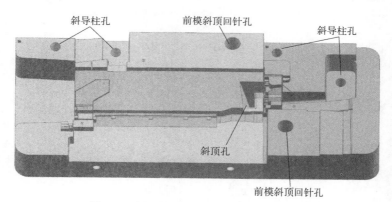

图 5-9　打印机内饰件下盖模具的前模仁

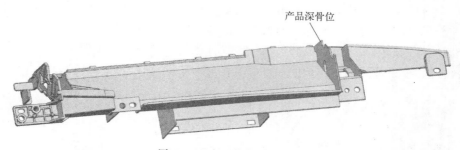

图 5-10　产品前模的深骨位

5.2.3 打印机内饰件下盖模具的后模仁

打印机内饰件下盖模具的后模仁如图 5-11 所示。后模仁也设计成三段镶拼结构，在产品的后模面有两条深骨位，如图 5-12 所示。为了保证模仁的强度，模仁的镶拼件也不宜过多。另外镶拼结构最好设计成互锁结构，在两镶拼件的两侧设计虎口，可以加强模仁的强度。本案例美中不足的就是各个镶拼件之间没有设计虎口进行互锁，模仁的强度较弱。

5.2.4 打印机内饰件下盖模具的五组普通滑块

打印机内饰件下盖模具的五组普通滑块如图 5-13 所示。滑块 1、滑块 2、滑块 3 与滑块 4 都比较小，都是普通小滑块，经验参数和结构原理可参考第 1 章模具结构设计基础。值得注意的是滑块 1 与滑块 2 间隔比较近，由于空间不够，所以滑块 2 设计成单边压块，单边压

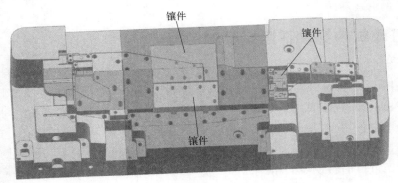

图 5-11　打印机内饰件下盖模具的后模仁

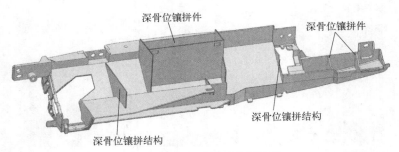

图 5-12　产品后模面的深骨位

块只适用于小滑块。滑块 3 与滑块 4 间隔也比较近,所以滑块 3 也设计成单边压块。两滑块比较近时,把较小的滑块设计成单边滑块。滑块 5 是一个大滑块,结构原理与经验参数和普通滑块一致。不过在滑块 5 的底部有两根圆形的滑块镶针(也可叫隧道镶针),如图 5-14 所示,用于脱底部方形倒扣。设计成圆形镶针比设计成方形镶针更易于加工。一个滑块上有多处倒扣脱模时,要以最深的倒扣长度加上余量作为滑块的行程。

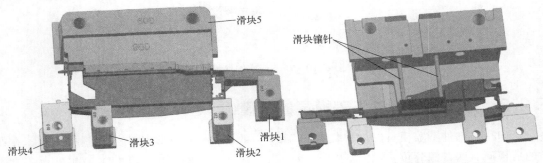

图 5-13　五组普通滑块　　　　　　　图 5-14　滑块 5 上的滑块镶针

5.2.5　打印机内饰件下盖模具的前模斜顶结构

打印机内饰件下盖模具的前模斜顶结构如图 5-15 所示。前模斜顶的运动原理及经验参数可参考第 1 章模具结构设计基础中的前模斜顶。但本案例的前模斜顶又与常规前模斜顶有所不同,本案例的前模斜顶与分流道及浇口相距太近,也就是分流道要包在斜顶面板及底板中,斜顶及斜顶面板、底板要运动,而流道是不能运动的,所以把分流道设计成镶件形式锁在斜顶面板上，而斜顶面板又锁在 A 板上，因此流道镶件与 A 板保持同步状态。另一个不同是在斜顶底板上锁有限位螺钉，因此前模斜顶的限位靠此限位螺钉。最后一个不同是在回针上加装有尼龙胶塞，可以大大增强前模斜顶的可靠性，因为前模斜顶的动力是靠斜顶面板上的四根大弹簧，时间久了弹簧会疲劳，就会影响前模斜顶的运动。在回针上加装尼龙胶塞，在 A、B 板开模时利用开模力强行拉开斜顶，可以起到保护弹簧的作用，并且大大增加弹簧的使用寿命。

5.2.6 打印机内饰件下盖模具的滑块上出顶针结构

打印机内饰件下盖模具的滑块上出顶针结构如图 5-16 所示。在后面的章节中会重点讲解滑块上出顶针结构组成、运动原理及经验参数，这里不再赘述。

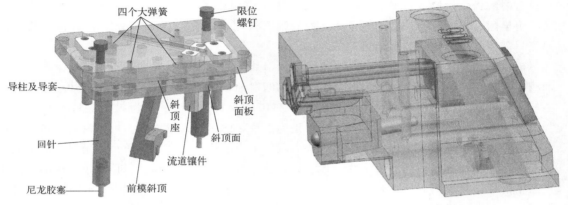

图 5-15 前模斜顶结构   图 5-16 滑块上出顶针结构

5.3 滑块内出顶针结构组成

滑块内出顶针结构组成如图 5-17 所示。机构中各个部件的作用如下。

滑块 1：滑块 1 由滑块镶件和滑块座组合而成，作用是抽产品内倒扣区域，滑块 1 是整个滑块的主体。在滑块 1 上安装有斜导柱 2，因此滑块 1 为滑块 2 的后退提供动力。由于滑块 1 较大，在滑块 1 上需要设计运水进行冷却。

滑块 2：滑块 2 作用是抽产品侧面内倒扣区域（即凸柱区域），滑块 2 的动力来源于滑块 1 上的斜导柱 2，同时在滑块 1 上为滑块 2 设计有锁紧区域，滑块 2 的限位是波珠螺钉，波珠螺钉安装在后模仁，在滑块 2 上设计有波珠位，两波珠位之间的距离就是滑块 2 的行程。

斜导柱 1：斜导柱 1 的作用是为滑块 1 的后退提供动力，由于滑块的行程较大，斜导柱的角度可适当设计大一些。为了保证斜导柱的强度，斜导柱的直径可以适当加大一些，由于滑块长超出 100mm，因此设计两根斜导柱。

斜导柱 2：斜导柱 2 的作用是为滑块 2 的后退提供动力，由于斜导柱 2 安装在滑块 1 上，因此滑块 1 为滑块 2 的后退提供动力。

滑块 1 锁紧块：滑块 1 锁紧块的作用是锁紧滑块，防止在模具注射过程中在注射压力作用下，滑块后移，滑块锁紧块的角度一般比斜导柱的角度大 2°。本案例滑块 1 锁紧块采用原身留形式，即在 A 板加工出锁紧块的斜度，一般情况下，滑块深入 A 板三分之二高度时可采用原身留锁紧滑块。

耐磨板 1：由于滑块 1 与锁紧块 1 之间是运动的，因此滑块会有磨损。耐磨板 1 的作用有两个，其一为增加滑块的寿命，如果没有耐磨板，滑块磨损后，要把整个滑块都换掉，如果增加耐磨板，只需要更换耐磨板即可；其二为了装配，如果滑块或者锁紧块没有加工到位，可通过调整耐磨板的厚度来配模。耐磨板上都设计有油槽，模具生产时可在耐磨板的油槽中添加润滑油，使滑块运动更顺畅。耐磨板的材料一般采用油钢，出口模的耐磨板通常采用 2510 的材料，硬度一般为 52～56HRC。

耐磨板 2：由于滑块 1 在 B 板中做反复的来回运动，而 B 板一般采用 1050 或者 S50C 的材料，因此滑块或者 B 板都会有磨损，耐磨板 2 的作用就是增加滑块或者 B 板的寿命。如果没有耐磨板，滑块或者 B 板磨损后，要把整个滑块或者 B 板都换掉，增加耐磨板后，只需要更换耐磨板即可。一般情况下，此处的耐磨板比 B 板会高出 0.5mm，因此耐磨板 2 的厚度只需要配合滑块的高度即可。

滑块 1 压块：滑块 1 压块的作用主要是为滑块 1 的运动提供导向，滑块压块上都设计有油槽，模具生产时可在滑块压块的油槽中添加润滑油，使滑块运动更顺畅。滑块压块的材料一般采用油钢，出口模的滑块压块通常采用 2510 的材料，硬度一般为 52～56HRC。

滑块 2 压块：滑块 2 压块的作用主要是为滑块 2 的运动提供导向，由于滑块 2 较小，因此滑块 2 压块可采用单边压块。单边压块一般用于小滑块，及在行程较小的情况下的滑块。

滑块顶针：本案例的滑块中共设计三只顶针，滑块在后退过程中，顶针顶着产品，防止产品粘滑块。滑块向后运动时，顶针不动（相当于顶着产品），滑块运动一定距离后，滑块和顶针一起向后运动。

顶针面板：此处的顶针面板是滑块中的顶针面板，与后模的顶针面板不是同一块板，顶针面板与顶针底板配合夹装顶针。

顶针底板：顶针底板的作用除了与顶针面板配合夹装顶针外，在顶针底板的尾部设计有直升位，如图 5-17 所示的直升位。此直升位是滑块内出顶针的关键部位，此直升位与 A 板

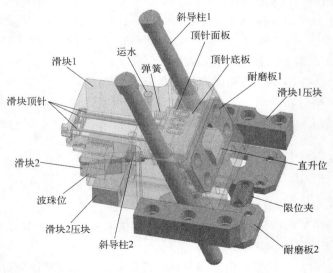

图 5-17　滑块内出顶针结构组成

原身留上的直升位相配合，让滑块向后运动时顶针不动。

限位夹：限位夹的作用是限制滑块的运动，与普通滑块上的弹簧与限位螺钉的作用相似。限位夹分两部分，一部分锁在滑块上，一部分锁在 B 板上。一般情况下，大滑块使用限位夹。

5.4 滑块内出顶针运动原理

滑块内出顶针的原因是滑块上包胶位较多，滑块在后退的过程中，产品跟随滑块一起向后运动，会把产品拉伤，如图 5-18 所示。从图中可知，分型线内的骨位较多，而此处的产品壁厚较薄，滑块向后运动过程中，产品上的骨位会粘滑块，使产品随滑块向后运动，从而导致拉伤产品，因此需要在滑块内出顶针。滑块在向后运动过程中，顶针不动（顶针顶着产品，防止产品粘滑块），滑块运动一定距离后，滑块和顶针一起向后运动。

如图 5-19 所示是滑块合模状态，图中滑块处于合模状态，顶针顶着产品，A 板上的直升位锁紧顶针底板上的直升位，保证顶针在注射压力的作用下不会向后运动。如图 5-20 所示是滑块向后运动顶针不运动的状态图，图中由于 A、B 板开模，滑块在斜导柱的带动下向

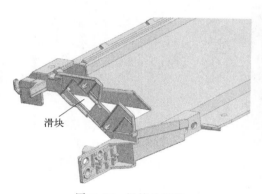

滑块

图 5-18 滑块分型线

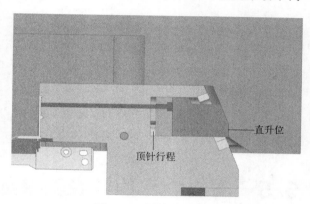

顶针行程

直升位

图 5-19 滑块合模状态

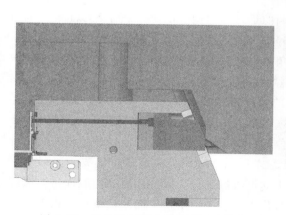

图 5-20 滑块向后运动顶针不运动状态

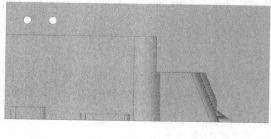
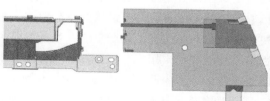

图 5-21 滑块开模状态

后运动，由于在 A 板设计有与顶针底板配合的直升位，在直升位的作用下，顶针不会向后运动。如图 5-21 所示是滑块开模状态图，当 A 板开始向上运动时，A 板上的直升位锁紧顶针底板上的直升位，滑块向后运动，顶针及顶针板不运动。当 A 板向上运动 10mm 后，A 板上直升位与顶针底板上的直升位走完，滑块碰着顶针面板，此时滑块带动顶针及顶针板一起向后运动。由于此滑块是后模滑块，滑块运动完成后，产品还要向上顶出，需要滑块完全脱离产品的最大外围，因此，此滑块的行程较大。

由于在滑块的下面的侧向产品上还有一个圆柱，如图 5-22 所示。此圆柱由于上面的滑块遮挡，不能出在前模，也不能出在滑块上（因为滑块向后运动，会有干涉），因此圆柱需要设计成侧向抽芯机构。由于此圆柱刚好在滑块下面，如果设计成另一个侧面滑块，则行程较远，而且有干涉，因此设计成滑块中带滑块，就是在大滑块上设计斜导柱及锁紧块带动小滑块侧向运动，小滑块结构与普通滑块类似，原理是一样的，小滑块的限位设计成波珠螺钉形式，大滑块与小滑块组装结构如图 5-23 所示。

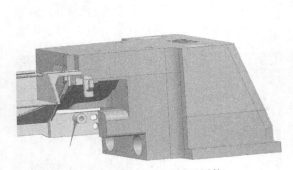

图 5-22　滑块下面侧面圆柱

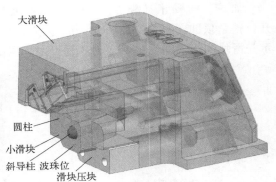

大滑块
圆柱
小滑块
斜导柱　波珠位
滑块压块

图 5-23　大滑块与小滑块组装结构

5.5　滑块内出顶针经验参数

5.5.1　滑块内出顶针的滑块经验参数

滑块内出顶针的滑块与普通的后模滑块结构形式及运动原理完全一致，滑块的经验参数可参考第 1 章中后模滑块的经验参数。需要强调的是，本案例滑块要完全脱离产品最外侧的胶位，为产品的顶出腾出空间，因此滑块的行程较大，需要后退 45mm，设计斜导柱时斜导柱的角度可以取经验数据中的最大值，斜导柱角度经验数据一般为 17°～23°。本案例中斜导柱角度设计成 20°，为了增加斜导柱的寿命，斜导柱的直径也取经验数据中的最大值，可根据第 1 章中滑块的经验数据。此滑块宽度方向的数据是 120mm，属于中滑块，斜导柱直径可取经验值 16mm。由于滑块的行程较大，滑块不宜采用弹簧与限位螺钉组合定位，因为滑块行程太长，导致弹簧的长度加长，滑块在回位的过程中，弹簧容易弯曲导致压模。所以行程较大的滑块都采用限位夹，限位夹实物如图 5-24 所示。限位夹由两部分组成，一部分为凹块，另一部分为凸块，凸块里面装有弹簧，因此可以按下去，限位夹的结构原理与波珠螺钉的原理相同。因为限位夹的截面更宽，所以限位夹适用于大滑块，而波珠螺钉适用于小滑块。一般情况下，凹块安装在 B 板上，凸块安装在滑块上，当滑块后退到滑块的后退行程

Y-Z5140/0
Y-Z5140/1 图纸

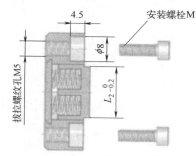

4.5

安装螺栓M

拔拉螺纹孔LM5

$\phi 8$

$L_2{}_{-0.2}^{0}$

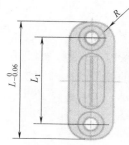

R

$L_{-0.06}^{0}$

L_1

图 5-24　限位夹实物

后，凸块与凹块重合，滑块处于限位状态。滑块三角函数如图 5-25 所示。

5.5.2　滑块内出顶针的顶针经验参数

　　滑块内出顶针的顶针直径应尽可能地大，顶针的数量尽可能地多，顶针的直径大小和数量应根据产品的实际情况而定。在顶针的杯头位置要设计顶针板，顶针板的数量为两块。由于空间有限，顶针板在能够包住顶针的前提下应尽可能地小，以节省空间。根据顶针板的大小，顶针板厚度的经验值为 12～25mm，在顶针底板上应该设计直升位，顶针底板上的直升位既可以与顶针底板设计成一个整体，也可以设计成镶针形式。本案例的顶针底板与直升位设计成

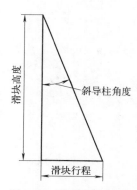

滑块高度

斜导柱角度

滑块行程

图 5-25　滑块三角函数

一个整体，如图 5-26 所示。顶针行程的确定要根据胶位的深度，要保证脱离胶位顶针才能和滑块一起向后运动。本案例胶位深 0.26mm，顶针行程设计 4mm，顶针底板后面的直升位高度可根据三角函数计算而得。顶针三角函数如图 5-27 所示。顶针行程 4mm，滑块角度 22°，由三角函数计算而知，直升位高度是 9.9mm。

5.5.3　滑块内出顶针的小滑块经验参数

　　滑块内出顶针的小滑块的工作原理与普通滑块的工作原理相同，也主要是由滑块座、锁紧块、斜导柱及限位机构几部分组成。滑块座由于行程较小而且空间位置有限，因此可设计成单边压块形式，如图 5-28 所示。斜导柱直径及角度均可参考第 1 章滑块经验参数，压块大小可根据实际大小设计，不过压块的宽度及高度均要保证螺钉尺寸空间。小滑块的锁紧块

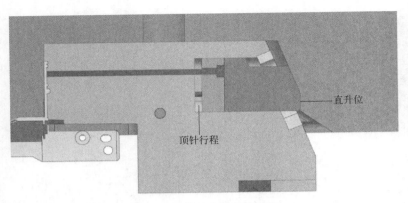

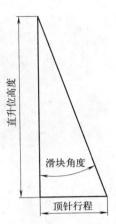

图 5-26 滑块中的顶针行程

图 5-27 顶针三角函数

受空间限制,因此在大滑块上设计原身留锁紧块(原身留的意思就是在大滑块上设计小滑块的锁紧块,即小滑块的锁紧块与大滑块设计成一个整体),如图 5-29 所示。由于小滑块比较小,因此小滑块的定位机构可采用波珠螺钉,波珠螺钉一般用于滑块较小的情况下。

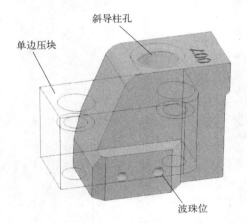

图 5-28 小滑块单边压块

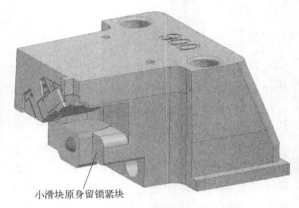

图 5-29 小滑块的原身留锁紧块

5.6 打印机内饰件下盖模具的运动仿真

打印机内饰
件下盖模具
运动仿真

本案例以整套模具的形式讲解打印机内饰件下盖模具的运动仿真,既讲到模具开模动作、顶出动作,也讲到模具结构中前模斜顶、后模滑块的运动仿真,特别是滑块中出顶针的运动仿真。滑块中出顶针的模具结构对于刚从事模具设计的工程师有一定难度。如果能够用运动仿真的形式把模具结构模拟出来,对于滑块中出顶针结构的认识将由困难变得容易。而且本案例是以整套模的形式模拟模具的运动仿真,让大家对于模具的开模动作及模具结构有更清晰的认知,扫描二维码可观看仿真过程。由于本案例是用整套模具来讲解其运动仿真,因此知识量非常大,模具的动作也非常多,各个动作之间有先后顺序之分,最好的控制方法就是使用函数。通过对本案例的学习,大家能更深入地学习函数并熟练掌握函数。

5.6.1 打印机内饰件下盖模具的运动分解

打印机内饰件下盖模具属于三板模模具，因此模具要开三次，第一次开 A 板与水口板之间，第二次开水口板与面板之间，第三次开 A 板与 B 板之间，最后是顶针板的顶出。在 A 板与水口板开模的同时，前模斜顶开始运动。在 A 板与 B 板开模的同时，后模滑块开始运动。因为每次运动都有先后顺序之分，所以要用到运动函数中的 STEP 函数。由于本案例讲解整套模具的运动仿真，运动仿真时要分解的连杆非常多，建议把每组连杆首先在建模模块放入不同的图层，这样在运动仿真模块中定义连杆更容易、更清楚一些。打印机内饰件下盖模具运动可分解成以下步骤：

① 面板、水口板不运动，A 板、B 板、顶针板向后运动，同时前模斜顶运动。

② 面板不运动，水口板、A 板、B 板、顶针板同时向后运动。

③ 水口料自由脱落（取出水口料）。

④ 面板、水口板、A 板停止运动，B 板、顶针板向后运动，同时后模滑块运动。

⑤ 顶针板向上顶出。

⑥ 产品自由脱落（取出产品）。

5.6.2 连杆

在定义连杆之前首先打开以下目录的文件：注塑模具复杂结构设计及运动仿真实例 \ 第 5 章-打印机内饰件下盖（滑块内出顶针)\05-打印机内饰件下盖-运动仿真 .prt。进入运动仿真模块，接着点击"主页"→"解算方案"→"新建仿真"图标，新建运动仿真，其它选项可选择默认设置。

① 定义固定连杆。在本案例中面板及其标准件是固定不运动的，因此可将它们定义为固定连杆。面板及其标准件在图层的第 2 层，打开第 2 层并关闭其它图层，把第 1 层设置为工作层。点击"主页"→"机构"→"连杆"图标，打开如图 5-30 所示的对话框。点击"连杆对象"下面的"选择对象"按钮，选取第 2 层中面板及其它标准件定义成第 1 个连杆。注意一定要在对话框中"□固定连杆"的复选框中打钩。定义第 1 个连杆后，会在运动导航器中显示第 1 个连杆的名称（L001）及第 1 个运动副的名称（J001）。

图 5-30 定义固定连杆

② 定义第 2 个连杆。水口板及其标准件向后运动，因此把水口板及其标准件定义为第 2 个连杆。水口板及其标准件在图层的第 3 层，打开第 3 层并关闭其它图层。点击"主页"→"机构"→"连杆"图标，打开如图 5-31 所示的对话框。点击"连杆对象"下面的"选择对

象"按钮，选择水口板及其标准件定义成第2个连杆，由于水口板及其标准件需要向后运动，所以不能在"□固定连杆"的复选框中打钩。第2个连杆的名称采用默认值"L002"。

图 5-31　定义第 2 个连杆

③ 定义第 3 个连杆。前模斜顶的顶针板及其标准件向后运动，因此把前模斜顶的顶针板及其标准件定义为第 3 个连杆。前模斜顶的顶针板及其标准件在图层的第 4 层，打开第 4 层并关闭其它图层。点击"主页"→"机构"→"连杆"图标，打开如图 5-32 所示的对话框。点击"连杆对象"下面的"选择对象"按钮，选择前模斜顶的顶针板及其标准件定义成第 3 个连杆，由于前模斜顶的顶针板及其标准件需要向后运动，所以不能在"□固定连杆"的复选框中打钩。第 3 个连杆的名称采用默认值"L003"。

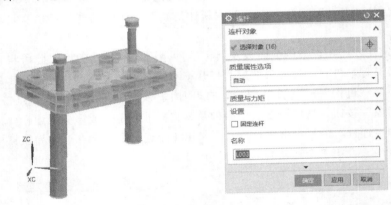

图 5-32　定义第 3 个连杆

④ 定义第 4 个连杆。前模斜顶向后运动，因此把前模斜顶定义为第 4 个连杆。前模斜顶在图层的第 5 层，打开第 5 层并关闭其它图层。点击"主页"→"机构"→"连杆"图标，打开如图 5-33 所示的对话框。点击"连杆对象"下面的"选择对象"按钮，选择前模斜顶定义成第 4 个连杆，由于前模斜顶需要向后运动，所以不能在"□固定连杆"的复选框中打钩。第 4 个连杆的名称采用默认值"L004"。

⑤ 定义第 5 个连杆。A 板、前模仁及其标准件向后运动，因此把 A 板、前模仁及其标准件定义为第 5 个连杆。A 板、前模仁及其标准件在图层的第 6 层，打开第 6 层并关闭其它图层。点击"主页"→"机构"→"连杆"图标，打开如图 5-34 所示的对话框。点击"连杆对象"下面的"选择对象"按钮，选择 A 板、前模仁及其标准件定义成第 5 个连杆，由于 A

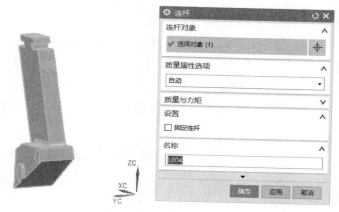

图 5-33 定义第 4 个连杆

板、前模仁及其标准件需要向后运动，所以不能在"☐固定连杆"的复选框中打钩。第 5 个连杆的名称采用默认值"L005"。

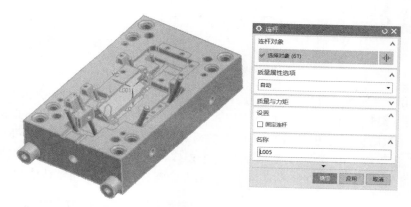

图 5-34 定义第 5 个连杆

⑥ 定义第 6 个连杆。产品首先跟随 B 板向后运动，接着又跟随顶针板向前顶出，最后产品向模具的地侧运动（产品脱落），因此把产品定义为第 6 个连杆。产品在图层的第 7 层，打开第 7 层并关闭其它图层。点击"主页"→"机构"→"连杆"图标，打开如图 5-35 所示的对话框。点击"连杆对象"下面的"选择对象"按钮，选择产品定义成第 6 个连杆，由于产品需要向后、向前及向地侧运动，所以不能在"☐固定连杆"的复选框中打钩。第 6 个连杆

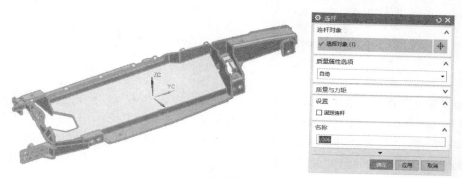

图 5-35 定义第 6 个连杆

的名称采用默认值"L006"。

⑦ 定义第 7 个连杆。浇注系统（或者叫水口）不但向后运动，而且还向模具的天侧运动，因此把浇注系统定义为第 7 个连杆。浇注系统在图层的第 8 层，打开第 8 层并关闭其它图层。点击"主页"→"机构"→"连杆"图标，打开如图 5-36 所示的对话框。点击"连杆对象"下面的"选择对象"按钮，选择浇注系统定义成第 7 个连杆，由于浇注系统需要向后及向模具天侧运动，所以不能在"□固定连杆"的复选框中打钩。第 7 个连杆的名称采用默认值"L007"。

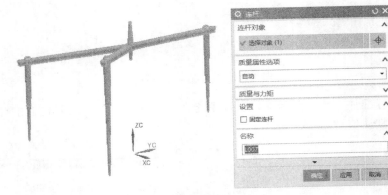

图 5-36 定义第 7 个连杆

⑧ 定义第 8 个连杆。滑块（编号 013）侧向运动，因此把滑块（编号 013）定义为第 8 个连杆。滑块（编号 013）在图层的第 9 层，打开第 9 层并关闭其它图层。点击"主页"→"机构"→"连杆"图标，打开如图 5-37 所示的对话框。点击"连杆对象"下面的"选择对象"按钮，选择滑块（编号 013）定义成第 8 个连杆，由于滑块（编号 013）需要侧向运动，所以不能在"□固定连杆"的复选框中打钩。第 8 个连杆的名称采用默认值"L008"。

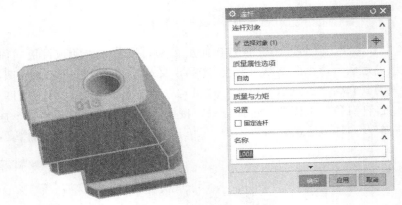

图 5-37 定义第 8 个连杆

⑨ 定义第 9 个连杆。滑块（编号 012）侧向运动，因此把滑块（编号 012）定义为第 9 个连杆。滑块（编号 012）在图层的第 10 层，打开第 10 层并关闭其它图层。点击"主页"→"机构"→"连杆"图标，打开如图 5-38 所示的对话框。点击"连杆对象"下面的"选择对象"按钮，选择滑块（编号 012）定义成第 9 个连杆，由于滑块（编号 012）需要侧向运动，所以不能在"□固定连杆"的复选框中打钩。第 9 个连杆的名称采用默认值"L009"。

图 5-38　定义第 9 个连杆

⑩ 定义第 10 个连杆。滑块（编号 011）侧向运动，因此把滑块（编号 011）定义为第 10 个连杆。滑块（编号 011）在图层的第 11 层，打开第 11 层并关闭其它图层。点击"主页"→"机构"→"连杆"图标，打开如图 5-39 所示的对话框。点击"连杆对象"下面的"选择对象"按钮，选择滑块（编号 011）定义成第 10 个连杆，由于滑块（编号 011）需要侧向运动，所以不能在"□固定连杆"的复选框中打钩。第 10 个连杆的名称采用默认值"L010"。

⑪ 定义第 11 个连杆。滑块（编号 010）侧向运动，因此把滑块（编号 010）定义为第 11 个连杆。滑块（编号 010）在图层的第 12 层，打开第 12 层并关闭其它图层。点击"主页"→"机构"→"连杆"图标，打开如图 5-40 所示的对话框。点击"连杆对象"下面的"选择对象"按钮，选择滑块（编号 010）定义成第 11 个连杆，由于滑块（编号 010）需要侧向运动，所以不能在"□固定连杆"的复选框中打钩。第 11 个连杆的名称采用默认值"L011"。

图 5-39　定义第 10 个连杆

图 5-40　定义第 11 个连杆

⑫ 定义第 12 个连杆。滑块（编号 008）侧向运动，因此把滑块（编号 008）定义为第 12 个连杆，打开第 13 层并关闭其它图层。点击"主页"→"机构"→"连杆"图标，打开如图 5-41 所示的对话框。点击"连杆对象"下面的"选择对象"按钮，选择滑块（编号 008）定义成第 12 个连杆，由于滑块（编号 008）需要侧向运动，所以不能在"□固定连杆"的复选框中打钩。第 12 个连杆的名称采用默认值"L012"。

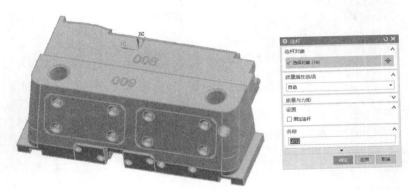

图 5-41　定义第 12 个连杆

⑬ 定义第 13 个连杆。滑块（编号 006）侧向运动，因此把滑块（编号 006）定义为第 13 个连杆。滑块（编号 006）在图层的第 14 层，打开第 14 层并关闭其它图层。点击"主页"→"机构"→"连杆"图标，打开如图 5-42 所示的对话框。点击"连杆对象"下面的"选择对象"按钮，选择滑块（编号 006）定义成第 13 个连杆，由于滑块（编号 006）需要侧向运动，所以不能在"□固定连杆"的复选框中打钩。第 13 个连杆的名称采用默认值"L013"。

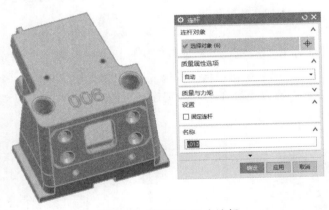

图 5-42　定义第 13 个连杆

⑭ 定义第 14 个连杆。滑块上的顶针及顶针板也是侧向运动，但与滑块（编号 006）不同步，因此把滑块上的顶针及顶针板定义为第 14 个连杆。滑块上的顶针及顶针板在图层的第 15 层，打开第 15 层并关闭其它图层。点击"主页"→"机构"→"连杆"图标，打开如图 5-43 所示的对话框。点击"连杆对象"下面的"选择对象"按钮，选择滑块上的顶针及顶针板定义成第 14 个连杆，由于滑块上的顶针及顶针板需要侧向运动，所以不能在"□固定连杆"的复选框中打钩。第 14 个连杆的名称采用默认值"L014"。

⑮ 定义第 15 个连杆。滑块（编号 006）中的小滑块（编号 007）侧向运动，因此把小滑块（编号 007）定义为第 15 个连杆。小滑块（编号 007）在图层的第 16 层，打开第 16 层并关闭其它图层。点击"主页"→"机构"→"连杆"图标，打开如图 5-44 所示的对话框。点

图 5-43 定义第 14 个连杆

击"连杆对象"下面的"选择对象"按钮,选择水口板及其标准件定义成第 15 个连杆,由于小滑块(编号 007)需要侧向运动,所以不能在"□固定连杆"的复选框中打钩。第 15 个连杆的名称采用默认值"L015"。

图 5-44 定义第 15 个连杆

⑯ 定义第 16 个连杆。B 板、后模仁、方铁、底板及其标准件向后运动,因此把 B 板、后模仁、方铁、底板及其标准件定义为第 16 个连杆。B 板、后模仁、方铁、底板及其标准件在图层的第 17 层,打开第 17 层并关闭其它图层。点击"主页"→"机构"→"连杆"图标,打开如图 5-45 所示的对话框。点击"连杆对象"下面的"选择对象"按钮,选择 B 板、后模仁、方铁、底板及其标准件定义成第 16 个连杆,由于 B 板、后模仁、方铁、底板及其标准件需要向后运动,所以不能在"□固定连杆"的复选框中打钩。第 16 个连杆的名称采用默认值"L016"。

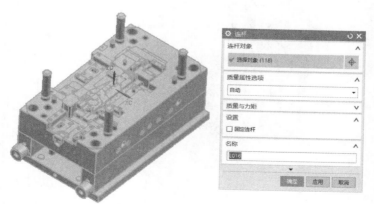

图 5-45 定义第 16 个连杆

⑰ 定义第 17 个连杆。顶针板、顶针及其标准件不但向后运动还向前顶出，因此把顶针板、顶针及其标准件定义为第 17 个连杆。顶针板、顶针及其标准件在图层的第 18 层，打开第 18 层并关闭其它图层。点击"主页"→"机构"→"连杆"图标，打开如图 5-46 所示的对话框。点击"连杆对象"下面的"选择对象"按钮，选择顶针板、顶针及其标准件定义成第 17 个连杆，由于顶针板、顶针及其标准件需要向后运动及向前顶出，所以不能在"□固定连杆"的复选框中打钩。第 17 个连杆的名称采用默认值"L017"。

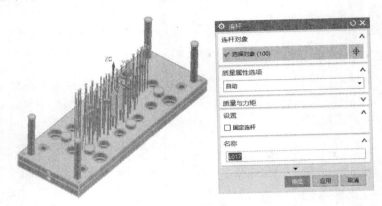

图 5-46　定义第 17 个连杆

5.6.3　运动副

① 定义第 1 个运动副。由于水口板及标准件向后运动，因此把它定义成一个滑动副。点击"主页"→"机构"→"接头"图标，打开如图 5-47 所示的对话框。在"类型"下拉菜单中选择"滑块"，然后在"操作"下面"选择连杆"中直接选择水口板上的边，这样即会选择上面定义的第 2 个连杆，还会定义滑动副的原点和方向，注意一定要选择与滑动副方向一

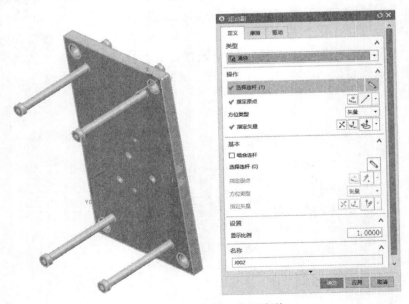

图 5-47　定义第 1 个运动副

样的边。如图所示在水口板的边上显示滑动副的原点和方向，这样下面两步"指定原点"和"指定矢量"就不用再定义了，节省操作时间。第 1 个运动副的名称采用默认值"J002"。

② 定义第 2 个运动副。由于前模斜顶的顶针板及其标准件向后运动，因此把它定义成一个滑动副。点击"主页"→"机构"→"接头"图标，打开如图 5-48 所示的对话框。在"类型"下拉菜单中选择"滑块"，然后在"操作"下面"选择连杆"中直接选择前模斜顶的顶针板上的边，这样既会选择上面定义的第 3 个连杆，还会定义滑动副的原点和方向，注意一定要选择与滑动副方向一样的边。如图 5-48 所示在前模斜顶的顶针板的边上显示滑动副的原点和方向，这样下面两步"指定原点"和"指定矢量"就不用再定义了，节省操作时间。第 2 个运动副的名称采用默认值"J003"。

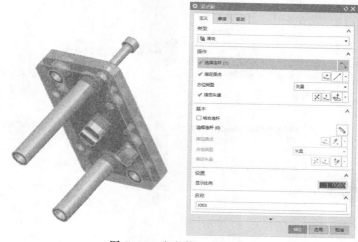

图 5-48 定义第 2 个运动副

重要提示：由于前模斜顶是跟随前模斜顶顶针板向后运动，所以必须单击"基本"选项下的"选择连杆"，选择前模斜顶顶针板连杆（即 L003）。

③ 定义第 3 个运动副。由于前模斜顶不但向后运动而且侧向运动，首先定义它的第 1 个滑动副。点击"主页"→"机构"→"接头"图标，打开如图 5-49 所示的对话框。在"类型"下拉菜单中选择"滑块"，然后在"操作"下面"选择连杆"中直接选择前模斜顶上的边，这样既会选择上面定义的第 4 个连杆，还会定义滑动副的原点和方向，注意一定要选择与滑动副方向一样的边。如图 5-49 所示在前模斜顶的边上显示滑动副的原点和方向，这样下面两步"指定原点"和"指定矢量"就不用再定义了，节省操作时间。第 3 个运动副的名称采用默认值"J004"。

重要提示：由于前模斜顶是在前模仁隧道内运动，所以必须单击"基本"选项下的"选择连杆"，选择前模仁连杆（即 L005），如图 5-50 所示。

④ 定义第 4 个运动副。由于前模斜顶不但向后运动而且侧向运动，再次定义它的第 2 个滑动副。点击"主页"→"机构"→"接头"图标，打开如图 5-51 所示的对话框。在"类型"下拉菜单中选择"滑块"，然后在"操作"下面"选择连杆"中直接选择前模斜顶底部上的边，这样既会选择上面定义的第 4 个连杆，还会定义滑动副的原点和方向，注意一定要选择与滑动副方向一样的边。如图 5-51 所示在前模斜顶底部上的边上显示滑动副的原点和方向，这样下面两步"指定原点"和"指定矢量"就不用再定义了，节省操作时间。第 4 个运动副的名称采用默认值"J005"。

重要提示：由于前模斜顶是跟随前模斜顶顶针板向后运动，所以必须单击"基本"选项下的"选择连杆"，选择前模斜顶顶针板连杆（即 L003），如图 5-52 所示。

图 5-49 定义第 3 个运动副

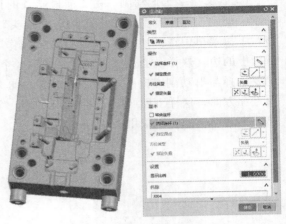

图 5-50 第 3 个运动副选择连杆

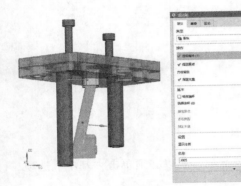

图 5-51 定义第 4 个运动副

图 5-52 第 4 个运动副选择连杆

⑤ 定义第 5 个运动副。由于 A 板、前模仁及标准件向后运动，因此把它定义成一个滑动副。点击"主页"→"机构"→"接头"图标，打开如图 5-53 所示的对话框。在"类型"下

图 5-53 定义第 5 个运动副

拉菜单中选择"滑块",然后在"操作"下面"选择连杆"中直接选择 A 板上的边,这样既会选择上面定义的第 5 个连杆,还会定义滑动副的原点和方向,注意一定要选择与滑动副方向一样的边。如图 5-53 所示在 A 板的边上显示滑动副的原点和方向,这样下面两步"指定原点"和"指定矢量"就不用再定义了,节省操作时间。第 5 个运动副的名称采用默认值"J006"。

⑥ 定义第 6 个运动副。由于产品是半自动顶出,所以顶针板把产品顶出后,产品还需要再向前运动一段距离,最后用人工或者机械手取出产品,人工或机械手取出产品的操作在后面的章节中会讲到。因此把它定义成一个滑动副。点击"主页"→"机构"→"接头"图标,打开如图 5-54 所示的对话框。在"类型"下拉菜单中选择"滑块",然后在"操作"下面"选择连杆"中直接选择产品上的边,这样既会选择上面定义的第 6 个连杆,还会定义滑动副的原点和方向,注意一定要选择与滑动副方向一样的边。如图 5-54 所示在产品的边上显示滑动副的原点和方向,这样下面两步"指定原点"和"指定矢量"就不用再定义了,节省操作时间。第 6 个运动副的名称采用默认值"J007"。

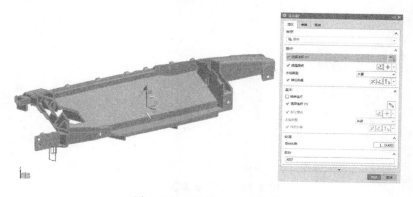

图 5-54 定义第 6 个运动副

重要提示:产品是跟随顶针板先向后运动,再向前顶出。由于产品向后运动向前顶出可以跟随顶针板的运动,所以必须单击"基本"选项下的"选择连杆",选择顶针板连杆(即 L017),如图 5-55 所示。

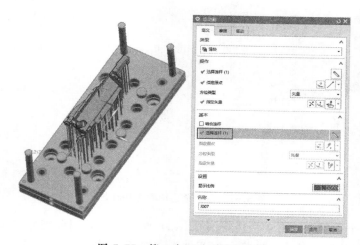

图 5-55 第 6 个运动副选择连杆

⑦ 定义第 7 个运动副。由于浇注系统（或者叫水口）不但向后运动，而且还向模具的天侧运动，通常情况下由机械手从模具的天侧夹出水口，可以理解成水口向模具天侧运动，因此把它定义成一个滑动副。点击"主页"→"机构"→"接头"图标，打开如图 5-56 所示的对话框。在"类型"下拉菜单中选择"滑块"，然后在"操作"下面"选择连杆"中直接选择水口上的边，这样既会选择上面定义的第 7 个连杆，还会定义滑动副的原点和方向，注意一定要选择与滑动副方向一样的边。如图 5-56 所示在水口的边上显示滑动副的原点和方向，这样下面两步"指定原点"和"指定矢量"就不用再定义了，节省操作时间。第 7 个运动副的名称采用默认值"J008"。

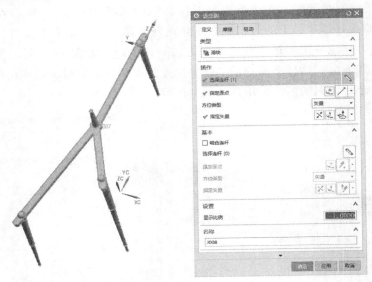

图 5-56 定义第 7 个运动副

重要提示：水口先是跟随水口板向后运动，然后水口向模具天侧运动。由于水口有两个运动方向，所以必须单击"基本"选项下的"选择连杆"，选择水口板连杆（即 L002），如图 5-57 所示。

图 5-57 第 7 个运动副选择连杆

⑧ 定义第 8 个运动副。由于滑块（编号 013）侧向运动，因此把它定义成一个滑动副。点击"主页"→"机构"→"接头"图标，打开如图 5-58 所示的对话框。在"类型"下拉菜单

中选择"滑块"，然后在"操作"下面"选择连杆"中直接选择滑块（编号013）上的边，这样既会选择上面定义的第8个连杆，还会定义滑动副的原点和方向，注意一定要选择与滑动副方向一样的边。如图5-58所示在滑块（编号013）的边上显示滑动副的原点和方向，这样下面两步"指定原点"和"指定矢量"就不用再定义了，节省操作时间。第8个运动副的名称采用默认值"J009"。

图5-58 定义第8个运动副

重要提示：由于滑块要跟随后模向后运动，所以必须单击"基本"选项下的"选择连杆"，选择B板、后模仁、方铁、底板及其标准件连杆（即L016）。

⑨ 定义第9个运动副。由于滑块（编号012）侧向运动，因此把它定义成一个滑动副。点击"主页"→"机构"→"接头"图标，打开如图5-59所示的对话框。在"类型"下拉菜单中选择"滑块"，然后在"操作"下面"选择连杆"中直接选择滑块（编号012）上的边，这样既会选择上面定义的第9个连杆，还会定义滑动副的原点和方向，注意一定要选择与滑动副方向一样的边。如图5-59所示在滑块（编号012）的边上显示滑动副的原点和方向，这

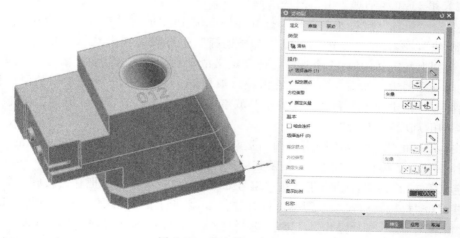

图5-59 定义第9个运动副

样下面两步"指定原点"和"指定矢量"就不用再定义了，节省操作时间。第 9 个运动副的名称采用默认值"J010"。

重要提示：由于滑块要跟随后模向后运动，所以必须单击"基本"选项下的"选择连杆"，选择 B 板、后模仁、方铁、底板及其标准件连杆（即 L016）。

⑩ 定义第 10 个运动副。由于滑块（编号 011）侧向运动，因此把它定义成一个滑动副。点击"主页"→"机构"→"接头"图标，打开如图 5-60 所示的对话框。在"类型"下拉菜单中选择"滑块"，然后在"操作"下面"选择连杆"中直接选择滑块（编号 011）上的边，这样既会选择上面定义的第 10 个连杆，还会定义滑动副的原点和方向，注意一定要选择与滑动副方向一样的边。如图 5-60 所示在滑块（编号 011）的边上显示滑动副的原点和方向，这样下面两步"指定原点"和"指定矢量"就不用再定义了，节省操作时间。第 10 个运动副的名称采用默认值"J011"。

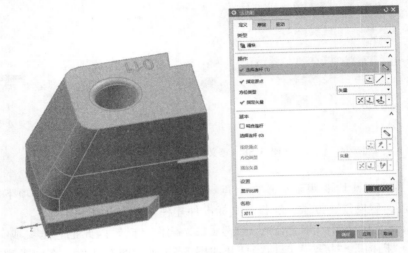

图 5-60 定义第 10 个运动副

重要提示：由于滑块要跟随后模向后运动，所以必须单击"基本"选项下的"选择连杆"，选择 B 板、后模仁、方铁、底板及其标准件连杆（即 L016）。

⑪ 定义第 11 个运动副。由于滑块（编号 010）侧向运动，因此把它定义成一个滑动副。点击"主页"→"机构"→"接头"图标，打开如图 5-61 所示的对话框。在"类型"下拉菜单中选择"滑块"，然后在"操作"下面"选择连杆"中直接选择滑块（编号 010）上的边，这样既会选择上面定义的第 11 个连杆，还会定义滑动副的原点和方向，注意一定要选择与滑动副方向一样的边。如图 5-61 所示在滑块（编号 010）的边上显示滑动副的原点和方向，这样下面两步"指定原点"和"指定矢量"就不用再定义了，节省操作时间。第 11 个运动副的名称采用默认值"J012"。

重要提示：由于滑块要跟随后模向后运动，所以必须单击"基本"选项下的"选择连杆"，选择 B 板、后模仁、方铁、底板及其标准件连杆（即 L016）。

⑫ 定义第 12 个运动副。由于滑块（编号 008）侧向运动，因此把它定义成一个滑动副。点击"主页"→"机构"→"接头"图标，打开如图 5-62 所示的对话框。在"类型"下拉菜单中选择"滑块"，然后在"操作"下面"选择连杆"中直接选择滑块（编号 008）上的边，这样既会选择上面定义的第 12 个连杆，还会定义滑动副的原点和方向，注意一定要选择与

图 5-61　定义第 11 个运动副

滑动副方向一样的边。如图 5-62 所示在滑块（编号 008）的边上显示滑动副的原点和方向，这样下面两步"指定原点"和"指定矢量"就不用再定义了，节省操作时间。第 12 个运动副的名称采用默认值"J013"。

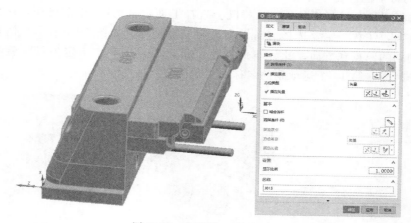

图 5-62　定义第 12 个运动副

重要提示：由于滑块要跟随后模向后运动，所以必须单击"基本"选项下的"选择连杆"，选择 B 板、后模仁、方铁、底板及其标准件连杆（即 L016）。

⑬ 定义第 13 个运动副。由于滑块（编号 006）侧向运动，因此把它定义成一个滑动副。点击"主页"→"机构"→"接头"图标，打开如图 5-63 所示的对话框。在"类型"下拉菜单中选择"滑块"，然后在"操作"下面"选择连杆"中直接选择滑块（编号 006）上的边，这样既会选择上面定义的第 13 个连杆，还会定义滑动副的原点和方向，注意一定要选择与滑动副方向一样的边。如图 5-63 所示在滑块（编号 006）的边上显示滑动副的原点和方向，这样下面两步"指定原点"和"指定矢量"就不用再定义了，节省操作时间。第 13 个运动副的名称采用默认值"J014"。

重要提示：由于滑块要跟随后模向后运动，所以必须单击"基本"选项下的"选择连杆"，选择 B 板、后模仁、方铁、底板及其标准件连杆（即 L016）。

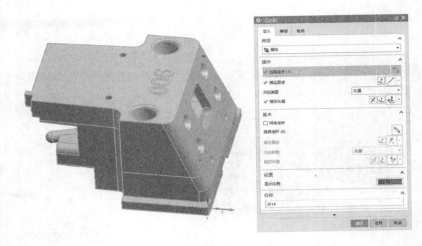

图 5-63 定义第 13 个运动副

⑭ 定义第 14 个运动副。由于滑块上的顶针及顶针板也是侧向运动，但与滑块（编号006）不同步，因此把它定义成一个滑动副。点击"主页"→"机构"→"接头"图标，打开如图 5-64 所示的对话框。在"类型"下拉菜单中选择"滑块"，然后在"操作"下面"选择连杆"中直接选择滑块顶针板上的边，这样既会选择上面定义的第 14 个连杆，还会定义滑动副的原点和方向，注意一定要选择与滑动副方向一样的边。如图 5-64 所示在滑块顶针板的边上显示滑动副的原点和方向，这样下面两步"指定原点"和"指定矢量"就不用再定义了，节省操作时间。第 14 个运动副的名称采用默认值"J015"。

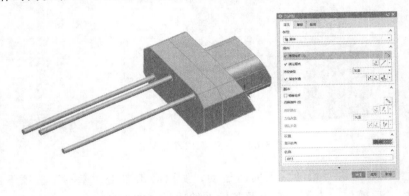

图 5-64 定义第 14 个运动副

重要提示：滑块上的顶针及顶针板首先是不运动的，当滑块（编号006）侧向运动撞到滑块顶针板时，锁紧块上的直升位也已经走完，这时滑块（编号006）与滑块上的顶针及顶针板一起侧向运动［即滑块顶针板跟随滑块（编号006）一起侧向运动］，所以必须单击"基本"选项下的"选择连杆"，选择滑块（编号006）连杆（即 L013），如图 5-65 所示。

⑮ 定义第 15 个运动副。由于滑块（编号007）侧向运动，因此把它定义成一个滑动副。点击"主页"→"机构"→"接头"图标，打开如图 5-66 所示的对话框。在"类型"下拉菜单中选择"滑块"，然后在"操作"下面"选择连杆"中直接选择滑块（编号007）上的边，这样既会选择上面定义的第 15 个连杆，还会定义滑动副的原点和方向，注意一定要选择与

图 5-65 第 14 个运动副选择连杆

滑动副方向一样的边。如图 5-66 所示在滑块（编号 007）的边上显示滑动副的原点和方向，这样下面两步"指定原点"和"指定矢量"就不用再定义了，节省操作时间。第 15 个运动副的名称采用默认值"J016"。

重要提示：由于滑块要跟随后模向后运动，所以必须单击"基本"选项下的"选择连杆"，选择 B 板、后模仁、方铁、底板及其标准件连杆（即 L016）。

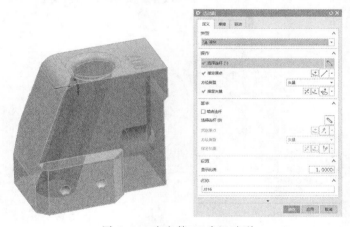

图 5-66 定义第 15 个运动副

⑯ 定义第 16 个运动副。由于 B 板、后模仁、方铁、底板及其标准件向后运动，因此把它定义成一个滑动副。点击"主页"→"机构"→"接头"图标，打开如图 5-67 所示的对话框。在"类型"下拉菜单中选择"滑块"，然后在"操作"下面"选择连杆"中直接选择 B 板上的边，这样既会选择上面定义的第 16 个连杆，还会定义滑动副的原点和方向，注意一定要选择与滑动副方向一样的边。如图 5-67 所示在 B 板的边上显示滑动副的原点和方向，这样下面两步"指定原点"和"指定矢量"就不用再定义了，节省操作时间。第 16 个运动副的名称采用默认值"J017"。

⑰ 定义第 17 个运动副。由于顶针板、顶针及其标准件不但向后运动还向前顶出，因此把它定义成一个滑动副。点击"主页"→"机构"→"接头"图标，打开如图 5-68 所示的对话框。在"类型"下拉菜单中选择"滑块"，然后在"操作"下面"选择连杆"中直接选择顶

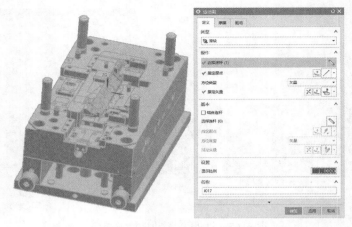

图 5-67　定义第 16 个运动副

针板上的边，这样既会选择上面定义的第 17 个连杆，还会定义滑动副的原点和方向，注意一定要选择与滑动副方向一样的边。如图 5-68 所示在顶针板的边上显示滑动副的原点和方向，这样下面两步"指定原点"和"指定矢量"就不用再定义了，节省操作时间。第 17 个运动副的名称采用默认值"J018"。

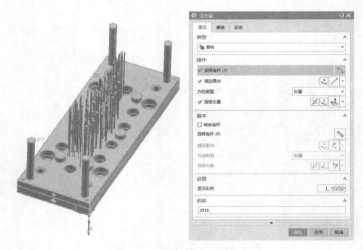

图 5-68　定义第 17 个运动副

5.6.4　3D 接触

①　定义第 1 个 3D 接触。由于滑块（编号 013）需要侧向运动，滑块运动的动力来源于前模的斜导柱，因此设计成斜导柱与滑块 3D 接触，由斜导柱带动滑块侧向运动。点击"主页"→"接触"→"3D 接触"图标，打开如图 5-69 所示的对话框。在"类型"中选择"CAD接触"，在"操作"下面"选择体"中选择滑块所对应的前模斜导柱，注意一定要选择实体，在"基本"下面"选择体"中选择滑块（编号 013），也一定要选择实体。3D 接触的名称采用默认值"G001"，在后续的操作中也可以用"G001"来代表第 1 个 3D 接触。

②　定义第 2 个 3D 接触。由于滑块（编号 012）需要侧向运动，滑块运动的动力来源于前模的斜导柱，因此设计成斜导柱与滑块 3D 接触，由斜导柱带动滑块侧向运动。点击"主

页"→"接触"→"3D 接触"图标，打开如图 5-70 所示的对话框。在"类型"中选择"CAD 接触"，在"操作"下面"选择体"中选择滑块所对应的前模斜导柱，注意一定要选择实体，在"基本"下面"选择体"中选择滑块（编号 012），也一定要选择实体。3D 接触的名称采用默认值"G002"，在后续的操作中也可以用"G002"来代表第 2 个 3D 接触。

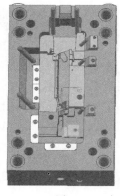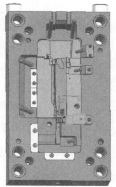

图 5-69 定义第 1 个 3D 接触　　　　　　**图 5-70** 定义第 2 个 3D 接触

③ 定义第 3 个 3D 接触。由于滑块（编号 011）需要侧向运动，滑块运动的动力来源于前模的斜导柱，因此设计成斜导柱与滑块 3D 接触，由斜导柱带动滑块侧向运动。点击"主页"→"接触"→"3D 接触"图标，打开如图 5-71 所示的对话框。在"类型"中选择"CAD 接触"，在"操作"下面"选择体"中选择滑块所对应的前模斜导柱，注意一定要选择实体，在"基本"下面"选择体"中选择滑块（编号 011），也一定要选择实体。3D 接触的名称采用默认值"G003"，在后续的操作中也可以用"G003"来代表第 3 个 3D 接触。

④ 定义第 4 个 3D 接触。由于滑块（编号 010）需要侧向运动，滑块运动的动力来源于前模的斜导柱，因此设计成斜导柱与滑块 3D 接触，由斜导柱带动滑块侧向运动。点击"主页"→"接触"→"3D 接触"图标，打开如图 5-72 所示的对话框。在"类型"中选择"CAD 接触"，在"操作"下面"选择体"中选择滑块所对应的前模斜导柱，注意一定要选择实体，在"基本"下面"选择体"中选择滑块（编号 010），也一定要选择实体。3D 接触的名称采用默认值"G004"，在后续的操作中也可以用"G004"来代表第 4 个 3D 接触。

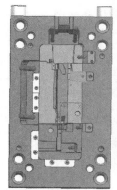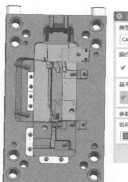

图 5-71 定义第 3 个 3D 接触　　　　　　**图 5-72** 定义第 4 个 3D 接触

⑤ 定义第 5 个 3D 接触。由于滑块（编号 008）需要侧向运动，滑块运动的动力来源于前模的斜导柱，因此设计成斜导柱与滑块 3D 接触，由斜导柱带动滑块侧向运动。点击

"主页"→"接触"→"3D 接触"图标，打开如图 5-73 所示的对话框。在"类型"中选择"CAD 接触"，在"操作"下面"选择体"中选择滑块所对应的前模斜导柱，注意一定要选择实体，在"基本"下面"选择体"中选择滑块（编号 008），也一定要选择实体。3D 接触的名称采用默认值"G005"，在后续的操作中也可以用"G005"来代表第 5 个 3D 接触。

⑥ 定义第 6 个 3D 接触。由于滑块（编号 006）需要侧向运动，滑块运动的动力来源于前模的斜导柱，因此设计成斜导柱与滑块 3D 接触，由斜导柱带动滑块侧向运动。点击"主页"→"接触"→"3D 接触"图标，打开如图 5-74 所示的对话框。在"类型"中选择"CAD 接触"，在"操作"下面"选择体"中选择滑块所对应的前模斜导柱，注意一定要选择实体，在"基本"下面"选择体"中选择滑块（编号 006），也一定要选择实体。3D 接触的名称采用默认值"G006"，在后续的操作中也可以用"G006"来代表第 6 个 3D 接触。

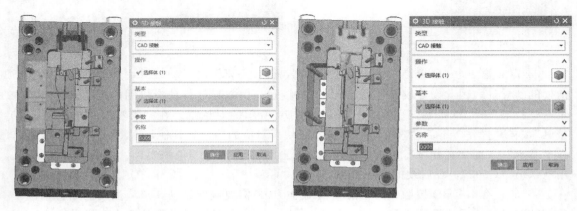

图 5-73　定义第 5 个 3D 接触　　　　图 5-74　定义第 6 个 3D 接触

⑦ 定义第 7 个 3D 接触。滑块上的顶针及顶针板也是侧向运动，但与滑块（编号 006）不同步，滑块（编号 006）先侧向运动，滑块顶针板不动，这是由于顶针板上的直升位与 A 板上的直升位处于接触状态，导致滑块（编号 006）侧向运动而滑块顶针板不动，因此设计成滑块顶针板与 A 板 3D 接触。点击"主页"→"接触"→"3D 接触"图标，打开如图 5-75 所示的对话框。在"类型"中选择"CAD 接触"，在"操作"下面"选择体"中选择滑块顶针板，注意一定要选择实体，在"基本"下面"选择体"中选择 A 板，也一定要选择实体。3D 接触的名称采用默认值"G007"，在后续的操作中也可以用"G007"来代表第 7 个 3D 接触。

⑧ 定义第 8 个 3D 接触。由于滑块（编号 007）需要侧向运动，滑块运动的动力来源于滑块（编号 006）的斜导柱，因此设计成斜导柱与滑块 3D 接触，由斜导柱带动滑块侧向运动。点击"主页"→"接触"→"3D 接触"图标，打开如图 5-76 所示的对话框。在"类型"中选择"CAD 接触"，在"操作"下面"选择体"中选择滑块（编号 006）上的斜导柱，注意一定要选择实体，在"基本"下面"选择体"中选择滑块（编号 007），也一定要选择实体。3D 接触的名称采用默认值"G008"，在后续的操作中也可以用"G008"来代表第 8 个 3D 接触。

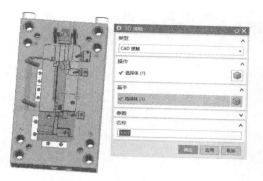

图 5-75　定义第 7 个 3D 接触

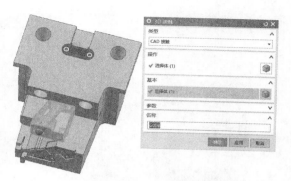

图 5-76　定义第 8 个 3D 接触

5.6.5　阻尼器

由于滑块的运动驱动力是靠斜导柱与滑块的 3D 接触实现的，因此当斜导柱与滑块脱离接触后，滑块由于惯性会继续运动。在运动仿真中为了消除滑块的惯性运动，可以在滑块上添加阻尼器，阻尼器可以使斜导柱与滑块脱离接触后，滑块即停止运动。

① 定义第 1 个阻尼器。点击"主页"→"连接器"→"阻尼器"图标，打开如图 5-77 所示的对话框。在对话框中"附着"选择"滑动副"，"运动副"选择滑块（编号 013）的运动副（即 J009），或者在"运动导航器"下面选择"J009"运动副会更容易些。其它选项均采用默认参数。阻尼器的名称采用默认值"D001"，在后续的操作中也可以用"D001"来代表第 1 个阻尼器。

图 5-77　定义第 1 个阻尼器

② 定义第 2 个阻尼器。点击"主页"→"连接器"→"阻尼器"图标，打开如图 5-78 所示的对话框。在对话框中"附着"选择"滑动副"，"运动副"选择滑块（编号 012）的运动副（即 J010），或者在"运动导航器"下面选择"J010"运动副会更容易些。其它选项均采用默认参数。阻尼器的名称采用默认值"D002"，在后续的操作中也可以用"D002"来代表第 2 个阻尼器。

③ 定义第 3 个阻尼器。点击"主页"→"连接器"→"阻尼器"图标，打开如图 5-79 所示

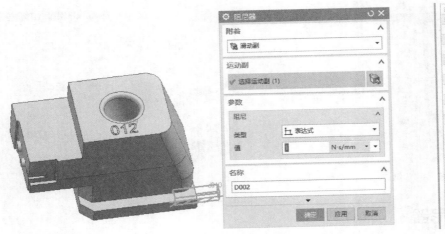

图 5-78　定义第 2 个阻尼器

的对话框。在对话框中"附着"选择"滑动副","运动副"选择滑块（编号 011）的运动副（即 J011），或者在"运动导航器"下面选择"J011"运动副会更容易些。其它选项均采用默认参数。阻尼器的名称采用默认值"D003"，在后续的操作中也可以用"D003"来代表第 3 个阻尼器。

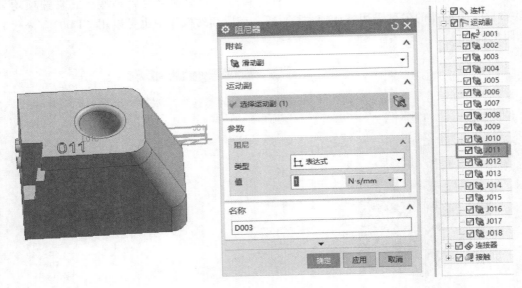

图 5-79　定义第 3 个阻尼器

　　④ 定义第 4 个阻尼器。点击"主页"→"连接器"→"阻尼器"图标，打开如图 5-80 所示的对话框。在对话框中"附着"选择"滑动副","运动副"选择滑块（编号 010）的运动副（即 J012），或者在"运动导航器"下面选择"J012"运动副会更容易些。其它选项均采用默认参数。阻尼器的名称采用默认值"D004"，在后续的操作中也可以用"D004"来代表第 4 个阻尼器。

　　⑤ 定义第 5 个阻尼器。点击"主页"→"连接器"→"阻尼器"图标，打开如图 5-81 所示的对话框。在对话框中"附着"选择"滑动副","运动副"选择滑块（编号 008）的运动副

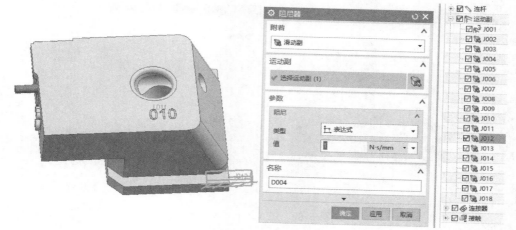

图 5-80 定义第 4 个阻尼器

（即 J013），或者在"运动导航器"下面选择"J013"运动副会更容易些。其它选项均采用默认参数。阻尼器的名称采用默认值"D005"，在后续的操作中也可以用"D005"来代表第 5 个阻尼器。

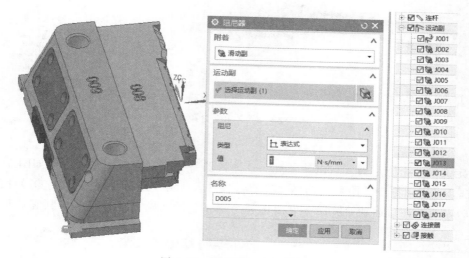

图 5-81 定义第 5 个阻尼器

⑥ 定义第 6 个阻尼器。点击"主页"→"连接器"→"阻尼器"图标，打开如图 5-82 所示的对话框。在对话框中"附着"选择"滑动副"，"运动副"选择滑块（编号 006）的运动副（即 J014），或者在"运动导航器"下面选择"J014"运动副会更容易些。其它选项均采用默认参数。阻尼器的名称采用默认值"D006"，在后续的操作中也可以用"D006"来代表第 6 个阻尼器。

⑦ 定义第 7 个阻尼器。点击"主页"→"连接器"→"阻尼器"图标，打开如图 5-83 所示的对话框。在对话框中"附着"选择"滑动副"，"运动副"选择滑块（编号 006）顶针板的运动副（即 J015），或者在"运动导航器"下面选择"J015"运动副会更容易些。其它选项均采用默认参数。阻尼器的名称采用默认值"D007"，在后续的操作中也可以用"D007"来

图 5-82 定义第 6 个阻尼器

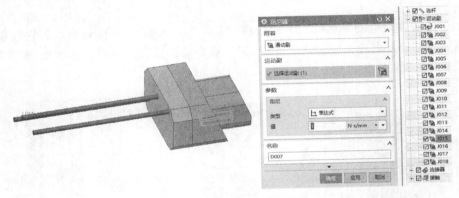

图 5-83 定义第 7 个阻尼器

代表第 7 个阻尼器。

⑧ 定义第 8 个阻尼器。点击 "主页" → "连接器" → "阻尼器" 图标, 打开如图 5-84 所示的对话框。在对话框中 "附着" 选择 "滑动副", "运动副" 选择滑块 (编号 007) 的运动副 (即 J016), 或者在 "运动导航器" 下面选择 "J016" 运动副会更容易些。其它选项均采用

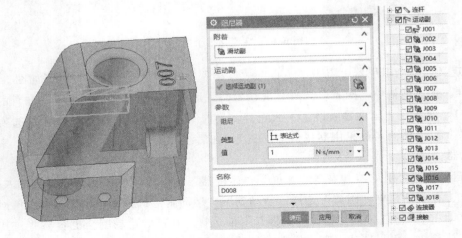

图 5-84 定义第 8 个阻尼器

默认参数。阻尼器的名称采用默认值"D008"，在后续的操作中也可以用"D008"来代表第8个阻尼器。

5.6.6 驱动

本案例的模具是三板模模具，因此模具会打开三次：第一次开水口板与B板之间，把水口与产品拉断并把水口拉出前模仁及A板；第二次开水口板与面板之间，把水口从唧嘴中拉出，然后用机械手从模具的天侧夹出水口；最后开A、B板之间，为产品的顶出腾出空间。最后顶针板顶出产品，产品再向前运动一段距离完全脱离模仁及顶针。由于模具中每块板的开模顺序不同，每块板的开模时间也不一样，对于这样比较复杂的模具运动仿真，利用运动仿真中的STEP函数来控制模具中的开模顺序比较容易。下面就详细讲解每块板的运动驱动函数。

① A板的运动函数。首先是A板运动仿真，A板的运动仿真分两部分：第一部分是A板0~5s独自向后运动220mm，函数STEP（x，0，0，5，220）；第二部分是A板与水口板5~6s一起向后运动12mm，函数STEP（x，5，0，6，12）。因此，A板运动仿真完整函数为：STEP（x，0，0，5，220）＋STEP（x，5，0，6，12）。

② 水口板的运动函数。其次是水口板运动仿真，水口板的运动仿真也分两部分：第一部分是水口板0~5s保持不动，函数STEP（x，0，0，5，0）；第二部分是水口板5~6s向后运动12mm，函数STEP（x，5，0，6，12）。因此，水口板运动仿真完整函数为：STEP（x，0，0，5，0）＋STEP（x，5，0，6，12）。

③ 水口（浇注系统）的运动函数。接着是水口运动仿真，水口的运动仿真也分两部分：第一部分是水口0~6s与水口板保持同步运动，函数STEP（x，0，0，6，0）；第二部分是水口从6~7s向模具天侧运动2000mm（机械手夹出水口），函数STEP（x，6，0，7，2000）。因此，水口运动仿真完整函数为：STEP（x，0，0，6，0）＋STEP（x，6，0，7，2000）。

④ B板的运动函数。然后是B板运动仿真，B板的运动仿真分四部分：第一部分是B板0~5s向后运动220mm，函数STEP（x，0，0，5，220）；第二部分是B板5~6s向后运动12mm，函数STEP（x，5，0，6，12）；第三部分是B板6~7s保持不动，函数STEP（x，6，0，7，0）；第四部分是B板7~12s向后运动200mm，函数STEP（x，7，0，12，200）。因此，B板运动仿真完整函数为：STEP（x，0，0，5，220）＋STEP（x，5，0，6，12）＋STEP（x，6，0，7，0）＋STEP（x，7，0，12，200）。

⑤ 顶针板的运动函数。然后是顶针板运动仿真，顶针板的运动仿真分五部分：第一部分是顶针板0~5s向后运动220mm，函数STEP（x，0，0，5，220）；第二部分是顶针板5~6s向后运动12mm，函数STEP（x，5，0，6，12）；第三部分是顶针板6~7s保持不动，函数STEP（x，6，0，7，0）；第四部分是顶针板7~12s向后运动200mm，函数STEP（x，7，0，12，200）；第五部分是顶针板12~14s向前运动30mm，函数STEP（x，12，0，14，-30）。因此，顶针板运动仿真完整函数为：STEP（x，0，0，5，220）＋STEP（x，5，0，6，12）＋STEP（x，6，0，7，0）＋STEP（x，7，0，12，200）＋STEP（x，12，0，14，-30）。

⑥ 产品的运动函数。最后是产品运动仿真，产品的运动仿真也分两部分：第一部分是产品0~14s跟随顶针板同步运动，函数STEP（x，0，0，14，0）；第二部分是产品14~

15s 向前运动 65mm，函数 STEP（x，14，0，15，-65），因此，产品运动仿真完整函数为：STEP（x，0，0，14，0）+STEP（x，14，0，15，-65）。

由于本案例的函数较多，而且有些函数较长，出错的机率很大，建议在记事本中把函数记录下来，然后在运动仿真中复制粘贴。本案例函数在记事本中记录如图 5-85 所示。

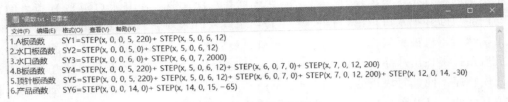

图 5-85 本案例函数记录

最后就是为模具的各个连杆的运动副定义驱动：

① 定义 A 板运动副的驱动。点击"主页"→"机构"→"驱动"图标，打开如图 5-86 所示的对话框。在"驱动类型"下拉菜单中选择"运动副驱动"，"驱动对象"选择 A 板的滑动副（即 J006），注意由于在显示区域中滑动副不好选择，可以在"运动导航器"中选择滑动副，这样更方便一些。在"平移"下拉菜单中选择"函数"，"数据类型"选择"位移"，然后点击"函数"后面"⬇"图标，再点击"函数管理器"弹出如图 5-87 所示对话框，在对话框中点击下面的"✏"图标，弹出如图 5-88 所示对话框，"名称"后面的文本框中输入"SY1"，接着在"公式"下面的文本框中粘贴从记事本中复制的 STEP（x，0，0，5，220）+STEP（x，5，0，6，12）的函数。最后连续点击"确定"按钮，完成 A 板上运动副的函数驱动。第 1 个驱动的名称采用默认值"Drv001"，在后续的操作中也可以用"Drv001"来代表第 1 个驱动。

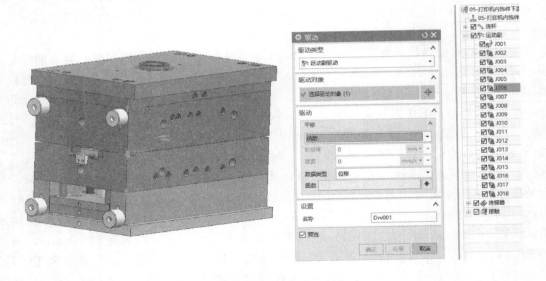

图 5-86 定义 A 板运动副的驱动

② 定义水口板运动副的驱动。点击"主页"→"机构"→"驱动"图标，打开如图 5-89 所示的对话框。在"驱动类型"下拉菜单中选择"运动副驱动"，"驱动对象"选择水口板的滑

图 5-87 "XY 函数管理器"对话框

图 5-88 "XY 函数编辑器"对话框

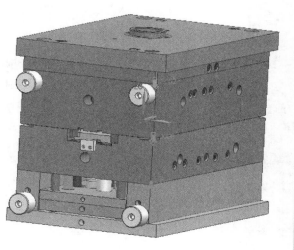

图 5-89 定义水口板运动副的驱动

动副（即 J002），注意由于在显示区域中滑动副不好选择，可以在"运动导航器"中选择滑动副，这样更方便一些。在"平移"下拉菜单中选择"函数"，"数据类型"选择"位移"，然后点击"函数"后面"↓"图标，再点击"函数管理器"弹出如图 5-90 所示对话框，在对话框中点击下面的"✎"图标，弹出如图 5-91 所示对话框，"名称"后面的文本框中输入"SY2"，接着在"公式"下面的文本框中粘贴从记事本中复制的 STEP（x，0，0，5，0）＋STEP（x，5，0，6，12）的函数。最后连续点击"确定"按钮，完成水口板上运动副的函数驱动。第 2 个驱动的名称采用默认值"Drv002"，在后续的操作中也可以用"Drv002"来代表第 2 个驱动。

图 5-90　"XY 函数管理器"对话框　　　　　图 5-91　"XY 函数编辑器"对话框

③ 定义水口运动副的驱动。点击"主页"→"机构"→"驱动"图标，打开如图 5-92 所示的对话框。在"驱动类型"下拉菜单中选择"运动副驱动"，"驱动对象"选择水口的滑动副（即 J008），注意由于在显示区域中滑动副不好选择，可以在"运动导航器"中选择滑动副，这样更方便一些。在"平移"下拉菜单中选择"函数"，"数据类型"选择"位移"，然后点

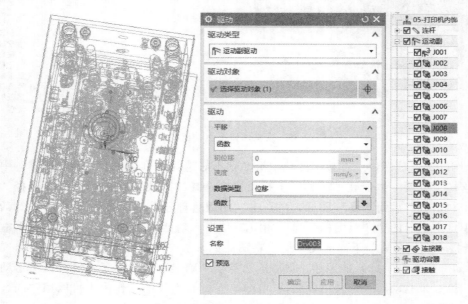

图 5-92　定义水口运动副的驱动

击"函数"后面"⬇"图标，再点击"函数管理器"弹出如图 5-93 所示对话框，在对话框中点击下面的"⌐"图标，弹出如图 5-94 所示对话框，"名称"后面的文本框中输入"SY3"，接着在"公式"下面的文本框中粘贴从记事本中复制的 STEP（x，0，0，6，0）+STEP（x，6，0，7，2000）的函数。最后连续点击"确定"按钮，完成水口上运动副的函数驱动。第 3 个驱动的名称采用默认值"Drv003"，在后续的操作中也可以用"Drv003"来代表第 3 个驱动。

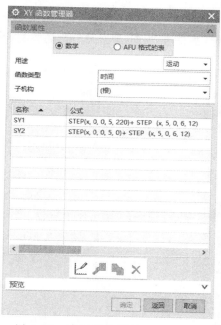

图 5-93 "XY 函数管理器"对话框

图 5-94 "XY 函数编辑器"对话框

④ 定义 B 板运动副的驱动。点击"主页"→"机构"→"驱动"图标，打开如图 5-95 所示的对话框。在"驱动类型"下拉菜单中选择"运动副驱动"，"驱动对象"选择 B 板的滑动副（即 J017），注意由于在显示区域中滑动副不好选择，可以在"运动导航器"中选择滑动

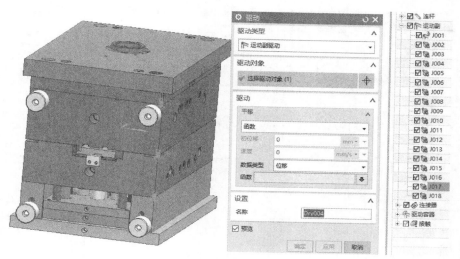

图 5-95 定义 B 板运动副的驱动

副，这样更方便一些。在"平移"下拉菜单中选择"函数"，"数据类型"选择"位移"，然后点击"函数"后面"↓"图标，再点击"函数管理器"弹出如图 5-96 所示对话框，在对话框中点击下面的"✐"图标，弹出如图 5-97 所示对话框，"名称"后面的文本框中输入"SY4"，接着在"公式"下面的文本框中粘贴从记事本中复制的 STEP（x，0，0，5，220）+ STEP（x，5，0，6，12）+STEP（x，6，0，7，0）+STEP（x，7，0，12，200）的函数。最后连续点击"确定"按钮，完成 B 板上运动副的函数驱动。第 4 个驱动的名称采用默认值"Drv004"，在后续的操作中也可以用"Drv004"来代表第 4 个驱动。

图 5-96　"XY 函数管理器"对话框

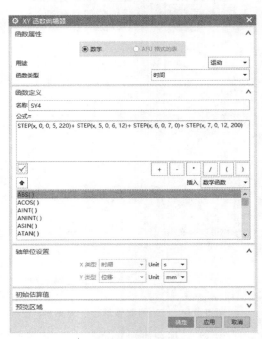

图 5-97　"XY 函数编辑器"对话框

⑤ 定义顶针板运动副的驱动。点击"主页"→"机构"→"驱动"图标，打开如图 5-98 所

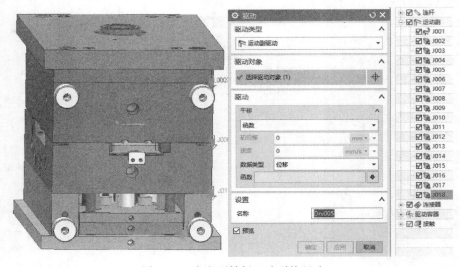

图 5-98　定义顶针板运动副的驱动

示的对话框。在"驱动类型"下拉菜单中选择"运动副驱动","驱动对象"选择顶针板的滑动副（即 J018），注意由于在显示区域中滑动副不好选择，可以在"运动导航器"中选择滑动副，这样更方便一些。在"平移"下拉菜单中选择"函数","数据类型"选择"位移"，然后点击"函数"后面"↓"图标，再点击"函数管理器"弹出如图 5-99 所示对话框，在对话框中点击下面的"✎"图标，弹出如图 5-100 所示对话框，"名称"后面的文本框中输入"SY5"，接着在"公式"下面的文本框中粘贴从记事本中复制的 STEP（x，0，0，5，220）+STEP（x，5，0，6，12）+STEP（x，6，0，7，0）+STEP（x，7，0，12，200）+STEP（x，12，0，14，-30）的函数。最后连续点击"确定"按钮，完成顶针板上运动副的函数驱动。第 5 个驱动的名称采用默认值"Drv005"，在后续的操作中也可以用"Drv005"来代表第 5 个驱动。

图 5-99　"XY 函数管理器"对话框

图 5-100　"XY 函数编辑器"对话框

⑥ 定义产品运动副的驱动。点击"主页"→"机构"→"驱动"图标，打开如图 5-101 所示的对话框。在"驱动类型"下拉菜单中选择"运动副驱动","驱动对象"选择产品的滑动副（即 J007），注意由于在显示区域中滑动副不好选择，可以在"运动导航器"中选择滑动副，这样更方便一些。在"平移"下拉菜单中选择"函数","数据类型"选择"位移"，然后点击"函数"后面"↓"图标，再点击"函数管理器"弹出如图 5-102 所示对话框，在对话框中点击下面的"✎"图标，弹出如图 5-103 所示对话框，"名称"后面的文本框中输入"SY6"，接着在"公式"下面的文本框中粘贴从记事本中复制的 STEP（x，0，0，14，0）+STEP（x，14，0，15，-65）的函数。最后连续点击"确定"按钮，完成产品上运动副的函数驱动。第 6 个驱动的名称采用默认值"Drv006"，在后续的操作中也可以用"Drv006"来代表第 6 个驱动。

5.6.7　解算方案及求解

点击"主页"→"解算方案"→"解算方案"图标，打开如图 5-104 所示的对话框。由于在函数中所用的总时间是 15s，所以在解算方案中的时间就是 15s，步数可以取时间的 30 倍，即 450 步。在"按'确定'进行求解"的复选框中打钩，点击"确定"后会自动进行求解。

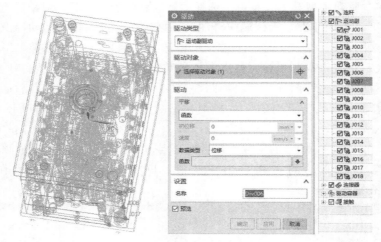

图 5-101 定义产品运动副的驱动

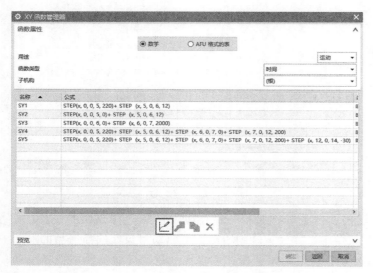

图 5-102 "XY 函数管理器"对话框

图 5-103 "XY 函数编辑器"对话框

图 5-104 "解算方案"对话框

5.6.8 生成动画

点击"分析"→"运动"→"动画"图标，打开如图 5-105 所示的对话框。点击"播放"按钮即可播放打印机内饰件下盖模具的运动仿真动画。图中是打印机内饰件下盖模具开模后的状态图。打印机内饰件下盖模具的运动仿真动画可用手机扫描二维码播放。

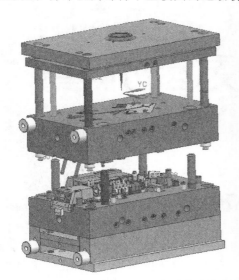

打印机内
饰件下盖
模具运动
仿真动画

图 5-105 打印机内饰件下盖模具的运动仿真动画

第 **6** 章

汽车后视镜外壳（滑块内出滑块）结构设计及运动仿真

6.1 汽车后视镜外壳产品分析

汽车后视镜外壳
模具结构

本章以汽车后视镜外壳产品为实例来讲解滑块内出滑块模具结构的设计原理、经验参数及运动仿真。汽车后视镜是汽车重要的外饰件之一，汽车后视镜位于汽车头部的左右两侧，以及汽车内部的前方，汽车后视镜可以反射汽车后方、侧方和下方的情况，使驾驶者可以间接地看清楚这些位置的情况，它起着"第二只眼睛"的作用，扩大了驾驶者的视野范围。用手机扫描二维码可观看汽车后视镜外壳模具结构。

图 6-1 是汽车后视镜的总成图，汽车后视镜一般由后视镜外壳、基板、镜托、基座、转轴等几部分构成。由于汽车后视镜外壳产品属于外观件，因此对产品的外观要求比较高。模具设计时需要注意浇口的位置及浇口的形式，不允许在外观面上有浇口疤痕，因此浇口的位

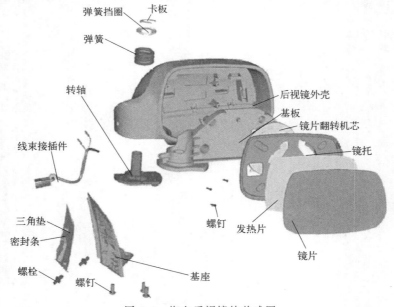

图 6-1 汽车后视镜的总成图

置及浇口的形式选择窗口非常小。本案例采用热流道转冷流道从产品的内观面处采用扇形边浇口。汽车后视镜外壳的塑胶材料一般选择强度高、韧性好、易于加工成型的 ABS 材料，或者选择具有很强的耐候性、比较好的耐高温性的 ASA 材料。本案例选择 ASA 材料，根据以往的经验，客户给出的缩水率是 1.005（即千分之五）。

6.1.1　产品出模方向及分型

在模具设计的前期，首先要分析产品的出模方向、分型线、产品的前后模面及倒扣。产品如图 6-2 所示。产品最大外围尺寸（长、宽、高）为 248.3mm×122.7mm×86.4mm，产品的主壁厚为 2.7mm。由于产品属于外观件，对于产品的外观要求非常高，外观面一侧出前模，内观面一侧出后模。产品内部三面都有倒扣，需要组合滑块结构才可脱模，产品的出模方向选择正 Z 方向，分型线如图 6-3 和图 6-4 所示。

图 6-2　产品

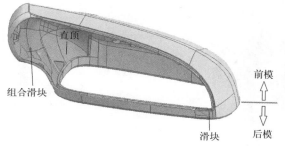

图 6-3　产品分型线（一）

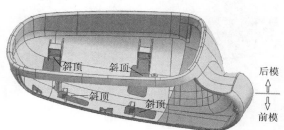

图 6-4　产品分型线（二）

6.1.2　产品的前后模面

产品的前后模面如图 6-5 和图 6-6 所示。直升面主要位于斜顶区域，由于斜顶是侧向抽芯机构，因此直升面可以不用做拔模斜度。

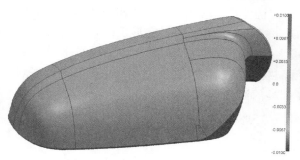

图 6-5　产品的前后模面（一）

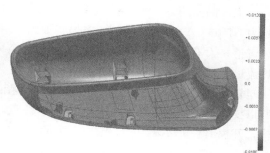

图 6-6　产品的前后模面（二）

6.1.3　产品的倒扣

产品倒扣如图 6-7 所示，倒扣区域需要设计滑块机构或者斜顶机构。本案例共设计两个滑块机构、四个后模斜顶机构及一个后模直顶机构。

6.1.4 产品的浇注系统

由于产品是外观件，对外观要求比较高，因此产品浇口位置的选择窗口比较小，只可选择浇口位置在产品的内观面上或者在后视镜总成的装配位之内。本案例选择在产品的装配位之内，采用单嘴热流道转冷流道的形式，浇口采用大水口扇形边进胶，为了节省成本，热流道没有添加分流板，因此模具采用偏心结构。注意：KO 与定位圈及热嘴是一一对应关系，KO 孔也要跟着偏心。本案例浇注系统如图 6-8 所示。浇口位置经模流分析验证，可以满足充填条件。扇形边浇口的宽度 8.8mm，扇形浇口的高度 0.9mm。热嘴直径 10mm，冷流道顶部直径 3mm，冷流道角度 6°。整个浇注系统经模流分析验证，可以满足产品充填及保压的需求。

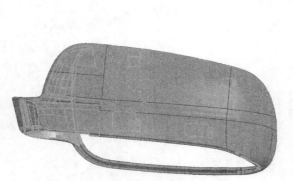

图 6-7 产品倒扣

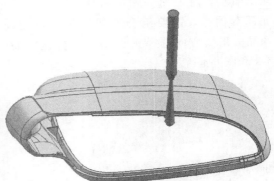

图 6-8 浇注系统

6.2 汽车后视镜外壳模具结构分析

6.2.1 汽车后视镜外壳模具的模架

本产品采用热流道转冷流道扇形边浇口的形式浇注系统，因此选择大水口模架，模架型号为 CI5055 A190 B160 C210，模架如图 6-9 所示。模架为大水口工字形模架，由于是单嘴热流道，没有设计分流板，因此在面板与 A 板之间不用添加热流道板。因为模具上设计有热流道，所以在面板及底板上面设计隔热板。隔热板的主要作用是防止模具上的热量传递到注塑机上，从而减少模具上的热量损失，保证模具的温度平衡。因为要采用二次顶出结构，所以要设计二组顶针板，二次顶出结构注意调整方铁的高度。本案例的模具结构是二板模结构，开模时仅开 A 板与 B 板之间即可。

6.2.2 汽车后视镜外壳模具的前模仁

汽车后视镜外壳模具的前模仁如图 6-10 所示。前模仁的结构较为简单，由于小滑块较小，所以斜导柱设计在前模仁上，图上右上角的圆孔即为斜导柱孔，在模仁的四周设计六组虎口进行定位，确保模具的精度。

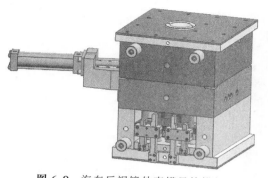

图 6-9　汽车后视镜外壳模具的模架

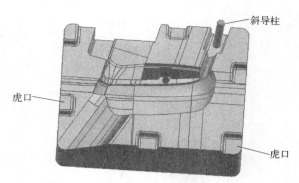

图 6-10　汽车后视镜外壳模具的前模仁

6.2.3　汽车后视镜外壳模具的后模仁

汽车后视镜外壳模具的后模仁如图 6-11 所示。后模仁的结构也较为简单，在后模仁上有四个斜顶孔和一个直顶孔，为了减小滑块的长度，滑块的部分区域设计在后模仁上，在模仁的四周设计六组虎口进行定位，确保模具的精度。

6.2.4　汽车后视镜外壳模具的普通小滑块

汽车后视镜外壳模具的普通小滑块如图 6-12 所示。由于是普通小滑块，经验参数和结构原理可参考第 1 章模具结构设计基础。本案例小滑块采用比较特殊的滑块定位，没采用常用的弹簧与限位螺钉组合的定位方式，而是采用波珠螺钉定位，波珠螺钉定位一般在小滑块中用得较多。另外，小滑块的锁紧块也采用原身留的形式，即利用 A 板压紧滑块。

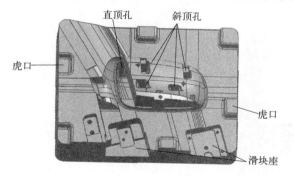

图 6-11　汽车后视镜外壳模具的后模仁

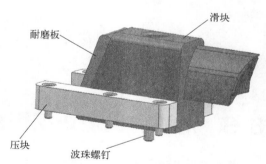

图 6-12　普通小滑块

6.2.5　汽车后视镜外壳模具的四个后模斜顶结构

汽车后视镜外壳模具共有四个后模斜顶，其结构如图 6-13 所示。本案例的后模斜顶属于常规后模斜顶，其运动原理及经验参数可参考第 1 章模具结构设计基础中的后模斜顶。

6.2.6　汽车后视镜外壳模具的后模直顶结构

汽车后视镜外壳模具的后模直顶结构如图 6-14 所示。汽车后视镜外壳模具的直顶一般用于无法侧面抽芯的内倒扣机构，直顶顶出后必须手工取件，产品在取出时必须要有摆动的空间。产品的摆动中心及摆动方向如图 6-15 所示。

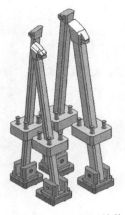

图 6-13　后模斜顶结构

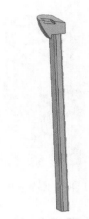

图 6-14　后模直顶结构

6.2.7　汽车后视镜外壳模具的滑块内出滑块结构

　　汽车后视镜外壳模具的滑块内出滑块结构如图 6-16 所示。在后面的章节中会重点讲解滑块内出滑块结构组成、运动原理及经验参数，这里不再赘述。

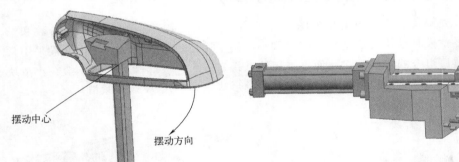

摆动中心

摆动方向

图 6-15　产品的摆动中心及摆动方向

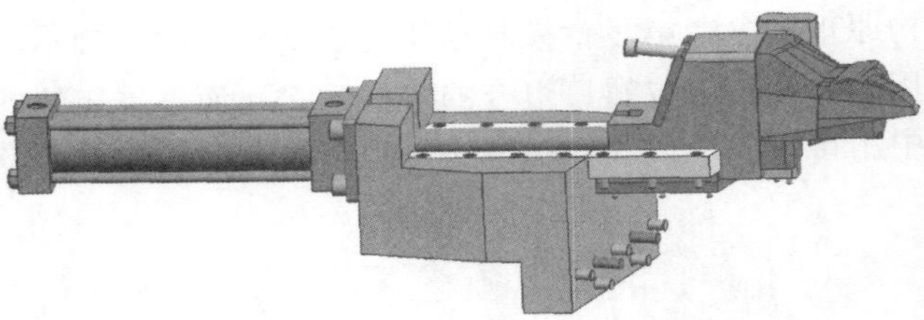

图 6-16　滑块内出滑块结构

6.3　滑块内出滑块结构组成

　　滑块内出滑块结构组成如图 6-17 所示。机构中各个部件的作用如下。

　　① 大滑块。大滑块是整个滑块机构的主体，大滑块的作用是先抽出中间部分内倒扣区域，为上下两侧小滑块的移动腾出空间，由于大滑块的行程较长，要向外滑动 210mm，因此大滑块采用油缸抽芯。

　　② 小滑块 1。小滑块 1 是大滑块上半部分的倒扣区域。由于在小滑块 1 的上部有竖直胶位，如图 6-18 所示，因此小滑块 1 无法与大滑块一起向外抽芯。小滑块 1 的中间有燕尾槽，起导向作用，并且在小滑块 1 挡块的作用下，大滑块向外运动时小滑块 1 向下运动，当小滑块 1 脱离如图 6-18 所示的竖直胶位时，小滑块 1 再跟随大滑块一起向外运动。

　　③ 小滑块 2。小滑块 2 是大滑块下半部分的倒扣区域。由于在小滑块 2 的下部有竖直胶位，如图 6-19 所示，因此小滑块 2 无法与大滑块一起向外抽芯。小滑块 2 的中间有燕尾槽，起导向作用，并且在小滑块 2 挡块的作用下，大滑块向外运动时小滑块 2 向上运动，当小滑

块 2 脱离如图 6-19 所示的竖直胶位时，小滑块 2 再跟随大滑块一起向外运动。

④ 小滑块 1 燕尾槽。小滑块 1 燕尾槽如图 6-20 所示，其作用是为小滑块 1 的运动提供导向，小滑块 1 燕尾槽使用平头螺钉锁在大滑块上并且要精定位，在小滑块 1 的底部设计有定位"冬菇头"。

⑤ 小滑块 2 燕尾槽。小滑块 2 燕尾槽如图 6-21 所示，其作用是为小滑块 2 的运动提供导向，小滑块 2 燕尾槽使用平头螺钉锁在大滑块上并且要精定位，在小滑块 2 的底部设计有定位"冬菇头"。

⑥ 滑块耐磨板 1。滑块耐磨板 1 的主要作用有两个，一是为增加大滑块的使用寿命，二是为了便于大滑块的装配，因为大滑块在加工的过程中存在误差，通过调整耐磨板的厚度可以弥补加工时的误差。本案例的大滑块的锁紧机构采用原身留的形式，因此需要在 A 板加工出锁紧机构的外围形状。另外值得注意的是，如果锁紧机构在 A 板设计成原身留的形式，此时耐磨板就需要设计在大滑块上，如果把耐磨板设计在 A 板的原身留上，由于 A 板较大，不便于加工耐磨板上的平头螺钉。

⑦ 滑块耐磨板 2。滑块耐磨板 2 的主要作用是增加大滑块的使用寿命，如果不设计滑块耐磨板 2，则大滑块直接在 B 板上滑动，由于 B 板材料一般选择 1050 或者 S50C，材料较差，大滑块滑动时间久了会产生磨损，因此在大滑块下面设计滑块耐磨板 2 以增加其寿命。耐磨板材料一般选择油钢 2510，淬火硬度 52～56HRC。当耐磨板长度较长时，需要设计两块耐磨板，因为耐磨板的厚度一般设计为 8mm，而耐磨板材料选择 2510 时需要淬火，当耐磨板长度较长时淬火容易变形，所以需要设计成两块耐磨板的形式。

⑧ 滑块压块。滑块压块的主要作用是为大滑块的滑动提供导向。滑块压块的材料也选用油钢 2510，淬火硬度 52～56HRC。当滑块压块的长度较长时，也需要把滑块压块设计成两段，此时最好在滑块压块上设计管钉进行定位，滑块压块和滑块耐磨板都需要在滑动面设计油槽。当滑块运动时在油槽中加油以保证滑块的润滑。

⑨ 滑块支撑板。滑块支撑板的作用一方面是为滑块的滑动提供延伸空间，另外一方面是为油缸的安装提供支撑。由于滑块的行程较长，如果把模架加大会增加模具的成本，更会导致模具的安装出现问题。因此只把滑块滑动这一部分加大也就是设计成滑块支撑板的形式。一般滑块支撑板可选择 1050 或者 S50C 材料。滑块支撑板固定在 B 板上，需要在滑块座上设计定位功能，定位可用管钉或者"冬菇头"。本案例滑块支撑板采用管钉定位。

⑩ 油缸。油缸的作用是为滑块的运动提供动力，油缸的大小选择与滑块的行程有关，如表 6-1 所示。带有油缸的滑块需要在滑块上面设计行程开关，以便油缸的运动与注塑机的运动同步。

⑪ 小滑块 1 挡块。小滑块 1 挡块的作用是当大滑块向外运动时，小滑块 1 在燕尾槽的作用下可以向下运动也可以跟随大滑块向外运动。由于小滑块 1 挡块的阻挡作用，小滑块 1 不能跟随大滑块向外运动，只能向下运动，从而小滑块 1 脱离产品上的竖直胶位，然后在限位螺钉的作用下，小滑块 1 再跟随大滑块一起向外运动。

⑫ 小滑块 2 挡块。小滑块 2 挡块的作用是当大滑块向外运动时，小滑块 2 在燕尾槽的作用下可以向上运动，也可以跟随大滑块向外运动，由于小滑块 2 挡块的阻挡作用，小滑块 2 不能跟随大滑块向外运动，只能向下运动，从而小滑块 2 脱离产品上的竖直胶位，然后在限位螺钉的作用下，小滑块 2 再跟随大滑块一起向外运动。

⑬ 滑块限位螺钉。滑块限位螺钉的作用是限制小滑块的行程，如图 6-22 所示。当大滑

块向后运动时，两个小滑块在挡块的作用下做上下运动，当小滑块脱离竖直胶位后，滑块限位螺钉起限位作用，拉动两个小滑块跟随大滑块一起向后运动。在限位螺钉上安装有弹簧，弹簧与限位螺钉组合起到给小滑块定位的作用。

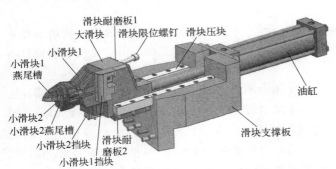

图 6-17　滑块内出滑块结构组成

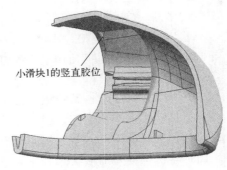

图 6-18　小滑块 1 的竖直胶位

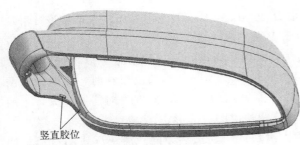

图 6-19　小滑块 2 的竖直胶位

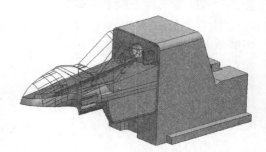

图 6-20　小滑块 1 燕尾槽

表 6-1　油缸的缸径与滑块的行程关系

行程/mm	60 以下	60～120	120～240	240～400
缸径/mm	$\phi30$	$\phi40$	$\phi50～63$	$\phi63～80$

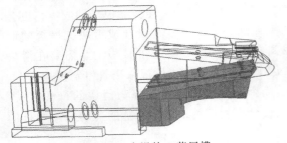

图 6-21　小滑块 2 燕尾槽

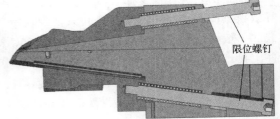

图 6-22　滑块上的限位螺钉

6.4　滑块内出滑块运动原理

　　滑块内出滑块的原因是滑块上下两侧都有竖直胶位，如图 6-23 所示，如果做成整体滑块向后运动，会拉伤竖直胶位，甚至拉坏产品导致滑块不能出模。因此把整个滑块设计成三段，如图 6-24 所示。先抽中间那一段的滑块，在中间滑块与上下滑块之间设计燕尾槽，如图 6-25 所示。中间滑块向外运动过程中，上下滑块在燕尾槽的导向下要么跟随中间滑块一起向外运动，要么上下滑块均向内运动。由于在上下滑块上都设计有滑块挡块，如图 6-26 所示，所以上下滑块不能跟随中间滑块向外运动，上下滑块在挡块的作用下，只能向内运动，如图 6-27 所示。当上下滑块向内运动超出挡块的范围时，滑块上的限位螺钉限制住上下滑块，使其跟随中间滑块一起向后运动。中间滑块与上下滑块运动的最终结果如图 6-28 所示。

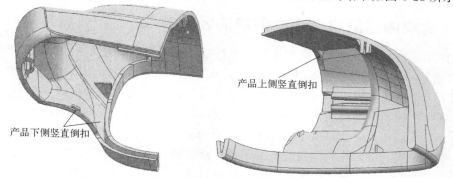

图 6-23 滑块上下两侧竖直胶位

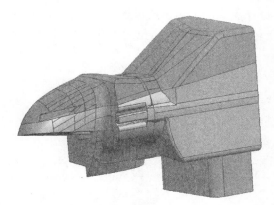

图 6-24 滑块分成三段

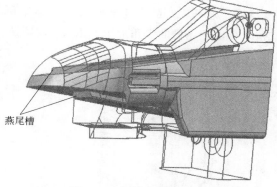

图 6-25 滑块中的燕尾槽

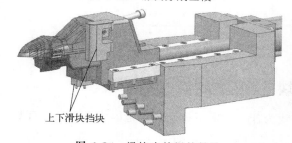

图 6-26 滑块中的滑块挡块

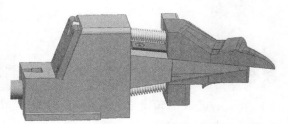

图 6-27 限位螺钉限制住上下滑块

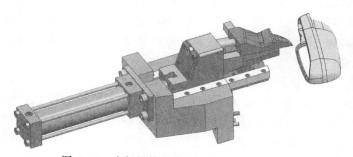

图 6-28 中间滑块与上下滑块一起向外运动

6.5 滑块内出滑块经验参数

6.5.1 滑块内出滑块结构中滑块的经验参数

滑块内出滑块结构中的滑块主要由三部分组成，分别为中间滑块、上滑块与下滑块，如图 6-29 所示。中间滑块的作用有两个：第一，在开模时中间滑块上设计有燕尾槽，在燕尾槽的作用下上下滑块分别向中间运动（相当于常规滑块的动力机构——斜导柱）；第二，在合模时中间滑块锁紧上下滑块使其不能向内运动（相当于常规滑块的锁紧块）。中间滑块前端尺寸小，后端尺寸大，前端最小尺寸不能小于 8mm。

由于空间位置有限，在中间滑块上必须设计燕尾槽（燕尾槽更节省空间，否则设计成梯槽也可以），如图 6-30 所示。燕尾槽角度一般设计成 60°，由于燕尾槽中间要锁螺钉，因此燕尾槽的宽度必须大于螺钉的平头直径 10mm 以上。本案例燕尾槽锁 M6 的平头螺钉，平头螺钉的最大外径为 14.2mm，因此燕尾槽的宽度设计成 23.8mm，燕尾槽深度至少为 5mm，燕尾槽"冬菇头"的高度至少 3mm。本案例的"冬菇头"由于空间位置有限，因此设计为 2mm 高，燕尾槽的尖角处可倒 $R0.5$ 的圆角。

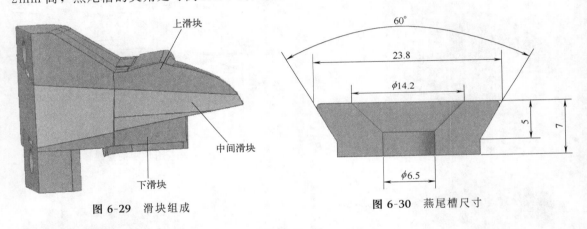

图 6-29 滑块组成

图 6-30 燕尾槽尺寸

6.5.2 滑块内出滑块结构中上滑块的经验参数

在设计滑块的角度之前，首先考虑下上滑块为什么要向下运动，这是因为在产品上有竖直胶位，如图 6-31 所示，除此之外在产品的口部是斜度方向，如图 6-32 所示，即产品的内部大，口部小，所以滑块不能脱模，上滑块必须向下运动，然后才向外运动。竖直胶位处的胶位高度 3.1mm，斜度方向倒扣的最大高度 5.6mm。如果在滑块中有两处倒扣都需要脱模时，应该以大数为准，因此上滑块向下运动的距离就是 5.6mm＋余量（1～3mm）＝7.2mm（余量取中间值 1.6mm）。

由于空间限制，上滑块的底面要设计成与产品的外围线形状类似的斜度，即滑块随型线，如图 6-33 所示。上滑块的底面如果以随型线最低点拉直线，把上滑块底面设计成平面，则设计的滑块会与侧面骨位干涉，即中间滑块的骨位也出在上滑块上，上滑块在向下运动过程中与骨位干涉。下滑块即与中间滑块的骨位干涉，因此下滑块设计时就避开骨位区域，但上滑块对应的区域有竖直胶位，所以不能像下滑块一样避开。上滑块的底面如果以随型线最

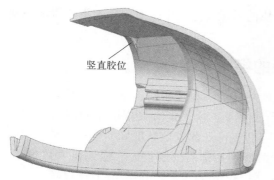

图 6-31　上滑块中的竖直胶位

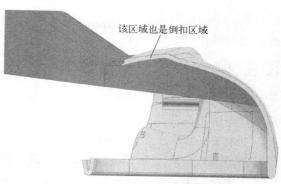

图 6-32　上滑块中的倒扣区域

高点拉直线，把上滑块底面设计成平面，则上滑块的另一侧非常薄弱，影响滑块的强度。上滑块随型线角度设计成10°。滑块随型线角度根据需要也可适当调整。

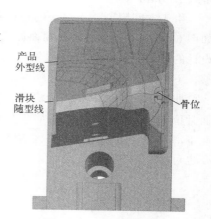

图 6-33　上滑块随型线

　　上滑块的角度的经验值一般为8°～15°，根据滑块的形状及厚度可适当调整。上滑块需要向下运动7.2mm，由于空间限制，本案例上滑块角度设计为6.5°，上滑块限位螺钉的限位行程为63.2mm。一般情况下限位螺钉行程要比实际计算的限位行程大1～3mm，这是因为在加工的过程中存在公差，如果上滑块在向下运动7.2mm的过程中，这个公差略大，会导致上滑块挡块还没有脱模而限位螺钉已经限制住了，结果会拉伤模具，所以本案例上滑块限位螺钉的限位行程设计为63.2mm加余量1～3mm约等于65mm。中间滑块后退实际行程为64.6mm，上滑块实际向下运动7.36mm。上滑块三角函数如图6-34所示。

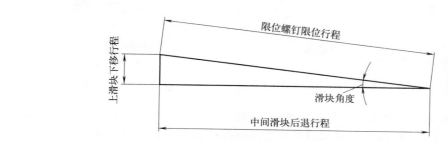

图 6-34　上滑块三角函数

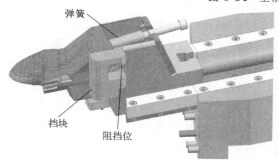

图 6-35　上滑块的挡块及弹簧

　　上滑块在开始运动过程中之所以向下运动而没有跟随中间滑块一起向后运动，是因为在上滑块上安装有挡块，如图6-35所示，另外也因为在限位螺钉中安装有弹簧。挡块安装在模仁上，上滑块在开始运动时由于挡块的阻挡作用不能跟随中间滑块一起向后运动，在挡块作用下只能向下运动。挡块与上滑块上定位块的高度差即为上滑块向下运动的行程。上滑块的弹簧处于压缩状态，在中间滑块向后运动过程中也有阻挡上滑块跟随中间滑块运动的作用。

6.5.3 滑块内出滑块结构中下滑块的经验参数

滑块内出滑块结构中下滑块的运动原理与上滑块的运动原理相同。下滑块之所以要向上运动，是因为在产品上有竖直胶位，如图 6-36 所示，下滑块不能直接跟随中间滑块一起脱模，上滑块必须向上运动，然后才向外运动。竖直凸胶位处的胶位高度 2.65mm，竖直凹胶位处的最大胶位高度 7.08mm，如果在滑块中有两处倒扣都需要脱模时，应该以大数为准，因此上滑块向上运动的距离就是 7.08mm＋余量（1～3mm）≈9.5mm，由于行程较大，余量取 2.5mm 左右。

由于空间限制，下滑块的顶面要设计成与产品的外围线形状类似的斜度，即滑块随型线如图 6-37 所示。下滑块的顶面如果以随型线最低点拉直线，把下滑块顶面设计成平面，则设计的滑块基本会与产品的外围线相交，导致下滑块出现薄钢材，而且下滑块的强度也不够。下滑块的顶面如果以随型线最高点拉直线，把下滑块顶面设计成平面，则中间滑块的另一侧非常薄弱，影响中间滑块的强度。下滑块的另一侧如果一直沿斜度设计出去，则会与侧面骨位干涉，即中间滑块的骨位也出在下滑块上，下滑块在向上运动过程中与骨位干涉，因此下滑块设计时就避开骨位区域。下滑块随型线角度也设计成 10°。滑块随型线角度根据需要也可适当调整。

竖直凸胶位
竖直凹胶位

图 6-36 下滑块中的竖直胶位

骨位
滑块随型线
产品外围线

图 6-37 下滑块随型线

下滑块角度的经验值也为 8°～15°，根据滑块的形状及厚度可适当调整。下滑块需要向上运动 9.5mm，由于空间限制，本案例下滑块角度设计为 8.6°，下滑块限位螺钉的限位行程为 63.5mm，一般情况下，限位螺钉行程要比实际计算的限位行程大 1～3mm。这是因为在加工的过程中存在公差，如果下滑块在向上运动 9.5mm 的过程中，这个公差略大，会导致下滑块挡块还没有脱模而限位螺钉已经限制住了，结果会拉伤模具，所以本案例下滑块限位螺钉的限位行程设计为 63.5mm 加余量 1～3mm 约等于 65mm。中间滑块实际后退行程为 64.3mm，下滑块实际向上运动 9.72mm。下滑块三角函数如图 6-38 所示。

下滑块在开始运动后之所以向上运动而没有跟随中间滑块一起向后运动，是因为在下滑块上安装有挡块，如图 6-39 所示，另外也因为在限位螺钉中安装有弹簧。挡块安装在模仁上，下滑块在开始运动时由于挡块的阻挡作用，不能跟随中间滑块一起向后运动，在挡块作用下只能向上运动。挡块与下滑块的高度差即为下滑块向上运动的行程。下滑块的弹簧也处

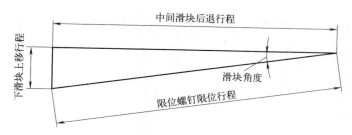

图 6-38 下滑块三角函数

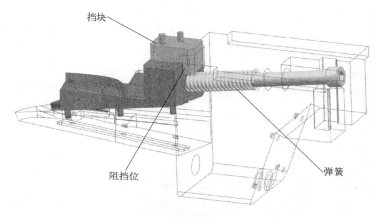

图 6-39 下滑块的挡块及弹簧

于压缩状态，在中间滑块向后运动过程中也有阻挡下滑块跟随中间滑块运动的作用。

6.5.4 滑块内出滑块结构中中间滑块行程的经验参数

中间滑块的行程分为两部分：第一部分中间滑块向外运动，带动上下滑块向内运动；第二部分中间滑块带动上下滑块一起向外运动。首先确定第一部分中间滑块向外运动的行程，上滑块的滑块角度是 6.5°，上滑块需要向下运动 7.2mm，限位螺钉的限位行程设计为 65mm，中间滑块需要向外运动 64.6mm。下滑块的滑块角度是 8.6°，上滑块需要向下运动 9.5mm，限位螺钉的限位行程也设计为 65mm，中间滑块需要向外运动 64.3mm。取上滑块与下滑块向内运动时中间滑块向外运动的最大值即 64.6mm 作为第一部分中间滑块运动行程，也可取 65mm 整数作为第一部分中间滑块运动行程。第二部分中间滑块带动上下滑块一起向外运动，要让上下滑块的最里端完全运动到滑块产品之外，如图 6-40 所示。因此中间滑块即油缸滑块向后运动的总行程＝第一部分运动行程（65mm）＋第二部分运动行程（112.37mm）＋余量（10～30mm）≈195mm，余量取中间值 18mm 左右。本案例中设计油缸滑块总的轨道行程是 210mm，可在轨道的后端添加限位螺钉限制油缸滑块的行程。

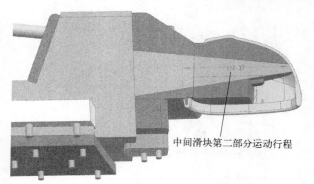

图 6-40 中间滑块第二部分运动行程

6.5.5 汽车后视镜外壳模具二次顶出结构的经验参数

二次顶出结构由两组顶针板构成，如图6-41所示。第一组顶针板要安装斜顶及顶针，因此由两块顶针板组成，分别为顶针面板与顶针底板。第二组顶针板仅安装直顶，因此设计一块顶针板即可，顶针板的厚度不小于第一组顶针板底板的厚度，根据直顶的定位深度及锁紧螺钉的高度可适当增加顶针板的厚度，第二组顶针板的厚度设计为35mm。两组顶针板的顶出顺序由扣机控制，扣机主要由扣机盒、锁杆、插杆、滑动块及螺钉和管钉组成。扣机盒安装在第一组顶针板上，锁杆安装在第二组顶针板上，插杆安装在后模底板上，注塑机的顶棍锁紧在第二组顶针板上。第一次顶出时在扣机的控制下第一组顶针板（斜顶及顶针）与第二组顶针板（直顶）一起向上顶出，顶出57mm后由于第一组顶针板上限位柱的作用，第一组顶针板停止运动，如图6-42所示，第二组顶针板（直顶）继续顶出35mm，在顶出过程中由于插杆的一侧已预留位置空间，扣机上滑动块滑动到插杆的一侧，如图6-43所示，在第二组顶针板限位柱作用下第二组顶针板也停止运动，最后直顶上的产品靠人工取件。取

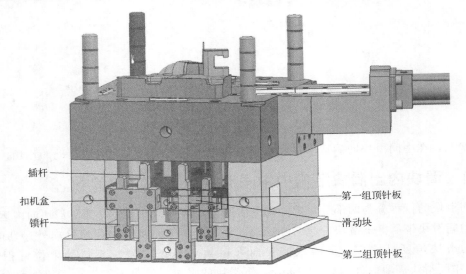

图 6-41　二次顶出结构

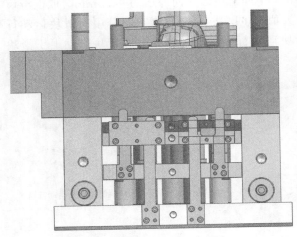

图 6-42　顶针板第一次顶出

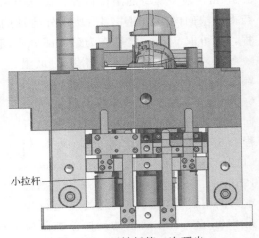

图 6-43　顶针板第二次顶出

件时首先要左右摆动产品，让产品松动后再取出。在第一组顶针板上设计小拉杆，第二组顶针板在回位时靠小拉杆拉动第一组顶针板回位。

6.6　汽车后视镜外壳模具的运动仿真

汽车后视镜外壳模具运动仿真

本案例以整套模具的形式讲解汽车后视镜外壳模具的运动仿真，既讲解模具开模动作、二次顶出动作，也讲解模具结构中后模滑块、后模斜顶的运动仿真，特别是滑块中出滑块的运动仿真，滑块中出滑块的模具结构对于刚从事模具设计的工程师有一定的难度。如果能够用运动仿真的形式把模具结构模拟出来，对于滑块中出滑块结构的认识将由困难变得容易。而且本案例是以整套模具的形式模拟模具的运动仿真，可让大家对于模具的开模动作及模具结构有更清晰的认知。由于本案例是以整套模具来讲解其运动仿真，因此知识量非常大，模具的动作也非常多，各个动作之间有先后顺序之分，最好的控制方法就是使用函数，通过对本案例的学习，大家可以更深入地学习函数并熟练掌握函数。

6.6.1　汽车后视镜外壳模具的运动分解

汽车后视镜外壳模具属于二板模模具结构，因此模具只要开 A 板与 B 板之间，由于是油缸滑块，A、B 板必须开完模后油缸滑块才能运动，合模时油缸滑块先复位，A、B 板才能合模。最后是二次顶出，二次顶出是由两组顶针板构成，第一组顶针板带动斜顶及顶针运动，第二组顶针板带动直顶运动，两组顶针板的顶出顺序由扣机控制。第一次顶出时在扣机的控制下第一组顶针板（斜顶及顶针）与第二组顶针板（直顶）一起向上顶出，顶出一段距离后第一组顶针板（斜顶及顶针）停止运动，第二组顶针板（直顶）继续顶出，最后直顶上的产品靠人工取件。因为每次运动都有先后顺序之分，因此要用到运动函数中的 STEP 函数。由于本案例讲解整套模具的运动仿真，运动仿真时要分解的连杆非常多，建议把每组连杆首先在建模模块中放入不同的图层，这样在运动仿真时定义连杆更容易、更清楚一些。汽车后视镜外壳模具运动可分解成以下步骤：

① 整体前模不运动，整体后模向后运动（即 A、B 板开模），开模过程中小滑块在后模中运动。

② 油缸滑块运动，首先中间滑块向外运动，然后上下滑块向内运动，最后中间滑块与上下滑块一起向外运动。

③ 第一组顶针板向上顶出（即斜顶及顶针向上运动）。

④ 第二组顶针板向上顶出（即直顶向上运动），顶针板第二次顶出，第二组顶针板首先与第一组顶针板一起向上运动，第一组顶针板停止运动后，第二组顶针板继续顶出。

⑤ 最后是手工取出产品，因为手工取出产品时要进行摆动，此处不再模拟手工取出产品的运动仿真。

6.6.2　连杆

在定义连杆之前首先打开以下目录的文件：注塑模具复杂结构设计及运动仿真实例＼第 6 章-汽车后视镜外壳（滑块内出滑块）＼06-汽车后视镜外壳-运动仿真 .prt。进入运动仿真模块，接着点击"主页"→"解算方案"→"新建仿真"图标，新建运动仿真，其它选项可选择默认设置。

① 定义固定连杆。在本案例中，前模（即 A 板、面板、前模仁及标准件）是固定不运动的，因此可将它们定义为固定连杆。A 板、面板、前模仁及标准件在图层的第 2 层，打开第 2 层并关闭其它图层，把第 1 层设置为工作层。点击"主页"→"机构"→"连杆"图标，打开如图 6-44 所示的对话框。点击"连杆对象"下面的"选择对象"按钮，选取第 2 层中 A 板、面板、前模仁及标准件定义成第 1 个连杆。注意一定要在对话框中"□固定连杆"的复选框中打钩。定义第 1 个连杆后，会在运动导航器中显示第 1 个连杆的名称（L001）及第 1 个运动副的名称（J001）。

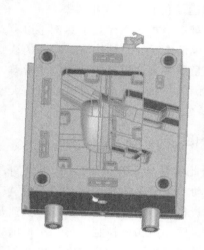

图 6-44 定义固定连杆

② 定义第 2 个连杆。B 板、后模仁、方铁、底板、滑块压块、滑块耐磨板、滑块支撑块、滑块挡块及其标准件向后运动，因此把 B 板、后模仁、方铁、底板、滑块压块、滑块耐磨板、滑块支撑块、滑块挡块及其标准件定义为第 2 个连杆。B 板、后模仁、方铁、底板、滑块压块、滑块耐磨板、滑块支撑块、滑块挡块及其标准件在图层的第 3 层，打开第 3 层并关闭其它图层。点击"主页"→"机构"→"连杆"图标，打开如图 6-45 所示的对话框。

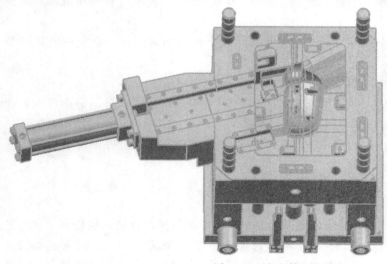

图 6-45 定义第 2 个连杆

点击"连杆对象"下面的"选择对象"按钮，选择 B 板、后模仁、方铁、底板、滑块压块、滑块耐磨板、滑块支撑块、滑块挡块及其标准件定义成第 2 个连杆，由于 B 板、后模仁、方铁、底板、滑块压块、滑块耐磨板、滑块支撑块、滑块挡块及其标准件需要向后运动，所以不能在"□固定连杆"的复选框中打钩。第 2 个连杆的名称采用默认值"L002"。

③ 定义第 3 个连杆。第一组顶针板的面板、底板、顶针、扣机盒及其标准件向后运动，因此把第一组顶针板的面板、底板、顶针、扣机盒及其标准件定义为第 3 个连杆。第一组顶针板的面板、底板、顶针、扣机盒及其标准件在图层的第 4 层，打开第 4 层并关闭其它图层。点击"主页"→"机构"→"连杆"图标，打开如图 6-46 所示的对话框。点击"连杆对象"下面的"选择对象"按钮，选择第一组顶针板的面板、底板、顶针、扣机盒及其标准件定义成第 3 个连杆，由于第一组顶针板的面板、底板、顶针、扣机盒及其标准件需要向后运动，所以不能在"□固定连杆"的复选框中打钩。第 3 个连杆的名称采用默认值"L003"。

图 6-46　定义第 3 个连杆

④ 定义第 4 个连杆。第二组顶针板、直顶、产品、锁杆及其标准件向后运动，因此把第二组顶针板、直顶、产品、锁杆及其标准件定义为第 4 个连杆。第二组顶针板、直顶、产品、锁杆及其标准件在图层的第 5 层，打开第 5 层并关闭其它图层。点击"主页"→"机构"→"连杆"图标，打开如图 6-47 所示的对话框。点击"连杆对象"下面的"选择对象"按钮，选择第二组顶针板、直顶、产品、锁杆及其标准件定义成第 4 个连杆，由于第二组顶针板、直顶、产品、锁杆及其标准件需要向后运动，所以不能在"□固定连杆"的复选框中打钩。第 4 个连杆的名称采用默认值"L004"。

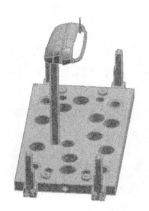

图 6-47　定义第 4 个连杆

⑤ 定义第 5 个连杆。第 1 个扣机的滑动块要向内侧运动，因此把第 1 个扣机的滑动块定义为第 5 个连杆。第 1 个扣机的滑动块在图层的第 6 层，打开第 6 层并关闭其它图层。点击"主页"→"机构"→"连杆"图标，打开如图 6-48 所示的对话框。点击"连杆对象"下面的"选择对象"按钮，选择第 1 个扣机的滑动块定义成第 5 个连杆，由于第 1 个扣机的滑动块需要向内侧运动，所以不能在"□固定连杆"的复选框中打钩。第 5 个连杆的名称采用默认值"L005"。

⑥ 定义第 6 个连杆。第 2 个扣机的滑动块要向内侧运动，因此把第 2 个扣机的滑动块定义为第 6 个连杆。第 2 个扣机的滑动块在图层的第 6 层，打开第 6 层并关闭其它图层。点击"主页"→"机构"→"连杆"图标，打开如图 6-49 所示的对话框。点击"连杆对象"下面的"选择对象"按钮，选择第 2 个扣机的滑动块定义成第 6 个连杆，由于第 2 个扣机的滑动块需要向内侧运动，所以不能在"□固定连杆"的复选框中打钩。第 6 个连杆的名称采用默认值"L006"。

图 6-48 定义第 5 个连杆

图 6-49 定义第 6 个连杆

⑦ 定义第 7 个连杆。第 3 个扣机的滑动块要向内侧运动，因此把第 3 个扣机的滑动块定义为第 7 个连杆。第 3 个扣机的滑动块在图层的第 6 层，打开第 6 层并关闭其它图层。点击"主页"→"机构"→"连杆"图标，打开如图 6-50 所示的对话框。点击"连杆对象"下面的"选择对象"按钮，选择第 3 个扣机的滑动块定义成第 7 个连杆，由于第 3 个扣机的滑动块需要向内侧运动，所以不能在"□固定连杆"的复选框中打钩。第 7 个连杆的名称采用默认值"L007"。

⑧ 定义第 8 个连杆。第 4 个扣机的滑动块要向内侧运动，因此把第 4 个扣机的滑动块定义为第 8 个连杆。第 4 个扣机的滑动块在图层的第 6 层，打开第 6 层并关闭其它图层。点击"主页"→"机构"→"连杆"图标，打开如图 6-51 所示的对话框。点击"连杆对象"下面的"选择对象"按钮，选择第 4 个扣机的滑动块定义成第 8 个连杆，由于第 4 个扣机的滑动块需要向内侧运动，所以不能在"□固定连杆"的复选框中打钩。第 8 个连杆的名称采用默认值"L008"。

图 6-50 定义第 7 个连杆

图 6-51 定义第 8 个连杆

⑨ 定义第 9 个连杆。中间滑块、上下滑块的燕尾槽及滑块耐磨板要向后运动，因此把中间滑块、上下滑块的燕尾槽及滑块耐磨板定义为第 9 个连杆。中间滑块、上下滑块的燕尾槽及滑块耐磨板在图层的第 7 层，打开第 7 层并关闭其它图层。点击"主页"→"机构"→"连杆"图标，打开如图 6-52 所示的对话框。点击"连杆对象"下面的"选择对象"按钮，选

择中间滑块、上下滑块的燕尾槽及滑块耐磨板定义成第9个连杆，由于中间滑块、上下滑块的燕尾槽及滑块耐磨板需要向后运动，所以不能在"□固定连杆"的复选框中打钩。第9个连杆的名称采用默认值"L009"。

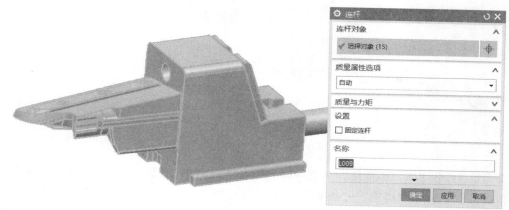

图 6-52　定义第 9 个连杆

⑩ 定义第 10 个连杆。上滑块、挡块接触块、限位螺钉及弹簧不但要向内侧运动还要向后运动，因此把上滑块、挡块接触块、限位螺钉及弹簧定义为第 10 个连杆。上滑块、挡块接触块、限位螺钉及弹簧在图层的第 8 层，打开第 8 层并关闭其它图层。点击"主页"→"机构"→"连杆"图标，打开如图 6-53 所示的对话框。点击"连杆对象"下面的"选择对象"按钮，选择上滑块、挡块接触块、限位螺钉及弹簧定义成第 10 个连杆，由于上滑块、挡块接触块、限位螺钉及弹簧不但向内侧运动还要向后运动，所以不能在"□固定连杆"的复选框中打钩。第 10 个连杆的名称采用默认值"L010"。

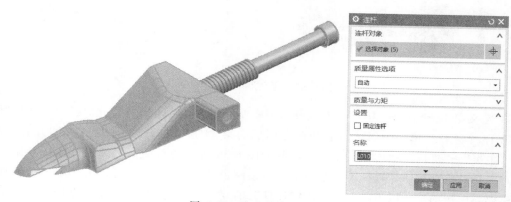

图 6-53　定义第 10 个连杆

⑪ 定义第 11 个连杆。下滑块、限位螺钉及弹簧不但要向内侧运动还要向后运动，因此把下滑块、限位螺钉及弹簧定义为第 11 个连杆。下滑块、限位螺钉及弹簧在图层的第 9 层，打开第 9 层并关闭其它图层。点击"主页"→"机构"→"连杆"图标，打开如图 6-54 所示的对话框。点击"连杆对象"下面的"选择对象"按钮，选择下滑块、限位螺钉及弹簧定义成第 11 个连杆，由于下滑块、限位螺钉及弹簧不但向内侧运动还要向后运动，所以不能在"□固定连杆"的复选框中打钩。第 11 个连杆的名称采用默认值"L011"。

⑫ 定义第 12 个连杆。小滑块、小滑块耐磨板要向后运动，因此把小滑块、小滑块耐磨

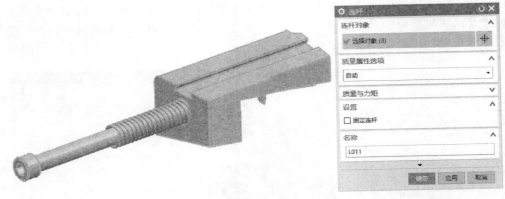

图 6-54　定义第 11 个连杆

板定义为第 12 个连杆。小滑块、小滑块耐磨板在图层的第 10 层，打开第 10 层并关闭其它图层。点击"主页"→"机构"→"连杆"图标，打开如图 6-55 所示的对话框。点击"连杆对象"下面的"选择对象"按钮，选择小滑块、小滑块耐磨板定义成第 12 个连杆，由于小滑块、小滑块耐磨板要向后运动，所以不能在"□固定连杆"的复选框中打钩。第 12 个连杆的名称采用默认值"L012"。

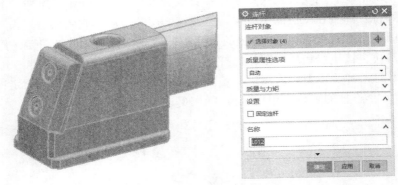

图 6-55　定义第 12 个连杆

⑬ 定义第 13 个连杆。第一个斜顶及斜顶座要斜向运动，因此把第一个斜顶及斜顶座定义为第 13 个连杆。第一个斜顶及斜顶座在图层的第 11 层，打开第 11 层并关闭其它图层。点击"主页"→"机构"→"连杆"图标，打开如图 6-56 所示的对话框。点击"连杆对象"下面的"选择对象"按钮，选择第一个斜顶及斜顶座定义成第 13 个连杆，由于第一个斜顶及斜顶座要斜向运动，所以不能在"□固定连杆"的复选框中打钩。第 13 个连杆的名称采用默认值"L013"。

⑭ 定义第 14 个连杆。第二个斜顶及斜顶座要斜向运动，因此把第二个斜顶及斜顶座定义为 14 个连杆。第二个斜顶及斜顶座在图层的第 12 层，打开第 12 层并关闭其它图层。点击"主页"→"机构"→"连杆"图标，打开如图 6-57 所示的对话框。点击"连杆对象"下面的"选择对象"按钮，选择第二个斜顶及斜顶座定义成第 14 个连杆，由于第二个斜顶及斜顶座要斜向运动，所以不能在"□固定连杆"的复选框中打钩。第 14 个连杆的名称采用默认值"L014"。

⑮ 定义第 15 个连杆。第三个斜顶及斜顶座要斜向运动，因此把第三个斜顶及斜顶座定

图 6-56　定义第 13 个连杆

图 6-57　定义第 14 个连杆

义为第 15 个连杆。第三个斜顶及斜顶座在图层的第 13 层，打开第 13 层并关闭其它图层。点击 "主页"→"机构"→"连杆" 图标，打开如图 6-58 所示的对话框。点击 "连杆对象" 下面的 "选择对象" 按钮，选择第三个斜顶及斜顶座定义成第 15 个连杆，由于第三个斜顶及斜顶座要斜向运动，所以不能在 "□固定连杆" 的复选框中打钩。第 15 个连杆的名称采用默认值 "L015"。

⑯ 定义第 16 个连杆。第四个斜顶及斜顶座要斜向运动，因此把第四个斜顶及斜顶座定义为第 16 个连杆。第四个斜顶及斜顶座在图层的第 14 层，打开第 14 层并关闭其它图层。点击 "主页"→"机构"→"连杆" 图标，打开如图 6-59 所示的对话框。点击 "连杆对象" 下面的 "选择对象" 按钮，选择第四个斜顶及斜顶座定义成第 16 个连杆，由于第四个斜顶及斜顶座要斜向运动，所以不能在 "□固定连杆" 的复选框中打钩。第 16 个连杆的名称采用默认值 "L016"。

图 6-58　定义第 15 个连杆

图 6-59　定义第 16 个连杆

6.6.3　运动副

① 定义第 1 个运动副。由于 B 板、后模仁、方铁、底板、滑块压块、滑块耐磨板、滑块支撑块、滑块挡块及其标准件向后运动，因此把它定义成一个滑动副。点击 "主页"→"机构"→"接头" 图标，打开如图 6-60 所示的对话框。在 "类型" 下拉菜单中选择 "滑块"，然后在 "操作" 下面 "选择连杆" 中直接选择 B 板上的边，这样既会选择上面定义的第 2 个连杆，还会定义滑动副的原点和方向，注意一定要选择与滑动副方向一样的边。如图 6-60

所示在 B 板的边上显示滑动副的原点和方向，这样下面两步"指定原点"和"指定矢量"就不用再定义了，节省操作时间。第 1 个运动副的名称采用默认值"J002"。

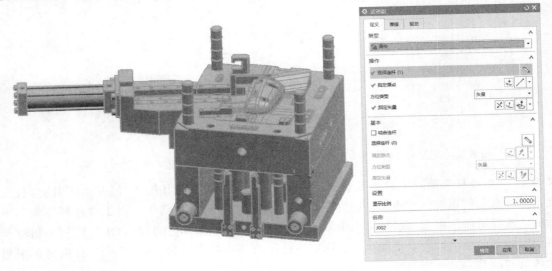

图 6-60　定义第 1 个运动副

② 定义第 2 个运动副。由于第 1 组顶针板的面板、底板、顶针、扣机盒及其标准件不但向后运动，而且还要向前顶出，因此把它定义成一个滑动副。点击"主页"→"机构"→"接头"图标，打开如图 6-61 所示的对话框。在"类型"下拉菜单中选择"滑块"，然后在"操作"下面"选择连杆"中直接选择第 1 组顶针板面板上的边，这样既会选择上面定义的第 3 个连杆，还会定义滑动副的原点和方向，注意一定要选择与滑动副方向一样的边。如图 6-61 所示在第 1 组顶针板面板的边上显示滑动副的原点和方向，这样下面两步"指定原点"和"指定矢量"就不用再定义了，节省操作时间。第 2 个运动副的名称采用默认值"J003"。

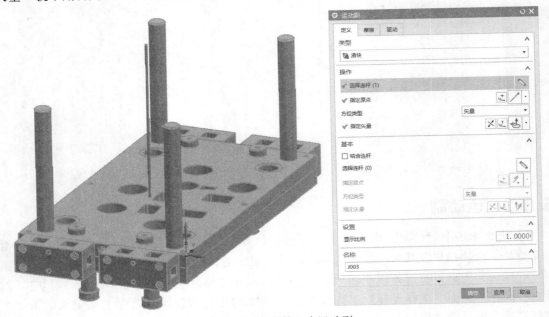

图 6-61　定义第 2 个运动副

③ 定义第3个运动副。由于第2组顶针板、直顶、产品、锁杆及其标准件不但向后运动，而且还要向前顶出，因此把它定义成一个滑动副。点击"主页"→"机构"→"接头"图标，打开如图6-62所示的对话框。在"类型"下拉菜单中选择"滑块"，然后在"操作"下面"选择连杆"中直接选择第2组顶针板上的边，这样既会选择上面定义的第4个连杆，还会定义滑动副的原点和方向，注意一定要选择与滑动副方向一样的边。如图6-62所示在第2组顶针板的边上显示滑动副的原点和方向，这样下面两步"指定原点"和"指定矢量"就不用再定义了，节省操作时间。第3个运动副的名称采用默认值"J004"。

图6-62 定义第3个运动副

④ 定义第4个运动副。由于第1个扣机的滑动块不但跟随第1组顶针板运动，而且还向内侧运动，因此把它定义成一个滑动副。点击"主页"→"机构"→"接头"图标，打开如图6-63所示的对话框。在"类型"下拉菜单中选择"滑块"，然后在"操作"下面"选择连杆"中直接选择滑动块上的边，这样既会选择上面定义的第5个连杆，还会定义滑动副的原点和方向，注意一定要选择与滑动副方向一样的边。如图6-63所示在滑动块边上显示滑动副的原点和方向，这样下面两步"指定原点"和"指定矢量"就不用再定义了，节省操作时间。第4个运动副的名称采用默认值"J005"。

重要提示：由于第1个扣机的滑动块要跟随第1组顶针板运动，所以必须单击"基本"选项下的"选择连杆"，选择第1组顶针板的连杆（即L003），如图6-64所示。

⑤ 定义第5个运动副。由于第2个扣机的滑动块不但跟随第1组顶针板运动，而且还向内侧运动，因此把它定义成一个滑动副。点击"主页"→"机构"→"接头"图标，打开如图6-65所示的对话框。在"类型"下拉菜单中选择"滑块"，然后在"操作"下面"选择连杆"中直接选择滑动块上的边，这样既会选择上面定义的第6个连杆，还会定义滑动副的原点和方向，注意一定要选择与滑动副方向一样的边。如图6-65所示在滑动块边上显示滑动副的原点和方向，这样下面两步"指定原点"和"指定矢量"就不用再定义了，节省操作时间。第5个运动副的名称采用默认值"J006"。

重要提示：由于第2个扣机的滑动块要跟随第1组顶针板运动，所以必须单击"基本"选项下的"选择连杆"，选择第1组顶针板的连杆（即L003）。

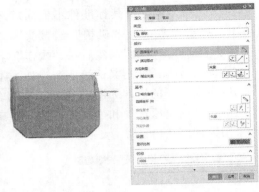

图 6-63　定义第 4 个运动副

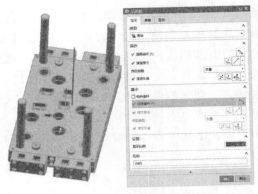

图 6-64　定义第 4 个运动副的连杆

⑥ 定义第 6 个运动副。由于第 3 个扣机的滑动块不但跟随第 1 组顶针板运动，而且还向内侧运动，因此把它定义成一个滑动副。点击"主页"→"机构"→"接头"图标，打开如图 6-66 所示的对话框。在"类型"下拉菜单中选择"滑块"，然后在"操作"下面"选择连杆"中直接选择滑动块上的边，这样既会选择上面定义的第 7 个连杆，还会定义滑动副的原点和方向，注意一定要选择与滑动副方向一样的边。如图 6-66 所示在滑动块边上显示滑动副的原点和方向，这样下面两步"指定原点"和"指定矢量"就不用再定义了，节省操作时间。第 6 个运动副的名称采用默认值"J007"。

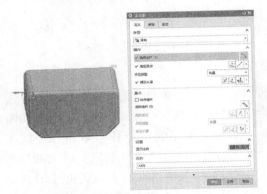

图 6-65　定义第 5 个运动副

图 6-66　定义第 6 个运动副

重要提示：由于第 3 个扣机的滑动块要跟随第 1 组顶针板运动，所以必须单击"基本"选项下的"选择连杆"，选择第 1 组顶针板的连杆（即 L003）。

⑦ 定义第 7 个运动副。由于第 4 个扣机的滑动块不但跟随第 1 组顶针板运动，而且还向内侧运动，因此把它定义成一个滑动副。点击"主页"→"机构"→"接头"图标，打开如图 6-67 所示的对话框。在"类型"下拉菜单中选择"滑块"，然后在"操作"下面"选择连杆"中直接选择滑动块上的边，这样既会选择上面定义的第 8 个连杆，还会定义滑动副的原点和方向，注意一定要选择与滑动副方向一样的边。如图 6-67 所示在滑动块边上显示滑动副的原点和方向，这样下面两步"指定原点"和"指定矢量"就不用再定义了，节省操作时间。第 7 个运动副的名称采用默认值"J008"。

重要提示：由于第 4 个扣机的滑动块要跟随第 1 组顶针板运动，所以必须单击"基本"选项下的"选择连杆"，选择第 1 组顶针板的连杆（即 L003）。

⑧ 定义第 8 个运动副。由于中间滑块不仅需要沿导轨方向运动，而且跟随 B 板、后模仁、方铁及底板运动，因此把它定义成一个滑动副。点击"主页"→"机构"→"接头"图标，打开如图 6-68 所示的对话框。在"类型"下拉菜单中选择"滑块"，然后在"操作"下面"选择连杆"中直接选择滑块座上的边，这样既会选择上面定义的第 9 个连杆，还会定义滑动副的原点和方向，注意一定要选择与滑动副方向一样的

图 6-67　定义第 7 个运动副

边。如图 6-68 所示在滑块座的边上显示滑动副的原点和方向，这样下面两步"指定原点"和"指定矢量"就不用再定义了，节省操作时间。第 8 个运动副的名称采用默认值"J009"。

　　重要提示：由于中间滑块要跟随 B 板、后模仁、方铁及底板运动，所以必须单击"基本"选项下的"选择连杆"，选择 B 板、后模仁、方铁及底板的连杆（即 L002），如图 6-69 所示。

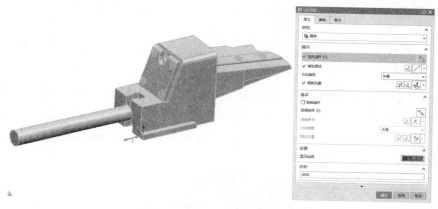

图 6-68　定义第 8 个运动副

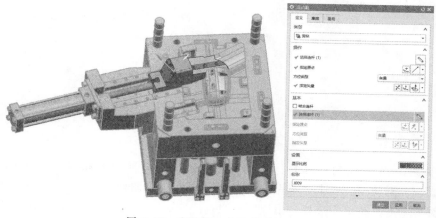

图 6-69　定义第 8 个运动副的连杆

⑨ 定义第 9 个运动副。由于上滑块不但向内侧运动，而且要跟随中间滑块运动，因此把它定义成一个滑动副。点击"主页"→"机构"→"接头"图标，打开如图 6-70 所示的对话框。在"类型"下拉菜单中选择"滑块"，然后在"操作"下面"选择连杆"中直接选择上滑块燕尾槽上的边，这样既会选择上面定义的第 10 个连杆，还会定义滑动副的原点和方向，注意一定要选择与滑动副方向一样的边。如图 6-70 所示在上滑块的边上显示滑动副的原点和方向，这样下面两步"指定原点"和"指定矢量"就不用再定义了，节省操作时间。第 9 个运动副的名称采用默认值"J010"。

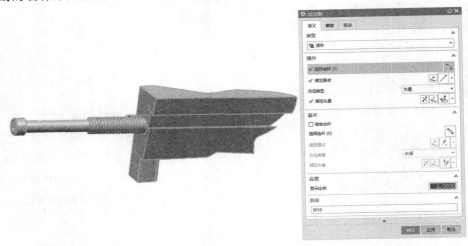

图 6-70 定义第 9 个运动副

重要提示：由于上滑块要跟随中间滑块运动，所以必须单击"基本"选项下的"选择连杆"，选择中间滑块的连杆（即 L009），如图 6-71 所示。

图 6-71 定义第 9 个运动副的连杆

⑩ 定义第 10 个运动副。由于下滑块不但向内侧运动，而且要跟随中间滑块运动，因此把它定义成一个滑动副。点击"主页"→"机构"→"接头"图标，打开如图 6-72 所示的对话框。在"类型"下拉菜单中选择"滑块"，然后在"操作"下面"选择连杆"中直接选择下滑块燕尾槽上的边，这样既会选择上面定义的第 11 个连杆，还会定义滑动副的原点和方向，

注意一定要选择与滑动副方向一样的边。如图 6-72 所示在下滑块的边上显示滑动副的原点和方向，这样下面两步"指定原点"和"指定矢量"就不用再定义了，节省操作时间。第 10 个运动副的名称采用默认值"J011"。

图 6-72 定义第 10 个运动副

重要提示：由于下滑块要跟随中间滑块运动，所以必须单击"基本"选项下的"选择连杆"，选择中间滑块的连杆（即 L009），如图 6-73 所示。

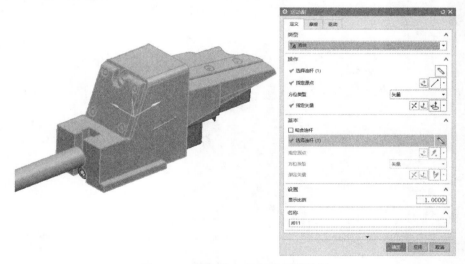

图 6-73 定义第 10 个运动副的连杆

⑪ 定义第 11 个运动副。由于小滑块不仅需要沿导轨方向运动，而且跟随 B 板、后模仁、方铁及底板运动，因此把它定义成一个滑动副。点击"主页"→"机构"→"接头"图标，打开如图 6-74 所示的对话框。在"类型"下拉菜单中选择"滑块"，然后在"操作"下面"选择连杆"中直接选择小滑块上的边，这样既会选择上面定义的第 12 个连杆，还会定义滑动副的原点和方向，注意一定要选择与滑动副方向一样的边。如图 6-74 所示在小滑块的边上显示滑动副的原点和方向，这样下面两步"指定原点"和"指定矢量"就不用再定义了，节省操作时间。第 11 个运动副的名称采用默认值"J012"。

图 6-74　定义第 11 个运动副

重要提示：由于小滑块要跟随 B 板、后模仁、方铁及底板运动，所以必须单击"基本"选项下的"选择连杆"，选择 B 板、后模仁、方铁及底板的连杆（即 L002），如图 6-75 所示。

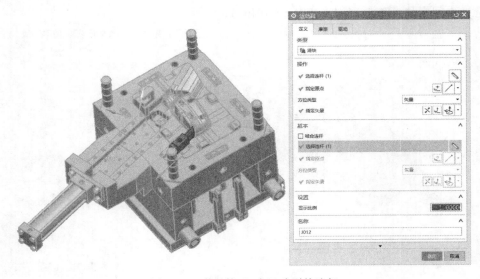

图 6-75　定义第 11 个运动副的连杆

⑫ 定义第 12 个运动副。由于第 1 个斜顶及斜顶座不但要斜向运动，而且要跟随 B 板、后模仁、方铁及底板运动，因此把它定义成一个滑动副。点击"主页"→"机构"→"接头"图标，打开如图 6-76 所示的对话框。在"类型"下拉菜单中选择"滑块"，然后在"操作"下面"选择连杆"中直接选择斜顶上的边，这样既会选择上面定义的第 13 个连杆，还会定义滑动副的原点和方向，注意一定要选择与滑动副方向一样的边。如图 6-76 所示在斜顶的边上显示滑动副的原点和方向，这样下面两步"指定原点"和"指定矢量"就不用再定义了，节省操作时间。第 12 个运动副的名称采用默认值"J013"。

重要提示：由于第 1 个斜顶要跟随 B 板、后模仁、方铁及底板运动，所以必须单击"基本"选项下的"选择连杆"，选择 B 板、后模仁、方铁及底板的连杆（即 L002），如图 6-77 所示。

⑬ 定义第 13 个运动副。由于第 1 个斜顶及斜顶座不但要斜向运动，而且顶出过程中要侧向运动，并且要跟随第 1 组顶针板运动，因此把它定义成一个滑动副。点击"主页"→"机构"→"接头"图标，打开如图 6-78 所示的对话框。在"类型"下拉菜单中选择"滑块"，然后在"操作"下面"选择连杆"中直接选择斜顶座上的边，这样既会选择上面定义的第 13 个连杆，还会定义滑动副的原点和方向，注意

图 6-76　定义第 12 个运动副

一定要选择与滑动副方向一样的边。如图 6-78 所示在第 1 个斜顶座的边上显示滑动副的原点和方向，这样下面两步"指定原点"和"指定矢量"就不用再定义了，节省操作时间。第 13 个运动副的名称采用默认值"J014"。

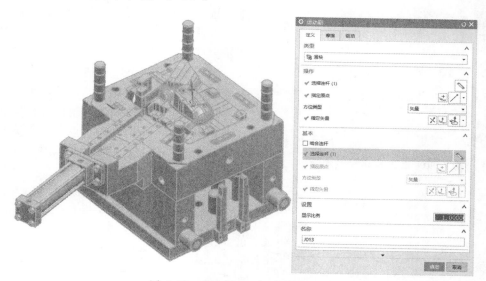

图 6-77　定义第 12 个运动副的连杆

重要提示：由于第 1 个斜顶及斜顶座要跟随第 1 组顶针板运动，所以必须单击"基本"选项下的"选择连杆"，选择第 1 组顶针板的连杆（即 L003），如图 6-79 所示。

⑭ 定义第 14 个运动副。由于第 2 个斜顶及斜顶座不但要斜向运动，而且要跟随 B 板、后模仁、方铁及底板运动，因此把它定义成一个滑动副。点击"主页"→"机构"→"接头"图标，打开如图 6-80 所示的对话框。在"类型"下拉菜单中选择"滑块"，然后在"操作"下面"选择连杆"中直接选择斜顶上的边，这样既会选择上面定义的第 14 个连杆，还会定义滑动副的原点和方向，注意一定要选择与滑动副方向一样的边。如图 6-80 所示在斜顶的边

图 6-78　定义第 13 个运动副

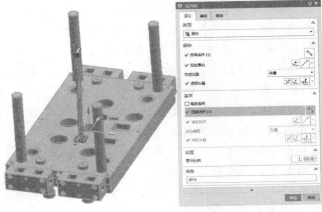

图 6-79　定义第 13 个运动副的连杆

图 6-80　定义第 14 个运动副

上显示滑动副的原点和方向，这样下面两步"指定原点"和"指定矢量"就不用再定义了，节省操作时间。第 14 个运动副的名称采用默认值"J015"。

重要提示：由于第 2 个斜顶要跟随 B 板、后模仁、方铁及底板运动，所以必须单击"基本"选项下的"选择连杆"，选择 B 板、后模仁、方铁及底板的连杆（即 L002），如图 6-81 所示。

⑮ 定义第 15 个运动副。由于第 2 个斜顶及斜顶座不但要斜向运动，而且顶出过程中要侧向运动，并且要跟随第 1 组顶针板运动，因此把它定义成一个滑动副。点击"主页"→"机构"→"接头"图标，打开如图 6-82 所示的对话框。在"类型"下拉菜单中选择"滑块"，

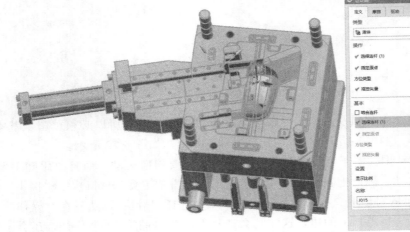

图 6-81　定义第 14 个运动副的连杆

然后在"操作"下面"选择连杆"中直接选择斜顶座上的边,这样既会选择上面定义的第14个连杆,还会定义滑动副的原点和方向,注意一定要选择与滑动副方向一样的边。如图6-82所示在第2个斜顶座的边上显示滑动副的原点和方向,这样下面两步"指定原点"和"指定矢量"就不用再定义了,节省操作时间。第15个运动副的名称采用默认值"J016"。

重要提示:由于第2个斜顶及斜顶座要跟随第1组顶针板运动,所以必须单击"基本"选项下的"选择连杆",选择第1组顶针板的连杆(即L003),如图6-83所示。

图6-82 定义第15个运动副

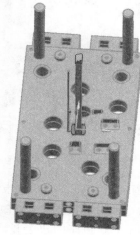

图6-83 定义第15个运动副的连杆

⑯ 定义第16个运动副。由于第3个斜顶及斜顶座不但要斜向运动,而且要跟随B板、后模仁、方铁及底板运动,因此把它定义成一个滑动副。点击"主页"→"机构"→"接头"图标,打开如图6-84所示的对话框。在"类型"下拉菜单中选择"滑块",然后在"操作"下面"选择连杆"中直接选择斜顶上的边,这样既会选择上面定义的第15个连杆,还会定义滑动副的原点和方向,注意一定要选择与滑动副方向一样的边。如图6-84所示在斜顶的边上显示滑动副的原点和方向,这样下面两步"指定原点"和"指定矢量"就不用再定义了,节省操作时间。第16个运动副的名称采用默认值"J017"。

重要提示:由于第3个斜顶要跟随B板、后模仁、方铁及底板运动,所以必须单击"基本"选项下的"选择连杆",选择B板、后模仁、方铁及底板的连杆(即L002),如图6-85所示。

⑰ 定义第17个运动副。由于第3个斜顶及斜顶座不但要斜向运动,而且顶出过程中要侧向运动,并且要跟随第1组顶针板运动,因此把它定义成一个滑动副。点击"主页"→"机构"→"接头"图标,打开如图6-86所示的对话框。在"类型"下拉菜单中选择

图6-84 定义第16个运动副

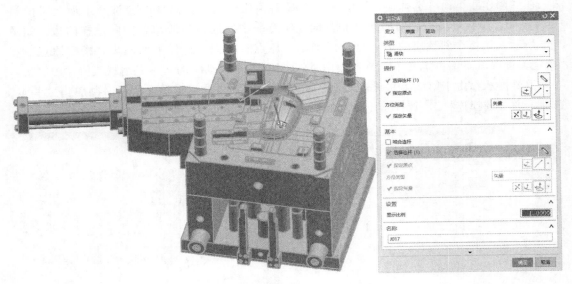

图 6-85　定义第 16 个运动副的连杆

"滑块"，然后在"操作"下面"选择连杆"中直接选择斜顶座上的边，这样既会选择上面定义的第 15 个连杆，还会定义滑动副的原点和方向，注意一定要选择与滑动副方向一样的边。如图 6-86 所示在第 3 个斜顶座的边上显示滑动副的原点和方向，这样下面两步"指定原点"和"指定矢量"就不用再定义了，节省操作时间。第 17 个运动副的名称采用默认值"J018"。

　　重要提示：由于第 3 个斜顶及斜顶座要跟随第 1 组顶针板运动，所以必须单击"基本"选项下的"选择连杆"，选择第 1 组顶针板的连杆（即 L003），如图 6-87 所示。

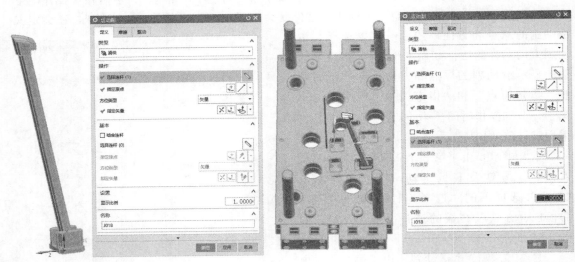

图 6-86　定义第 17 个运动副　　　　　　图 6-87　定义第 17 个运动副的连杆

　　⑱ 定义第 18 个运动副。由于第 4 个斜顶及斜顶座不但要斜向运动，而且要跟随 B 板、后模仁、方铁及底板运动，因此把它定义成一个滑动副。点击"主页"→"机构"→"接头"图标，打开如图 6-88 所示的对话框。在"类型"下拉菜单中选择"滑块"，然后在"操作"下

面"选择连杆"中直接选择斜顶上的边，这样既会选择上面定义的第 16 个连杆，还会定义滑动副的原点和方向，注意一定要选择与滑动副方向一样的边。如图 6-88 所示在斜顶的边上显示滑动副的原点和方向，这样下面两步"指定原点"和"指定矢量"就不用再定义了，节省操作时间。第 18 个运动副的名称采用默认值"J019"。

重要提示：由于第 4 个斜顶要跟随 B 板、后模仁、方铁及底板运动，所以必须单击"基本"选项下的"选择连杆"，选择 B 板、后模仁、方铁及底板的连杆（即 L002），如图 6-89 所示。

⑲ 定义第 19 个运动副。由于第 4 个斜顶及斜顶座不但要斜向运动，而且顶出过程中要侧向运动，并且要跟随第 1 组顶针板运动，因此把它定义成一个滑动副。点击"主页"→"机构"→"接头"图标，打开如图 6-90 所示的对话框。在"类型"下拉菜单中选择"滑块"，然后在"操作"下面"选择连杆"中直接选择斜顶座上的边，这样既会选择上面定义的第 16 个连杆，还会定义滑动副的原点和方向，注意一定要选择与滑动副方向一样的边。如图 6-90 所示在第四个斜顶座的边上显示滑动副的原点和方向，这样下面两步"指定原点"和"指定矢量"就不用再定义了，节省操作时间。第 19 个运动副的名称采用默认值"J020"。

图 6-88 定义第 18 个运动副

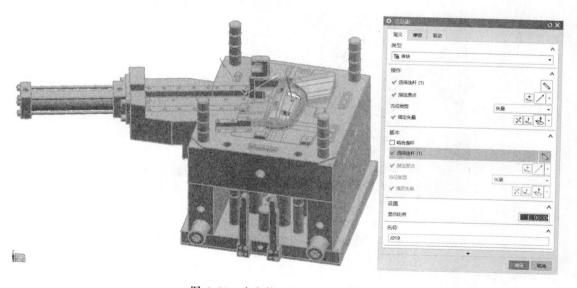

图 6-89 定义第 18 个运动副的连杆

重要提示：由于第 4 个斜顶及斜顶座要跟随第 1 组顶针板运动，所以必须单击"基本"选项下的"选择连杆"，选择第 1 组顶针板的连杆（即 L003），如图 6-91 所示。

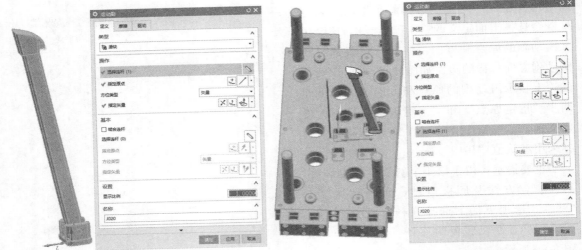

图 6-90　定义第 19 个运动副　　　　　　图 6-91　定义第 19 个运动副的连杆

6.6.4　3D 接触

① 定义第 1 个 3D 接触。由于小滑块需要侧向运动，小滑块运动的动力来源于前模的斜导柱，因此设计成斜导柱与滑块 3D 接触，由斜导柱带动小滑块侧向运动。点击"主页"→"接触"→"3D 接触"图标，打开如图 6-92 所示的对话框。在"类型"中选择"CAD 接触"，在"操作"下面"选择体"中选择小滑块所对应的前模斜导柱，注意一定要选择实体，在"基本"下面"选择体"中选择小滑块，也一定要选择实体。3D 接触的名称采用默认值"G001"，在后续的操作中也可以用"G001"代表第 1 个 3D 接触。

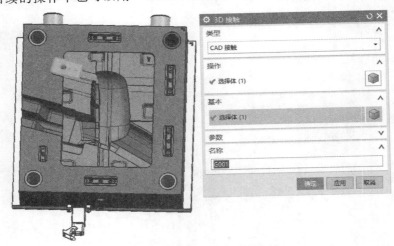

图 6-92　定义第 1 个 3D 接触

② 定义第 2 个 3D 接触。由于第 1 个扣机的滑动块需要侧向运动，第 1 个扣机的滑动块的动力来源第 2 组顶针板上的锁杆，因此设计成锁杆与滑动块 3D 接触，由锁杆顶着滑动块侧向运动。点击"主页"→"接触"→"3D 接触"图标，打开如图 6-93 所示的对话框。在"类型"中选择"CAD 接触"，在"操作"下面"选择体"中选择第 2 组顶针板上第 1 个扣机的锁杆，注意一定要选择实体，在"基本"下面"选择体"中选择第 1 个扣机的滑动块，

也一定要选择实体。3D接触的名称采用默认值"G002"，在后续的操作中也可以用"G002"代表第2个3D接触。

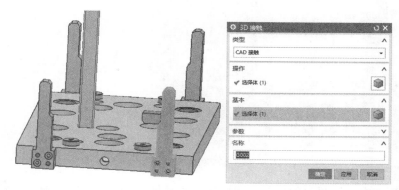

图 6-93 定义第 2 个 3D 接触

③ 定义第 3 个 3D 接触。由于第 2 个扣机的滑动块需要侧向运动，第 2 个扣机的滑动块的动力来源于第 2 组顶针板上的锁杆，因此设计成锁杆与滑动块 3D 接触，由锁杆顶着滑动块侧向运动。点击"主页"→"接触"→"3D 接触"图标，打开如图 6-94 所示的对话框。在"类型"中选择"CAD 接触"，在"操作"下面"选择体"中选择第 2 组顶针板上第 2 个扣机的锁杆，注意一定要选择实体，在"基本"下面"选择体"中选择第 2 个扣机的滑动块，也一定要选择实体。3D 接触的名称采用默认值"G003"，在后续的操作中也可以用"G003"代表第 3 个 3D 接触。

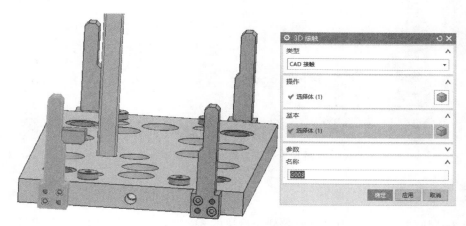

图 6-94 定义第 3 个 3D 接触

④ 定义第 4 个 3D 接触。由于第 3 个扣机的滑动块需要侧向运动，第 3 个扣机的滑动块的动力来源于第 2 组顶针板上的锁杆，因此设计成锁杆与滑动块 3D 接触，由锁杆顶着滑动块侧向运动。点击"主页"→"接触"→"3D 接触"图标，打开如图 6-95 所示的对话框。在"类型"中选择"CAD 接触"，在"操作"下面"选择体"中选择第 2 组顶针板上第 3 个扣机的锁杆，注意一定要选择实体，在"基本"下面"选择体"中选择第 3 个扣机的滑动块，也一定要选择实体。3D 接触的名称采用默认值"G004"，在后续的操作中也可以用"G004"代表第 4 个 3D 接触。

⑤ 定义第 5 个 3D 接触。由于第 4 个扣机的滑动块需要侧向运动，第 4 个扣机的滑动块

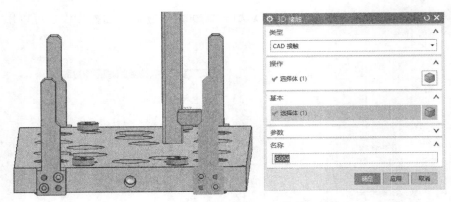

图 6-95   定义第 4 个 3D 接触

的动力来源于第 2 组顶针板上的锁杆，因此设计成锁杆与滑动块 3D 接触，由锁杆顶着滑动块侧向运动。点击"主页"→"接触"→"3D 接触"图标，打开如图 6-96 所示的对话框。在"类型"中选择"CAD 接触"，在"操作"下面"选择体"中选择第 2 组顶针板上第 4 个扣机的锁杆，注意一定要选择实体，在"基本"下面"选择体"中选择第 4 个扣机的滑动块，也一定要选择实体。3D 接触的名称采用默认值"G005"，在后续的操作中也可以用"G005"代表第 5 个 3D 接触。

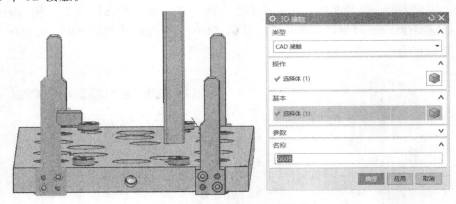

图 6-96   定义第 5 个 3D 接触

6.6.5   阻尼器

由于小滑块的运动驱动力是靠斜导柱与滑块的 3D 接触实现的，因此当斜导柱与小滑块脱离接触后，滑块由于惯性会继续运动。在运动仿真中，为了消除滑块的惯性运动，可以在滑块上添加阻尼器，阻尼器可以使斜导柱与滑块脱离接触后，小滑块即停止运动。另外扣机上的滑动块是靠锁杆推动的，当滑动块与锁杆脱离接触后，滑动块由于惯性，会继续运动。在运动仿真中为了消除滑动块的惯性运动，可以在滑动块上添加阻尼器，阻尼器可以使滑动块与锁杆脱离接触后，滑动块即停止运动。

① 定义第 1 个阻尼器。点击"主页"→"连接器"→"阻尼器"图标，打开如图 6-97 所示的对话框。在对话框中"附着"选择"滑动副"，"运动副"选择小滑块的运动副（即 J012），或者在"运动导航器"下面选择"J012"运动副，会更容易些。其它选项均采用默认参数。阻尼器的名称采用默认值"D001"，在后续的操作中也可以用"D001"代表第 1 个

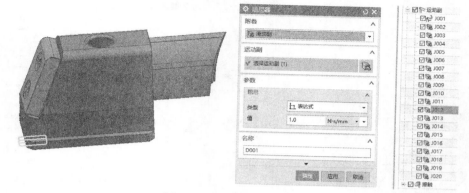

图 6-97 定义第 1 个阻尼器

阻尼器。

② 定义第 2 个阻尼器。点击"主页"→"连接器"→"阻尼器"图标，打开如图 6-98 所示的对话框。在对话框中"附着"选择"滑动副"，"运动副"选择第 1 个扣机滑动块的运动副（即 J005），或者在"运动导航器"下面选择"J005"运动副，会更容易些。其它选项均采用默认参数。阻尼器的名称采用默认值"D002"，在后续的操作中也可以用"D002"代表第 2 个阻尼器。

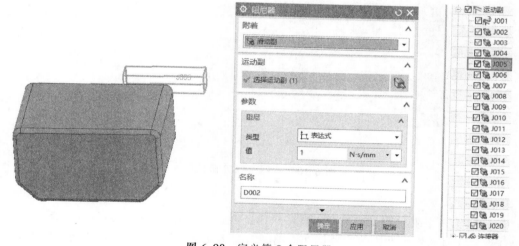

图 6-98 定义第 2 个阻尼器

③ 定义第 3 个阻尼器。点击"主页"→"连接器"→"阻尼器"图标，打开如图 6-99 所示的对话框。在对话框中"附着"选择"滑动副"，"运动副"选择第 1 个扣机滑动块的运动副（即 J006），或者在"运动导航器"下面选择"J006"运动副，会更容易些。其它选项均采用默认参数。阻尼器的名称采用默认值"D003"，在后续的操作中也可以用"D003"代表第 3 个阻尼器。

④ 定义第 4 个阻尼器。点击"主页"→"连接器"→"阻尼器"图标，打开如图 6-100 所示的对话框。在对话框中"附着"选择"滑动副"，"运动副"选择第 1 个扣机滑动块的运动副（即 J007），或者在"运动导航器"下面选择"J007"运动副，会更容易些。其它选项均采用默认参数。阻尼器的名称采用默认值"D004"，在后续的操作中也可以用"D004"代表第

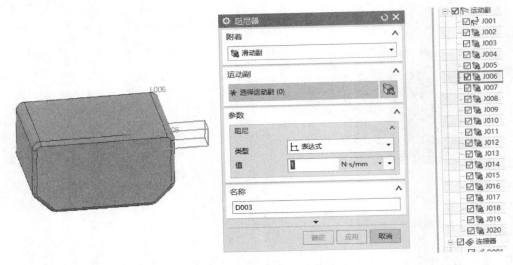

图 6-99 定义第 3 个阻尼器

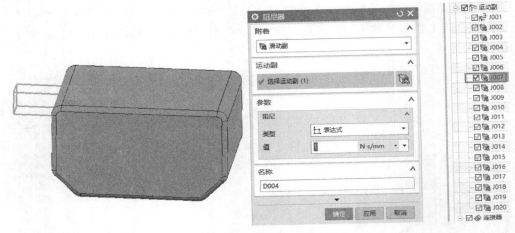

图 6-100 定义第 4 个阻尼器

4 个阻尼器。

⑤ 定义第 5 个阻尼器。点击"主页"→"连接器"→"阻尼器"图标，打开如图 6-101 所示的对话框。在对话框中"附着"选择"滑动副"，"运动副"选择第 1 个扣机滑动块的运动副（即 J008），或者在"运动导航器"下面选择"J008"运动副，会更容易些。其它选项均采用默认参数。阻尼器的名称采用默认值"D005"，在后续的操作中也可以用"D005"代表第 5 个阻尼器。

6.6.6 约束

本案例的重点内容：滑块内出滑块结构中的上下滑块在中间滑块向外滑动过程中，在燕尾槽和滑块挡块的作用下没有跟随中间滑块向外运动，而是向内部运动，当上下滑块脱离上下骨位后再跟随中间滑块一起向外运动。因此上下滑块都有两个运动轨迹，第一个运动轨迹向内运动即竖直运动，第二个运动轨迹向外运动，这两个运动轨迹合在一起可以用运动仿真中"点在线上副"命令实现。

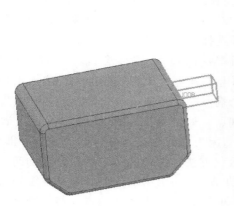

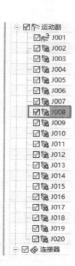

图 6-101　定义第 5 个阻尼器

由于上滑块的限位螺钉限位行程是 65mm，上滑块燕尾槽的角度是 6.5°，根据三角函数可计算出上滑块实际向内运动距离是 7.36mm，中间滑块后退实际行程为 64.6mm，中间滑块的总行程是 195mm，因此上滑块向内运动后与中间滑块共同向后运动行程是 195mm－64.6mm＝130.4mm。在上滑块挡块位置设计两条曲线，第一条曲线朝向－Z 方向，长度 7.36mm，第二条曲线与滑块压角方向平行，长度 130.4mm，建议把第二条曲线的长度延伸到 150mm（特别提示：第二条曲线一定要比 130.4mm 长，否则求解时会出错），把此两条线定义为上滑块点在线上副的曲线，如图 6-102 所示，把曲线移至 200 层。因为曲线是跟随 B 板运动的，所以要把 200 层中的两条曲线添加到 B 板的连杆（L002）中，单击连杆（L002）点击右键选择"编辑"弹出定义连杆对话框，然后选择 200 层中的曲线，最后点击"确

图 6-102　上滑块的点在线上副所定义的曲线

定"按钮，就把曲线添加到连杆（L002）中了。

由于下滑块的限位螺钉限位行程也是 65mm，下滑块燕尾槽的角度是 8.6°，根据三角函数可计算出下滑块实际向内运动距离是 9.72mm，中间滑块后退实际行程为 64.3mm，中间滑块的总行程是 195mm，因此下滑块向内运动后与中间滑块共同向后运动行程是 195mm－64.3mm＝130.7mm。在下滑块挡块位置设计两条曲线，第一条曲线朝向－Z 方向，长度 9.72mm，第二条曲线与滑块压角方向平行，长度 130.7mm，建议把第二条曲线的长度延伸到 150mm（特别提示：第二条曲线一定要比 130.7mm 长，否则求解时会出错），把此两条线定义为下滑块点在线上副的曲线，如图 6-103 所示，把曲线移至 201 层。因为曲线是跟随 B 板运动的，所以要把 201 层中的两条曲线添加到 B 板的连杆（L002）中，单击连杆（L002）点击右键选择"编辑"弹出定义连杆对话框，然后选择 201 层中的曲线，最后点击"确定"按钮，就把曲线添加到连杆（L002）中了。

① 定义上滑块的点在线上副。打开上滑块的连杆（L010）并关闭其它连杆，打开图层

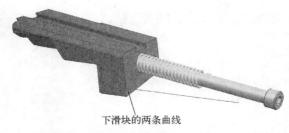

下滑块的两条曲线

图 6-103 下滑块的点在线上副所定义的曲线

200 层的曲线，点击"主页"→"约束"→"点在线上副"图标，打开如图 6-104 所示的对话框。在对话框中直接单击"点"选项选择上滑块挡块延伸块上的边（点击靠近端点的边），这样会选择连杆（L010）并且会在上滑块挡块延伸块的边上出现一个端点，最好选择曲线附近的连杆边上的端点，如图 6-104 所示的端点，接着在"选择曲线"选项中选择图层 200 层中的两条曲线［因为曲线也是连杆（L002）的一部分，用过滤器隐藏连杆（L002）中的实体］。"曲线参数化方法"选项选择"用户定义的间距"，后面文本框中输入 0.001mm（此处特别注意默认值是 2，如果用默认值 2 会导致求解器锁定，如果此值改小后求解器还是锁定，建议把此值再次改小）。上滑块的点在线上副名称采用默认值"J021"，点在线上副也属于运动副。最后关闭图层 200 层，隐藏曲线。

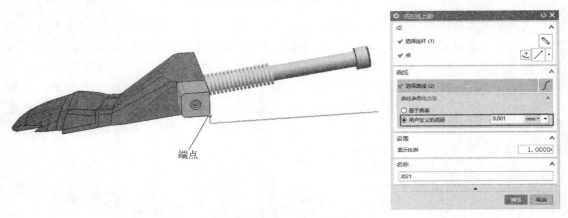

端点

图 6-104 定义上滑块点在线上副

② 定义下滑块的点在线上副。打开下滑块的连杆（L011）并关闭其它连杆，打开图层 201 层的曲线，点击"主页"→"约束"→"点在线上副"图标，打开如图 6-105 所示的对话框。在对话框中直接单击"点"选项选择下滑块的底边（点击靠近端点的边），这样会选择连杆（L011）并且会在下滑块的底边上出现一个端点，最好选择曲线附近的连杆边上的端

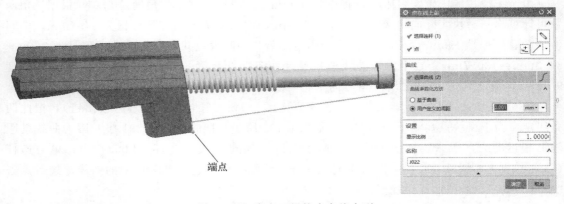

端点

图 6-105 定义下滑块点在线上副

点，如图 6-105 所示的端点，接着在“选择曲线”选项中选择图层 201 层中的两条曲线［因为曲线也是连杆（L002）的一部分，用过滤器隐藏连杆（L002）中的实体］。“曲线参数化方法”选项选择“用户定义的间距”，后面文本框中输入 0.001mm（此处特别注意默认值是 2，如果用默认值 2 会导致求解器锁定，如果此值改小后求解器还是锁定，建议把此值再次改小）。下滑块的点在线上副名称采用默认值“J022”，点在线上副也属于运动副。最后关闭图层 201 层，隐藏曲线。

6.6.7 驱动

本案例的模具是二板模模具，因此只需要打开 A、B 板即可，接着油缸带动中间滑块向外运动，上下滑块向内运动，上下滑块运动一定距离后在限位螺钉作用下停止向内运动，跟随中间滑块一起向外运动。最后是顶针板的二次顶出，第一次顶出时，两组顶针板一起向上顶出；第二次顶出时，第一组顶针板停止运动，第二组顶针板继续向上顶出。第二次顶出后产品还在直顶上，需要手工取出产品，此处不做运动仿真。由于模具中的每块板的开模顺序不同，每块板的开模时间也不一样，对于这样比较复杂的模具运动仿真，利用运动仿真中的 STEP 函数来控制模具中的开模顺序比较容易。下面就详细讲解每块板的运动驱动函数。

① B 板的运动函数。首先是 B 板运动仿真，B 板开模后向后运动，0～3s 向后运动 250mm，函数 STEP（x，0，0，3，250）。

② 油缸滑块的运动函数。A、B 板开模后，油缸滑块向外运动，因为油缸滑块在 A、B 板开模时没有运动，因此油缸滑块的运动分成两部分：第一部分 0～3s，油缸滑块跟随 B 板向后运动，函数 STEP（x，0，0，3，0）；第二部分 3～6s，油缸滑块向外运动 195mm，函数 STEP（x，3，0，6，195）。

③ 第一组顶针板的运动函数。接着就是第一组顶针板运动仿真，第一组顶针板的运动仿真分三部分：第一部分是第一组顶针板 0～3s 内向后运动－250mm（第一组顶针板运动副方向朝上，因此是负数），函数 STEP（x，0，0，3，－250）；第二部分是第一组顶针板 3～6s 不运动，等待油缸滑块运动，函数 STEP（x，3，0，6，0）；第三部分是第一组顶针板 6～8s 向上运动 57mm，函数 STEP（x，6，0，8，57）。

④ 第二组顶针板的运动函数。最后就是第二组顶针板运动仿真，第二组顶针板的运动仿真分四部分，比第一组顶针板多一次顶出。第一部分是第二组顶针板 0～3s 向后运动－250mm（第二组顶针板运动副方向朝上，因此是负数），函数 STEP（x，0，0，3，－250）；第二部分是第二组顶针板 3～6s 不运动，等待油缸滑块运动，函数 STEP（x，3，0，6，0）；第三部分是第二组顶针板 6～8s 向上运动 57mm，函数 STEP（x，6，0，8，57）；第四部分是第二组顶针板 8～10s 向上运动 35mm，函数 STEP（x，8，0，10，35）。

虽然本案例的函数不多，但为了减少出错的机率，建议在记事本中把函数记录下来，然后在运动仿真中复制粘贴。本案例函数在记事本中的记录如图 6-106 所示。

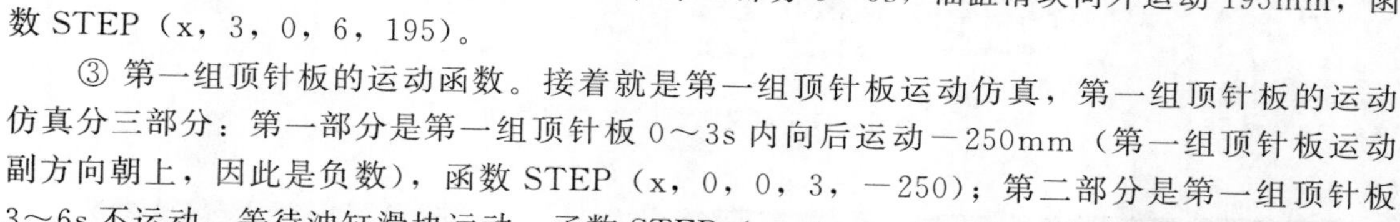
*函数.txt - 记事本

文件(F) 编辑(E) 格式(O) 查看(V) 帮助(H)

1.B板函数 SY1=STEP(x, 0, 0, 3, 250)
2.油缸滑块函数 SY2=STEP(x, 0, 0, 3, 0)+ STEP(x, 3, 0, 6, 195)
3.第一组顶针板函数 SY3=STEP(x, 0, 0, 3, -250)+ STEP(x, 3, 0, 6, 0)+ STEP(x, 6, 0, 8, 57)
4.第二组顶针板函数 SY4=STEP(x, 0, 0, 3, -250)+ STEP(x, 3, 0, 6, 0)+ STEP(x, 6, 0, 8, 57)+ STEP(x, 8, 0, 10, 35)

图 6-106 本案例函数记录

最后就是为模具的各个连杆的运动副定义驱动。

① 定义 B 板运动副的驱动。点击"主页"→"机构"→"驱动"图标，打开如图 6-107 所示的对话框。在"驱动类型"下拉菜单中选择"运动副驱动"，"驱动对象"选择 B 板的滑动副（即 J002）。注意：由于在显示区域中滑动副不好选择，可以在"运动导航器"中选择滑动副，更方便一些。在"平移"下拉菜单中选择"函数"，"数据类型"选择"位移"，然后点击"函数"后面"↓"图标，再点击"函数管理器"弹出如图 6-108 所示对话框，在对话框中点击下面的"✐"图标，弹出如图 6-109 所示对话框，"名称"后面的文本框中输入"SY1"，接着在"公式"下面的文本框中粘贴从记事本中复制的 STEP（x，0，0，3，250）函数。最后连续点击"确定"按钮，完成 B 板上运动副的函数驱动。第 1 个驱动的名称采用默认值"Drv001"，在后续的操作中也可以用"Drv001"代表第 1 个驱动。

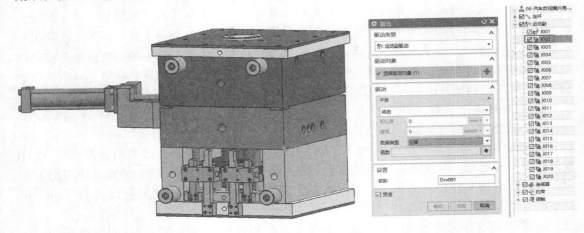

图 6-107 定义 B 板运动副的驱动

图 6-108 "XY 函数管理器"对话框

图 6-109 "XY 函数编辑器"对话框

② 定义油缸滑块运动副的驱动。点击"主页"→"机构"→"驱动"图标，打开如图 6-110 所示的对话框。在"驱动类型"下拉菜单中选择"运动副驱动"，"驱动对象"选择油缸滑块的滑动副（即 J009）。注意：由于在显示区域中滑动副不好选择，可以在"运动导航器"中选择滑动副，更方便一些。在"平移"下拉菜单中选择"函数"，"数据类型"选择"位移"，然后点击"函数"后面"↓"图标，再点击"函数管理器"弹出如图 6-111 所示对话框，在对话框中点击下面的"✐"图标，弹出如图 6-112 所示对话框，"名称"后面的文本框中输入"SY2"，接着在"公式"下面的文本框中粘贴从记事本中复制的 STEP（x，0，0，3，0）+STEP（x，3，0，6，195）函数。最后连续点击"确定"按钮，完成油缸滑块上运动副的函数驱动。第 2 个驱动的名称采用默认值"Drv002"，在后续的操作中也可以用"Drv002"代表第 2 个驱动。

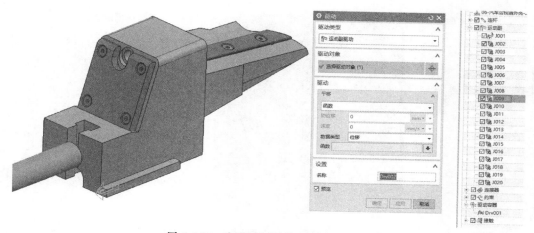

图 6-110　定义油缸滑块运动副的驱动

图 6-111　"XY 函数管理器"对话框

图 6-112　"XY 函数编辑器"对话框

第 6 章　汽车后视镜外壳（滑块内出滑块）结构设计及运动仿真 **___ 159**

③ 定义第 1 组顶针板运动副的驱动。点击"主页"→"机构"→"驱动"图标，打开如图 6-113 所示的对话框。在"驱动类型"下拉菜单中选择"运动副驱动"，"驱动对象"选择第 1 组顶针板的滑动副（即 J003）。注意：由于在显示区域中滑动副不好选择，可以在"运动导航器"中选择滑动副，更方便一些。在"平移"下拉菜单中选择"函数"，"数据类型"选择"位移"，然后点击"函数"后面"↓"图标，再点击"函数管理器"弹出如图 6-114 所示对话框，在对话框中点击下面的"⚲"图标，弹出如图 6-115 所示对话框，"名称"后面的文本框中输入"SY3"，接着在"公式"下面的文本框中粘贴从记事本中复制的 STEP（x，0，0，3，−250）+STEP（x，3，0，6，0）+STEP（x，6，0，8，57）函数。最后连续点击"确定"按钮，完成第 1 组顶针板上运动副的函数驱动。第 3 个驱动的名称采用默认值"Drv003"，在后续的操作中也可以用"Drv003"代表第 3 个驱动。

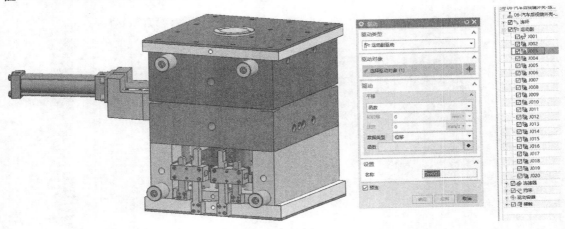

图 6-113 定义第 1 组顶针板运动副的驱动

图 6-114 "XY 函数管理器"对话框

图 6-115 "XY 函数编辑器"对话框

④ 定义第 2 组顶针板运动副的驱动。点击"主页"→"机构"→"驱动"图标，打开如图 6-116 所示的对话框。在"驱动类型"下拉菜单中选择"运动副驱动"，"驱动对象"选择第 2 组顶针板的滑动副（即 J004）。注意：由于在显示区域中滑动副不好选择，可以在"运动导航器"中选择滑动副，更方便一些。在"平移"下拉菜单中选择"函数"，"数据类型"选择"位移"，然后点击"函数"后面"↓"图标，再点击"函数管理器"弹出如图 6-117 所示对话框，在对话框中点击下面的"✎"图标，弹出如图 6-118 所示对话框，"名称"后面的文本框中输入"SY4"，接着在"公式"下面的文本框中粘贴从记事本中复制的 STEP $(x, 0, 0, 3, -250)$＋STEP $(x, 3, 0, 6, 0)$＋STEP $(x, 6, 0, 8, 57)$＋STEP $(x, 8, 0, 10, 35)$ 函数。最后连续点击"确定"按钮，完成第 2 组顶针板上运动副的函数驱动。第 4 个驱动的名称采用默认值"Drv004"，在后续的操作中也可以用"Drv004"代表第 4 个驱动。

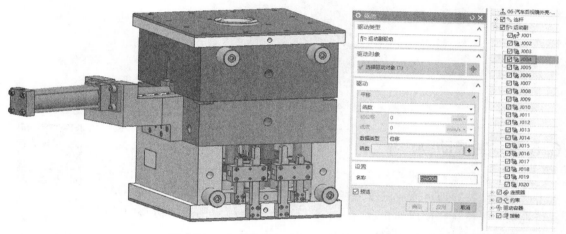

图 6-116 定义第 2 组顶针板运动副的驱动

图 6-117 "XY 函数管理器"对话框

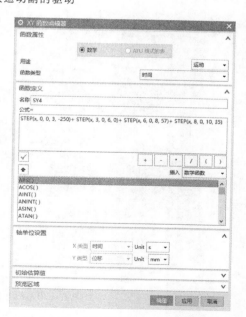

图 6-118 "XY 函数编辑器"对话框

6.6.8　解算方案及求解

　　点击"主页"→"解算方案"→"解算方案"图标，打开如图 6-119 所示的对话框。由于在函数中所用的总时间是 10s，所以在解算方案中的时间就是 10s，步数可以取时间的 30 倍，即 300 步。在"按'确定'进行求解"的复选框前打钩，点击"确定"后会自动进行求解。

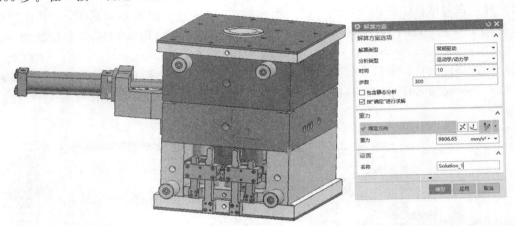

图 6-119　"解算方案"对话框

6.6.9　生成动画

　　点击"分析"→"运动"→"动画"图标，打开如图 6-120 所示的对话框。点击"播放"按钮即可播放汽车后视镜外壳模具的运动仿真动画。图中是汽车后视镜外壳模具开模后的状态图。汽车后视镜外壳模具的运动仿真的动画视频可用手机扫描二维码观看。

汽车后视镜外壳模具运动仿真动画

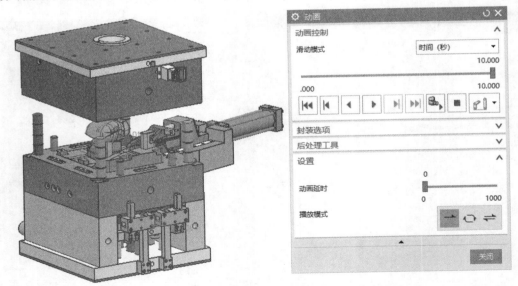

图 6-120　汽车后视镜外壳模具的运动仿真动画

第

7 章

吸尘器电机外壳（滑块内出斜顶）结构设计及运动仿真

7.1 吸尘器电机外壳产品分析

　　本章以某品牌的吸尘器电机外壳产品为实例，讲解滑块内出斜顶模具结构的设计原理、经验参数及运动仿真。吸尘器电机外壳属于外观件产品，但由于在产品的四面都有外倒扣，因此在产品的四面都需要设计滑块结构。设计滑块时滑块应尽量包住产品的整个侧面，以减少产品外观上的夹线。模具设计时需要注意浇口的位置及浇口的形式，不允许在外观面上有浇口疤痕，另外由于产品的三面都是滑块包裹，如图 7-1 所示，因此浇口的位置及浇口的形式选择窗口非常小。本案例采用热流道转冷浇口，从产品的侧面处采用扇形边浇口。吸尘器电机外壳的塑胶材料一般选择高强度、高耐热、耐燃性好和电绝缘性好的 ABS＋PC 材料，根据以往的经验，客户给出的缩水率是 1.006。用手机扫描二维码可观看吸尘器电机外壳模具结构。

图 7-1 吸尘器电机外壳产品的浇口位置

7.1.1　产品出模方向及分型

在模具设计的前期，首先要分析产品的出模方向、分型线、产品的前后模面及倒扣。产品如图 7-2 所示。产品最大外围尺寸（长、宽、高）为 198.6mm×78.4mm×115.1mm，产品的主壁厚为 2.0mm。由于产品属于外观件，有外观要求，外观面一侧出前模，内观面一侧出后模。产品四面都有倒扣，需要滑块结构才可脱模，滑块应尽可能包住产品的整个侧面以减少产品上的夹线。产品的出模方向选择正 Z 方向，产品的分型线及结构如图 7-3～图 7-5 所示。

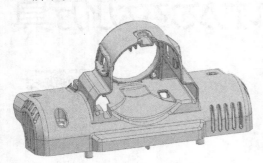

图 7-2　产品

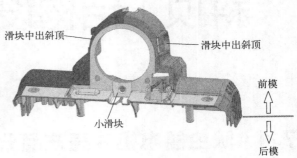

图 7-3　产品分型线及结构（一）

图 7-4　产品分型线及结构（二）

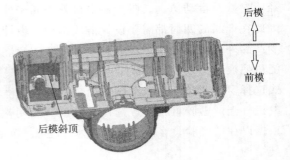

图 7-5　产品分型线及结构（三）

7.1.2　产品的前后模面

产品的前后模面如图 7-6 和图 7-7 所示。直升面主要位于滑块区域，由于滑块是侧向抽芯机构，因此直升面可以不做拔模斜度。

图 7-6　产品的前后模面（一）

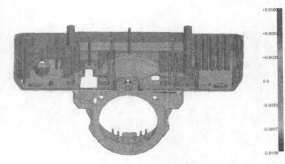

图 7-7　产品的前后模面（二）

7.1.3 产品的倒扣

产品倒扣如图 7-8 所示，倒扣区域需要设计滑块机构或者斜顶机构。本案例共设计四个滑块机构、一个后模斜顶机构。

7.1.4 产品的浇注系统

由于产品是外观件，对产品的外观要求比较高，因此产品浇口位置的选择窗口比较小，只可选择浇口位置在产品的内观面上或者在产品的装配位之内。本案例选择在产品的装配位之内，采用热流道转冷浇口的形式，浇口采用大水口扇形边进胶。因为是出口模，热嘴处于偏心位置，为了保证模具注塑平衡，模具没有采用偏心结构，而是把热唧嘴设计在模具的正中心处，热嘴与热唧嘴之间通过分流板连通，这样的设计会增加模具的成本，但模具在注塑时压力会更平衡。因此本案例浇注系统如图 7-9 所示。浇口位置经模流分析验证，可以满足充填条件。扇形浇口的宽度 9mm，扇形浇口的高度 0.5mm，扇形浇口角度单边 20°，热嘴直径 9mm。整个浇注系统经模流分析验证，可以满足产品充填及保压的需求。

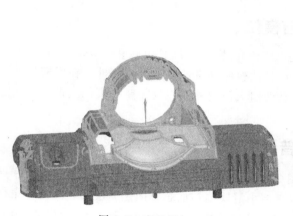

图 7-8　产品倒扣

图 7-9　浇注系统

7.2 吸尘器电机外壳模具结构分析

7.2.1 吸尘器电机外壳模具的模架

本产品采用热流道转扇形边浇口形式的浇注系统，因此选择大水口模架，模架型号为 CT4560 A180 B210 C120，模架如图 7-10 所示。模架为大水口直身型模架，由于热嘴处于偏心位置，为了保证模具注塑时压力平衡，在热嘴与热唧嘴之间设计分流板，因此需要添加热流道板，热流道板的长宽与 A 板的长宽相同，热流道板的高度根据热嘴的高度进行设计，热流道板的高度由热流道公司设计。因为模具上设计有热流道，所以在面板上设计有隔热板。隔热板的主要作用是防止模具上的热量传递到注塑机上，从而减少模具上的热量损失，保证模具的温度平衡。本案例的模具结构是二板模结构，开模时仅开 A 板与 B 板之间即可。

7.2.2 吸尘器电机外壳模具的前模仁

吸尘器电机外壳模具的前模仁如图 7-11 所示。前模仁的结构较为简单，由于模具四面都要出滑块，模具设计时为了保证产品的外观面没有夹线（或者只有少量夹线），前模的大部分胶位都出在三面大滑块上，导致只有前模中间的一个前模镶件中有胶位，另外，在靠近热嘴的上面有部分胶位。

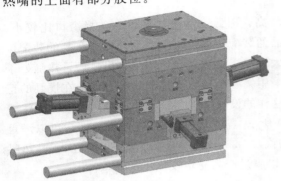

图 7-10　吸尘器电机外壳模具的模架

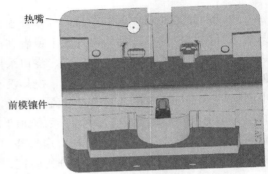

图 7-11　吸尘器电机外壳模具的前模仁

7.2.3 吸尘器电机外壳模具的后模仁

吸尘器电机外壳模具的后模仁如图 7-12 所示。后模仁上的骨位较多较深，为了便于产品注塑时模具的排气及模具的加工，在后模仁骨位较深处设计多组后模镶件。在后模仁上有一处内倒扣，内倒扣设计成斜顶结构，另外在两组大滑块的交界处需要在模仁上设计滑块定位，以保证滑块的精度。

7.2.4 吸尘器电机外壳模具的普通小滑块

吸尘器电机外壳模具的普通小滑块如图 7-13 所示。由于是普通小滑块，经验参数和结构原理可参考第 1 章模具结构设计基础。本案例小滑块倒扣抽芯方向是斜度的，因此本案例小滑块属于斜滑块，斜滑块结构原理和经验参数与常规滑块基本相同，唯一不一样的地方是三角函数，斜滑块的三角函数如图 7-14 所示。斜滑块高度并不是指滑块的高度，而是指斜导柱底部与斜滑块顶部在开模时接触的高度，由 H_1 高度与 H_2 高度两部分组成。斜滑块的

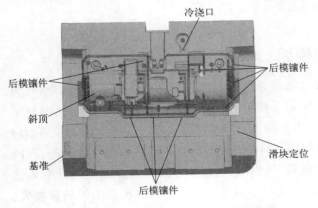

图 7-12　吸尘器电机外壳模具的后模仁

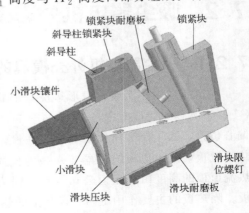

图 7-13　普通小滑块

斜度是已定的，根据三角函数可以计算出 H_1 高度，斜导柱的角度是经验值，根据三角函数也可以计算出 H_2 的高度，两高度相加即等于斜滑块高度。由于斜滑块行程是可以计算出来的，因此根据斜滑块高度可计算出斜导柱的长度。用 NX 中的草图来计算斜滑块的三角函数最方便。

7.2.5 汽车后视镜外壳模具的后模斜顶结构

汽车后视镜外壳模具共有一个后模斜顶，其结构如图 7-15 所示。由于斜顶的行程较小，斜顶较短，斜顶座用顶针代替。本案例的后模斜顶属于常规后模斜顶，其运动原理及经验参数可参考第 1 章模具结构设计基础中后模斜顶的经验参数。

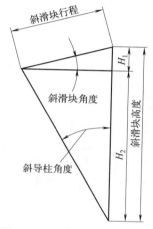

图 7-14 斜滑块的三角函数

图 7-15 后模斜顶结构

7.2.6 汽车后视镜外壳模具的滑块中出滑块结构

汽车后视镜外壳模具的滑块中出滑块也是一种经典的模具结构，如图 7-16 所示。为什么要设计滑块中出滑块的结构呢？这是因为大滑块在向外运动的过程中有部分胶位不能沿着滑块方向脱模，即产品中存在两个方向的倒扣，如图 7-17 所示。图中指定面的胶位不能沿

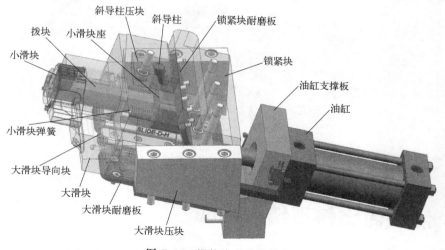

图 7-16 滑块中出滑块结构

着大滑块运动方向脱模，因此必须先用小滑块把该面骨位脱模，即大滑块先不运动，小滑块先运动，小滑块运动后，大滑块带动小滑块一起向外运动。

小滑块的动力来自斜导柱（即 A、B 板之间的开模力），大滑块的动力来自油缸。滑块中出滑块的运动过程如下：首先斜导柱压块把斜导柱锁紧在前模 A 板上，在 A、B 板开模过程中斜导柱带动小滑块座向后运动，拨块通过螺钉锁紧在小滑块座上，小滑块座向后运动时带动拨块向后运动，而在拨块的另一侧设计有燕尾槽与小滑块相连，小滑块又安装在大滑块上，第一次小滑块运动时大滑块是不运动的，拨块带动小滑块向后运动时，小滑块没有跟随拨块向后运动，而是在燕尾槽作用下向下运动，从而脱离骨位的倒扣。当小滑块座向后运动一定距离后，小滑块座上的限位螺栓限位，油缸带动大滑块与小滑块一起向后运动。

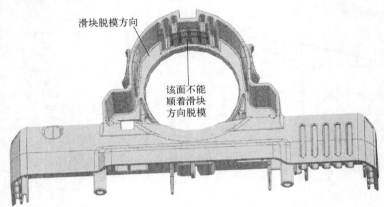

图 7-17　滑块中出滑块结构的产品倒扣

7.2.7　汽车后视镜外壳模具的滑块内出斜顶结构

汽车后视镜外壳模具的滑块内出斜顶结构如图 7-18 所示。在后面的章节中会重点讲解滑块内出斜顶结构组成、运动原理及经验参数，这里不再赘述。

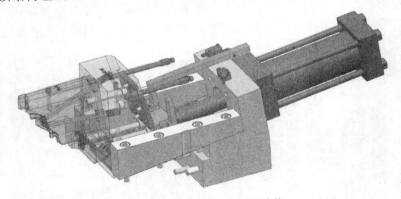

图 7-18　滑块内出斜顶结构

7.3　滑块内出斜顶结构组成

滑块内出斜顶结构组成如图 7-19 所示。机构中各个部件的作用如下。

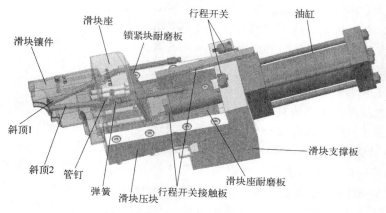

图 7-19 滑块内出斜顶结构组成

① 滑块座。滑块座是整个滑块机构的主体，滑块座的作用是作为连接滑块镶件的底座，并且按照滑块运动方向进行滑动运动。滑块座与滑块镶件可以设计成整体式，也可以设计成分离式，通常情况下滑块镶件较大时设计成分离式，滑块镶件较小时设计成整体式。当滑块座与滑块镶件采用分离式设计时，滑块镶件与滑块座可以采用不同材料。由于滑块镶件需要封胶，必须采用与内模仁一样的钢材，而滑块座可采用 P20 钢材，这样可节省模具成本。另外，若滑块座与滑块镶件采用分离式设计，当滑块镶件或滑块座磨损时，可更换滑块镶件或滑块座，增加模具寿命，便于后期的维护。由于滑块的行程较长，要向外滑动 102mm，因此滑块采用油缸抽芯。

② 滑块镶件。滑块镶件是滑块的头部，也是与产品的封胶位接触区域，因此需要选用与模仁同种类型的钢材，滑块镶件较大时一般需要在滑块镶件上设计冷却水路对滑块镶件进行冷却。滑块镶件上需要设计"冬菇头"与滑块座进行定位，滑块镶件与滑块座的锁紧机构一般采用杯头螺钉从后面进行锁紧。

③ 斜顶 1。在滑块 1 的出模方向存在着上内倒扣，如图 7-20 所示，此区域胶位不能顺着滑块 1 出模方向出模，因此叫滑块内倒扣。此区域设计成斜顶结构，在滑块 1 向外运动过程中，由于在斜顶 1 的后面设计有弹簧，弹簧抵着斜顶 1 不向后运动。又由于斜顶 1 本身带有斜度，因此在滑块 1 向后运动过程中，斜顶 1 向下运动，从而脱离滑块 1 的上倒扣，当滑块 1 的避空位撞到斜顶 1 上的管钉时，滑块 1 带着斜顶 1 一起向后运动。滑块 2 上的上斜顶

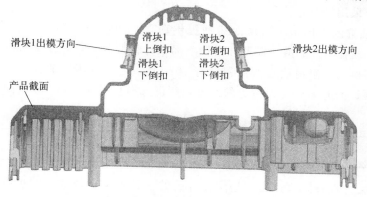

图 7-20 滑块出模方向内倒扣

与滑块 1 的斜顶 1 脱模方式完全一样，这里不再赘述。

④ 斜顶 2。在滑块 1 的出模方向存在着下内倒扣，如图 7-20 所示，此区域胶位不能顺着滑块 1 出模方向出模，因此叫滑块内倒扣。此区域设计成斜顶结构，在滑块 1 向外运动过程中，由于在斜顶 2 的后面设计有弹簧，弹簧抵着斜顶 2 不向后运动，又由于斜顶 2 本身带有斜度，因此在滑块 1 向后运动过程中，斜顶 2 向上运动，从而脱离滑块 1 的下倒扣，当滑块 1 的避空位撞到斜顶 2 上的管钉时，滑块 1 带着斜顶 2 一起向后运动。滑块 2 上的下斜顶与滑块 1 的斜顶 2 脱模方式完全一样，这里不再赘述。

⑤ 锁紧块耐磨板。虽然名称叫锁紧块耐磨板，但安装在滑块座上，因为本案例的滑块座的锁紧机构采用原身留的形式，所以需要在 A 板加工出锁紧机构的外围形状，如果把耐磨板设计在 A 板的原身留上，由于 A 板较大，不便于加工耐磨板上的平头螺钉。锁紧块耐磨板的主要作用有两个，一是为增加滑块座的使用寿命，二是为了便于滑块座的装配。因为滑块座在加工的过程中存在误差，通过调整耐磨板的厚度可以弥补加工时的误差。

⑥ 滑块座耐磨板。滑块座耐磨板的主要作用是增加滑块座的使用寿命，如果不设计滑块座耐磨板，则滑块座直接在 B 板上滑动，由于 B 板材料一般选择 1050 或者 S50C，材料较差，滑块座滑动时间久了会产生磨损，因此在滑块座下面设计滑块座耐磨板以增加其寿命。耐磨板材料一般选择油钢 2510，淬火硬度 52～56HRC。当耐磨板长度较长时，需要设计两块耐磨板，因为耐磨板的厚度一般设计为 8mm，而耐磨板材料选择 2510 时需要淬火，当耐磨板长度较长时淬火容易变形，所以需要设计成两块耐磨板的形式。

⑦ 滑块压块。滑块压块的主要作用是为滑块的滑动提供导向。滑块压块的材料也选用油钢 2510，淬火硬度 52～56HRC。当滑块压块的长度较长时，也需要把滑块压块设计成两段。当把滑块压块设计成两段时，最好在滑块压块上设计管钉进行定位，滑块压块和滑块座耐磨板都需要在滑动面设计油槽。当滑块运动时在油槽中加油以保证滑块的润滑。

⑧ 滑块支撑板。滑块支撑板的作用一方面是为滑块的滑动提供延伸空间，另一方面是为油缸的安装提供支撑。由于滑块的行程较长，如果把模架加大会增加模具的成本，更会导致模具的安装出现问题。因此只把滑块滑动这一部分加大也就设计成了滑块支撑板的形式，滑块支撑板只提供延伸和支撑功能，一般滑块支撑板可选择 1050 或者 S50C 材料。滑块支撑板固定在 B 板上，需要在滑块支撑板上设计定位功能，定位可用管钉或者"冬菇头"，本案例滑块支撑板采用管钉定位。

⑨ 油缸。油缸的作用是为滑块的运动提供动力，油缸的大小选择与滑块的行程有关，如表 7-1 所示。带有油缸的滑块需要在滑块上面设计行程开关，以便油缸的运动与注塑机的运动同步。本案例的油缸滑块虽然行程只有 102mm，但滑块镶件的胶位区域较多，而且滑块中还带有斜顶，因此需要更大拉力的油缸，所以选择缸径为 $\phi63mm$ 的油缸。

表 7-1　油缸的缸径与滑块的行程关系

行程/mm	60 以下	60～120	120～240	240～400
缸径/mm	$\phi30$	$\phi40$	$\phi50$～63	$\phi63$～80

⑩ 行程开关。也称限位开关，是位置开关的一种，是一种常用的小电流主令电器。利用滑块往复运动来碰撞行程开关的触头，使行程开关产生信号与注塑机相连，从而保证油缸

滑块的运动与注塑机的运动同步。一般在油缸滑块上会设计两个行程开关，在油缸滑块合模时，滑块上的第一个行程开关接触板与第一个行程开关接触，第一个行程开关产生信号并传递给注塑机，告诉注塑机油缸滑块已合模，注塑机可以进行合模动作。当油缸滑块完全开模时，滑块上的第二个行程开关接触板与第二个行程开关接触，第二个行程开关产生信号并传递给注塑机，告诉注塑机油缸滑块已开模，注塑机可以进行顶出动作。行程开关实物如图 7-21 所示。

图 7-21　行程开关实物

7.4　滑块内出斜顶运动原理

滑块内出斜顶的原因是滑块的出模方向上有上下两个圆柱形的倒扣区域，如图 7-22 所示。此上下两个圆柱形的倒扣区域不能随着滑块运动方向出模，因此把此区域设计成上下两个斜顶的结构。设计斜顶时，斜顶的方向要垂直于圆柱形倒扣的方向，在两斜顶的底部设计有弹簧，在两斜顶的尾部设计有管钉，在管钉前面的滑块处设计有避空位，如图 7-23 所示。在滑块向外运动过程中，斜顶在弹簧的作用下不能随着滑块一起向后运动，由于斜顶本身带有斜度，两斜顶在不后退的情况下向中间运动（相当于斜顶向上顶），当滑块的避空位碰到斜顶上的管钉时，斜顶脱离上下圆柱形的倒扣区域，如图 7-24 所示。滑块避空位碰到斜顶

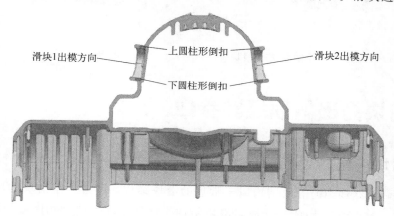

图 7-22　滑块中上下圆柱形倒扣

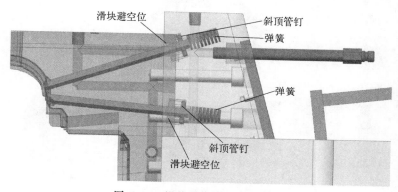

图 7-23　滑块避空位与斜顶管钉

上的管钉时，滑块带动两斜顶一起向外运动，滑块镶件的最前沿要一直运动到产品的最外围。产品在向上顶出时不能碰到滑块镶件，以防止刮花产品的外观面。滑块带动两斜顶一起向外运动的最终结果如图 7-25 所示。

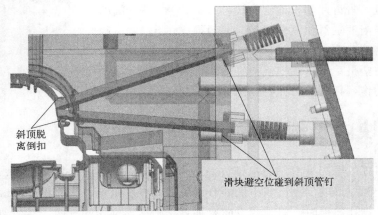

图 7-24 滑块中的斜顶脱离倒扣

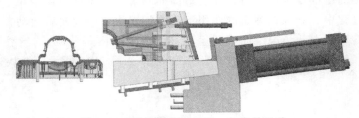

图 7-25 滑块带动两斜顶一起向外运动

7.5 滑块内出斜顶经验参数

7.5.1 滑块内出斜顶结构中滑块的经验参数

　　滑块内出斜顶结构中的滑块结构属于常规的滑块结构，不过由于滑块的出模方向有 7°的斜度，如图 7-26 所示，因此设计成斜滑块结构。产品上其它的倒扣区域如图 7-27 所示，

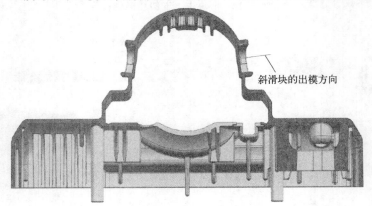

图 7-26 滑块出模方向斜度

箭头所指的面的斜度也需要设计成 7°或者更大，否则滑块出模时会拉伤产品。

对于油缸滑块结构来讲，滑块设计成斜滑块结构与常规滑块结构在设计上没有什么区别。设计斜滑块结构时只需把滑块座底部设计成与滑块镶件相同角度即可。如果不是油缸滑块，斜滑块结构与常规滑块结构只是三角函数算法不同而已。

由于倒扣区域出在前模面，为了保证产品的外观，减少产品外观上的夹线，滑块镶件设计得较大，包胶较多。基本上产品上面大部分前模面都设计在滑块镶件上。由于镶件较大，因此镶件上面必须设计冷却管道，根据以往设计经验，本案例镶件设计直径为 8mm 的冷却管道，冷却管道在滑块镶件中布局一周。

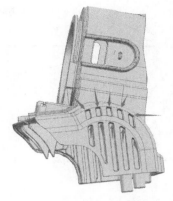

图 7-27　滑块其它的倒扣区域

滑块内出斜顶结构中的滑块座、滑块座耐磨板、锁紧块耐磨板、滑块压块的经验值均可参考第 1 章中后模滑块结构中的经验值。滑块支撑板要锁在后模 B 板上，因此滑块支撑板与 B 板之间要设计定位，本案例采用管钉定位方式，支撑板的厚度要根据油缸的规格来进行设计。行程开关按标准件的规格设计。行程开关接触板一般选用 1050 或者 S50C 材料，宽度一般设计为 15mm 左右，以能锁住螺钉为佳，厚度一般设计为 10mm 左右。

7.5.2　滑块内出斜顶结构中的斜顶经验参数

滑块内出斜顶结构中的斜顶方向要以倒扣区域中圆柱的方向为基准（即斜顶要垂直于圆柱方向），如图 7-28 所示。本案例中上下圆柱倒扣的长度均为 1.65mm，斜顶的行程等于倒扣的长度加余量，由于倒扣区域位于产品的前模，因此斜顶的余量可以设计成经验值 1mm 左右。由于两圆柱之间的位置空间只有 5.2799mm，如图 7-29 所示，两斜顶后退后不能相碰且要预留位置空间，一般情况下各个斜顶要预留 0.5mm 的空间，因此两斜顶共同后退空间只有 4.2mm，每个斜顶后退行程为 2.1mm。斜顶的倒扣距离是 1.65mm，余量只能设计成 0.5mm。

图 7-28　滑块内出斜顶结构中的斜顶

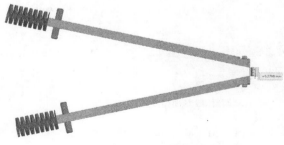

图 7-29　两斜顶之间位置空间

斜顶在滑块刚开始运动时不跟随滑块一起向后运动，这是因为在斜顶的尾部设计有弹簧，此时的弹簧处于压缩状态，随着滑块的后移，弹簧开始工作，弹簧弹力逐渐释放，弹力由强到弱。所以滑块避空位与斜顶的间距（即斜顶的限位行程）不宜过长，一般设计 10mm 左右较好。斜顶的三角函数如图 7-30 所示。根据三角函数，在已知斜顶后退行程和斜顶限

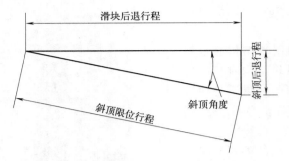

图 7-30　滑块内出斜顶结构中斜顶的三角函数

位行程情况下，可计算出斜顶的角度是12.12°，一般斜顶的角度取经验值 3°～8°，最大可以取经验值 10°～12°。根据以往经验，本案例斜顶角度取整数 12°。确定斜顶角度后，在不改变斜顶限位行程的条件下（此处要设计整数），斜顶后退行程是2.079mm。计算的斜顶后退行程为 2.1mm左右，符合要求。

斜顶的厚度一般取经验值 8～12mm，在斜顶长度较短的情况下可以取 4～6mm，本案例斜顶长度较短，而且由于两斜顶空间位置限制，斜顶的厚度只能取 5mm。斜顶的宽度最少要包住整个倒扣区域。本案例中的斜顶有两个功能，除了在滑块后退过程中带动斜顶脱倒扣外，在滑块合模的过程中还要碰到另一个滑块，起到回位作用，如图 7-31 所示。因此本案例中的斜顶除了要包住整个倒扣区域外，还要延伸到产品的碰穿位处，如图 7-31 中斜顶的面（箭头所指的面）与另一个滑块碰撞，把斜顶压回滑块内起到回位的作用，斜顶回位的碰撞面（即斜顶上箭头所指的面）的长宽一般不能少于 3mm。本案例斜顶的碰撞面的长为 4mm，宽为5mm。因此斜顶的宽度设计为 11mm，设计这么宽的目的就是在斜顶上面设计碰撞面。

重要提示：在拆斜顶时一定要先定义斜顶的基准，因为整个斜顶要垂直于圆柱，所以先在圆柱上面的圆上用"基本曲线"命令，"点方法"选择"象限点"，如图 7-32 所示。画两条相互垂直的直线，然后利用"坐标"中的"定向"命令，在"类型"中选择"X 轴，Y轴"选项，"X 轴"选择水平线，"Y 轴"选择垂直线，如图 7-33 所示。定义完坐标后就可以设计斜顶的角度、宽度及厚度。

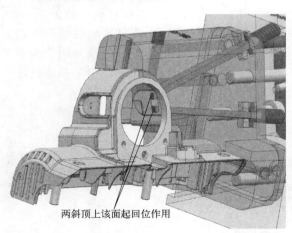

两斜顶上该面起回位作用

图 7-31　滑块内出斜顶结构中斜顶回位

图 7-32　斜顶基准水平线及垂直线

7.5.3　滑块内出斜顶结构中滑块行程的经验参数

滑块内出斜顶结构中滑块的行程分为两部分：第一部分滑块向外运动，带动两斜顶向内运动；第二部分滑块带动两斜顶一起向外运动。首先确定第一部分滑块向外运动的行程，由于滑块属于斜滑块，在滑块的底部有 7°的角度，而斜顶设计 12°的角度，因此滑块与斜顶的角度相差 5°，而且斜顶的出模方向与滑块的出模方向并不相同，如图 7-34 所示。由于滑块出模方向与斜顶出模方向不同，而且斜顶在空间方向也有斜度，因此很难计算出滑块向后运动多少的行程，滑块限位区域会碰撞到斜顶的管钉（滑块限位区域碰撞到斜顶管钉的距离是 10mm）。笔者通过不断验证，发现滑块向后运动 10.2mm 左右时，滑块限位区域会碰撞到斜顶的管钉，然后滑块带动斜顶一起向后运动，此处虽然在模具设计

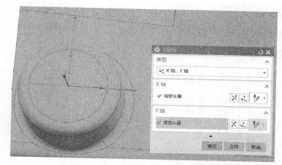

图 7-33　定义斜顶基准坐标

中很难计算出滑块后退行程，但是通过运动仿真可以轻易测量出此数值，这也是运动仿真的优势所在。

　　当滑块向后运动 10.2mm，滑块限位区域碰撞到斜顶的管钉时，如图 7-35 所示，虽然斜顶没有向后运动而是向内运动，斜顶留在滑块的外部，但滑块最外部的区域（图 7-35 中线 2 位置）依然远远长于斜顶最外部的区域（图 7-35 中线 1 位置），因此第二部分滑块带动斜顶一起向外运动的行程，就是滑块最外围区域到产品边缘的距离再加上余量，如图 7-36 所示，图中滑块最外围区域到产品边缘的距离是 89.16mm，再加上 3mm 余量，就是 92.16mm。整个滑块的行程最好设计成整数，由于第一部分滑块行程是 10.2mm，因此第二部分滑块行程设计为 91.8mm，两段行程相加等于 102mm。滑块运动完成第二部分行程

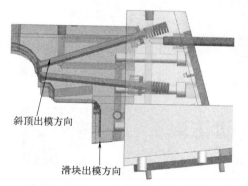

斜顶出模方向

滑块出模方向

图 7-34　滑块与斜顶出模方向

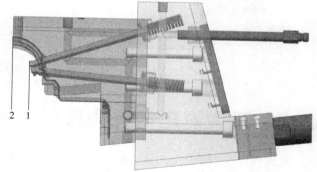

2 1

图 7-35　滑块运动完成第一部分后滑块与斜顶状态

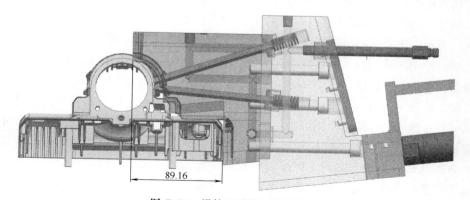

89.16

图 7-36　滑块运动第二部分行程

后如图 7-37 所示，产品顶出时不能碰到滑块最外围区域。本案例中设计滑块总的轨道行程是 102mm，滑块碰撞到油缸支撑板后进行限位。

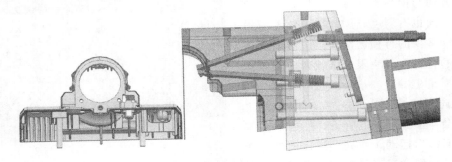

图 7-37　滑块运动完成第二部分行程后滑块、斜顶及产品状态

　　本案例左右两侧的滑块均为滑块中出斜顶的模具结构，两侧滑块基本上是镜像关系，因此滑块的运动原理、模具结构、经验参数基本一样。另一侧滑块的经验参数这里不再赘述。两侧滑块中出斜顶的组合模具结构如图 7-38 所示。

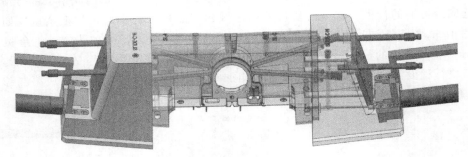

图 7-38　两侧滑块中出斜顶的组合模具结构

7.6　吸尘器电机外壳模具的运动仿真

吸尘器电机
外壳模具
运动仿真

　　本案例以整套模具的形式讲解吸尘器电机外壳模具的运动仿真，既讲到模具开模动作、顶出动作，也讲到模具结构中后模滑块、后模斜顶的运动仿真。本案例后模滑块的结构有两种，一种是滑块中出滑块模具结构（此结构在第 6 章已经讲解过），另一种是滑块中出斜顶的模具结构，特别是滑块中出斜顶的运动仿真，滑块中出斜顶的模具结构对于中高等级模具设计工程师都有一定的难度。如果能够用运动仿真的形式把模具结构模拟出来，对于滑块中出斜顶结构的认识将由困难变得容易。特别是滑块第一部分运动行程斜顶之间的关系，因为斜顶在空间方向也是斜度的，所以很难计算出滑块向后运动多少距离滑块的限位区域才能碰撞到斜顶上的管钉，但用运动仿真就可轻易测量出此距离。用手机扫描二维码可以观看吸尘器电机外壳模具运动仿真。

　　本案例是以整套模具的形式模拟模具的运动仿真，让大家对于模具的开模动作及模具结构有更清晰的认知。由于本案例是以整套模具来讲解其运动仿真，因此知识量非常大，模具的动作也非常多，各个动作之间有先后顺序之分，最好的控制方法就是使用函数。通过对本案例的学习，大家可以更深入地学习函数并熟练掌握函数。

7.6.1 吸尘器电机外壳模具的运动分解

吸尘器电机外壳模具属于二板模模具结构，因此模具只需要开 A 板与 B 板之间。由于有三组油缸滑块，A、B 板必须开完模后油缸滑块才能运动，合模时油缸滑块先复位，A、B 板才能合模。然后是顶针板顶出，最后是人工或者机械手取出产品。因为每次运动都有先后顺序之分，所以要用到运动函数中的 STEP 函数。由于本案例讲解整套模具的运动仿真，运动仿真时要分解的连杆非常多，建议把每组连杆首先在建模模块放入不同的图层，这样在运动仿真时定义连杆更容易、更清楚一些。吸尘器电机外壳模具运动可分解成以下步骤。

① 整体前模不运动，整体后模向后运动（即 A、B 板开模）。开模过程中，滑块中出滑块结构中的小滑块在斜导柱作用下向后运动，普通小滑块也在斜导柱作用下向后运动。

② 滑块中出斜顶结构的两组滑块先运动，滑块中出滑块结构的滑块先不运动。这是因为滑块中出斜顶结构后面有弹簧弹着，斜顶不跟随滑块一起向后运动，如果滑块中出滑块结构的滑块向后运动，斜顶前面回位的碰撞面就失去了碰撞位，在弹簧弹力大的情况下有可能推动斜顶向前运动，从而拉伤骨位。在滑块回位时，一定要将滑块中出滑块结构的滑块先回位，这样滑块中出斜顶结构中的斜顶才有碰撞位，利于斜顶的回位。首先两侧滑块各自向外运动，带动各自斜顶不向后运动而是向内运动，最后两侧滑块与各自的斜顶一起向外运动。

③ 滑块中出滑块结构的滑块后运动。等滑块中出斜顶结构中斜顶运动完成后，滑块中出滑块结构的滑块才开始运动，可以用函数中的时间进行控制。

④ 顶针板向上顶出（即斜顶及顶针向上运动）。

⑤ 取出产品。人工或者机械手取出产品，因为顶针板向上顶出时，只是把产品顶松，并没有把产品完全顶出，所以产品先向前运动再向右或者向左运动。产品有两个运动方向，而函数只能控制其向一个方向运动，所以在产品上增加一个实体或者是模拟的一只手，并把此定义成连杆形式，产品在此基础上可以向两个方向运动。

7.6.2 连杆

在定义连杆之前首先打开以下目录的文件：注塑模具复杂结构设计及运动仿真实例\第7章-吸尘器电机外壳（滑块内出斜顶）\07-吸尘器电机外壳-运动仿真.prt。进入运动仿真模块，接着点击"主页"→"解算方案"→"新建仿真"图标，新建运动仿真，其它选项可选择默认设置。

① 定义固定连杆。在本案例中前模（即 A 板、面板、前模仁及标准件）是固定不运动的，因此可将它们定义为固定连杆。A 板、面板、前模仁及标准件在图层的第 2 层，打开第 2 层并关闭其它图层，并把第 1 层设置为工作层。点击"主页"→"机构"→"连杆"图标，打开如图 7-39 所示的对话框。点击"连杆对象"下面的"选择对象"按钮，选取第 2 层中 A 板、面板、前模仁及标准件定义成第 1 个连杆。注意一定要在对话框中"□固定连杆"的复选框中打钩。定义第 1 个连杆后，会在运动导航器中显示第 1 个连杆的名称（L001）及第 1 个运动副的名称（J001）。

② 定义第 2 个连杆。B 板、后模仁、方铁、底板、滑块压块、滑块座耐磨板、滑块支撑块、滑块挡块及其标准件向后运动，因此把 B 板、后模仁、方铁、底板、滑块压块、滑块座耐磨板、滑块支撑块、滑块挡块及其标准件定义为第 2 个连杆。B 板、后模仁、方铁、底板、滑块压块、滑块座耐磨板、滑块支撑块、滑块挡块及其标准件在图层的第 3 层，打开

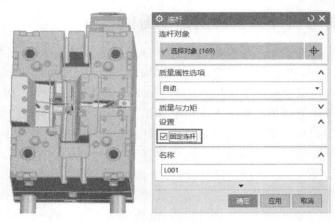

图 7-39　定义固定连杆

第 3 层并关闭其它图层。点击"主页"→"机构"→"连杆"图标，打开如图 7-40 所示的对话

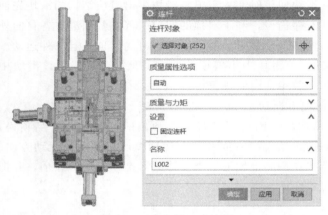

图 7-40　定义第 2 个连杆

框。点击"连杆对象"下面的"选择对象"按钮，选择 B 板、后模仁、方铁、底板、滑块压块、滑块座耐磨板、滑块支撑块、滑块挡块及其标准件定义成第 2 个连杆，由于 B 板、后模仁、方铁、底板、滑块压块、滑块座耐磨板、滑块支撑块、滑块挡块及其标准件需要向后运动，所以不能在"□固定连杆"的复选框中打钩。第 2 个连杆的名称采用默认值"L002"。

③ 定义第 3 个连杆。顶针面板、顶针底板、顶针及其标准件向后运动，因此把顶针面板、顶针底板、顶针及其标准件定义为第 3 个连杆。顶针面板、顶针底板、顶针及其标准件在图层的第 4 层，打开第 4 层并关闭其它图层。点击"主页"→"机构"→"连杆"图标，打开如图 7-41 所示的对话框。点击"连杆对象"下面的"选择对象"按钮，选择顶针面板、顶针底板、顶针及其标准件定义成第 3 个连杆，由于顶针面板、顶针底板、顶针及其标准件需要向后运动，所以不能在"□固定连杆"的复选框中打钩。第 3 个连杆的名称采用默认值"L003"。

④ 定义第 4 个连杆。小滑块座及小滑块镶件要侧向运动，因此把小滑块座及小滑块镶件定义为第 4 个连杆。小滑块座及小滑块镶件在图层的第 5 层，打开第 5 层并关闭其它图层。点击"主页"→"机构"→"连杆"图标，打开如图 7-42 所示的对话框。点击"连杆对象"下面的"选择对象"按钮，选择小滑块座及小滑块镶件定义成第 4 个连杆，由于小滑块座及小滑块镶件需要侧向运动，所以不能在"□固定连杆"的复选框中打钩。第 4 个连杆的名称采用默认值"L004"。

⑤ 定义第 5 个连杆。滑块中出滑块结构中的滑块座、滑块镶件、油缸拉块及其标准件要侧向运动，因此把滑块中出滑块结构中的滑块座、滑块镶件、油缸拉块及其标准件定义为

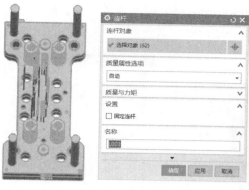

图 7-41 定义第 3 个连杆

图 7-42 定义第 4 个连杆

第 5 个连杆。滑块中出滑块结构中的滑块座、滑块镶件、油缸拉块及其标准件在图层的第 6 层，打开第 6 层并关闭其它图层。点击"主页"→"机构"→"连杆"图标，打开如图 7-43 所示的对话框。点击"连杆对象"下面的"选择对象"按钮，选择滑块中出滑块结构中的滑块座、滑块镶件、油缸拉块及其标准件定义成第 5 个连杆，由于滑块中出滑块结构中的滑块座、滑块镶件、油缸拉块及其标准件需要侧向运动，所以不能在"□固定连杆"的复选框中打钩。第 5 个连杆的名称采用默认值"L005"。

图 7-43 定义第 5 个连杆

⑥ 定义第 6 个连杆。滑块中出滑块结构中的小滑块座及锁紧块要侧向运动，因此把滑块中出滑块结构中的小滑块座及锁紧块定义为第 6 个连杆。滑块中出滑块结构中的小滑块座及锁紧块在图层的第 7 层，打开第 7 层并关闭其它图层。点击"主页"→"机构"→"连杆"图标，打开如图 7-44 所示的对话框。点击"连杆对象"下面的"选择对象"按钮，选择滑块中出滑块结构中的小滑块座及锁紧块定义成第 6 个连杆，由于滑块中出滑块结构中的小滑块座及锁紧块需要侧向运动，所以不能在"□固定连杆"的复选框中打钩。第 6 个连杆的名称采用默认值"L006"。

⑦ 定义第 7 个连杆。滑块中出滑块结构中的小滑块镶件要向下运动，因此把滑块中出滑块结构中的小滑块镶件定义为第 7 个连杆。滑块中出滑块结构中的小滑块镶件在图层的第 8 层，打开第 8 层并关闭其它图层。点击"主页"→"机构"→"连杆"图标，打开如图 7-45 所示的对话框。点击"连杆对象"下面的"选择对象"按钮，选择滑块中出滑块结构中的小滑

块镶件定义成第 7 个连杆，由于滑块中出滑块结构中的小滑块镶件需要向下运动，所以不能在 "□固定连杆" 的复选框中打钩。第 7 个连杆的名称采用默认值 "L007"。

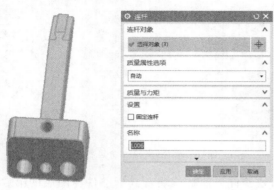

图 7-44　定义第 6 个连杆　　　　　　　　　　　图 7-45　定义第 7 个连杆

⑧ 定义第 8 个连杆。第 1 组滑块中出斜顶结构中的滑块座、滑块镶件、锁紧块耐磨板、油缸拉块及其标准件要侧向运动，因此把第 1 组滑块中出斜顶结构中的滑块座、滑块镶件、锁紧块耐磨板、油缸拉块及其标准件定义为第 8 个连杆。第 1 组滑块中出斜顶结构中的滑块座、滑块镶件、锁紧块耐磨板、油缸拉块及其标准件在图层的第 9 层，打开第 9 层并关闭其它图层。点击 "主页"→"机构"→"连杆" 图标，打开如图 7-46 所示的对话框。点击 "连杆对象" 下面的 "选择对象" 按钮，选择第 1 组滑块中出斜顶结构中的滑块座、滑块镶件、锁紧块耐磨板、油缸拉块及其标准件定义成第 8 个连杆，由于第 1 组滑块中出斜顶结构中的滑块座、滑块镶件、锁紧块耐磨板、油缸拉块及其标准件需要侧向运动，所以不能在 "□固定连杆" 的复选框中打钩。第 8 个连杆的名称采用默认值 "L008"。

图 7-46　定义第 8 个连杆

⑨ 定义第 9 个连杆。第 1 组滑块中出斜顶结构中的第 1 组斜顶及管钉要向上运动及侧向运动，因此把第 1 组滑块中出斜顶结构中的第 1 组斜顶及管钉定义为第 9 个连杆。第 1 组滑块中出斜顶结构中的第 1 组斜顶及管钉在图层的第 10 层，打开第 10 层并关闭其它图层。点击 "主页"→"机构"→"连杆" 图标，打开如图 7-47 所示的对话框。点击 "连杆对象" 下面的 "选择对象" 按钮，选择第 1 组滑块中出斜顶结构中的第 1 组斜顶及管钉定义成第 9 个连杆，由于第 1 组滑块中出斜顶结构中的第 1 组斜顶及管钉需要向上运动及侧向运动，所以

图 7-47 定义第 9 个连杆

不能在"□固定连杆"的复选框中打钩。第 9 个连杆的名称采用默认值"L009"。

⑩ 定义第 10 个连杆。第 1 组滑块中出斜顶结构中的第 2 组斜顶及管钉要向下运动及侧向运动，因此把第 1 组滑块中出斜顶结构中的第 2 组斜顶及管钉定义为第 10 个连杆。第 1 组滑块中出斜顶结构中的第 2 组斜顶及管钉在图层的第 11 层，打开第 11 层并关闭其它图层。点击"主页"→"机构"→"连杆"图标，打开如图 7-48 所示的对话框。点击"连杆对象"下面的"选择对象"按钮，选择第 1 组滑块中出斜顶结构中的第 2 组斜顶及管钉定义成第 10 个连杆，由于第 1 组滑块中出斜顶结构中的第 2 组斜顶及管钉需要向下运动及侧向运动，所以不能在"□固定连杆"的复选框中打钩。第 10 个连杆的名称采用默认值"L010"。

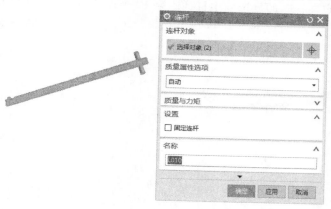

图 7-48 定义第 10 个连杆

⑪ 定义第 11 个连杆。第 2 组滑块中出斜顶结构中的滑块座、滑块镶件、锁紧块耐磨板、油缸拉块及其标准件要侧向运动，因此把第 2 组滑块中出斜顶结构中的滑块座、滑块镶件、锁紧块耐磨板、油缸拉块及其标准件定义为第 11 个连杆。第 2 组滑块中出斜顶结构中的滑块座、滑块镶件、锁紧块耐磨板、油缸拉块及其标准件在图层的第 12 层，打开第 12 层并关闭其它图层。点击"主页"→"机构"→"连杆"图标，打开如图 7-49 所示的对话框。点击"连杆对象"下面的"选择对象"按钮，选择第 2 组滑块中出斜顶结构中的滑块座、滑块镶件、锁紧块耐磨板、油缸拉块及其标准件定义成第 11 个连杆，由于第 2 组滑块中出斜顶结构中的滑块座、滑块镶件、锁紧块耐磨板、油缸拉块及其标准件需要侧向运动，所以不能在"□固定连杆"的复选框中打钩。第 11 个连杆的名称采用默认值"L011"。

图 7-49 定义第 11 个连杆

⑫ 定义第 12 个连杆。第 2 组滑块中出斜顶结构中的第 1 组斜顶及管钉要向下运动及侧向运动，因此把第 2 组滑块中出斜顶结构中的第 1 组斜顶及管钉定义为第 12 个连杆。第 2 组滑块中出斜顶结构中的第 1 组斜顶及管钉在图层的第 13 层，打开第 13 层并关闭其它图层。点击"主页"→"机构"→"连杆"图标，打开如图 7-50 所示的对话框。点击"连杆对象"下面的"选择对象"按钮，选择第 2 组滑块中出斜顶结构中的第 1 组斜顶及管钉定义成第 12 个连杆，由于第 2 组滑块中出斜顶结构中的第 1 组斜顶及管钉需要向下运动及侧向运动，所以不能在"□固定连杆"的复选框中打钩。第 12 个连杆的名称采用默认值"L012"。

图 7-50 定义第 12 个连杆

⑬ 定义第 13 个连杆。第 2 组滑块中出斜顶结构中的第 2 组斜顶及管钉要向上运动及侧向运动，因此把第 2 组滑块中出斜顶结构中的第 2 组斜顶及管钉定义为第 13 个连杆。第 2 组滑块中出斜顶结构中的第 2 组斜顶及管钉在图层的第 14 层，打开第 14 层并关闭其它图层。点击"主页"→"机构"→"连杆"图标，打开如图 7-51 所示的对话框。点击"连杆对象"下面的"选择对象"按钮，选择第 2 组滑块中出斜顶结构中的第 2 组斜顶及管钉定义成第 13 个连杆，由于第 2 组滑块中出斜顶结构中的第 2 组斜顶及管钉需要向上运动及侧向运动，所以不能在"□固定连杆"的复选框中打钩。第 13 个连杆的名称采用默认值"L013"。

⑭ 定义第 14 个连杆。后模斜顶在顶出过程中要做斜向运动，因此把后模斜顶定义为第 14 个连杆。后模斜顶在图层的第 15 层，打开第 15 层并关闭其它图层。点击"主页"→"机

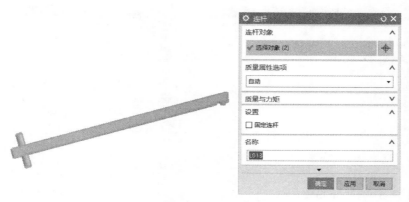

图 7-51 定义第 13 个连杆

构"→"连杆"图标,打开如图 7-52 所示的对话框。点击"连杆对象"下面的"选择对象"
按钮,选择后模斜顶定义成第 14 个连杆,由
于后模斜顶在顶出过程中要做斜向运动,所以
不能在"□固定连杆"的复选框中打钩。第 14
个连杆的名称采用默认值"L014"。

⑮ 定义第 15 个连杆。在本案例中,准备
把产品设计成在开模时跟随顶针板向后运动,
在顶出时跟随顶针板向前顶出,而且在顶出后
用机械手或人工带动产品先向前运动,让产品
完全脱离顶针及斜顶,最后再向上下或者向左
右取出产品,因此运动有两个方向,而 STEP
函数提供的运动方向只有一个。所以本案例在
产品的顶部设计了一个圆柱体,上面刻了两个

图 7-52 定义第 14 个连杆

字"吸盘"作为产品向另一个方向运动的基本连杆,定义完圆柱体连杆及运动副后,可以把
圆柱体设置成完全透明的方式或者把圆柱体图层关闭,在进行运动仿真时不显示圆柱体。圆
柱体不但跟随顶针板在开模时向后运动及在顶出时向前运动,而且作为产品的基本连杆还要
再向前运动,因此把圆柱体定义为第 15 个连杆。圆柱体在图层的第 16 层,打开第 16 层并
关闭其它图层。点击"主页"→"机构"→"连杆"图标,打开如图 7-53 所示的对话框。点击
"连杆对象"下面的"选择对象"按钮,选择圆柱体定义成第 15 个连杆,由于圆柱体在模具
开模过程中要向后及向前运动,所以不能在"□固定连杆"的复选框中打钩。第 15 个连杆
的名称采用默认值"L015"。

⑯ 定义第 16 个连杆。产品和流道不但跟随顶针板在开模时向后运动及在顶出时向前运
动,而且本案例还设计成机械手或人工取出产品,因此还要再向前运动(因为是半自动顶
出,还有一部分胶位在模具中,所以要再向前运动),最后产品向操作者侧运动。把产品和
流道定义为第 16 个连杆。产品和流道在图层的第 17 层,打开第 17 层并关闭其它图层。点
击"主页"→"机构"→"连杆"图标,打开如图 7-54 所示的对话框。点击"连杆对象"下面
的"选择对象"按钮,选择产品和流道定义成第 16 个连杆,由于产品和流道在模具开模过
程中要做几个方向的运动,所以不能在"□固定连杆"的复选框中打钩。第 16 个连杆的名
称采用默认值"L016"。

图 7-53 定义第 15 个连杆

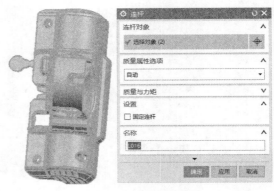

图 7-54 定义第 16 个连杆

7.6.3 运动副

① 定义第 1 个运动副。由于 B 板、后模仁、方铁、底板、滑块压块、滑块座耐磨板、滑块支撑块及其标准件向后运动，因此把它定义成一个滑动副。点击"主页"→"机构"→"接头"图标，打开如图 7-55 所示的对话框。在"类型"下拉菜单中选择"滑块"，然后在"操作"下面"选择连杆"中直接选择 B 板上的边，这样既会选择上面定义的第 2 个连杆，还会定义滑动副的原点和方向，注意一定要选择与滑动副方向一样的边。如图 7-55 所示在 B 板的边上显示滑动副的原点和方向，这样下面两步"指定原点"和"指定矢量"就不用再定义了，节省操作时间。第 1 个运动副的名称采用默认值"J002"。

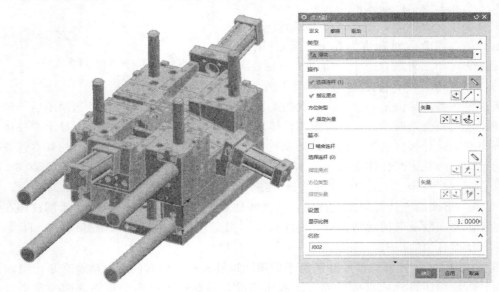

图 7-55 定义第 1 个运动副

② 定义第 2 个运动副。由于顶针板的面板、底板、顶针及其标准件不但向后运动而且还要向前顶出，因此把它定义成一个滑动副。点击"主页"→"机构"→"接头"图标，打开如图 7-56 所示的对话框。在"类型"下拉菜单中选择"滑块"，然后在"操作"下面"选择连杆"中直接选择顶针板面板上的边，这样既会选择上面定义的第 3 个连杆，还会定义滑动副的原点和方向，注意一定要选择与滑动副方向一样的边。如图 7-56 所示在顶针板面板的边

上显示滑动副的原点和方向，这样下面两步"指定原点"和"指定矢量"就不用再定义了，节省操作时间。第 2 个运动副的名称采用默认值"J003"。

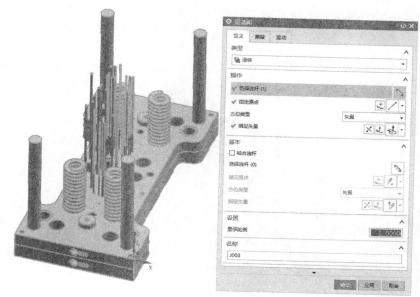

图 7-56 定义第 2 个运动副

③ 定义第 3 个运动副。由于小滑块不仅需要沿导轨方向运动，而且跟随 B 板、后模仁、方铁及底板运动，因此把它定义成一个滑动副。点击"主页"→"机构"→"接头"图标，打开如图 7-57 所示的对话框。在"类型"下拉菜单中选择"滑块"，然后在"操作"下面"选择连杆"中直接选择小滑块上的边，这样既会选择上面定义的第 4 个连杆，还会定义滑动副的原点和方向，注意一定要选择与滑动副方向一样的边。如图 7-57 所示在小滑块的边上显示

图 7-57 定义第 3 个运动副

滑动副的原点和方向，这样下面两步"指定原点"和"指定矢量"就不用再定义了，节省操作时间。第 3 个运动副的名称采用默认值"J004"。

重要提示：由于小滑块要跟随 B 板、后模仁、方铁及底板运动，所以必须单击"基本"选项下的"选择连杆"，选择 B 板、后模仁、方铁及底板的连杆（即 L002），如图 7-58 所示。

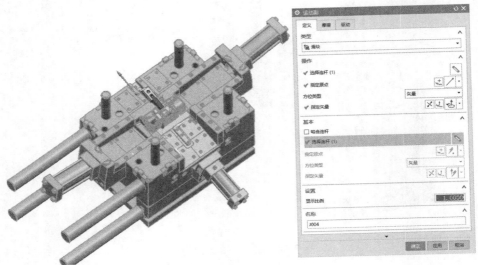

图 7-58　定义第 3 个运动副的连杆

④ 定义第 4 个运动副。由于滑块中出滑块结构中的滑块座、滑块镶件、油缸拉块及标准件不仅需要沿导轨方向运动，而且跟随 B 板、后模仁、方铁及底板运动，因此把它定义成一个滑动副。点击"主页"→"机构"→"接头"图标，打开如图 7-59 所示的对话框。在"类型"下拉菜单中选择"滑块"，然后在"操作"下面"选择连杆"中直接选择滑块座上的边，这样既会选择上面定义的第 5 个连杆，还会定义滑动副的原点和方向，注意一定要选择

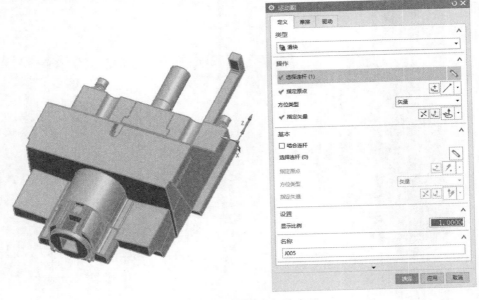

图 7-59　定义第 4 个运动副

与滑动副方向一样的边。如图 7-59 所示在滑块座的边上显示滑动副的原点和方向，这样下面两步"指定原点"和"指定矢量"就不用再定义了，节省操作时间。第 4 个运动副的名称采用默认值"J005"。

重要提示：由于滑块中出滑块结构中的滑块座、滑块镶件、油缸拉块及标准件要跟随 B 板、后模仁、方铁及底板运动，所以必须单击"基本"选项下的"选择连杆"，选择 B 板、后模仁、方铁及底板的连杆（即 L002），如图 7-60 所示。

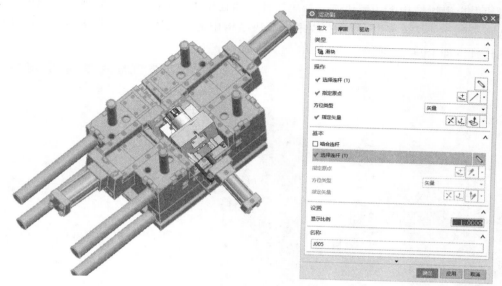

图 7-60　定义第 4 个运动副的连杆

⑤ 定义第 5 个运动副。由于滑块中出滑块结构中的小滑块座及拨块不仅需要沿导轨方向运动，而且跟随滑块中出滑块结构中的滑块座、滑块镶件、油缸拉块及标准件运动，因此把它定义成一个滑动副。点击"主页"→"机构"→"接头"图标，打开如图 7-61 所示的对话

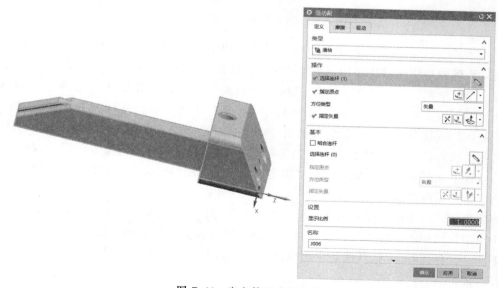

图 7-61　定义第 5 个运动副

框。在"类型"下拉菜单中选择"滑块"，然后在"操作"下面"选择连杆"中直接选择小滑块座上的边，这样既会选择上面定义的第 6 个连杆，还会定义滑动副的原点和方向，注意一定要选择与滑动副方向一样的边。如图 7-61 所示在小滑块座的边上显示滑动副的原点和方向，这样下面两步"指定原点"和"指定矢量"就不用再定义了，节省操作时间。第 5 个运动副的名称采用默认值"J006"。

重要提示：由于滑块中出滑块结构中的小滑块座及拨块不仅需要沿导轨方向运动，而且跟随滑块中出滑块结构中的滑块座、滑块镶件、油缸拉块及标准件运动，所以必须单击"基本"选项下的"选择连杆"，选择滑块中出滑块结构中的滑块座、滑块镶件、油缸拉块及标准件的连杆（即 L005），如图 7-62 所示。

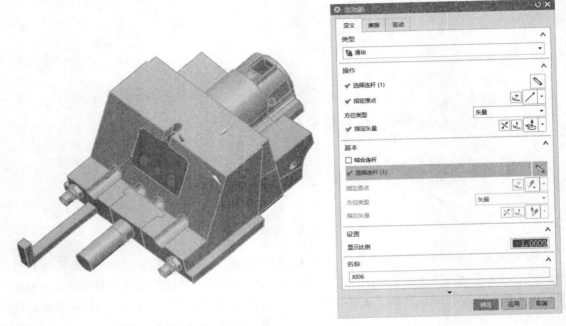

图 7-62　定义第 5 个运动副的连杆

⑥ 定义第 6 个运动副。由于滑块中出滑块结构中的小滑块镶件不仅需要沿导轨方向运动，而且跟随滑块中出滑块结构中的滑块座、滑块镶件、油缸拉块及标准件运动，因此把它定义成一个滑动副。点击"主页"→"机构"→"接头"图标，打开如图 7-63 所示的对话框。在"类型"下拉菜单中选择"滑块"，然后在"操作"下面"选择连杆"中直接选择小滑块镶件上的边，这样既会选择上面定义的第 7 个连杆，还会定义滑动副的原点和方向，注意一定要选择与滑动副方向一样的边。如图 7-63 所示在小滑块镶件的边上显示滑动副的原点和方向，这样下面两步"指定原点"和"指定矢量"就不用再定义了，节省操作时间。第 6 个运动副的名称采用默认值"J007"。

重要提示：由于滑块中出滑块结构中的小滑块镶件不仅需要沿导轨方向运动，而且跟随滑块中出滑块结构中的滑块座、滑块镶件、油缸拉块及标准件运动，所以必须单击"基本"选项下的"选择连杆"，选择滑块中出滑块结构中的滑块座、滑块镶件、油缸拉块及标准件的连杆（即 L005），如图 7-64 所示。

⑦ 定义第 7 个运动副。由于第 1 组滑块中出斜顶结构中的滑块座、滑块镶件、锁紧块

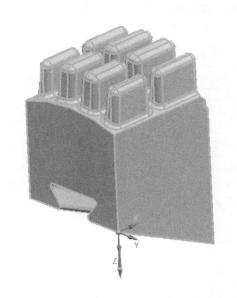

图 7-63 定义第 6 个运动副

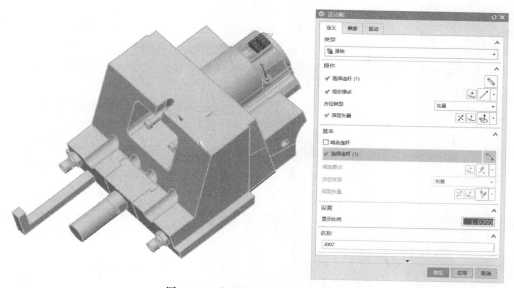

图 7-64 定义第 6 个运动副的连杆

耐磨板、油缸拉块及其标准件不仅需要沿导轨方向运动，而且跟随 B 板、后模仁、方铁及底板运动，因此把它定义成一个滑动副。点击"主页"→"机构"→"接头"图标，打开如图 7-65 所示的对话框。在"类型"下拉菜单中选择"滑块"，然后在"操作"下面"选择连杆"中直接选择第 1 组滑块中出斜顶结构中的滑块座上的边，这样既会选择上面定义的第 8 个连杆，还会定义滑动副的原点和方向，注意一定要选择与滑动副方向一样的边。如图 7-65 所示在第 1 组滑块中出斜顶结构中的滑块座的边上显示滑动副的原点和方向，这样下面两步"指定原点"和"指定矢量"就不用再定义了，节省操作时间。第 7 个运动副的名称采用默认值"J008"。

图 7-65 定义第 7 个运动副

重要提示：由于第 1 组滑块中出斜顶结构中的滑块座、滑块镶件、锁紧块耐磨板、油缸拉块及其标准件不仅需要沿导轨方向运动，而且跟随 B 板、后模仁、方铁及底板运动，所以必须单击"基本"选项下的"选择连杆"，选择 B 板、后模仁、方铁及底板的连杆（即 L002），如图 7-66 所示。

图 7-66 定义第 7 个运动副的连杆

⑧ 定义第 8 个运动副。由于第 1 组滑块中出斜顶结构中的第 1 组斜顶不仅需要向上运动，而且跟随第 1 组滑块中出斜顶结构中的滑块座、滑块镶件、锁紧块耐磨板、油缸拉块及

其标准件运动，因此把它定义成一个滑动副。点击"主页"→"机构"→"接头"图标，打开如图 7-67 所示的对话框。在"类型"下拉菜单中选择"滑块"，然后在"操作"下面"选择连杆"中直接选择第 1 组滑块中出斜顶结构中的第 1 组斜顶上的边，这样既会选择上面定义的第 9 个连杆，还会定义滑动副的原点和方向，注意一定要选择与滑动副方向一样的边。如图 7-67 所示在第 1 组滑块中出斜顶结构中的第 1 组斜顶的边上显示滑动副的原点和方向，这样下面两步"指定原点"和"指定矢量"就不用再定义了，节省操作时间。第 8 个运动副的名称采用默认值"J009"。

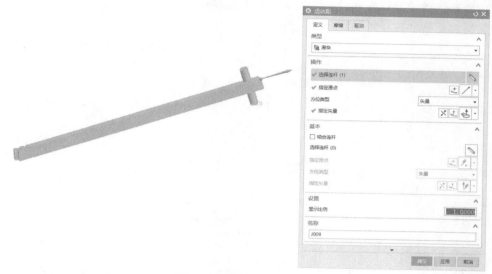

图 7-67 定义第 8 个运动副

重要提示：由于第 1 组滑块中出斜顶结构中的第 1 组斜顶不仅需要向上运动，而且跟随第 1 组滑块中出斜顶结构中的滑块座、滑块镶件、锁紧块耐磨板、油缸拉块及其标准件运动，所以必须单击"基本"选项下的"选择连杆"，选择第 1 组滑块中出斜顶结构中的滑块座、滑块镶件、锁紧块耐磨板、油缸拉块及其标准件的连杆（即 L008），如图 7-68 所示。

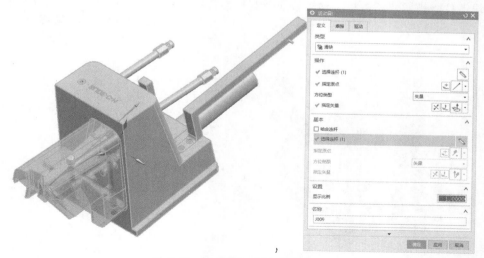

图 7-68 定义第 8 个运动副的连杆

⑨ 定义第 9 个运动副。由于第 1 组滑块中出斜顶结构中的第 2 组斜顶不仅需要向下运动，而且跟随第 1 组滑块中出斜顶结构中的滑块座、滑块镶件、锁紧块耐磨板、油缸拉块及其标准件运动，因此把它定义成一个滑动副。点击"主页"→"机构"→"接头"图标，打开如图 7-69 所示的对话框。在"类型"下拉菜单中选择"滑块"，然后在"操作"下面"选择连杆"中直接选择第 1 组滑块中出斜顶结构中的第 2 组斜顶上的边，这样既会选择上面定义的第 10 个连杆，还会定义滑动副的原点和方向，注意一定要选择与滑动副方向一样的边。如图 7-69 所示在第 1 组滑块中出斜顶结构中的第 2 组斜顶的边上显示滑动副的原点和方向，这样下面两步"指定原点"和"指定矢量"就不用再定义了，节省操作时间。第 9 个运动副的名称采用默认值"J010"。

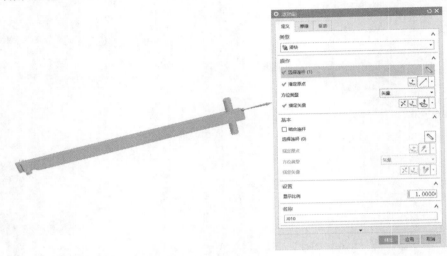

图 7-69 定义第 9 个运动副

重要提示：由于第 1 组滑块中出斜顶结构中的第 2 组斜顶不仅需要向下运动，而且跟随第 1 组滑块中出斜顶结构中的滑块座、滑块镶件、锁紧块耐磨板、油缸拉块及其标准件运动，所以必须单击"基本"选项下的"选择连杆"，选择第 1 组滑块中出斜顶结构中的滑块座、滑块镶件、锁紧块耐磨板、油缸拉块及其标准件的连杆（即 L008），如图 7-70 所示。

图 7-70 定义第 9 个运动副的连杆

⑩ 定义第 10 个运动副。由于第 2 组滑块中出斜顶结构中的滑块座、滑块镶件、锁紧块耐磨板、油缸拉块及其标准件不仅需要沿导轨方向运动，而且跟随 B 板、后模仁、方铁及底板运动，因此把它定义成一个滑动副。点击"主页"→"机构"→"接头"图标，打开如图 7-71 所示的对话框。在"类型"下拉菜单中选择"滑块"，然后在"操作"下面"选择连杆"中直接选择第 2 组滑块中出斜顶结构中的滑块座上的边，这样既会选择上面定义的第 11 个连杆，还会定义滑动副的原点和方向，注意一定要选择与滑动副方向一样的边。如图 7-71 所示在第 2 组滑块中出斜顶结构中的滑块座的边上显示滑动副的原点和方向，这样下面两步"指定原点"和"指定矢量"就不用再定义了，节省操作时间。第 10 个运动副的名称采用默认值"J011"。

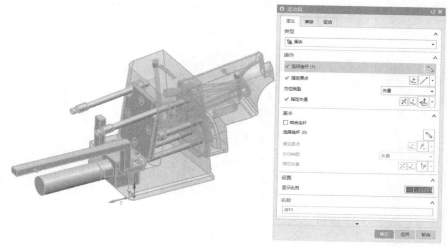

图 7-71 定义第 10 个运动副

重要提示：由于第 2 组滑块中出斜顶结构中的滑块座、滑块镶件、锁紧块耐磨板、油缸拉块及其标准件不仅需要沿导轨方向运动，而且跟随 B 板、后模仁、方铁及底板运动，所以必须单击"基本"选项下的"选择连杆"，选择 B 板、后模仁、方铁及底板的连杆（即 L002），如图 7-72 所示。

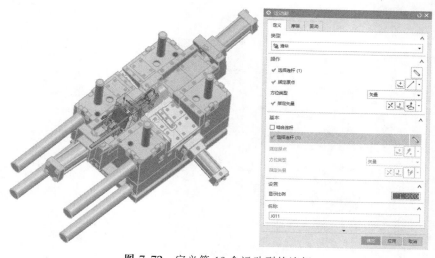

图 7-72 定义第 10 个运动副的连杆

⑪ 定义第 11 个运动副。由于第 2 组滑块中出斜顶结构中的第 1 组斜顶不仅需要向下运动，而且跟随第 2 组滑块中出斜顶结构中的滑块座、滑块镶件、锁紧块耐磨板、油缸拉块及其标准件运动，因此把它定义成一个滑动副。点击"主页"→"机构"→"接头"图标，打开如图 7-73 所示的对话框。在"类型"下拉菜单中选择"滑块"，然后在"操作"下面"选择连杆"中直接选择第 2 组滑块中出斜顶结构中的第 1 组斜顶上的边，这样既会选择上面定义的第 12 个连杆，还会定义滑动副的原点和方向，注意一定要选择与滑动副方向一样的边。如图 7-73 所示在第 2 组滑块中出斜顶结构中的第 1 组斜顶的边上显示滑动副的原点和方向，这样下面两步"指定原点"和"指定矢量"就不用再定义了，节省操作时间。第 11 个运动副的名称采用默认值"J012"。

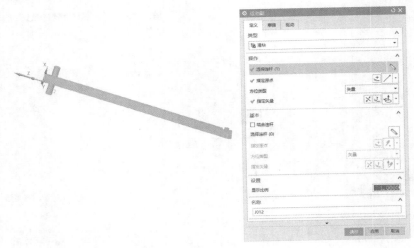

图 7-73　定义第 11 个运动副

重要提示：由于第 2 组滑块中出斜顶结构中的第 1 组斜顶不仅需要向下运动，而且跟随第 2 组滑块中出斜顶结构中的滑块座、滑块镶件、锁紧块耐磨板、油缸拉块及其标准件运动，所以必须单击"基本"选项下的"选择连杆"，选择第 2 组滑块中出斜顶结构中的滑块座、滑块镶件、锁紧块耐磨板、油缸拉块及其标准件的连杆（即 L011），如图 7-74 所示。

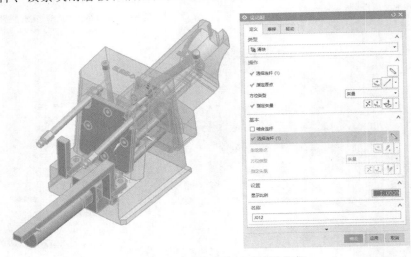

图 7-74　定义第 11 个运动副的连杆

⑫ 定义第 12 个运动副。由于第 2 组滑块中出斜顶结构中的第 2 组斜顶不仅需要向上运动，而且跟随第 2 组滑块中出斜顶结构中的滑块座、滑块镶件、锁紧块耐磨板、油缸拉块及其标准件运动，因此把它定义成一个滑动副。点击"主页"→"机构"→"接头"图标，打开如图 7-75 所示的对话框。在"类型"下拉菜单中选择"滑块"，然后在"操作"下面"选择连杆"中直接选择第 2 组滑块中出斜顶结构中的第 2 组斜顶上的边，这样既会选择上面定义的第 13 个连杆，还会定义滑动副的原点和方向，注意一定要选择与滑动副方向一样的边。如图 7-75 所示在第 2 组滑块中出斜顶结构中的第 2 组斜顶的边上显示滑动副的原点和方向，这样下面两步"指定原点"和"指定矢量"就不用再定义了，节省操作时间。第 12 个运动副的名称采用默认值"J013"。

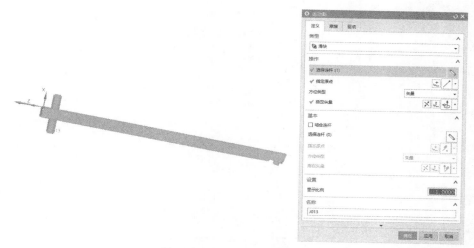

图 7-75 定义第 12 个运动副

重要提示：由于第 2 组滑块中出斜顶结构中的第 2 组斜顶不仅需要向上运动，而且跟随第 2 组滑块中出斜顶结构中的滑块座、滑块镶件、锁紧块耐磨板、油缸拉块及其标准件运动，所以必须单击"基本"选项下的"选择连杆"，选择第 2 组滑块中出斜顶结构中的滑块座、滑块镶件、锁紧块耐磨板、油缸拉块及其标准件的连杆（即 L011），如图 7-76 所示。

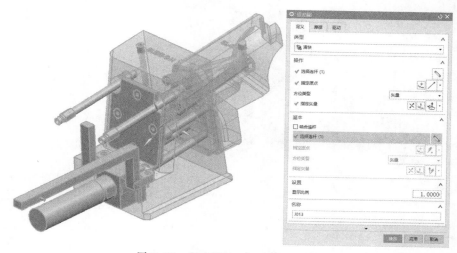

图 7-76 定义第 12 个运动副的连杆

⑬ 定义第 13 个运动副。由于斜顶不但要斜向运动，而且要跟随 B 板、后模仁、方铁及底板运动，因此把它定义成一个滑动副。点击"主页"→"机构"→"接头"图标，打开如图7-77 所示的对话框。在"类型"下拉菜单中选择"滑块"，然后在"操作"下面"选择连杆"中直接选择斜顶上的边，这样既会选择上面定义的第 14 个连杆，还会定义滑动副的原点和方向，注意一定要选择与滑动副方向一样的边。如图所示在斜顶的边上显示滑动副的原点和方向，这样下面两步"指定原点"和"指定矢量"就不用再定义了，节省操作时间。第13 个运动副的名称采用默认值"J014"。

图 7-77　定义第 13 个运动副

重要提示：由于斜顶要跟随 B 板、后模仁、方铁及底板运动，所以必须单击"基本"选项下的"选择连杆"，选择 B 板、后模仁、方铁及底板的连杆（即 L002），如图 7-78 所示。

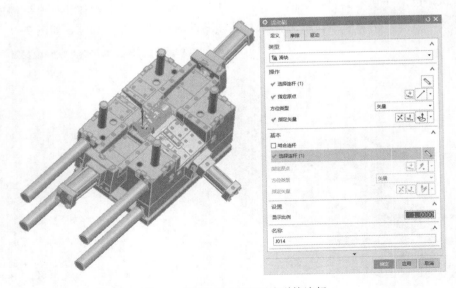

图 7-78　定义第 13 个运动副的连杆

⑭ 定义第 14 个运动副。由于斜顶不但要斜向运动，而且顶出过程中要侧向运动，并且要跟随顶针板运动，因此把它定义成一个滑动副。点击"主页"→"机构"→"接头"图标，打开如图 7-79 所示的对话框。在"类型"下拉菜单中选择"滑块"，然后在"操作"下面"选择连杆"中直接选择斜顶底部的边，这样既会选择上面定义的第 14 个连杆，还会定义滑动副的原点和方向，注意一定要选择与滑动副方向一样的边。如图 7-79 所示在斜顶底部的边上显示滑动副的原点和方向，这样下面两步"指定原点"和"指定矢量"就不用再定义了，节省操作时间。第 14 个运动副的名称采用默认值"J015"。

图 7-79　定义第 14 个运动副

重要提示：由于斜顶要跟随顶针板运动，所以必须单击"基本"选项下的"选择连杆"，选择顶针板的连杆（即 L003），如图 7-80 所示。

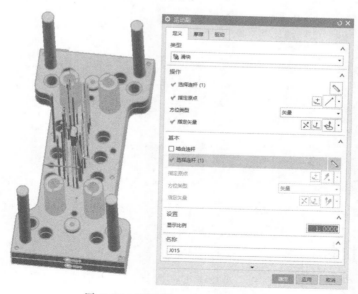

图 7-80　定义第 14 个运动副的连杆

⑮ 定义第 15 个运动副。由于吸盘圆柱体不但向后运动，而且还要向前顶出，因此把它

图 7-81　定义第 15 个运动副

定义成一个滑动副。点击"主页"→"机构"→"接头"图标，打开如图 7-81 所示的对话框。在"类型"下拉菜单中选择"滑块"，然后在"操作"下面"选择连杆"中直接选择吸盘圆柱体，这样即会选择上面定义的第 15 个连杆，由于吸盘圆柱体是圆柱形的，没办法选择边，所以要定义运动副的原点和方向。在"指定原点"选项后面选择"圆弧中心"捕捉，捕捉到吸盘圆柱体的圆心，接着在"指定矢量"选项后选择"ZC 轴"，如图 7-81 所示在吸盘圆柱体上显示滑动副的原点和方向。第 15 个运动副的名称采用默认值"J016"。

⑯ 定义第 16 个运动副。由于产品和流道不但要向操作者方向运动，而且要跟随吸盘圆柱体运动，因此把它定义成一个滑动副。点击"主页"→"机构"→"接头"图标，打开如图 7-82 所示的对话框。在"类型"下拉菜单中选择"滑块"，然后在"操作"下面"选择连杆"中直接选择产品上的边，这样既会选择上面定义的第 16 个连杆，还会定义滑动副的原点和方向，注意一定要选择与滑动副方向一样的边。如图 7-82 所示在产品的边上显示滑动副的原点和方向，这样下面两步"指定原点"和"指定矢量"就不用再定义了，节省操作时间。第 16 个运动副的名称采用默认值"J017"。

重要提示：由于产品和流道要跟随吸盘圆柱体运动，所以必须单击"基本"选项下的"选择连杆"，选择吸盘圆柱体的连杆（即 L015），如图 7-83 所示。最后可以关闭图层 16 层，使吸盘圆柱体不可见。

图 7-82　定义第 16 个运动副

图 7-83　定义第 16 个运动副的连杆

7.6.4　3D 接触

① 定义第 1 个 3D 接触。由于小滑块需要侧向运动，小滑块运动的动力来源于前模的斜导柱，因此设计成斜导柱与滑块 3D 接触，由斜导柱带动小滑块侧向运动。点击"主页"→

"接触"→"3D 接触"图标，打开如图 7-84 所示的对话框。在"类型"中选择"CAD 接触"，在"操作"下面"选择体"中选择小滑块所对应的前模斜导柱，注意一定要选择实体，在"基本"下面"选择体"中选择小滑块，也一定要选择实体。3D 接触的名称采用默认值"G001"，在后续的操作中也可以用"G001"代表第 1 个 3D 接触。

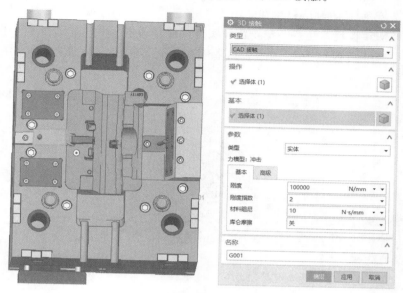

图 7-84 定义第 1 个 3D 接触

② 定义第 2 个 3D 接触。由于滑块中出滑块结构中小滑块需要侧向运动，小滑块运动的动力来源于前模的斜导柱，因此设计成斜导柱与滑块 3D 接触，由斜导柱带动小滑块侧向运动。点击"主页"→"接触"→"3D 接触"图标，打开如图 7-85 所示的对话框。在"类型"中选择"CAD 接触"，在"操作"下面"选择体"中选择小滑块所对应的前模斜导柱，注意一定要选择实体，在"基本"下面"选择体"中选择小滑块，也一定要选择实体。3D 接触的

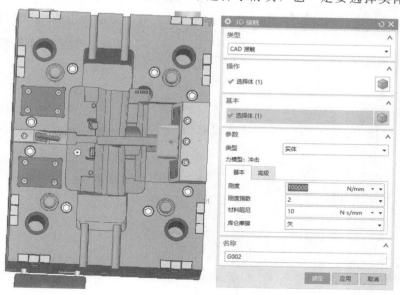

图 7-85 定义第 2 个 3D 接触

名称采用默认值"G002",在后续的操作中也可以用"G002"代表第2个3D接触。

③定义第3个3D接触。由于滑块中出滑块结构中小滑块拨块前面有燕尾槽,带动小滑块镶件向下运动,小滑块镶件运动的动力来源于小滑块拨块,因此设计成小滑块拨块与小滑块镶件3D接触,由拨块带动小滑块镶件向下运动。点击"主页"→"接触"→"3D接触"图标,打开如图7-86所示的对话框。在"类型"中选择"CAD接触",在"操作"下面"选择体"中选择小滑块拨块,注意一定要选择实体,在"基本"下面"选择体"中选择小滑块镶件,也一定要选择实体。3D接触的名称采用默认值"G003",在后续的操作中也可以用"G003"代表第3个3D接触。

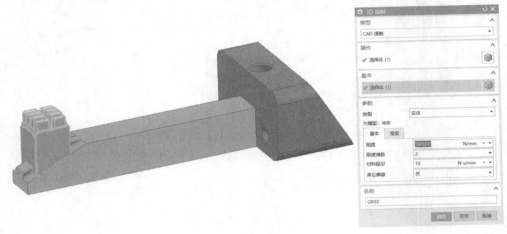

图 7-86　定义第 3 个 3D 接触

④定义第4个3D接触。第1组滑块中出斜顶结构中的第1组斜顶及管钉(连杆L009)在第1组滑块向外运动过程中,在弹簧及滑块中出滑块结构中的滑块镶件(连杆L005)共同作用下,保持斜顶不向后运动,在相对运动下斜顶脱离倒扣,因此设计成第1组滑块中出斜顶结构中的第1组斜顶与滑块中出滑块结构中的滑块镶件3D接触。点击"主页"→"接触"→"3D接触"图标,打开如图7-87所示的对话框。在"类型"中选择"CAD接触",在

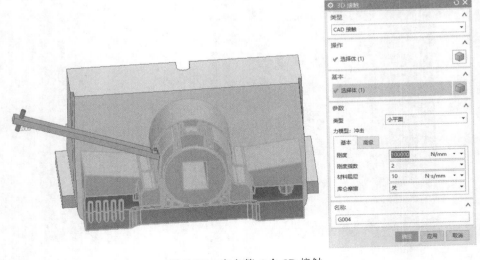

图 7-87　定义第 4 个 3D 接触

"操作"下面"选择体"中选择第 1 组滑块中出斜顶结构中的第 1 组斜顶，注意一定要选择实体，在"基本"下面"选择体"中选择滑块中出滑块结构中的滑块镶件，也一定要选择实体。3D 接触的名称采用默认值"G004"，在后续的操作中也可以用"G004"代表第 4 个 3D 接触。

⑤ 定义第 5 个 3D 接触。由于第 1 组滑块中出斜顶结构中的第 1 组斜顶及管钉（连杆 L009）在第 1 组滑块向外运动 10mm 后，斜顶上的管钉与第 1 组滑块中出斜顶结构中的滑块镶件（连杆 L008）相接触，第 1 组滑块中出斜顶结构中的滑块镶件带动第 1 组斜顶及管钉一起向后运动，因此设计成第 1 组滑块中出斜顶结构中的第 1 组斜顶及管钉与第 1 组滑块中出斜顶结构中的滑块镶件 3D 接触。点击"主页"→"接触"→"3D 接触"图标，打开如图 7-88 所示的对话框。在"类型"中选择"CAD 接触"，在"操作"下面"选择体"中选择第 1 组滑块中出斜顶结构中的第 1 组斜顶及管钉，注意一定要选择实体，在"基本"下面"选择体"中选择第 1 组滑块中出斜顶结构中的滑块镶件，也一定要选择实体。3D 接触的名称采用默认值"G005"，在后续的操作中也可以用"G005"代表第 5 个 3D 接触。

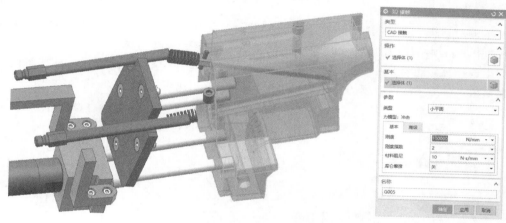

图 7-88 定义第 5 个 3D 接触

⑥ 定义第 6 个 3D 接触。第 1 组滑块中出斜顶结构中的第 2 组斜顶及管钉（连杆 L010）在第 1 组滑块向外运动过程中，在弹簧及滑块中出滑块结构中的滑块镶件（连杆 L005）共同作用下，保持斜顶不向后运动，在相对运动下斜顶脱离倒扣，因此设计成第 1 组滑块中出斜顶结构中的第 2 组斜顶与滑块中出滑块结构中的滑块镶件 3D 接触。点击"主页"→"接触"→"3D 接触"图标，打开如图 7-89 所示的对话框。在"类型"中选择"CAD 接触"，在"操作"下面"选择体"中选择第 1 组滑块中出斜顶结构中的第 2 组斜顶，注意一定要选择实体，在"基本"下面"选择体"中选择滑块中出滑块结构中的滑块镶件，也一定要选择实体。3D 接触的名称采用默认值"G006"，在后续的操作中也可以用"G006"代表第 6 个 3D 接触。

⑦ 定义第 7 个 3D 接触。由于第 1 组滑块中出斜顶结构中的第 2 组斜顶及管钉（连杆 L010）在第 1 组滑块向外运动 10mm 后，斜顶上的管钉与第 1 组滑块中出斜顶结构中的滑块镶件（连杆 L008）相接触，第 1 组滑块中出斜顶结构中的滑块镶件带动第 2 组斜顶及管钉一起向后运动，因此设计成第 1 组滑块中出斜顶结构中的第 2 组斜顶及管钉与第 1 组滑块中出斜顶结构中的滑块镶件 3D 接触。点击"主页"→"接触"→"3D 接触"图标，打开如图

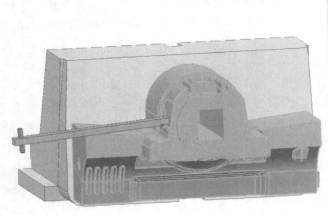

图 7-89　定义第 6 个 3D 接触

7-90 所示的对话框。在"类型"中选择"CAD 接触",在"操作"下面"选择体"中选择第 1 组滑块中出斜顶结构中的第 2 组斜顶及管钉,注意一定要选择实体,在"基本"下面"选择体"中选择第 1 组滑块中出斜顶结构中的滑块镶件,也一定要选择实体。3D 接触的名称采用默认值"G007",在后续的操作中也可以用"G007"代表第 7 个 3D 接触。

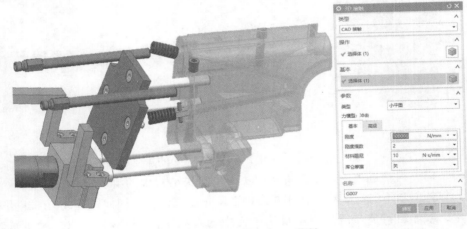

图 7-90　定义第 7 个 3D 接触

⑧ 定义第 8 个 3D 接触。第 2 组滑块中出斜顶结构中的第 1 组斜顶及管钉（连杆 L012）在第 2 组滑块向外运动过程中,在弹簧及滑块中出滑块结构中的滑块镶件（连杆 L005）共同作用下,保持斜顶不向后运动,在相对运动下斜顶脱离倒扣,因此设计成第 2 组滑块中出斜顶结构中的第 1 组斜顶与滑块中出滑块结构中的滑块镶件 3D 接触。点击"主页"→"接触"→"3D 接触"图标,打开如图 7-91 所示的对话框。在"类型"中选择"CAD 接触",在"操作"下面"选择体"中选择第 2 组滑块中出斜顶结构中的第 1 组斜顶,注意一定要选择实体,在"基本"下面"选择体"中选择滑块中出滑块结构中的滑块镶件,也一定要选择实体。3D 接触的名称采用默认值"G008",在后续的操作中也可以用"G008"代表第 8 个 3D 接触。

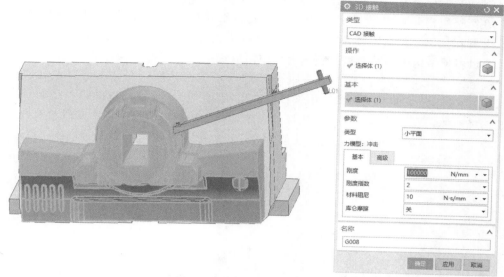

图 7-91 定义第 8 个 3D 接触

⑨ 定义第 9 个 3D 接触。由于第 2 组滑块中出斜顶结构中的第 1 组斜顶及管钉（连杆 L012）在第 2 组滑块向外运动 10mm 后，斜顶上的管钉与第 2 组滑块中出斜顶结构中的滑块镶件（连杆 L011）相接触，第 2 组滑块中出斜顶结构中的滑块镶件带动第 1 组斜顶及管钉一起向后运动，因此设计成第 2 组滑块中出斜顶结构中的第 1 组斜顶及管钉与第 2 组滑块中出斜顶结构中的滑块镶件 3D 接触。点击"主页"→"接触"→"3D 接触"图标，打开如图 7-92 所示的对话框。在"类型"中选择"CAD 接触"，在"操作"下面"选择体"中选择第 2 组滑块中出斜顶结构中的第 1 组斜顶及管钉，注意一定要选择实体，在"基本"下面"选择体"中选择第 2 组滑块中出斜顶结构中的滑块镶件，也一定要选择实体。3D 接触的名称采用默认值"G009"，在后续的操作中也可以用"G009"代表第 9 个 3D 接触。

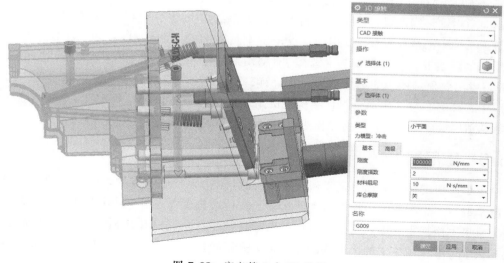

图 7-92 定义第 9 个 3D 接触

⑩ 定义第 10 个 3D 接触。第 2 组滑块中出斜顶结构中的第 2 组斜顶及管钉（连杆 L013）在第 2 组滑块向外运动过程中，在弹簧及滑块中出滑块结构中的滑块镶件（连杆 L005）共同作用下，保持斜顶不向后运动，在相对运动下斜顶脱离倒扣，因此设计成第 2 组滑块中出斜顶结构中的第 2 组斜顶与滑块中出滑块结构中的滑块镶件 3D 接触。点击"主页"→"接触"→"3D 接触"图标，打开如图 7-93 所示的对话框。在"类型"中选择"CAD 接触"，在"操作"下面"选择体"中选择第 2 组滑块中出斜顶结构中的第 2 组斜顶，注意一定要选择实体，在"基本"下面"选择体"中选择滑块中出滑块结构中的滑块镶件，也一定要选择实体。3D 接触的名称采用默认值"G010"，在后续的操作中也可以用"G010"代表第 10 个 3D 接触。

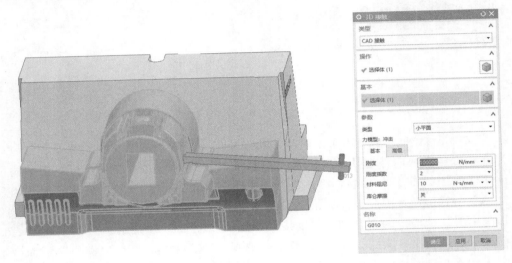

图 7-93 定义第 10 个 3D 接触

⑪ 定义第 11 个 3D 接触。由于第 2 组滑块中出斜顶结构中的第 2 组斜顶及管钉（连杆 L013）在第 2 组滑块向外运动 10mm 后，斜顶上的管钉与第 2 组滑块中出斜顶结构中的滑块镶件（连杆 L011）相接触，第 2 组滑块中出斜顶结构中的滑块镶件带动第 2 组斜顶及管钉一起向后运动，因此设计成第 2 组滑块中出斜顶结构中的第 2 组斜顶及管钉与第 2 组滑块中出斜顶结构中的滑块镶件 3D 接触。点击"主页"→"接触"→"3D 接触"图标，打开如图 7-94 所示的对话框。在"类型"中选择"CAD 接触"，在"操作"下面"选择体"中选择第 2 组滑块中出斜顶结构中的第 2 组斜顶及管钉，注意一定要选择实体，在"基本"下面"选择体"中选择第 2 组滑块中出斜顶结构中的滑块镶件，也一定要选择实体。3D 接触的名称采用默认值"G011"，在后续的操作中也可以用"G011"代表第 11 个 3D 接触。

7.6.5　阻尼器

由于小滑块的运动驱动力是靠斜导柱与小滑块的 3D 接触实现的，因此当斜导柱与小滑块脱离接触后，小滑块由于惯性会继续运动。在运动仿真中为了消除小滑块的惯性运动，可以在小滑块上添加阻尼器，阻尼器可以使斜导柱与小滑块脱离接触后，小滑块即停止运动。另外滑块中出滑块结构中的小滑块的运动也是靠斜导柱与小滑块的 3D 接触实现的，因此滑块中出滑块结构中的小滑块的运动副也要添加阻尼器。

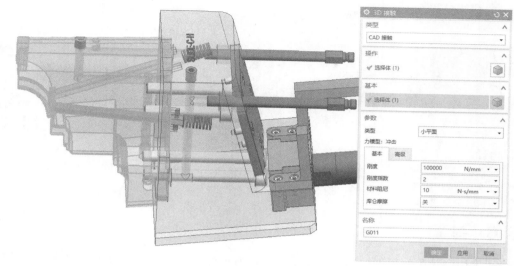

图 7-94 定义第 11 个 3D 接触

① 定义第 1 个阻尼器。点击"主页"→"连接器"→"阻尼器"图标,打开如图 7-95 所示的对话框。在对话框中"附着"选择"滑动副","运动副"选择小滑块的运动副(即 J004),或者在"运动导航器"下面选择"J004"运动副,会更容易些。其它选项均采用默认参数。阻尼器的名称采用默认值"D001",在后续的操作中也可以用"D001"代表第 1 个阻尼器。

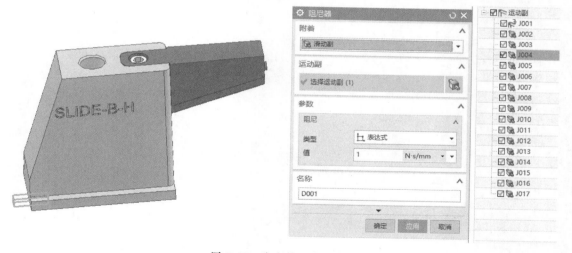

图 7-95 定义第 1 个阻尼器

② 定义第 2 个阻尼器。点击"主页"→"连接器"→"阻尼器"图标,打开如图 7-96 所示的对话框。在对话框中"附着"选择"滑动副","运动副"选择滑块中出滑块结构中的小滑块的运动副(即 J006),或者在"运动导航器"下面选择"J006"运动副,会更容易些。由于滑块中出滑块结构中的小滑块是向下的斜向运动,由于重力阻尼器的阻尼力要加大,在"参数"下面"值"的文本框中输入 10。阻尼器的名称采用默认值"D002",在后续的操作中也可以用"D002"代表第 2 个阻尼器。

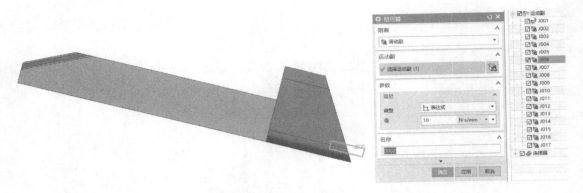

图 7-96 定义第 2 个阻尼器

7.6.6 弹簧

滑块中出斜顶结构中的斜顶在滑块第一次向后运动时，要保持斜顶不跟随滑块一起向后运动，从而需要给斜顶设置一个反作用力，而弹簧可以完美地提供这种反作用力，因此在四个斜顶的后面需要设置弹簧。

① 定义第 1 个弹簧。第 1 个弹簧定义为第 1 组滑块中出斜顶结构中的第 1 组斜顶及管钉（连杆 L009）的弹簧。点击"主页"→"连接器"→"弹簧"图标，打开如图 7-97 所示的对话框。在"附着"中选择"滑动副"，在"运动副"下面"选择运动副"中选择第 1 组滑块

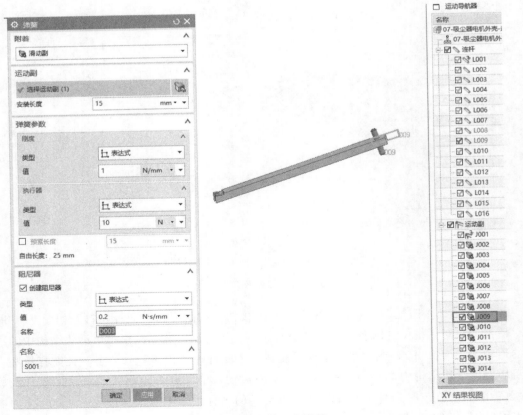

图 7-97 定义第 1 个弹簧

中出斜顶结构中的第1组斜顶及管钉的运动副（运动副J009），在右侧的导航器中选择更加方便。注意弹簧的方向一定要与运动副的方向相反，在"安装长度"后面的文本框中输入15，因为斜顶的后退行程是10mm，再加上5mm的预压，所以安装长度输入15。在"弹簧参数"下面的"执行器"的"值"后面的文本框中输入10。在"阻尼器"下面"创建阻尼器"的复选框中打钩，此处阻尼器的阻尼力不宜过大，因此在"值"后面文本框中输入0.2。弹簧的名称采用默认值"S001"，在后续的操作中也可以用"S001"代表第1个弹簧。

　　② 定义第2个弹簧。第2个弹簧定义为第1组滑块中出斜顶结构中的第2组斜顶及管钉（连杆L010）的弹簧。点击"主页"→"连接器"→"弹簧"图标，打开如图7-98所示的对话框。在"附着"中选择"滑动副"，在"运动副"下面"选择运动副"中选择第1组滑块中出斜顶结构中的第2组斜顶及管钉的运动副（运动副J010），在右侧的导航器中选择更加方便。注意弹簧的方向一定要与运动副的方向相反，在"安装长度"后面的文本框中输入15，因为斜顶的后退行程是10mm，再加上5mm的预压，所以安装长度输入15。在"弹簧参数"下面的"执行器"的"值"后面的文本框中输入10。在"阻尼器"下面"创建阻尼器"的复选框中打钩，此处阻尼器的阻尼力不宜过大，因此在"值"后面文本框中输入0.2。弹簧的名称采用默认值"S002"，在后续的操作中也可以用"S002"代表第2个弹簧。

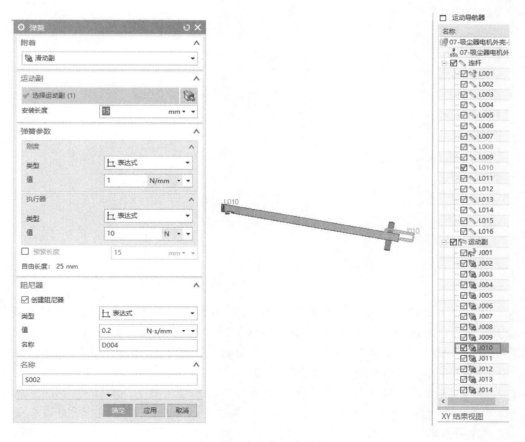

图7-98　定义第2个弹簧

③ 定义第 3 个弹簧。第 3 个弹簧定义为第 2 组滑块中出斜顶结构中的第 1 组斜顶及管钉（连杆 L012）的弹簧。点击"主页"→"连接器"→"弹簧"图标，打开如图 7-99 所示的对话框。在"附着"中选择"滑动副"，在"运动副"下面"选择运动副"中选择第 2 组滑块中出斜顶结构中的第 1 组斜顶及管钉的运动副（运动副 J012），在右侧的导航器中选择更加方便。注意弹簧的方向一定要与运动副的方向相反，在"安装长度"后面的文本框中输入 15，因为斜顶的后退行程是 10mm，再加上 5mm 的预压，所以安装长度输入 15。在"弹簧参数"下面的"执行器"的"值"后面的文本框中输入 10。在"阻尼器"下面"创建阻尼器"的复选框中打钩，此处阻尼器的阻尼力不宜过大，因此在"值"后面文本框中输入 0.2。弹簧的名称采用默认值"S003"，在后续的操作中也可以用"S003"代表第 3 个弹簧。

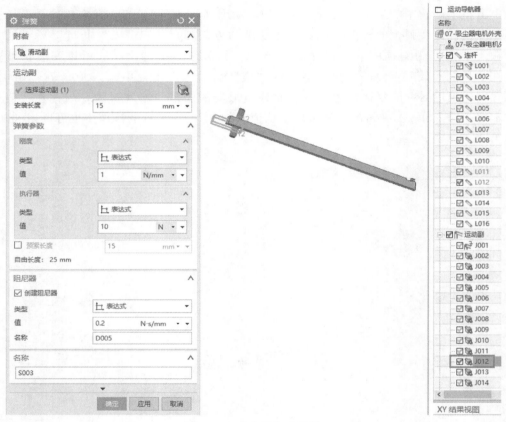

图 7-99 定义第 3 个弹簧

④ 定义第 4 个弹簧。第 4 个弹簧定义为第 2 组滑块中出斜顶结构中的第 2 组斜顶及管钉（连杆 L013）的弹簧。点击"主页"→"连接器"→"弹簧"图标，打开如图 7-100 所示的对话框。在"附着"中选择"滑动副"，在"运动副"下面"选择运动副"中选择第 2 组滑块中出斜顶结构中的第 2 组斜顶及管钉的运动副（运动副 J013），在右侧的导航器中选择更加方便。注意弹簧的方向一定要与运动副的方向相反，在"安装长度"后面的文本框中输入 15，因为斜顶的后退行程是 10mm，再加上 5mm 的预压，所以安装长度输入 15。在"弹簧参数"下面的"执行器"的"值"后面的文本框中输入 10。在"阻尼器"下面"创建阻尼器"的复选框中打钩，此处阻尼器的阻尼力不宜过大，因此在"值"后面

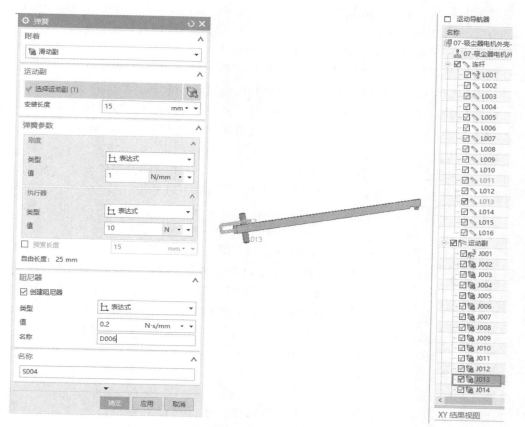

图 7-100 定义第 4 个弹簧

文本框中输入 0.2。弹簧的名称采用默认值 "S004"，在后续的操作中也可以用 "S004" 代表第 4 个弹簧。

7.6.7 驱动

本案例的模具是二板模模具，因此只需要打开 A、B 板即可，接着油缸带动滑块中出斜顶结构两组滑块向外运动，滑块中出滑块结构的滑块不运动，等滑块中出斜顶结构的两组滑块至少向外运动 15mm 时，油缸才能带动滑块中出滑块结构的滑块向外运动。最后是顶针板的顶出，由于本案例顶针板只是把产品顶松，因此用吸盘圆柱体模拟机械手或者人工把产品再向外顶出一段距离，使产品完全脱离模仁、顶针和斜顶，最后产品向操作者方向运动。由于模具中的每块板的开模顺序不同，每块板的开模时间也不一样，对于这样比较复杂的模具运动仿真，利用运动仿真中的 STEP 函数来控制模具中的开模顺序比较容易。下面就详细讲解每块板的运动驱动函数。

① B 板的运动函数。首先是 B 板运动仿真，B 板开模后向后运动，0～3s 向后运动 300mm，函数 STEP（x，0，0，3，300）。

② 滑块中出斜顶结构中的两组油缸滑块的运动函数。A、B 板开模后，滑块中出斜顶结构中的两组油缸滑块向外运动，因为滑块中出斜顶结构中的两组油缸滑块在 A、B 板开模时没有运动，所以滑块中出斜顶结构中的两组油缸滑块的运动分成两部分：第一部分 0～3s 油

缸滑块跟随 B 板向后运动，函数 STEP（x，0，0，3，0）；第二部分 3～6s 油缸滑块向外运动 102mm，函数 STEP（x，3，0，6，102）。

③ 滑块中出滑块结构中的油缸滑块的运动函数。A、B 板开模后，滑块中出滑块结构中的油缸滑块先保持不动，等滑块中出斜顶结构中的两组油缸滑块向外运动 15mm 以后才开始运动，因此滑块中出滑块结构中的油缸滑块的运动分成三部分：第一部 0～3s 油缸滑块跟随 B 板向后运动，函数 STEP（x，0，0，3，0）；第二部分 3～4s 油缸滑块保持不动，函数 STEP（x，3，0，4，0）；第三部分 4～6s 油缸滑块向外运动 60mm，函数 STEP（x，4，0，6，60）。

④ 顶针板的运动函数。顶针板的运动仿真分三部分：第一部分顶针板 0～3s 向后运动 −300mm（顶针板运动副方向朝上，因此是负数），函数 STEP（x，0，0，3，−300）；第二部分顶针板 3～6s 不运动，等待油缸滑块运动，函数 STEP（x，3，0，6，0）；第三部分顶针板 6～8s 向上运动 40mm，函数 STEP（x，6，0，8，40）。

⑤ 吸盘圆柱体的运动函数。吸盘圆柱体的运动仿真分四部分：第一部分吸盘圆柱体 0～3s 向后运动−300mm（吸盘圆柱体的运动副方向朝上，因此是负数），函数 STEP（x，0，0，3，−300）；第二部分吸盘圆柱体 3～6s 不运动，等待油缸滑块运动，函数 STEP（x，3，0，6，0）；第三部分吸盘圆柱体 6～8s 向上运动 40mm，函数 STEP（x，6，0，8，40）；第四部分吸盘圆柱体 8～10s 向上运动 80mm，函数 STEP（x，8，0，10，80）。

⑥ 产品及流道的运动函数。产品及流道的运动仿真分两部分：第一部分产品及流道 0～10s 跟随吸盘圆柱体运动，函数 STEP（x，0，0，10，0）；第二部分产品及流道 10～12s 向操作者方向运动 500mm，函数 STEP（x，10，0，12，500）。

本案例的函数较多，但为了减少出错的机率，建议在记事本中把函数记录下来，然后在运动仿真中复制粘贴。本案例函数在记事本中的记录如图 7-101 所示。

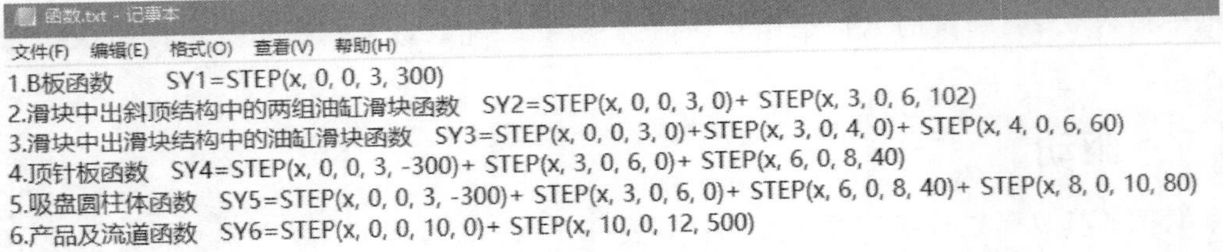
函数.txt - 记事本
文件(F) 编辑(E) 格式(O) 查看(V) 帮助(H)
1.B板函数 SY1=STEP(x, 0, 0, 3, 300)
2.滑块中出斜顶结构中的两组油缸滑块函数 SY2=STEP(x, 0, 0, 3, 0)+ STEP(x, 3, 0, 6, 102)
3.滑块中出滑块结构中的油缸滑块函数 SY3=STEP(x, 0, 0, 3, 0)+STEP(x, 3, 0, 4, 0)+ STEP(x, 4, 0, 6, 60)
4.顶针板函数 SY4=STEP(x, 0, 0, 3, -300)+ STEP(x, 3, 0, 6, 0)+ STEP(x, 6, 0, 8, 40)
5.吸盘圆柱体函数 SY5=STEP(x, 0, 0, 3, -300)+ STEP(x, 3, 0, 6, 0)+ STEP(x, 6, 0, 8, 40)+ STEP(x, 8, 0, 10, 80)
6.产品及流道函数 SY6=STEP(x, 0, 0, 10, 0)+ STEP(x, 10, 0, 12, 500)

图 7-101 本案例函数记录

最后就是为模具的各个连杆的运动副定义驱动。

① 定义 B 板运动副的驱动。点击“主页”→“机构”→“驱动”图标，打开如图 7-102 所示的对话框。在“驱动类型”下拉菜单中选择“运动副驱动”，“驱动对象”选择 B 板的滑动副（即 J002），注意由于在显示区域中滑动副不好选择，可以在“运动导航器”中选择滑动副，更方便一些。在“平移”下拉菜单中选择“函数”，“数据类型”选择“位移”，然后点击“函数”后面“⬇”图标，再点击“函数管理器”弹出如图 7-103 所示对话框，在对话框中点击下面的“✎”图标，弹出如图 7-104 所示对话框，“名称”后面的文本框中输入“SY1”，接着在“公式”下面的文本框中粘贴从记事本中复制的 STEP（x，0，0，3，300）的函数。最后连续点击“确定”按钮，完成 B 板上运动副的函数驱动。第 1 个驱动的名称采用默认值“Drv001”，在后续的操作中也可以用“Drv001”代表第 1 个驱动。

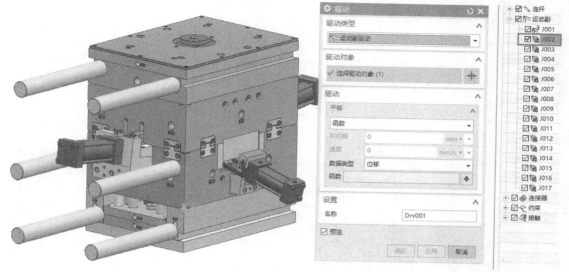

图 7-102　定义 B 板运动副的驱动

图 7-103　"XY 函数管理器"对话框

图 7-104　"XY 函数编辑器"对话框

② 定义第 1 组滑块中出斜顶结构的油缸滑块运动副的驱动。点击"主页"→"机构"→"驱动"图标，打开如图 7-105 所示的对话框。在"驱动类型"下拉菜单中选择"运动副驱动"，"驱动对象"选择第 1 组滑块中出斜顶结构的油缸滑块的滑动副（即 J008），注意由于在显示区域中滑动副不好选择，可以在"运动导航器"中选择滑动副，更方便一些。在"平移"下拉菜单中选择"函数"，"数据类型"选择"位移"，然后点击"函数"后面"↓"图

标，再点击"函数管理器"弹出如图 7-106 所示对话框，在对话框中点击下面的"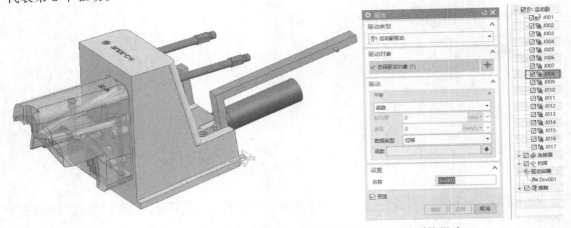"图标，弹出如图 7-107 所示对话框，"名称"后面的文本框中输入"SY2"，接着在"公式"下面的文本框中粘贴从记事本中复制的 STEP（x，0，0，3，0）＋STEP（x，3，0，6，102）的函数。最后连续点击"确定"按钮，完成第 1 组滑块中出斜顶结构的油缸滑块上运动副的函数驱动。第 2 个驱动的名称采用默认值"Drv002"，在后续的操作中也可以用"Drv002"代表第 2 个驱动。

图 7-105　定义第 1 组滑块中出斜顶结构的油缸滑块运动副的驱动

图 7-106　"XY 函数管理器"对话框

图 7-107　"XY 函数编辑器"对话框

　　③ 定义第 2 组滑块中出斜顶结构的油缸滑块运动副的驱动。点击"主页"→"机构"→"驱动"图标，打开如图 7-108 所示的对话框。在"驱动类型"下拉菜单中选择"运动副驱

动"，"驱动对象"选择第2组滑块中出斜顶结构的油缸滑块的滑动副（即J011），注意由于在显示区域中滑动副不好选择，可以在"运动导航器"中选择滑动副，更方便一些。在"平移"下拉菜单中选择"函数"，"数据类型"选择"位移"，然后点击"函数"后面"➡"图标，再点击"函数管理器"弹出如图7-109所示对话框，在对话框中直接选择名称为"SY2"的运动函数，因为第1组滑块中出斜顶结构的油缸滑块的参数与第2组滑块中出斜顶结构的油缸滑块的参数是完全一样的，只不过方向相反。最后连续点击"确定"按钮，完成第2组滑块中出斜顶结构的油缸滑块上运动副的函数驱动。第3个驱动的名称采用默认值"Drv003"，在后续的操作中也可以用"Drv003"代表第3个驱动。

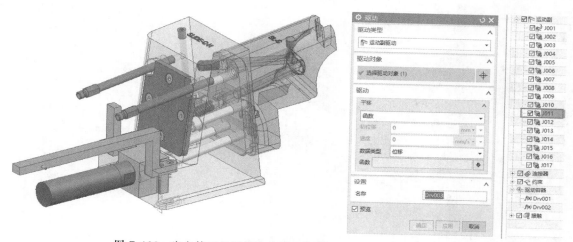

图7-108　定义第二组滑块中出斜顶结构的油缸滑块运动副的驱动

图7-109　"XY函数管理器"对话框

④ 定义滑块中出滑块结构的油缸滑块运动副的驱动。点击"主页"→"机构"→"驱动"图标，打开如图7-110所示的对话框。在"驱动类型"下拉菜单中选择"运动副驱动"，"驱动对象"选择滑块中出滑块结构的油缸滑块的滑动副（即J005），注意由于在显示区域中滑

动副不好选择，可以在"运动导航器"中选择滑动副，更方便一些。在"平移"下拉菜单中选择"函数"，"数据类型"选择"位移"，然后点击"函数"后面"↓"图标，再点击"函数管理器"弹出如图 7-111 所示对话框，在对话框中点击下面的"∠"图标，弹出如图 7-112 所示对话框，"名称"后面的文本框中输入"SY3"，接着在"公式"下面的文本框中粘贴从记事本中复制的 STEP（x，0，0，3，0）＋STEP（x，3，0，4，0）＋STEP（x，4，0，6，60）的函数。最后连续点击"确定"按钮，完成滑块中出滑块结构的油缸滑块上运动副的函数驱动。第 4 个驱动的名称采用默认值"Drv004"，在后续的操作中也可以用"Drv004"代表第 4 个驱动。

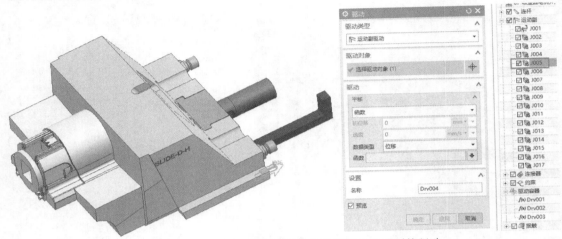

图 7-110 定义滑块中出滑块结构的油缸滑块运动副的驱动

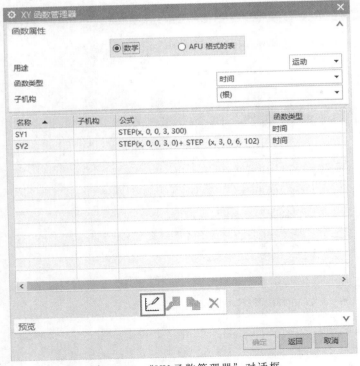

图 7-111 "XY 函数管理器"对话框

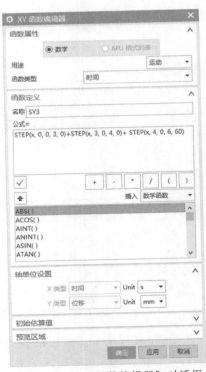

图 7-112 "XY 函数编辑器"对话框

⑤ 定义顶针板运动副的驱动。点击"主页"→"机构"→"驱动"图标，打开如图 7-113 所示的对话框。在"驱动类型"下拉菜单中选择"运动副驱动"，"驱动对象"选择顶针板的滑动副（即 J003），注意由于在显示区域中滑动副不好选择，可以在"运动导航器"中选择滑动副，更方便一些。在"平移"下拉菜单中选择"函数"，"数据类型"选择"位移"，然后点击"函数"后面"⬇"图标，再点击"函数管理器"弹出如图 7-114 所示对话框，在对

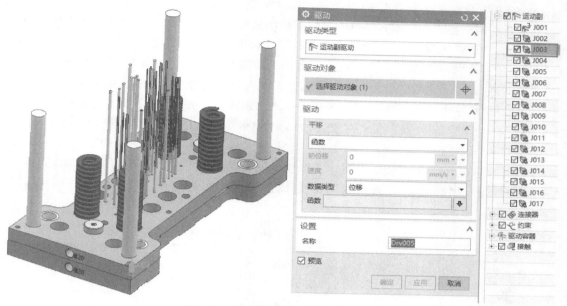

图 7-113 定义顶针板运动副的驱动

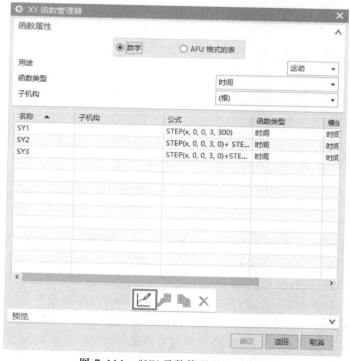

图 7-114 "XY 函数管理器"对话框

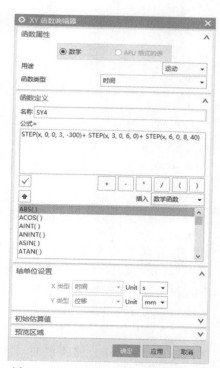

图 7-115 "XY 函数编辑器"对话框

话框中点击下面的"⧄"图标，弹出如图 7-115 所示对话框，"名称"后面的文本框中输入
"SY4"，接着在"公式"下面的文本框中粘贴从记事本中复制的 STEP（x，0，0，3，
−300）＋STEP（x，3，0，6，0）＋STEP（x，6，0，8，40）的函数。最后连续点击"确
定"按钮，完成顶针板上运动副的函数驱动。第 5 个驱动的名称采用默认值"Drv005"，在
后续的操作中也可以用"Drv005"代表第 5 个驱动。

⑥ 定义吸盘圆柱体运动副的驱动。点击"主页"→"机构"→"驱动"图标，打开如图
7-116 所示的对话框。在"驱动类型"下拉菜单中选择"运动副驱动"，"驱动对象"选择吸
盘圆柱体的滑动副（即 J016），注意由于在显示区域中滑动副不好选择，可以在"运动导航
器"中选择滑动副，更方便一些。在"平移"下拉菜单中选择"函数"，"数据类型"选择
"位移"，然后点击"函数"后面"⬇"图标，再点击"函数管理器"弹出如图 7-117 所示对
话框，在对话框中点击下面的"⧄"图标，弹出如图 7-118 所示对话框，"名称"后面的文
本框中输入"SY5"，接着在"公式"下面的文本框中粘贴从记事本中复制的 STEP（x，0，
0，3，−300）＋STEP（x，3，0，6，0）＋STEP（x，6，0，8，40）＋STEP（x，8，0，
10，80）的函数。最后连续点击"确定"按钮，完成吸盘圆柱体上运动副的函数驱动。第 6
个驱动的名称采用默认值"Drv006"，在后续的操作中也可以用"Drv006"代表第 6 个
驱动。

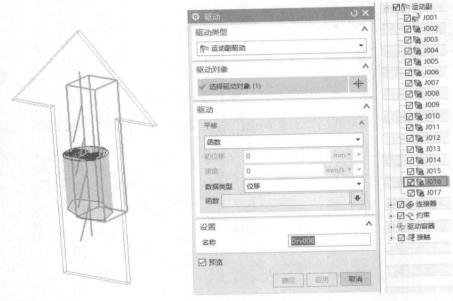

图 7-116　定义吸盘圆柱体运动副的驱动

⑦ 定义产品和流道运动副的驱动。点击"主页"→"机构"→"驱动"图标，打开如
图 7-119 所示的对话框。在"驱动类型"下拉菜单中选择"运动副驱动"，"驱动对象"选择
产品和流道的滑动副（即 J017），注意由于在显示区域中滑动副不好选择，可以在"运动导
航器"中选择滑动副，更方便一些。在"平移"下拉菜单中选择"函数"，"数据类型"选择
"位移"，然后点击"函数"后面"⬇"图标，再点击"函数管理器"弹出如图 7-120 所示对
话框，在对话框中点击下面的"⧄"图标，弹出如图 7-121 所示对话框，"名称"后面的文
本框中输入"SY6"，接着在"公式"下面的文本框中粘贴从记事本中复制的函数。最后连

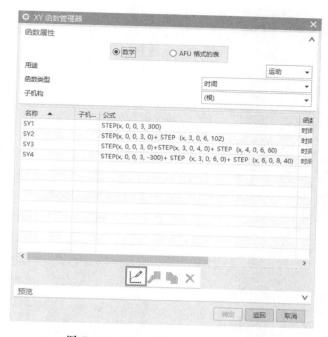

图 7-117 "XY 函数管理器"对话框

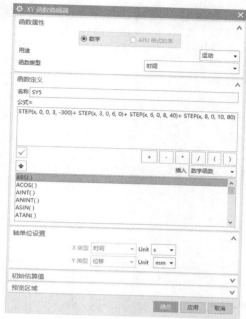

图 7-118 "XY 函数编辑器"对话框

续点击"确定"按钮，完成产品和流道上运动副的函数驱动。第 7 个驱动的名称采用默认值"Drv007"，在后续的操作中也可以用"Drv007"代表第 7 个驱动。

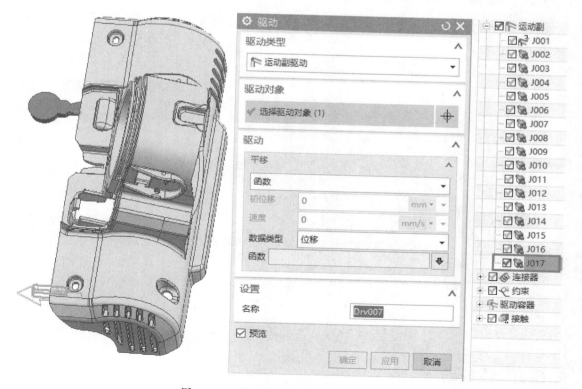

图 7-119 定义产品和流道运动副的驱动

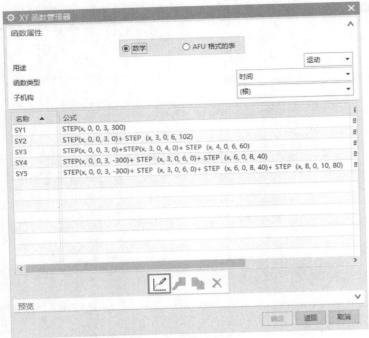

名称	公式
SY1	STEP(x, 0, 0, 3, 300)
SY2	STEP(x, 0, 0, 3, 0)+ STEP (x, 3, 0, 6, 102)
SY3	STEP(x, 0, 0, 3, 0)+STEP(x, 3, 0, 4, 0)+ STEP (x, 4, 0, 6, 60)
SY4	STEP(x, 0, 0, 3, -300)+ STEP (x, 3, 0, 6, 0)+ STEP (x, 6, 0, 8, 40)
SY5	STEP(x, 0, 0, 3, -300)+ STEP (x, 3, 0, 6, 0)+ STEP (x, 6, 0, 8, 40)+ STEP (x, 8, 0, 10, 80)

图 7-120 "XY 函数管理器"对话框   **图 7-121** "XY 函数编辑器"对话框

7.6.8 解算方案及求解

  点击"主页"→"解算方案"→"解算方案"图标，打开如图 7-122 所示的对话框。由于在函数中所用的总时间是 12s，所以在解算方案中的时间就是 12s，步数可以取时间的 30 倍，即 360 步。在"按'确定'进行求解"的复选框中打钩，点击"确定"后会自动进行求解。

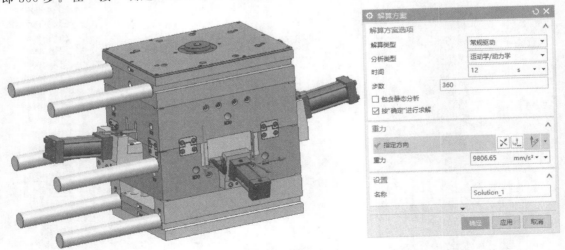

图 7-122 "解算方案"对话框

7.6.9 生成动画

  点击"分析"→"运动"→"动画"图标，打开如图 7-123 所示的对话框。点击"播放"按钮即可播放吸尘器电机外壳模具的运动仿真动画。图中是吸尘器电机外壳模具开模后的状态图。吸尘器电机外壳模具的运动仿真动画可用手机扫描二维码观看。

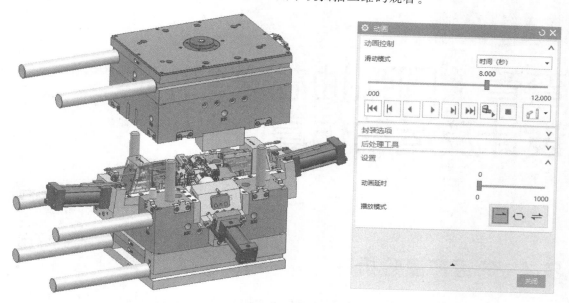

图 7-123　吸尘器电机外壳模具的运动仿真动画

吸尘器电机
外壳模具运
动仿真动画

第 8 章

弯管（圆弧抽芯）结构设计及运动仿真

弯管模具结构

8.1 弯管产品分析

本章以某模具厂设计生产的一套弯管模具为实例来讲解圆弧抽芯模具结构的设计原理、经验参数及运动仿真。弯管属于外观件产品，但由于在产品的四面都有外倒扣，因此在产品的四面都需要设计滑块结构。设计滑块时，滑块应尽量包住产品的整个侧面，以减少产品外观上的夹线。模具设计时需要注意浇口的位置及浇口的形式，不允许在外观面上有明显的浇口疤痕。另外，由于产品的四面都是滑块结构，如图 8-1 所示，因此浇口的位置及浇口的形式选择窗口非常小。本案例采用浇口疤痕最小的针点式进胶，由于本案例是二板模结构，浇口必须位于两滑块之间，可在两滑块之间设计冷料井。弯管的塑胶材料一般选择综合性能比较好、机械强度高、抗冲击能力强、耐磨性好的 ABS

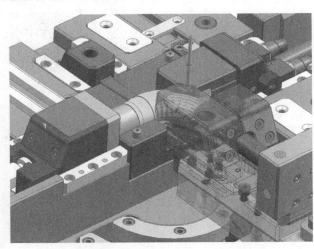

图 8-1 弯管产品的浇口位置

材料，根据以往的经验，客户给出的缩水率是 1.005。用手机扫描二维码可以观看弯管模具结构。

8.1.1 产品出模方向及分型

在模具设计的前期，首先要分析产品的出模方向、分型线、产品的前后模面及倒扣。产品如图 8-2 所示。产品最大外围尺寸（长、宽、高）为 73.75mm×101.9mm×49.08mm，产品的主壁厚为 3.0mm。产品的出模方向选择正 Z 方向，产品的分型线及结构如图 8-3～图 8-5 所示。

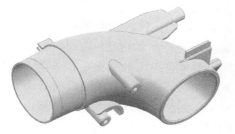

图 8-2 产品

图 8-3 产品分型线及结构（一）

图 8-4 产品分型线及结构（二）

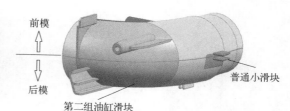

图 8-5 产品分型线及结构（三）

8.1.2 产品的前后模面

产品的前后模面如图 8-6 和图 8-7 所示。由于产品结构，前模面大部分面出在滑块上。直升面主要位于滑块区域，由于滑块是侧向抽芯机构，因此直升面可以不用做拔模斜度。

图 8-6 产品的前后模面（一）

图 8-7 产品的前后模面（二）

8.1.3 产品的倒扣

产品倒扣如图 8-8 所示，倒扣区域需要设计滑块机构。产品两个比较大的外表面上都有圆柱形的倒扣，分析时把两个大面都算作倒扣。本案例共设计四个滑块机构。

8.1.4 产品的浇注系统

由于产品是外观件，对产品的外观要求比较高，因此产品浇口位置的选择窗口比较小，只可选择浇口位置在产品的内观面上或

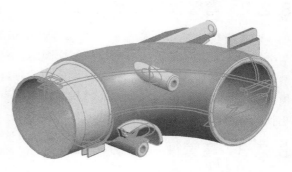

图 8-8 产品倒扣

图 8-9　浇注系统

者在产品的装配位之内。由于产品结构，本案例在产品的内观面无法进胶，因此只能选择从产品的分型面设计大水口边浇口，或者选择从两滑块之间点浇口。两种方案相比较，点浇口的浇口疤痕最小，而且选择的区域充填时也比较平衡，因此本案例选择从两滑块之间点浇口的方案。本案例浇注系统如图 8-9 所示。浇口位置经模流分析验证，可以满足充填条件。点浇口的直径 1.2mm，点浇口的角度单边 20°，点浇口的高度 2.5mm。由于流道直通而下，流道与浇口设计成一条直线形式，冷料可能直接冲入产品之内，从而使产品产生缺陷，因此流道与浇口设计成错位形式，如图 8-9 所示，而且需要在两滑块之间设计冷料井，冷料井一定要跟随滑块的出模方向。

8.2　弯管模具结构分析

8.2.1　弯管模具的模架

　　本产品采用从两滑块之间点浇口形式的浇注系统，因此选择大水口模架，模架型号为 CI4050 A110 B160 C120，模架如图 8-10 所示。模架为大水口工字形模架，由于模具结构，点浇口的位置未能设计到模具的正中心，因此定位圈、唧嘴需要设计成偏心形式。圆弧抽芯滑块的结构在模具中所占用的空间比较大，如果把整个圆弧抽芯滑块结构都包在模架中，需要更大的模架，增加模具成本，因此把部分圆弧抽芯结构设计在模架之外可大大减小模架的大小。本案例模架的底板加宽，为圆弧抽芯结构提供支撑。由于底板宽度加宽，设计模具时需要注意客户提供的注塑机是否有足够的容模量。本案例的模具是二板模结构，开模时仅开 A 板与 B 板之间即可。

8.2.2　弯管模具的前模仁

　　弯管模具的前模仁如图 8-11 所示。前模仁的结构较为简单，前模的大部分胶位都出在两个滑块上，在前模仁的对角设计两个圆定位对前后模进行定位。前模镶件的作用主要是耐磨，因为圆弧抽芯滑块在前后模开模后才抽芯，在模具合模时圆弧抽芯滑块要先复位，前后模才能合模，这样导致圆弧抽芯滑块与前模仁直插，所以在前模仁上设计镶件，便于耐磨及更换。在前模仁上开设排气槽便于排气。

8.2.3　弯管模具的后模仁

　　弯管模具的后模仁如图 8-12 所示。后模仁的结构较为简单，后模的大部分胶位都出在

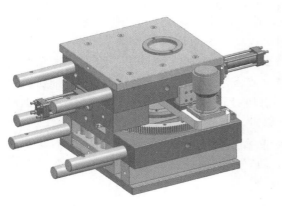

图 8-10 弯管模具的模架

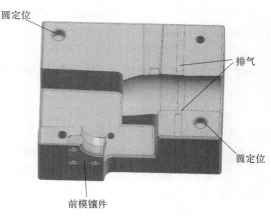

图 8-11 弯管模具的前模仁

两个滑块上，在后模仁的对角设计两个圆定位对前后模进行定位。在后模仁的底部缩小，设计成"冬菇头"形式，主要是给后模仁在 B 板上是的安装进行定位，因为靠近圆弧抽芯一侧的模仁在 B 板上是避空的，这样前后模合模后在注塑生产时由于后模仁的一侧在 B 板上没有定位而产生偏移，所以在后模仁的底部设计"冬菇头"进行定位。由于出在后模仁的胶位非常少，所以后模仁设计两根顶针即可。

8.2.4 弯管模具的普通小滑块

弯管模具的普通小滑块如图 8-13 所示。由于是普通小滑块，经验参数和结构原理可参考第 1 章模具结构设计基础。本案例比较特殊的地方在于斜导柱压块与锁紧块设计成一个整体，对于较小的滑块此方案是可行的。另外，锁紧块耐磨板安装在小滑块上，如果小滑块的空间足够大，此方法也是可行的，小滑块采用弹簧与限位螺钉相互配合进行定位。

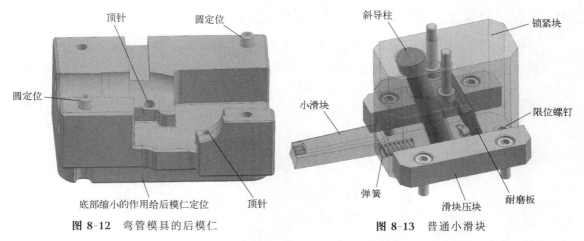

图 8-12 弯管模具的后模仁

图 8-13 普通小滑块

8.2.5 弯管模具的第一组油缸滑块结构

弯管模具的第一组油缸滑块结构如图 8-14 所示。弯管模具的第一组油缸滑块结构属于普通的油缸滑块结构，其运动原理及经验参数与前面讲解的油缸滑块基本相同，运水采用水井，在滑块镶件及滑块座上设计进出水，用加长水嘴引入模具之外。油缸滑块一般采用原身留锁紧（即利用 A 板锁紧滑块座），油缸滑块要加行程开关，行程开关产生信号与注塑机同步。值得注意的是本滑块的行程只有 32mm，按照设计经验，本滑块可以采用普通滑块方案（即利用开模力使斜导柱与滑块座产生相对运动，滑块后退的方案）。此处没有采用普通滑块设计方案的原因是，如果两侧滑块（即第一组油缸滑块与第二组油缸滑块）在模具开模时就向后运动，圆弧抽芯滑块在抽芯时产品会跟随圆弧抽芯滑块一起抽芯，产品异常运动后可能拉伤，无法顶出。因此两侧滑块设计成油缸滑块（油缸滑块可根据时间需要随时运动），而普通滑块只能在模具开模时，滑块后退；模具合模时，滑块回位。本案例滑块运动顺序是模具开模时小滑块运动，第一组油缸滑块与第二组油缸滑块保持不动，圆弧抽芯滑块先运动，圆弧抽芯滑块运动完成，第一组油缸滑块与第二组油缸滑块再一起向后运动。

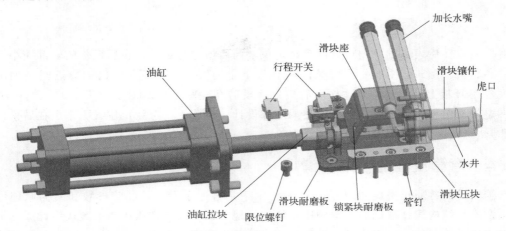

图 8-14 弯管模具的第一组油缸滑块结构

8.2.6　弯管模具的第二组油缸滑块结构

弯管模具的第二组油缸滑块结构如图 8-15 所示。弯管模具的第二组油缸滑块结构也属于普通的油缸滑块结构，其运动原理及经验参数与前面讲解的油缸滑块基本相同，运水采用普通线型运水排位，由于水嘴出在滑块的正后方，如果设计普通水嘴，水嘴会与油缸锁板相撞，因此水嘴采用转角式快速接头，改变出水的方向，从下侧连接运水。油缸滑块一般采用

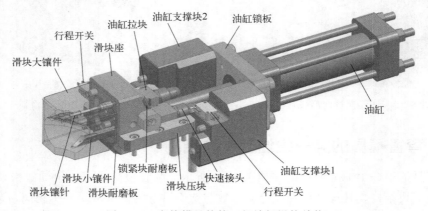

图 8-15 弯管模具的第二组油缸滑块结构

原身留锁紧（即利用 A 板锁紧滑块座），油缸滑块要加行程开关，行程开关产生信号与注塑机同步。滑块的行程为 45mm。第二组油缸滑块之所以采用油缸滑块结构，而没有采用普通滑块结构的原因就是要控制各个滑块之间的出模顺序，与第一组油缸滑块原因相同，这里不再赘述。

图 8-16　弯管模具的圆弧抽芯结构

8.2.7　弯管模具的圆弧抽芯结构

弯管模具的圆弧抽芯结构如图 8-16 所示。在后面的章节中会重点讲解弯管模具的圆弧抽芯结构组成、运动原理及经验参数，这里不再赘述。

8.3　圆弧抽芯滑块结构组成

圆弧抽芯滑块结构组成如图 8-17 所示。机构中各个部件的作用如下。

① 滑块座 1。滑块座 1 是整个滑块机构的主体，滑块座 1 的作用是作为连接圆弧抽芯镶件的底座，并且按照圆弧抽芯运动方向进行旋转运动。滑块座 1 与圆弧抽芯镶件可以设计成整体式也可以设计成分离式，通常情况下，圆弧抽芯镶件为了便于加工，设计成分离式。另外滑块座 1 与圆弧抽芯镶件分离式设计时，当圆弧抽芯镶件或滑块座 1 磨损时，可更换圆弧抽芯镶件或滑块座 1，增加模具寿命，便于后期的维护。本案例滑块座 1 固定在滑块底座上，随滑块底座的旋转而运动。本案例圆弧抽芯滑块抽芯角度是 90°加 2°的余量，因此圆弧抽芯滑块旋转角度是 92°。

② 滑块座 2。滑块座 2 的作用是脱圆弧抽芯镶件外围的直倒扣区域。由于滑块空间限制，滑块座与滑块镶件设计成整体式。A、B 板开模时，滑块座 2 在斜导柱作用下利用模具的竖直开模力通过斜导柱作用转换成水平力，使滑块座 2 向后滑动，从而脱圆弧抽芯镶件外围的直倒扣区域。滑块座 2 虽然是圆弧抽芯滑块的一部分，但从本质上讲也属于普通滑块。滑块座 2 向后滑动 25mm，滑块座 2 的定位方式采用波珠定位。

③ 圆弧抽芯镶件。圆弧抽芯镶件是滑块的头部，也是与产品的封胶位接触区域，因此需要选用与模仁同种类型的钢材，圆弧抽芯镶件较大时一般需要在滑块镶件上设计冷却水路对滑块镶件进行冷却。本案例在圆弧抽芯镶件上设计水井进行冷却。圆弧抽芯镶件上需要在尾部设计圆弧抽芯定位块对圆弧抽芯镶件进行固定。

④ 滑块镶针。在滑块座 2 上设计两根滑块镶针，分别是滑块镶针 1 与滑块镶针 2，滑块镶针的作用是便于加工及排气。滑块镶针的头部是曲面的，因此需要在滑块镶针的尾部设计定位。

⑤ 滑块座耐磨板。滑块座耐磨板有两块，分别为滑块座 1 耐磨板与滑块座 2 耐磨板。滑块座耐磨板虽然安装在滑块座上，实际上也是锁紧块耐磨板，但因为本案例的滑块座的锁紧机构采用原身留的形式，所以需要在 A 板加工出锁紧机构的外围形状，如果把耐磨板设计在 A 板的原身留上，由于 A 板较大，不便于加工耐磨板上的平头螺栓。锁紧块耐磨板的主要作用有两个，一是为增加滑块座的使用寿命，二是为了便于滑块座的装配，因为滑块座在加工的过程中存在误差，通过调整耐磨板的厚度可以弥补加工时的误差。

⑥ 圆弧抽芯镶件固定块。圆弧抽芯镶件固定块的作用主要是与圆弧抽芯镶件定位块配合，固定圆弧抽芯镶件。同时圆弧抽芯镶件固定块也是运水进出水的通道。

⑦ 圆弧抽芯镶件定位块。圆弧抽芯镶件定位块分为上下两块，分别为圆弧抽芯镶件定位块 1 和圆弧抽芯镶件定位块 2。由于圆弧抽芯镶件是圆的，在运动过程中可能在滑块座 1 中转动，因此在圆弧抽芯镶件的尾部设计有平位。圆弧抽芯镶件定位块的作用是与圆弧抽芯镶件固定块配合，固定及锁紧圆弧抽芯镶件。

⑧ 滑块底座。滑块底座是滑块座 1 的基座，也是圆弧抽芯的主体，其作用是连接滑块座 1 与液压马达的基体。运动时带动整个圆弧抽芯结构在液压马达转动下沿特定的轨道做旋转运动。滑块底座虽然进行旋转运动，但不与其它部件摩擦也没有封胶位，因此可以选择 1050 材料或者 S50C 材料。

⑨ 滑块座 1 导向块。滑块座 1 导向块的作用相当于普通滑块的滑块压角，是圆弧抽芯滑块的导向底座，在圆弧抽芯滑块旋转运动时支撑起整个圆弧抽芯滑块进行导向。滑块座 1 导向块安装在滑块底座上，由于要进行滑动，磨损较大，滑块座 1 导向块必须选择油钢，可选择 2510 或者 SKD61 材料。为了减少磨损及保证滑块顺畅，滑块座 1 导向块必须设计油槽。

⑩ 滑块座 2 导向块。滑块座 2 导向块是滑块座 2 的导向底座，由于空间限制，滑块座 2 没有设计成普通滑块的导向形式。本案例滑块座 2 的导向形式更节省空间。滑块座 2 导向块安装在滑块座 2 上，由于要进行滑动，磨损较大，滑块座 2 导向块必须选择油钢，可选择 2510 或者 SKD61 材料。在滑块座 2 导向块上设计有波珠螺钉，对滑块座 2 的滑块行程进行限位。为了减少磨损及保证滑块顺畅，滑块座 2 导向块必须设计油槽。

⑪ 滑块座 1 导向块压块。滑块座 1 导向块压块分为左右两块，分别为滑块座 1 导向块压块 1 和滑块座 1 导向块压块 2，其作用相当于普通滑块的压块，是圆弧抽芯滑块的导轨，控制圆弧抽芯滑块的运动轨迹。由于圆弧抽芯滑块要做旋转运动，因此滑块座 1 导向块压块必须设计成圆弧形的，必须与圆弧抽芯镶件运动轨迹同心。滑块座 1 导向块压块在圆弧抽芯滑块进行运动时与滑块座 1 导向块进行摩擦，可选择 2510 或者 SKD61 材料。为了减少磨损及保证滑块顺畅，滑块座 1 导向块压块必须设计油槽。

⑫ 滑块座 1 导向块耐磨板。滑块座 1 导向块耐磨板的主要作用是增加滑块座 1 导向块的使用寿命，如果不设计滑块座 1 导向块耐磨板，则滑块座 1 导向块直接在 B 板上滑动，由于 B 板材料一般选择 1050 或者 S50C，材料较差，滑块座 1 导向块滑动时间久了会产生磨损，因此在滑块座 1 导向块下面设计滑块座 1 导向块耐磨板以增加其寿命。耐磨板材料一般选择 2510 或者 SKD61 材料。为了减少磨损及保证滑块顺畅，滑块座 1 导向块耐磨板必须设计油槽。

⑬ 小齿轮。小齿轮安装在液压马达上，液压马达转动时带动小齿轮转动，小齿轮与大齿轮啮合运动。由于大齿轮固定不动，小齿轮转动时产生反作用力带动圆弧抽芯滑块旋转。小齿轮与大齿轮的模数一定要一样，分度圆相切。

⑭ 大齿轮。大齿轮固定在 B 板上，为小齿轮转动时产生反作用力，从而带动圆弧抽芯滑块旋转。由于圆弧抽芯滑块只旋转 92°，因此大齿轮只取整个齿轮的四分之一左右，大齿轮必须与圆弧抽芯镶件运动轨迹同心。

⑮ 液压马达。液压马达的作用是为圆弧抽芯滑块的旋转运动提供动力，液压马达的原理是通过液体压力驱使叶片旋转，从而使压力转换成动力。液体是传递力和运动的介质。液压马达的优点是结构简单、工艺性好、耐冲击和惯性较小，可以正反旋转。缺点是转矩脉动

较大、效率较低、转速不高。在注塑模具中不可采用电动马达，因为电动马达转速较快，不适用于模具运动。

⑯ 行程开关。也称限位开关，是位置开关的一种，是一种常用的小电流主令电器。利用圆弧抽芯滑块旋转运动来碰撞行程开关的触头，使行程开关产生信号与注塑机相连，从而保证圆弧抽芯滑块的运动与注塑机的运动同步。一般在圆弧抽芯滑块上会设计两个行程开关，在圆弧抽芯滑块合模时，圆弧抽芯滑块上的第一个行程开关接触板与第一个行程开关接触，第一个行程开关产生信号并传递给注塑机，告诉注塑机圆弧抽芯滑块已合模，注塑机可以进行合模动作。当圆弧抽芯滑块完全开模时，圆弧抽芯滑块上的第二个行程开关接触板与第二个行程开关接触，第二个行程开关产生信号并传递给注塑机，告诉注塑机圆弧抽芯滑块已开模，注塑机可以进行顶出动作。

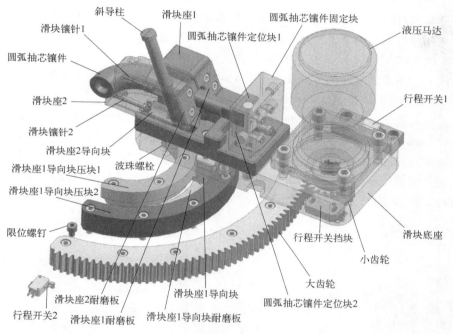

图 8-17 圆弧抽芯滑块结构组成

8.4 圆弧抽芯滑块运动原理

设计成圆弧抽芯滑块的原因是产品的倒扣区域是圆弧形，如图 8-18 所示（图中把产品从中间剖开是为了更清楚地表达出圆弧抽芯倒扣区域），普通滑块只能直线运动，圆弧抽芯倒扣区域需要旋转运动脱模，因而普通滑块不能满足圆弧倒扣抽芯条件，所以采用圆弧抽芯滑块结构。另外，圆弧抽芯结构的产品在设计时，圆弧抽芯倒扣区域只能设计成圆弧形的，不能设计成椭圆的或者非圆弧形，否则不能采用圆弧抽芯滑块结构。

在圆弧抽芯倒扣区域的外围还有一些直倒扣区域，如图 8-19 所示，这些区域需要普通滑块的直线运动脱倒扣，而直线运动脱倒扣与圆弧抽芯旋转运动脱倒扣两者的运动方向不一致，因此需要分两次运动。圆弧抽芯滑块实际上是分两组运动，第一组普通滑块先运动，圆弧抽芯滑块不动，等普通滑块运动完成后，圆弧抽芯滑块与普通滑块一起做旋转运动。

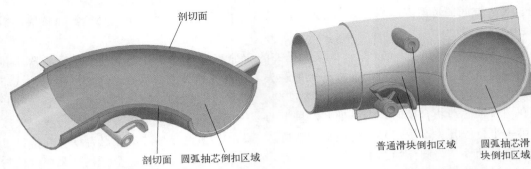

图 8-18 圆弧抽芯滑块倒扣区域

图 8-19 普通滑块倒扣区域

由于圆弧抽芯的动力来源于液压马达，而液压马达运动时可以与前后模开模时不同步，因此前后模开模时圆弧抽芯滑块不运动，圆弧抽芯滑块上面的普通滑块在斜导柱的动力下向后运动，从而脱出圆弧抽芯滑块旁边的倒扣区域。当普通滑块停止运动后，普通滑块上面的波珠螺钉限位如图 8-20 所示。普通滑块安装在圆弧抽芯滑块座上，而圆弧抽芯滑块座锁紧在滑块底座上，在滑块底座的中间又安装导向块，在导向块的两侧设计有圆弧形的导轨（即滑块座 1 导向块压块），最后在滑块底座的末端设计有液压马达，液压马达的底部安装有小齿轮，小齿轮与大齿轮啮合，大齿轮、导向块压块、圆弧抽芯镶件在同一个圆心上，因此当液压马达转动时带动小齿轮旋转，由于大齿轮是固定不动的，小齿轮旋转时反向驱动滑块底座中的导向块沿导轨方向转动，圆弧抽芯镶件固定在滑块座上，也跟随滑块底座一起旋转运动，从而脱离圆弧形倒扣区域。圆弧形倒扣区域是 87°，圆弧抽芯滑块旋转 92°多出 5°的余量。圆弧抽芯滑块旋转运动后状态如图 8-21 所示。

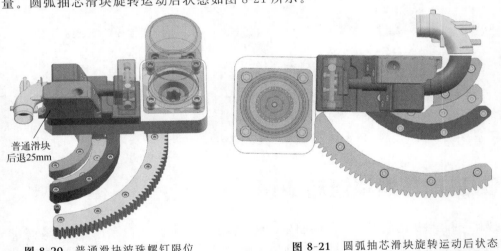

图 8-20 普通滑块波珠螺钉限位

图 8-21 圆弧抽芯滑块旋转运动后状态

8.5 圆弧抽芯滑块经验参数

8.5.1 圆弧抽芯滑块圆心的确定

圆弧抽芯滑块圆心的确定非常重要，如果圆心确定错误，则圆弧抽芯滑块在旋转运动时，圆弧抽芯镶件就会对产品产生铲胶、拉伤等一系列产品缺陷，严重时甚至会拉断产品或者拉断圆弧抽芯镶件。

那如何确定圆弧抽芯滑块的圆心呢？首先把产品沿圆弧抽芯倒扣的中心切开，如图8-22所示，图中的线1作为圆弧抽芯滑块的圆心，还是线2作为圆弧抽芯滑块的圆心？笔者认为如果线1与线2是同心圆弧，选择线1或者线2的圆心都是一样的，但如果线1和线2不同心呢？或者圆弧抽芯镶件在旋转后退时有一定的角度（就像普通滑块的滑块镶件通常也会设计1°～3°的角度）时再选择线1或者线2的圆心就不正确了。最好的方法是能找出线1与线2的中间线，如何设计线1与线2的中间线呢？

方法如下：打开NX12.0软件，点击"首选项"→"建模首选项"→"自由曲面"→"构造结果"选择"B曲面"，如图8-23所示。接着点击"直纹"命令按钮，弹出如图8-24所示对话框，对话框中"截面线串1"和"截面线串2"分别选择线1和线2，点击"确定"按钮。最后点击"等参数曲线"命令按钮，弹出如图8-25所示对话框，在对话框中"选择面"选择刚才的直纹面，"方向"选择"V"，"数量"选择"3"，点击"确定"按钮，即可生成线1

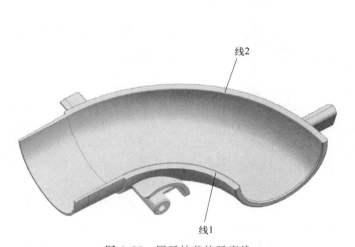

图 8-22　圆弧抽芯的弧度线

图 8-23　"建模首选项"对话框

图 8-24　"直纹"命令对话框

与线 2 的中间线。此线可能是样条曲线，因此可能找不到此线的圆心，可以在此线的基础上画一个圆。点击"菜单"→"插入"→"曲线"→"直线和圆弧"→"圆弧（点-点-点）"命令，弹出如图 8-26 所示对话框，在对话框中分别选择中间线的两端点与中点，即可生成近似中间线的圆，该圆的圆心即可作为圆弧抽芯滑块的圆心。

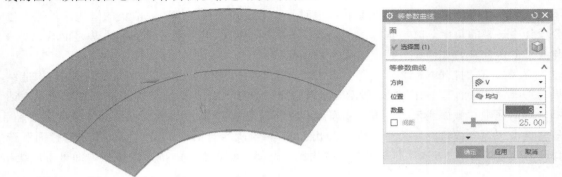

图 8-25　"等参数曲线"命令对话框

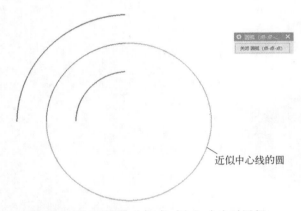

近似中心线的圆

图 8-26　"圆弧（点-点-点）"命令对话框

8.5.2　齿轮的作用、分类及基本参数

（1）齿轮的作用及分类

齿轮是指轮缘上有齿，能连续啮合传递运动和动力的机械元件，由轮齿、齿槽、端面、法面、齿顶圆、齿根圆、基圆、分度圆等部分组成，它在机械传动乃至整个机械领域中的应用极其广泛。

齿轮的作用主要是传送动力，它能将一根轴的转动传递给另一根轴。不同的齿轮组合可以起到不同的作用，可实现机械的减速、增速、变向和换向等动作，基本上机械装置都离不开齿轮。

齿轮的种类繁多，按齿轮轴性分类可分为平行轴齿轮、相交轴齿轮及交错轴齿轮三种类型，其中平行轴齿轮又包括正齿轮、斜齿轮、内齿轮、齿条及斜齿条等，相交轴齿轮有直齿锥齿轮、弧齿锥齿轮、零度齿锥齿轮等，交错轴齿轮有交错轴斜齿轮、蜗杆蜗轮、准双曲面齿轮等。

（2）齿轮的基本参数

齿轮的各部分参数名称如图 8-27 所示。

① 齿数 Z。指一个齿轮的轮齿总数，当传动中心距一定时，齿数越多，传动越平稳，噪声越小。但齿数多，模数就小，齿厚也小，致使其弯曲强度降低，因此在满足齿轮弯曲强度条件下，尽量取较多的齿数和较小的模数。主轴上小齿轮齿数最少 20，高速齿轮齿数最少 25，运动平稳性要求不高的齿轮齿数最少 14，齿数最好取偶数。

② 模数 m。模数 m 是决定齿轮尺寸的一个基本参数，是指相邻两轮齿同侧齿廓间的齿距 p 与圆周率 π 的比值，齿数相同的齿轮模数越大，则其尺寸也越大。模数 m＝分度圆直径 d/齿数 z＝齿距 p/圆周率 π，从上述公式可见，齿轮的基本参数是分度圆直径和齿数，

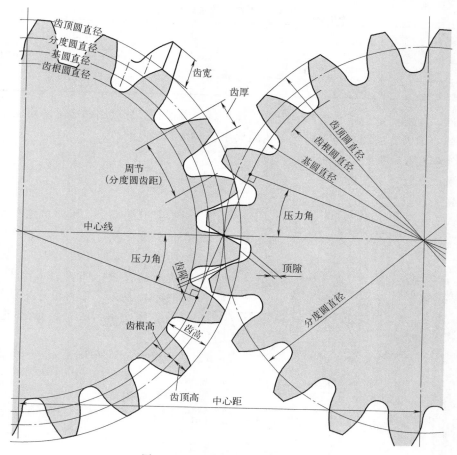

图 8-27　齿轮的各部分参数名称

模数只是人为设定的参数，是一个比值，它跟分度圆齿厚有关，因而能度量轮齿大小，是工业化过程的历史产物。我国规定的标准模数系列表（GB/T 1357—2008）如表 8-1 所示。选用模数时，应优先采用第一系列，其次是第二系列，括号内的模数尽可能不用。不同模数的轮齿大小对比如图 8-28 所示。注意两组啮合的齿轮模数一定要相等。

③ 分度圆直径 d。决定齿轮大小的参数是齿轮的分度圆直径 d，如图 8-29 所示。以分

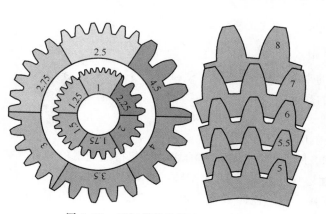

图 8-28　不同模数的轮齿大小对比

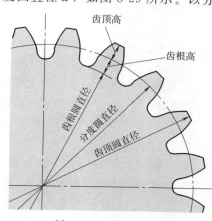

图 8-29　分度圆直径

表 8-1　标准模数系列表

第一系列	1	1.25	1.5	2	2.5	3	4	5	6	8
	10	12	16	20	25	32	40	50		
第二系列	1.125	1.375	1.75	2.25	2.75	3.5	4.5	5.5	(6.5)	
	7	9	11	14	18	22	28	36	45	

度圆为基准，才能确定齿距、齿厚、齿高、齿顶高、齿根高。分度圆在实际的齿轮中是无法直接看到的，因为分度圆是为了确定齿轮的大小而假设的圆。

分度圆直径 d＝齿数 Z×模数 m

齿顶圆直径 d_a＝d＋$2m$

齿根圆直径 d_f＝d－$2.5m$

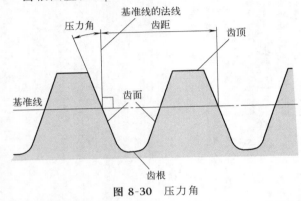

图 8-30　压力角

④ 压力角 α。压力角是在齿面的一点（一般是指节点）上，半径线与齿形的切线间所成的角度。压力角是决定齿轮齿形的参数，即轮齿齿面的倾斜度，如图 8-30 所示。压力角 α 一般采用 20°。以前，压力角为 14.5° 的齿轮曾经很普及。

模数 m、压力角 α、齿数 Z 是齿轮的三大基本参数，以此参数为基础计算齿轮各部位尺寸。

齿高与齿厚：轮齿的高度由模数 m 来决定，如图 8-31 所示。

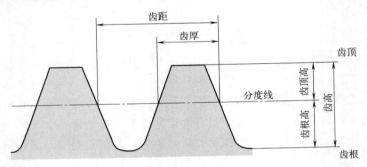

图 8-31　齿高与齿厚

全齿高 h＝$2.25m$（＝齿根高＋齿顶高）。

齿顶高（h_a）是从齿顶到分度线的高度，h_a＝m。

齿根高（h_f）是从齿根到分度线的高度，h_f＝$1.25m$。

齿厚（s）的基准是齿距的一半，s＝$\pi m/2$。

⑤ 中心距与齿隙。一对齿轮的分度圆相切啮合时，中心距是两个分度圆直径的和的一半，中心距 a＝$(d_1+d_2)/2$，如图 8-32 所示。在齿轮的啮合中，要想得到圆滑的啮合效果，齿隙是个重要的因素。齿隙是一对齿轮啮合时齿面间的空隙，在模具设计中齿隙一般取 $0.1\sim0.2\mathrm{mm}$。齿轮的齿高方向也有空隙。这个空隙被称为顶隙（Clearance）。顶隙（c）是齿轮的齿根高与相配齿轮的齿顶高之差，如图 8-33 所示。顶隙 c＝$1.25m$－$1m$＝$0.25m$。

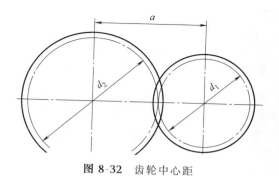

图 8-32 齿轮中心距

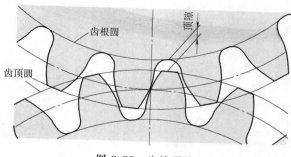

图 8-33 齿轮顶隙

8.5.3 圆弧抽芯滑块中齿轮的经验参数

本案例中首先确定液压马达上面的小齿轮，根据前面的经验数据，主轴上小齿轮齿数不少于 20 个，液压马达旋转杆直径 30mm，如果选择模数是 2，齿轮的分度圆直径是 $20×2＝40mm$，则齿轮太薄弱，因此选择模数 3，齿轮的分度圆直径是 $20×3＝60mm$，大小刚好合适。用外挂调出如图 8-34 所示的小齿轮。大齿轮的圆心与圆弧抽芯滑块镶件同心，大齿轮的模数选择与小齿轮一样的模数 3，大齿轮处于圆弧抽芯滑块的末端，可以大致画一个从圆弧抽芯滑块圆心到圆弧抽芯滑块末端的圆，测量圆的直径的大小，如图 8-35 所示，图中圆

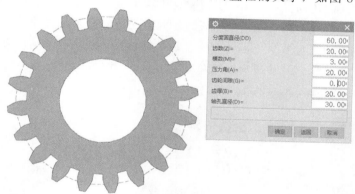

图 8-34 外挂调出小齿轮

的直径大约是 461mm，然后计算大齿轮的齿数，齿数 $Z＝$ 分度圆 461/模数 $3≈153.67$，齿数要取整数而且最好取偶数，因此齿数取 154。大齿轮三个基本参数就确定了，齿数 154、模数 3、分度圆直径 462，用外挂调出如图 8-36 所示的大齿轮。本案例中大齿轮与小齿轮的齿轮间隙取经验值 0.26。

8.5.4 圆弧抽芯滑块行程及普通滑块行程的经验参数

圆弧抽芯滑块结构中滑块的行程分为两部分：第一部分普通滑块向后运动，圆弧抽

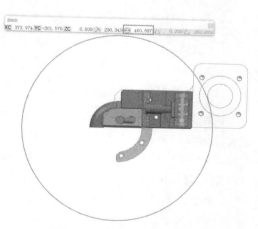

图 8-35 确定大齿轮分度圆

图 8-36 外挂调出大齿轮

芯滑块不运动；第二部分圆弧抽芯滑块及普通滑块一起旋转运动。首先确定第一部分普通滑块后退运动的行程，普通滑块的倒扣区域如图 8-37 所示，分别为 L_1 下圆柱倒扣的长度 16.71mm、L_2 上圆柱倒扣的长度 17.26mm 和 L_3 普通滑块上端最外围尺寸至上圆柱末端尺寸的长度 22.4mm，三个尺寸长度中 L_3 的长度最长，因此以 L_3 的长度＋余量 3mm 左右＝25mm 作为普通滑块的运动行程。为什么以普通滑块上端外围尺寸至上圆柱末端尺寸长度作为普通滑块的行程，而没有以普通滑块下端外围尺寸至上圆柱末端尺寸长度作为普通滑块的行程呢？因为普通滑块运动后，产品还有一个顶出的过程，防止产品顶出时碰撞到普通滑块的上端而使产品产生撞伤。普通滑块向后运动 25mm 如图 8-38 所示。

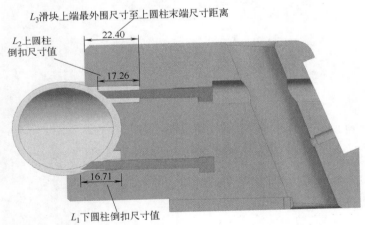

图 8-37 普通滑块各处倒扣尺寸值

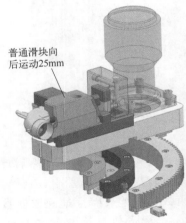

图 8-38 普通滑块后退运动后状态

普通滑块后退运动完成后，再等两侧油缸滑块运动后，圆弧抽芯滑块带动普通小滑块一起做旋转运动，圆弧抽芯滑块旋转运动多少度呢？主要看圆弧抽芯滑块镶件的倒扣区域是多少度，如图 8-39 所示是圆弧抽芯滑块镶件倒扣区域的角度图，从图中可以看出圆弧抽芯滑块镶件中心倒扣区域的角度是 87°，再加上余量 5°左右，因此圆弧抽芯滑块旋转运动的角度约 92°。由于圆弧抽芯滑块只旋转 92°，因此大齿轮不必设计成整个齿轮形状，只要设计成比 92°还要略大一些的形状即可。如图 8-40 所示是圆弧抽芯滑块及普通滑块一起旋转运动 92°后的状态图。

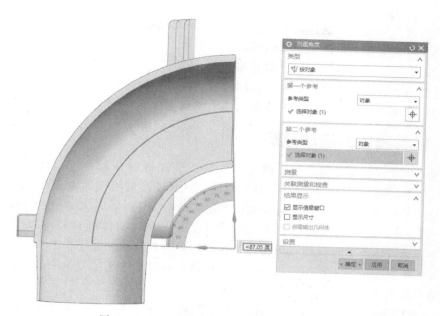

图 8-39　圆弧抽芯滑块镶件倒扣区域角度图

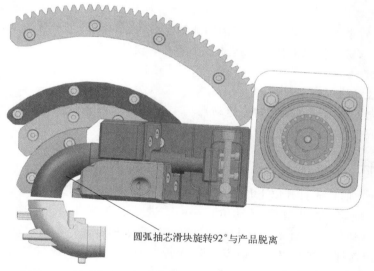

圆弧抽芯滑块旋转92°与产品脱离

图 8-40　圆弧抽芯滑块及普通滑块一起旋转运动 92° 后的状态

8.6　弯管模具的运动仿真

弯管模具
运动仿真

　　本案例以整套模具的形式讲解弯管模具的运动仿真，既讲到模具开模动作、顶出动作，也讲到模具结构中圆弧抽芯滑块、普通滑块及油缸滑块的运动仿真。本案例后模滑块的结构有三种，第一种是普通小滑块，第二种是油缸滑块模具结构，第三种是圆弧抽芯滑块。而圆弧抽芯滑块中又分两组滑块，分别是普通滑块和圆弧抽芯滑块，两者运动又分先后顺序。搞清楚各组滑块的运动顺序及运动过程对于中高等级模具设计工程师都有一定的难度。如果能够用运动仿真的形式把模具结构模拟出来，对于弯管模具结构的认识将由困难变得容易。用手机扫描二维码可以观看弯管模具仿真过程。

本案例是以整套模具的形式模拟模具的运动仿真，让大家对于模具的开模动作及模具结构有更清晰的认知。由于本案例是以整套模具来讲解其运动仿真，因此知识量非常大，模具的动作也非常多，各个动作之间有先后顺序之分，最好的控制方法就是使用函数。通过对本案例的学习，大家能够更深入地学习函数并熟练掌握函数。

8.6.1　弯管模具的运动分解

弯管模具属于二板模模具结构，因此模具只要开 A 板与 B 板之间，由于有两组油缸滑块及一组圆弧抽芯滑块，A、B 板必须开完模后，圆弧抽芯滑块再进行旋转运动，其次是油缸滑块运动，最后是顶针板顶出。合模时圆弧抽芯滑块先复位，其次是油缸滑块复位，最后 A、B 板才能合模。因为每次运动都有先后顺序之分，所以要用到运动函数中的 STEP 函数。由于本案例讲解整套模具的运动仿真，运动仿真时要分解的连杆非常多，建议把每组连杆首先在建模模块中放入不同的图层，这样在运动仿真时定义连杆更容易、更清楚一些。弯管模具运动可分解成以下步骤：

① 整体前模不运动，整体后模向后运动（即 A、B 板开模）。开模过程中，普通小滑块及圆弧抽芯滑块中的普通滑块在各自斜导柱作用下向后运动。

② 圆弧抽芯滑块及其普通滑块一起旋转运动。两组油缸滑块不能与圆弧抽芯滑块一起运动或者两组油缸滑块先运动，这是因为圆弧抽芯滑块镶件上的封胶位较多，如果两组油缸滑块先运动或者与圆弧抽芯滑块一起运动，产品在后模的封胶位较少，产品会跟随圆弧抽芯滑块运动，导致产品拉伤。

③ 两组油缸滑块同时向外运动。

④ 顶针板向上顶出（即顶针向上运动）。

⑤ 机械手取出产品。

8.6.2　连杆

在定义连杆之前首先打开以下目录的文件：注塑模具复杂结构设计及运动仿真实例\第 8 章-弯管（圆弧抽芯）\ 08-弯管-运动仿真 .prt。进入运动仿真模块，接着点击"主页"→"解算方案"→"新建仿真"图标，新建运动仿真，其它选项可选择默认设置。

① 定义固定连杆。在本案例中前模（即 A 板、面板、前模仁及标准件）是固定不运动的，因此可将它们定义为固定连杆。A 板、面板、前模仁及标准件在图层的第 2 层，打开第 2 层并关闭其它图层，并把第 1 层设置为工作层。点击"主页"→"机构"→"连杆"图标，打开如图 8-41 所示的对话框。点击"连杆对象"下面的"选择对象"按钮，选取第 2 层中 A 板、面板、前模仁及标准件定义成第 1 个连杆。注意一定要在对话框中"□固定连杆"的复选框中打钩。定义第 1 个连杆后，会在运动导航器中显示第 1 个连杆的名称（L001）及第 1 个运动副的名称（J001）。

② 定义第 2 个连杆。B 板、后模仁、方铁、底板、滑块压块、滑块座耐磨板、滑块支撑块、大齿轮及其标准件向后运动，因此把 B 板、后模仁、方铁、底板、滑块压块、滑块座耐磨板、滑块支撑块、大齿轮及其标准件定义为第 2 个连杆。B 板、后模仁、方铁、底板、滑块压块、滑块座耐磨板、滑块支撑块、大齿轮及其标准件在图层的第 3 层，打开第 3 层并关闭其它图层。点击"主页"→"机构"→"连杆"图标，打开如图 8-42 所示的对话框。

点击"连杆对象"下面的"选择对象"按钮，选择B板、后模仁、方铁、底板、滑块压块、滑块座耐磨板、滑块支撑块、大齿轮及其标准件定义成第2个连杆，由于B板、后模仁、方铁、底板、滑块压块、滑块座耐磨板、滑块支撑块、大齿轮及其标准件需要向后运动，所以不能在"□固定连杆"的复选框中打钩。第2个连杆的名称采用默认值"L002"。

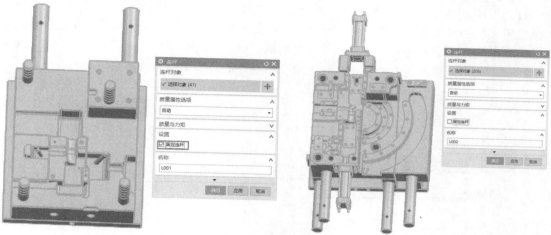

图 8-41　定义固定连杆　　　　　图 8-42　定义第 2 个连杆

③ 定义第3个连杆。顶针面板、顶针底板、顶针及其标准件向后运动，因此把顶针面板、顶针底板、顶针及其标准件定义为第3个连杆。顶针面板、顶针底板、顶针及其标准件在图层的第4层，打开第4层并关闭其它图层。点击"主页"→"机构"→"连杆"图标，打开如图8-43所示的对话框。点击"连杆对象"下面的"选择对象"按钮，选择顶针面板、顶针底板、顶针及其标准件定义成第3个连杆，由于顶针面板、顶针底板、顶针及其标准件需要向后运动，所以不能在"□固定连杆"的复选框中打钩。第3个连杆的名称采用默认值"L003"。

④ 定义第4个连杆。小滑块及小滑块座耐磨板要侧向运动，因此把小滑块及小滑块座耐磨板定义为第4个连杆。小滑块及小滑块座耐磨板在图层的第5层，打开第5层并关闭其它图层。点击"主页"→"机构"→"连杆"图标，打开如图8-44所示的对话框。点击"连杆对象"下面的"选择对象"按钮，选择小滑块及小滑块座耐磨板定义成第4个连杆，由于小滑块及小滑块座耐磨板需要侧向运动，所以不能在"□固定连杆"的复选框中打钩。第4个连杆的名称采用默认值"L004"。

图 8-43　定义第 3 个连杆

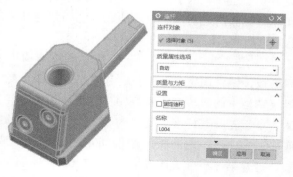

图 8-44　定义第 4 个连杆

⑤ 定义第5个连杆。第1组油缸滑块中的滑块座、滑块镶件、耐磨板、油缸拉块及其标准件要侧向运动，因此把第1组油缸滑块中的滑块座、滑块镶件、耐磨板、油缸拉块及其标准件定义为第5个连杆。第1组油缸滑块中的滑块座、滑块镶件、耐磨板、油缸拉块及其标准件在图层的第6层，打开第6层并关闭其它图层。点击"主页"→"机构"→"连杆"图标，打开如图8-45所示的对话框。点击"连杆对象"下面的"选择对象"按钮，选择第1组油缸滑块中的滑块座、滑块镶件、耐磨板、油缸拉块及其标准件定义成第5个连杆，由于第1组油缸滑块中的滑块座、滑块镶件、耐磨板、油缸拉块及其标准件需要侧向运动，所以不能在"□固定连杆"的复选框中打钩。第5个连杆的名称采用默认值"L005"。

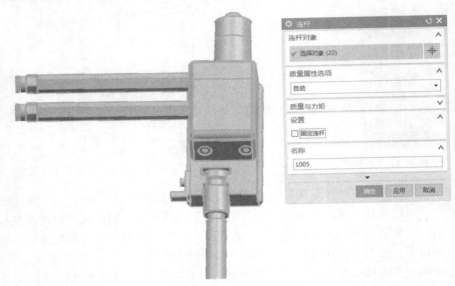

图 8-45 定义第5个连杆

⑥ 定义第6个连杆。第2组油缸滑块中的滑块座、滑块镶件、耐磨板、行程开关挡块及其标准件要侧向运动，因此把第2组油缸滑块中的滑块座、滑块镶件、耐磨板、行程开关挡块及其标准件定义为第6个连杆。第2组油缸滑块中的滑块座、滑块镶件、耐磨板、行程开关挡块及其标准件在图层的第7层，打开第7层并关闭其它图层。点击"主页"→"机构"→"连杆"图标，打开如图8-46所示的对话框。点击"连杆对象"下面的"选择对象"按钮，选择第2组油缸滑块中的滑块座、滑块镶件、耐磨板、行程开关挡块及其标准件定义成第6个连杆，由于第2组油缸滑块中的滑块座、滑块镶件、耐磨板、行程开关挡块及其标准件需要侧向运动，所以不能在"□固定连杆"的复选框中打钩。第6个连杆的名称采用默认值"L006"。

⑦ 定义第7个连杆。圆弧抽芯滑块结构中的滑块座、滑块镶件、滑块底座、导向块、耐磨板、镶件固定块及定位、液压马达、小齿轮及其标准件要做旋转运动，因此把圆弧抽芯滑块结构中的滑块座、滑块镶件、滑块底座、导向块、耐磨板、镶件固定块及定位、液压马达、小齿轮及其标准件定义为第7个连杆。圆弧抽芯滑块结构中的滑块座、滑块镶件、滑块底座、导向块、耐磨板、镶件固定块及定位、液压马达、小齿轮及其标准件在图层的第8层，打开第8层并关闭其它图层。点击"主页"→"机构"→"连杆"图标，打开如图8-47所示的对话框。点击"连杆对象"下面的"选择对象"按钮，选择圆弧抽芯滑块结构中的滑块

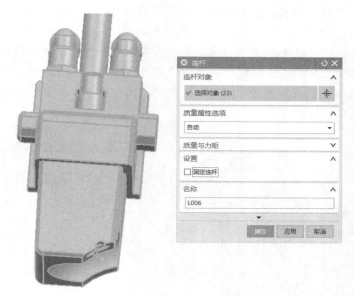

图 8-46 定义第 6 个连杆

座、滑块镶件、滑块底座、导向块、耐磨板、镶件固定块及定位、液压马达、小齿轮及其标准件定义成第 7 个连杆，由于圆弧抽芯滑块结构中的滑块座、滑块镶件、滑块底座、导向块、耐磨板、镶件固定块及定位、液压马达、小齿轮及其标准件需要旋转运动，所以不能在"□固定连杆"的复选框中打钩。第 7 个连杆的名称采用默认值"L007"。

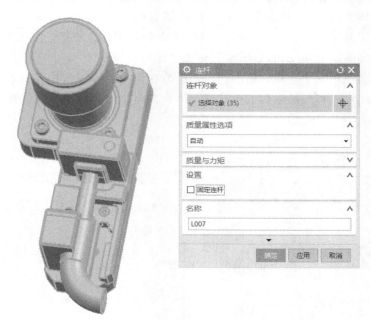

图 8-47 定义第 7 个连杆

⑧ 定义第 8 个连杆。圆弧抽芯滑块中的普通滑块、滑块镶针、耐磨板、导向块及其标准件不仅要侧向运动，而且要跟随圆弧抽芯滑块做旋转运动，因此把圆弧抽芯滑块中的普通滑块、滑块镶针、耐磨板、导向块及其标准件定义为第 8 个连杆。圆弧抽芯滑块中的普通滑

块、滑块镶针、耐磨板、导向块及其标准件在图层的第 9 层，打开第 9 层并关闭其它图层。点击"主页"→"机构"→"连杆"图标，打开如图 8-48 所示的对话框。点击"连杆对象"下面的"选择对象"按钮，选择圆弧抽芯滑块中的普通滑块、滑块镶针、耐磨板、导向块及其标准件定义成第 8 个连杆，由于圆弧抽芯滑块中的普通滑块、滑块镶针、耐磨板、导向块及其标准件需要侧向运动及旋转运动，所以不能在"□固定连杆"的复选框中打钩。第 8 个连杆的名称采用默认值"L008"。

图 8-48 定义第 8 个连杆

⑨ 定义第 9 个连杆。产品和流道不但跟随顶针板在开模时向后运动，在顶出时还要向前运动，而且本案例还设计成机械手或手工取出产品，因此还要再向前运动（如果不向前运动，取产品时会撞上滑块），最后产品向操作者侧运动。把产品和流道定义为第 9 个连杆。产品和流道在图层的第 10 层，打开第 10 层并关闭其它图层。点击"主页"→"机构"→"连杆"图标，打开如图 8-49 所示的对话框。点击"连杆对象"下面的"选择对象"按钮，选择产品和流道定义成第 9 个连杆，由于产品和流道在模具开模过程中要做几个方向的运动，所以不能在"□固定连杆"的复选框中打钩。第 9 个连杆的名称采用默认值"L009"。

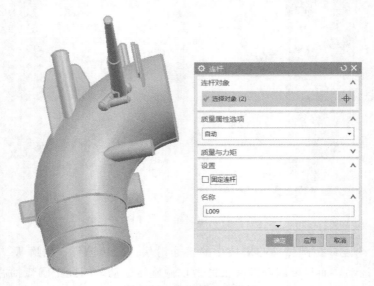

图 8-49 定义第 9 个连杆

⑩ 定义第 10 个连杆。在本案例中准备把产品设计成在开模时跟随顶针板向后运动，在顶出时跟随顶针板向前顶出，而且在顶出后用机械手或人工带动产品先向前运动，让产品完全脱离顶针及斜顶，最后再向上下或者向左右取出产品，因此运动有两个方向，而 STEP 函数提供的运动方向只有一个。所以本案例在产品的顶部设计了一个圆柱体，上面刻了两个字"吸盘"，作为产品向另一个方向运动的基本连杆。定义完圆柱体连杆及运动副后，可以把圆柱体设置成完全透明的方式或者把圆柱体图层关闭，在进行运动仿真时不显示圆柱体。圆柱体不但跟随顶针板在开模时向后运动在顶出时向前运动，而且作为产品的基本连杆还要再向前运动，因此把圆柱体定义为第 10 个连杆。圆柱体在图层的第 11 层，打开第 11 层并关闭其它图层。点击"主页"→"机构"→"连杆"图标，打开如图 8-50 所示的对话框。点击"连杆对象"下面的"选择对象"按钮，选择圆柱体定义成第 10 个连杆，由于圆柱体在模具开模过程中要向后及向前运动，所以不能在"□固定连杆"的复选框中打钩。第 10 个连杆的名称采用默认值"L010"。

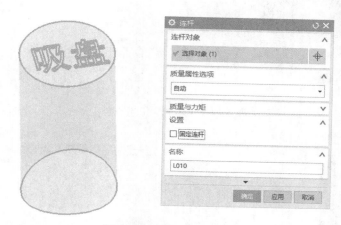

图 8-50　定义第 10 个连杆

8.6.3　运动副

① 定义第 1 个运动副。由于 B 板、后模仁、方铁、底板、滑块压块、滑块座耐磨板、滑块座支撑块、大齿轮及其标准件向后运动，因此把它定义成一个滑动副。点击"主页"→"机构"→"接头"图标，打开如图 8-51 所示的对话框。在"类型"下拉菜单中选择"滑块"，然后在"操作"下面"选择连杆"中直接选择 B 板上的边，这样既会选择上面定义的第 2 个连杆，还会定义滑动副的原点和方向，注意一定要选择与滑动副方向一样的边。如图 8-51 所示在 B 板的边上显示滑动副的原点和方向，这样下面两步"指定原点"和"指定矢量"就不用再定义了，节省操作时间。第 1 个运动副的名称采用默认值"J002"。

② 定义第 2 个运动副。由于顶针面板、顶针底板、顶针及其标准件不但向后运动，而且还要向前顶出，因此把它定义成一个滑动副。点击"主页"→"机构"→"接头"图标，打开如图 8-52 所示的对话框。在"类型"下拉菜单中选择"滑块"，然后在"操作"下面"选择连杆"中直接选择顶针板面板上的边，这样既会选择上面定义的第 3 个连杆，还会定义滑动副的原点和方向，注意一定要选择与滑动副方向一样的边。如图 8-52 所示在顶针板面板的边上显示滑动副的原点和方向，这样下面两步"指定原点"和"指定矢量"就不用再定义了，节省操作时间。第 2 个运动副的名称采用默认值"J003"。

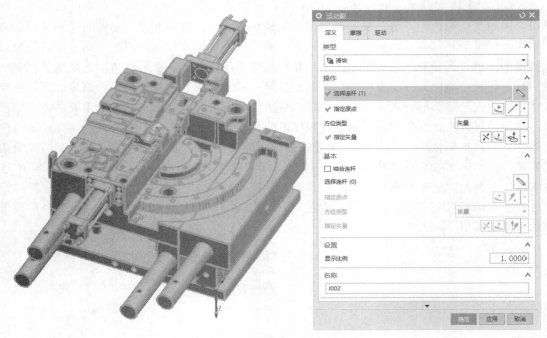

图 8-51　定义第 1 个运动副

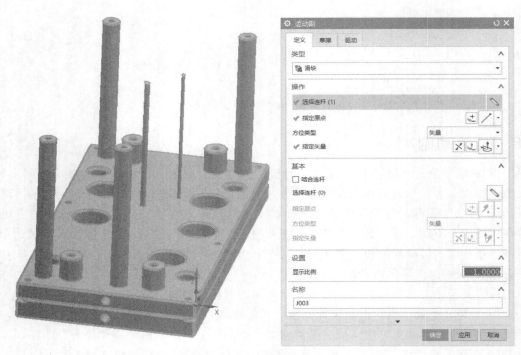

图 8-52　定义第 2 个运动副

③ 定义第 3 个运动副。由于小滑块及小滑块座耐磨板不仅需要沿导轨方向运动,而且跟随 B 板、后模仁、方铁及底板运动,因此把它定义成一个滑动副。点击"主页"→"机构"→"接头"图标,打开如图 8-53 所示的对话框。在"类型"下拉菜单中选择"滑块",然

后在"操作"下面"选择连杆"中直接选择小滑块上的边，这样既会选择上面定义的第 4 个连杆，还会定义滑动副的原点和方向，注意一定要选择与滑动副方向一样的边。如图 8-53 所示在小滑块的边上显示滑动副的原点和方向，这样下面两步"指定原点"和"指定矢量"就不用再定义了，节省操作时间。第 3 个运动副的名称采用默认值"J004"。

重要提示：由于小滑块要跟随 B 板、后模仁、方铁及底板运动，所以必须单击"基本"选项下的"选择连杆"，选择 B 板、后模仁、方铁及底板的连杆（即 L002），如图 8-54 所示。

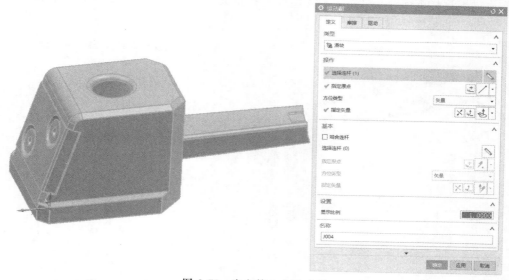

图 8-53 定义第 3 个运动副

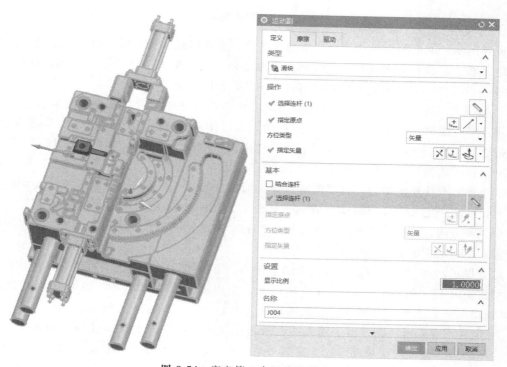

图 8-54 定义第 3 个运动副的连杆

④ 定义第 4 个运动副。由于第 1 组油缸滑块中的滑块座、滑块镶件、耐磨板、油缸拉块及其标准件不仅需要沿导轨方向运动，而且跟随 B 板、后模仁、方铁及底板运动，因此把它定义成一个滑动副。点击"主页"→"机构"→"接头"图标，打开如图 8-55 所示的对话框。在"类型"下拉菜单中选择"滑块"，然后在"操作"下面"选择连杆"中直接选择第 1 组油缸滑块座上的边，这样既会选择上面定义的第 5 个连杆，还会定义滑动副的原点和方向，注意一定要选择与滑动副方向一样的边。如图 8-55 所示在滑块座的边上显示滑动副的原点和方向，这样下面两步"指定原点"和"指定矢量"就不用再定义了，节省操作时间。第 4 个运动副的名称采用默认值"J005"。

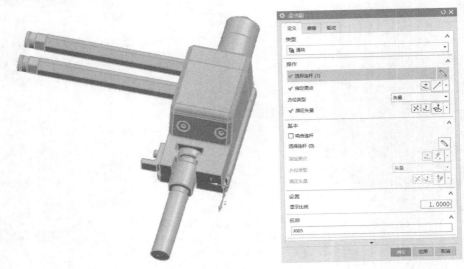

图 8-55 定义第 4 个运动副

重要提示：由于第 1 组油缸滑块中的滑块座、滑块镶件、耐磨板、油缸拉块及其标准件要跟随 B 板、后模仁、方铁及底板运动，所以必须单击"基本"选项下的"选择连杆"，选择 B 板、后模仁、方铁及底板的连杆（即 L002），如图 8-56 所示。

⑤ 定义第 5 个运动副。由于第 2 组油缸滑块中的滑块座、滑块镶件、耐磨板、行程开关挡块及其标准件不仅需要沿导轨方向运动，而且跟随 B 板、后模仁、方铁及底板运动，因此把它定义成一个滑动副。点击"主页"→"机构"→"接头"图标，打开如图 8-57 所示的对话框。在"类型"下拉菜单中选择"滑块"，然后在"操作"下面"选择连杆"中直接选择第 2 组油缸滑块座上的边，这样既会选择上面定义的第 6 个连杆，还会定义滑动副的原点和方向，注意一定要选择与滑动副方向一样的边。如图 8-57 所示在滑块座的边上显示滑动副的原点和方向，这样下面两步"指定原点"和"指定矢量"就不用再定义了，节省操作时间。第 5 个运动副的名称采用默认值"J006"。

重要提示：由于第 2 组油缸滑块中的滑块座、滑块镶件、耐磨板、行程开关挡块及其标准件要跟随 B 板、后模仁、方铁及底板运动，所以必须单击"基本"选项下的"选择连杆"，选择 B 板、后模仁、方铁及底板的连杆（即 L002），如图 8-58 所示。

⑥ 定义第 6 个运动副。由于圆弧抽芯滑块结构中的滑块座、滑块镶件、滑块底座、导向块、耐磨板、镶件固定块及定位、液压马达、小齿轮及其标准件不仅需要沿导轨方向旋转运动，而且跟随 B 板、后模仁、方铁及底板运动，因此把它定义成一个滑动副。点击"主

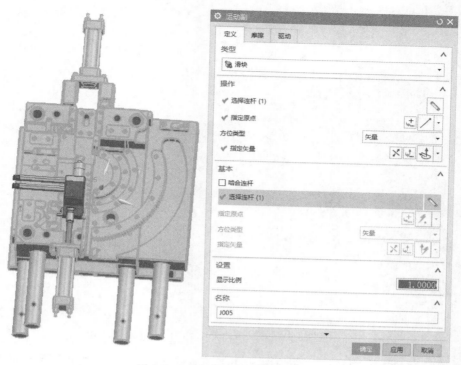

图 8-56　定义第 4 个运动副的连杆

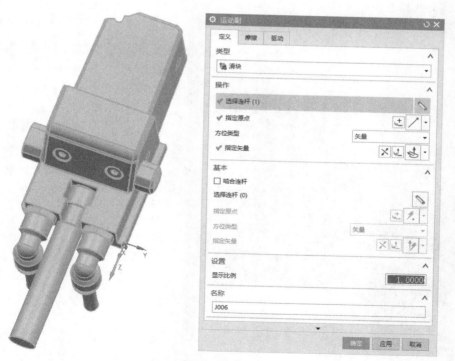

图 8-57　定义第 5 个运动副

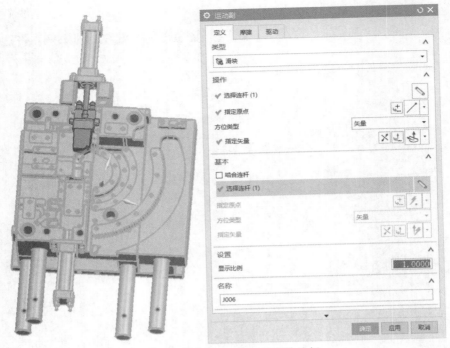

图 8-58 定义第 5 个运动副的连杆

页"→"机构"→"接头"图标,打开如图 8-59 所示的对话框。在"类型"下拉菜单中选择"旋转副",然后在"操作"下面"选择连杆"中直接选择圆弧抽芯滑块座导向块上的圆弧边,这样既会选择上面定义的第 7 个连杆,还会定义旋转副的原点和方向,注意一定要选择导向块的圆弧边,因为此圆弧边与圆弧抽芯滑块旋转圆心是同心的,旋转副的圆心会自动选

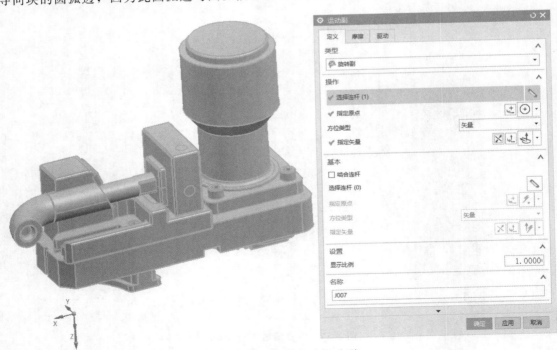

图 8-59 定义第 6 个运动副

择到圆弧抽芯滑块的圆心上。如图 8-59 所示在圆弧抽芯滑块的圆心上显示滑动副的原点和方向，这样下面两步"指定原点"和"指定矢量"就不用再定义了，节省操作时间。第 6 个运动副的名称采用默认值"J007"。

重要提示：由于圆弧抽芯滑块结构中的滑块座、滑块镶件、滑块底座、导向块、耐磨板、镶件固定块及定位、液压马达、小齿轮及其标准件要跟随 B 板、后模仁、方铁及底板运动，所以必须单击"基本"选项下的"选择连杆"，选择 B 板、后模仁、方铁及底板的连杆（即 L002），如图 8-60 所示。

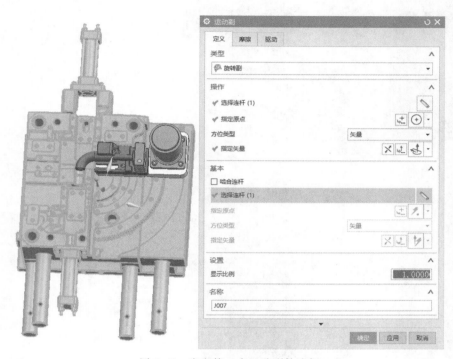

图 8-60 定义第 6 个运动副的连杆

⑦ 定义第 7 个运动副。由于圆弧抽芯滑块中的普通滑块、滑块镶针、耐磨板、导向块及其标准件不仅需要沿导轨方向侧向运动，而且跟随圆弧抽芯滑块结构中的滑块座、滑块镶件、滑块底座、导向块、耐磨板、镶件固定块及定位、液压马达、小齿轮及其标准件旋转运动，因此把它定义成一个滑动副。点击"主页"→"机构"→"接头"图标，打开如图 8-61 所示的对话框。在"类型"下拉菜单中选择"滑块"，然后在"操作"下面"选择连杆"中直接选择普通滑块导向块上的边，这样既会选择上面定义的第 8 个连杆，还会定义滑动副的原点和方向，注意一定要选择与滑动副方向一样的边。如图 8-61 所示在普通滑块导向块的边上显示滑动副的原点和方向，这样下面两步"指定原点"和"指定矢量"就不用再定义了，节省操作时间。第 7 个运动副的名称采用默认值"J008"。

重要提示：由于圆弧抽芯滑块中的普通滑块、滑块镶针、耐磨板、导向块及其标准件要跟随圆弧抽芯滑块结构中的滑块座、滑块镶件、滑块底座、导向块、耐磨板、镶件固定块及定位、液压马达、小齿轮及其标准件旋转运动，所以必须单击"基本"选项下的"选择连杆"，选择圆弧抽芯滑块结构中的滑块座、滑块镶件、滑块底座、导向块、耐磨板、镶件固定块及定位、液压马达、小齿轮及其标准件旋转运动的连杆（即 L007），如图 8-62 所示。

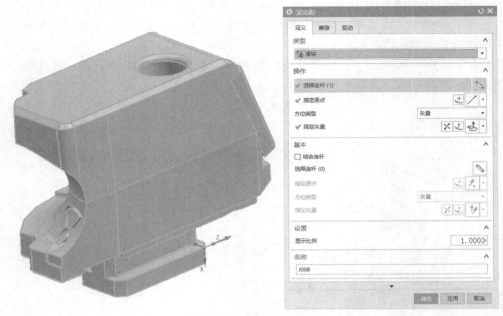

图 8-61　定义第 7 个运动副

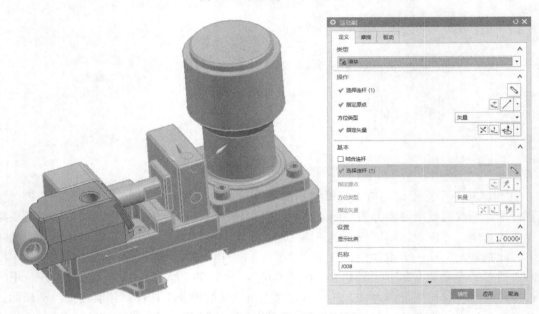

图 8-62　定义第 7 个运动副的连杆

⑧ 定义第 8 个运动副。由于产品和流道不但要向操作者方向运动，而且要跟随吸盘圆柱体运动，因此把它定义成一个滑动副。点击"主页"→"机构"→"接头"图标，打开如图8-63所示的对话框。在"类型"下拉菜单中选择"滑块"，然后在"操作"下面"选择连杆"中直接选择产品上的边，这样既会选择上面定义的第 9 个连杆，还会定义滑动副的原点和方向，注意一定要选择与滑动副方向一样的边。如图所示在产品的边上显示滑动副的原点和方向，这样下面两步"指定原点"和"指定矢量"就不用再定义了，节省操作时间。第 8个运动副的名称采用默认值"J009"。

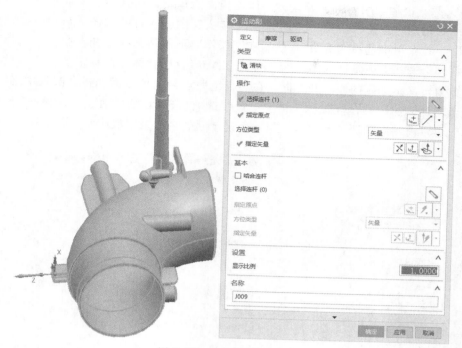

图 8-63 定义第 8 个运动副

重要提示：由于产品和流道要跟随吸盘圆柱体运动，所以必须单击"基本"选项下的"选择连杆"，选择吸盘圆柱体的连杆（即 L010），如图 8-64 所示。最后可以关闭图层 11 层，使吸盘圆柱体不可见。

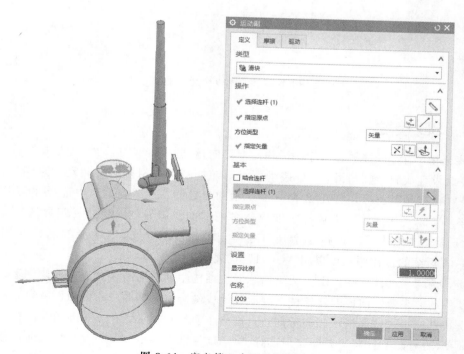

图 8-64 定义第 8 个运动副的连杆

⑨ 定义第 9 个运动副。由于吸盘圆柱体不但向后运动，而且还要向前顶出，因此把它定义成一个滑动副。点击"主页"→"机构"→"接头"图标，打开如图 8-65 所示的对话框。在"类型"下拉菜单中选择"滑块"，然后在"操作"下面"选择连杆"中直接选择吸盘圆柱体，这样即会选择上面定义的第 10 个连杆，由于吸盘圆柱体是圆柱形的，所以没办法选择边，因此要定义运动副的原点和方向。在"指定原点"选项后面选择"圆弧中心"捕捉，捕捉到吸盘圆柱体的圆心，接着在"指定矢量"选项后选择"ZC 轴"，如图 8-65 所示在吸盘圆柱体上显示滑动副的原点和方向。第 9 个运动副的名称采用默认值"J010"。

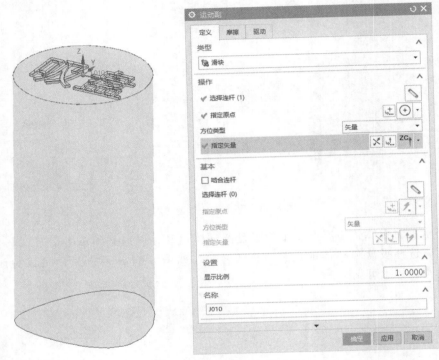

图 8-65　定义第 9 个运动副

8.6.4　3D 接触

① 定义第 1 个 3D 接触。由于小滑块需要侧向运动，小滑块运动的动力来源于前模的斜导柱，因此设计成斜导柱与滑块 3D 接触，由斜导柱带动小滑块侧向运动。点击"主页"→"接触"→"3D 接触"图标，打开如图 8-66 所示的对话框。在"类型"中选择"CAD 接触"，在"操作"下面"选择体"中选择小滑块所对应的前模斜导柱，注意一定要选择实体，在"基本"下面"选择体"中选择小滑块，也一定要选择实体。3D 接触的名称采用默认值"G001"，在后续的操作中也可以用"G001"代表第 1 个 3D 接触。

② 定义第 2 个 3D 接触。由于圆弧抽芯滑块结构中的普通滑块首先需要侧向运动，普通滑块运动的动力来源于前模的斜导柱，因此设计成斜导柱与滑块 3D 接触，由斜导柱带动圆弧抽芯滑块结构中的普通滑块侧向运动。点击"主页"→"接触"→"3D 接触"图标，打开如图 8-67 所示的对话框。在"类型"中选择"CAD 接触"，在"操作"下面"选择体"中选择圆弧抽芯滑块结构中的普通滑块所对应的前模斜导柱，注意一定要选择实体，在"基本"

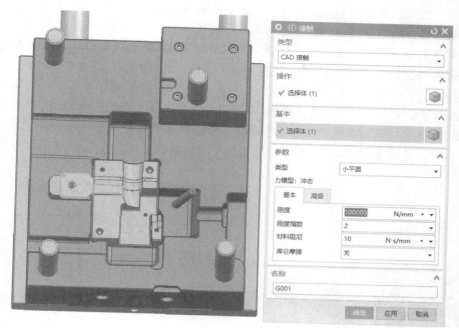

图 8-66 定义第 1 个 3D 接触

下面"选择体"中选择圆弧抽芯滑块结构中的普通滑块，也一定要选择实体。3D 接触的名称采用默认值"G002"，在后续的操作中也可以用"G002"代表第 2 个 3D 接触。

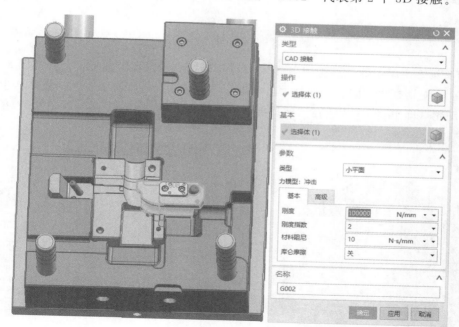

图 8-67 定义第 2 个 3D 接触

8.6.5　阻尼器

由于小滑块的运动驱动力是靠斜导柱与滑块的 3D 接触实现的，因此当斜导柱与小滑块脱离接触后，滑块由于惯性会继续运动。在运动仿真中为了消除滑块的惯性运动，可以在滑块上添加阻尼器，阻尼器可以使斜导柱与滑块脱离接触后，小滑块即停止运动。另外，圆弧抽芯滑块结构中普通滑块的运动也是靠斜导柱与滑块的 3D 接触实现的，因此圆弧抽芯滑块结构中普通滑块的运动副也要添加阻尼器。

① 定义第 1 个阻尼器。点击"主页"→"连接器"→"阻尼器"图标，打开如图 8-68 所示的对话框。在对话框中"附着"选择"滑动副"，"运动副"选择小滑块的运动副（即 J004），或者在"运动导航器"下面选择"J004"运动副，会更容易些。其它选项均采用默认参数。阻尼器的名称采用默认值"D001"，在后续的操作中也可以用"D001"代表第 1 个阻尼器。

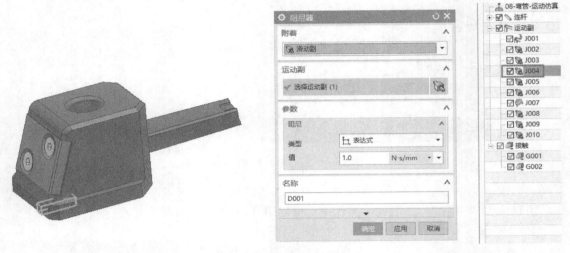

图 8-68 定义第 1 个阻尼器

② 定义第 2 个阻尼器。点击"主页"→"连接器"→"阻尼器"图标，打开如图 8-69 所示的对话框。在对话框中"附着"选择"滑动副"，"运动副"选择圆弧抽芯滑块结构中的普通滑块的运动副（即 J008），或者在"运动导航器"下面选择"J008"运动副，会更容易些。

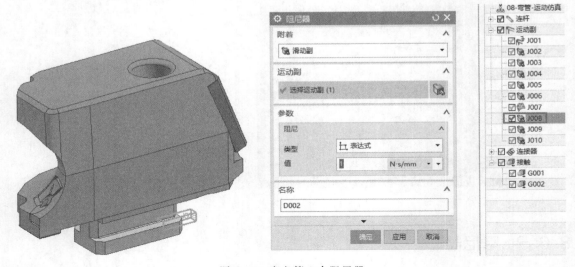

图 8-69 定义第 2 个阻尼器

其它选项均采用默认参数。阻尼器的名称采用默认值"D002"，在后续的操作中也可以用"D002"代表第 2 个阻尼器。

8.6.6 驱动

本案例的模具是二板模模具，因此只需要打开 A、B 板即可，接着圆弧抽芯滑块旋转运动，然后两组油缸滑块同时向后运动，注意一定要圆弧抽芯滑块先运动，不能与两组油缸滑块同时运动或者两组油缸滑块先运动，因为如果两组油缸滑块先运动，产品在后模的封胶位较少，而圆弧抽芯滑块镶件上的封胶位较多，产品会跟随圆弧抽芯滑块一起运动，导致产品拉伤。最后是顶针板的顶出，本案例顶针板把产品顶出后，用吸盘圆柱体模拟机械手或者人工把产品再向外顶出一段距离，使产品完全脱离模仁、顶针、圆弧抽芯滑块及两组油缸滑块，最后产品向操作者方向运动。由于模具中每块板的开模顺序不同，每块板的开模时间也不一样，对于这样比较复杂的模具运动仿真，利用运动仿真中的 STEP 函数来控制模具中的开模顺序比较容易。下面就详细讲解每块板的运动驱动函数。

① B 板的运动函数。首先是 B 板运动仿真，B 板开模后向后运动，0～3s 向后运动300mm，函数 STEP（x，0，0，3，300）。

② 圆弧抽芯滑块的运动函数。A、B 板开模时，圆弧抽芯滑块中的普通滑块在斜导柱作用下向后运动，A、B 板开模后，圆弧抽芯滑块中的普通滑块停止运动。圆弧抽芯滑块及圆弧抽芯中的普通滑块一起旋转运动，因为圆弧抽芯滑块在 A、B 板开模时没有运动，所以圆弧抽芯滑块的运动分成两部分：第一部分 0～3s 圆弧抽芯滑块跟随 B 板向后运动，函数 STEP（x，0，0，3，0）；第二部分 3～6s 圆弧抽芯滑块及圆弧抽芯中的普通滑块旋转运动92°，函数 STEP（x，3，0，6，92）。

③ 第一组油缸滑块的运动函数。A、B 板开模后，第一组油缸滑块先保持不动，等圆弧抽芯滑块旋转运动 92°以后才开始运动，因此第一组油缸滑块的运动分成三部分：第一部分0～3s 油缸滑块跟随 B 板向后运动，函数 STEP（x，0，0，3，0）；第二部分 3～6s 第一组油缸滑块保持不动，函数 STEP（x，3，0，6，0）；第三部分 6～8s 第一组油缸滑块向外运动 32mm，函数 STEP（x，6，0，8，32）。第一组油缸滑块的运动函数也可简化成两部分，即 STEP（x，0，0，6，0）+STEP（x，6，0，8，32）。由于前面二次的函数都不运动，因此可以简化成一次函数。

④ 第二组油缸滑块的运动函数。A、B 板开模后，第二组油缸滑块先保持不动，等圆弧抽芯滑块旋转运动 92°以后才开始运动，因此第二组油缸滑块的运动分成三部分：第一部分0～3s 油缸滑块跟随 B 板向后运动，函数 STEP（x，0，0，3，0）；第二部分 3～6s 第二组油缸滑块保持不动，函数 STEP（x，3，0，6，0）；第三部分 6～8s 第二组油缸滑块向外运动 45mm，函数 STEP（x，6，0，8，45）；第二组油缸滑块的运动函数也可简化成两部分，即 STEP(x,0,0,6,0)+STEP(x,6,0,8,45)。由于前面二次的函数都不运动，因此可以简化成一次函数。

⑤ 顶针板的运动函数。顶针板的运动仿真分三部分：第一部分是顶针板 0～3s 向后运动－300mm（顶针板运动副方向朝上，因此是负数），函数 STEP（x，0，0，3，－300）；第二部分顶针板 3～8s 不运动，等待圆弧抽芯滑块及油缸滑块运动，函数 STEP（x，3，0，8，0）；第三部分顶针板 8～10s 向上运动 25mm，函数 STEP（x，8，0，10，25）。

⑥ 吸盘圆柱体的运动函数。吸盘圆柱体的运动仿真分四部分：第一部分是吸盘圆柱体

0～3s 向后运动－300mm（吸盘圆柱体的运动副方向朝上，因此是负数），函数 STEP（x，0，0，3，－300）；第二部分吸盘圆柱体 3～8s 不运动，等待圆弧抽芯滑块及油缸滑块运动，函数 STEP（x，3，0，8，0）；第三部分吸盘圆柱体 8～10s 向上运动 25mm，函数 STEP（x，8，0，10，25）；第四部分吸盘圆柱体 10～12s 向上运动 50mm，函数 STEP（x，10，0，12，50）。

⑦ 产品及流道的运动函数。产品及流道的运动仿真分二部分：第一部分是产品及流道 0～12s 跟随吸盘圆柱体运动，函数 STEP（x，0，0，12，0）；第二部分产品及流道 12～15s 向操作者方向运动 500mm，函数 STEP（x，12，0，15，500）。

本案例的函数较多，为了减少出错的机率，建议在记事本中把函数记录下来，然后在运动仿真中复制粘贴。本案例函数在记事本中的记录如图 8-70 所示。

*函数.txt - 记事本
文件(F) 编辑(E) 格式(O) 查看(V) 帮助(H)
1.B板函数 SY1=STEP(x, 0, 0, 3, 300)
2.圆弧抽芯滑块函数 SY2=STEP(x, 0, 0, 3, 0)+ STEP(x, 3, 0, 6, 92)
3.第一组油缸滑块函数 SY3=STEP(x, 0, 0, 3, 0)+STEP(x, 3, 0, 6, 0)+ STEP(x, 6, 0, 8, 32)
4.第二组油缸滑块函数 SY4=STEP(x, 0, 0, 3, 0)+STEP(x, 3, 0, 6, 0)+ STEP(x, 6, 0, 8, 45)
5.顶针板函数 SY5=STEP(x, 0, 0, 3, -300)+ STEP(x, 3, 0, 8, 0)+ STEP(x, 8, 0, 10, 25)
6.吸盘圆柱体函数 SY6=STEP(x, 0, 0, 3, -300)+ STEP(x, 3, 0, 8, 0)+ STEP(x, 8, 0, 10, 25)+ STEP(x, 10, 0, 12, 50)
7.产品及流道函数 SY7=STEP(x, 0, 0, 12, 0)+ STEP(x, 12, 0, 15, 500)

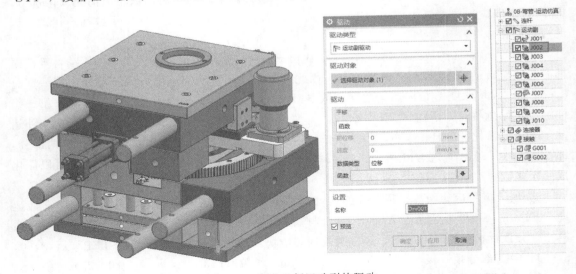

图 8-70 本案例函数记录

最后就是为模具的各个连杆的运动副定义驱动。

① 定义 B 板运动副的驱动。点击“主页”→“机构”→“驱动”图标，打开如图 8-71 所示的对话框。在“驱动类型”下拉菜单中选择“运动副驱动”，“驱动对象”选择 B 板的滑动副（即 J002），注意由于在显示区域中滑动副不好选择，可以在“运动导航器”中选择滑动副，更方便一些。在“平移”下拉菜单中选择“函数”，“数据类型”选择“位移”，然后点击“函数”后面“⬇”图标，再点击“函数管理器”弹出如图 8-72 所示对话框，在对话框中点击下面的“✎”图标，弹出如图 8-73 所示对话框，“名称”后面的文本框中输入“SY1”，接着在“公式”下面的文本框中粘贴从记事本中复制的 STEP(x，0，0，3，300）的

图 8-71 定义 B 板运动副的驱动

函数。最后连续点击"确定"按钮，完成 B 板上运动副的函数驱动。第 1 个驱动的名称采用默认值"Drv001"，在后续的操作中也可以用"Drv001"代表第 1 个驱动。

图 8-72 "XY 函数管理器"对话框

图 8-73 "XY 函数编辑器"对话框

② 定义圆弧抽芯滑块运动副的驱动。点击"主页"→"机构"→"驱动"图标，打开如图 8-74 所示的对话框。在"驱动类型"下拉菜单中选择"运动副驱动"，"驱动对象"选择圆

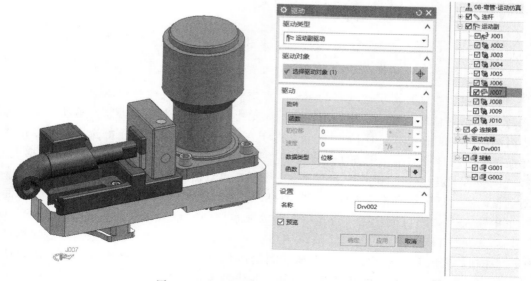

图 8-74 定义圆弧抽芯滑块运动副的驱动

弧抽芯滑块的滑动副（即 J007），注意由于在显示区域中滑动副不好选择，可以在"运动导航器"中选择滑动副，更方便一些。在"平移"下拉菜单中选择"函数"，"数据类型"选择"位移"，然后点击"函数"后面"↓"图标，再点击"函数管理器"弹出如图 8-75 所示对话框，在对话框中点击下面的"✐"图标，弹出如图 8-76 所示对话框，"名称"后面的文本框中输入"SY2"，接着在"公式"下面的文本框中粘贴从记事本中复制的 STEP（x，0，0，3，0）+STEP（x，3，0，6，92）的函数。最后连续点击"确定"按钮，完成圆弧抽芯滑块上运动副的函数驱动。注意"轴单位设置"下面的"Y 类形角位移"后面的"Unit"一定要选择"°"，因为角度常用的单位是度，而默认的单位是"rad"，1rad = 180°/π≈57.30°。第 2 个驱动的名称采用默认值"Drv002"，在后续的操作中也可以用"Drv002"代表第 2 个驱动。

图 8-75 "XY 函数管理器"对话框

图 8-76 "XY 函数编辑器"对话框

③ 定义第 1 组油缸滑块运动副的驱动。点击"主页"→"机构"→"驱动"图标，打开如图 8-77 所示的对话框。在"驱动类型"下拉菜单中选择"运动副驱动"，"驱动对象"选择第 1 组油缸滑块的滑动副（即 J005），注意由于在显示区域中滑动副不好选择，可以在"运动导航器"中选择滑动副，更方便一些。在"平移"下拉菜单中选择"函数"，"数据类型"选择"位移"，然后点击"函数"后面"↓"图标，再点击"函数管理器"弹出如图 8-78 所示对话框，在对话框中点击下面的"✐"图标，弹出如图 8-79 所示对话框，"名称"后面的文本框中输入"SY3"，接着在"公式"下面的文本框中粘贴从记事本中复制的 STEP（x，0，0，3，0）+STEP（x，3，0，6，0）+STEP（x，6，0，8，32）的函数。最后连续点击"确定"按钮，完成第 1 组油缸滑块上运动副的函数驱动。第 3 个驱动的名称采用默认值"Drv003"，在后续的操作中也可以用"Drv003"代表第 3 个驱动。

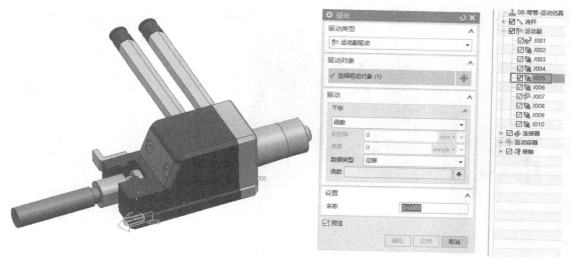

图 8-77 定义第 1 组油缸滑块运动副的驱动

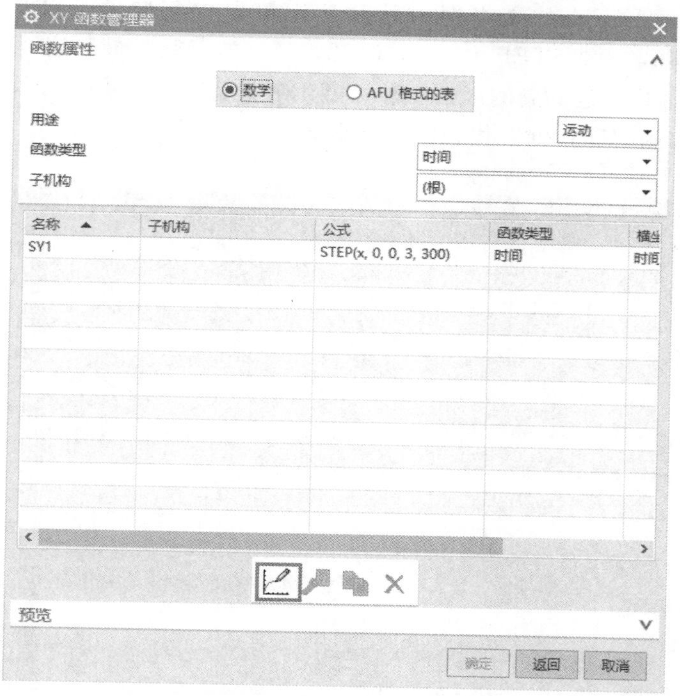

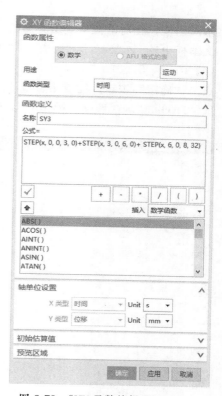

图 8-78 "XY 函数管理器"对话框

图 8-79 "XY 函数编辑器"对话框

④ 定义第 2 组油缸滑块运动副的驱动。点击"主页"→"机构"→"驱动"图标,打开如图 8-80 所示的对话框。在"驱动类型"下拉菜单中选择"运动副驱动","驱动对象"选择第 2 组油缸滑块的滑动副(即 J006),注意由于在显示区域中滑动副不好选择,可以在"运动导航器"中选择滑动副,更方便一些。在"平移"下拉菜单中选择"函数","数据类型"选择"位移",然后点击"函数"后面"⬇"图标,再点击"函数管理器"弹出如图 8-81 所

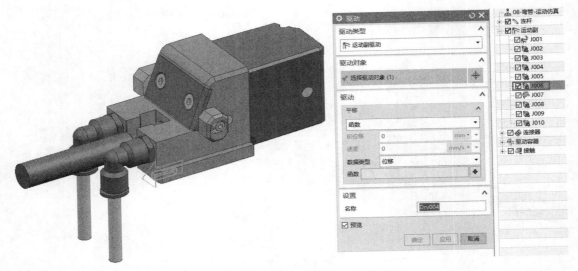

图 8-80 定义第 2 组油缸滑块运动副的驱动

示对话框，在对话框中点击下面的 "⌐" 图标，弹出如图 8-82 所示对话框，"名称" 后面的文本框中输入 "SY4"，接着在 "公式" 下面的文本框中粘贴从记事本中复制的 STEP (x，0，0，3，0)＋STEP (x，3，0，6，0)＋STEP (x，6，0，8，45) 的函数。最后连续点击 "确定" 按钮，完成第 2 组油缸滑块上运动副的函数驱动。第 4 个驱动的名称采用默认值 "Drv004"，在后续的操作中也可以用 "Drv004" 代表第 4 个驱动。

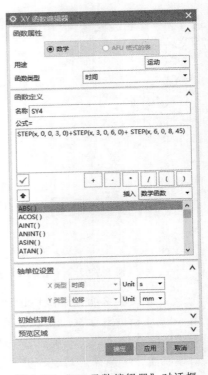

图 8-81 "XY 函数管理器" 对话框　　**图 8-82** "XY 函数编辑器" 对话框

⑤ 定义顶针板运动副的驱动。点击"主页"→"机构"→"驱动"图标，打开如图 8-83 所示的对话框。在"驱动类型"下拉菜单中选择"运动副驱动"，"驱动对象"选择顶针板的滑动副（即 J003），注意由于在显示区域中滑动副不好选择，可以在"运动导航器"中选择滑动副，更方便一些。在"平移"下拉菜单中选择"函数"，"数据类型"选择"位移"，然后点击"函数"后面"↓"图标，再点击"函数管理器"弹出如图 8-84 所示对话框，在对话框中点击下面的"✍"图标，弹出如图 8-85 所示对话框，"名称"后面的文本框中输入"SY5"，

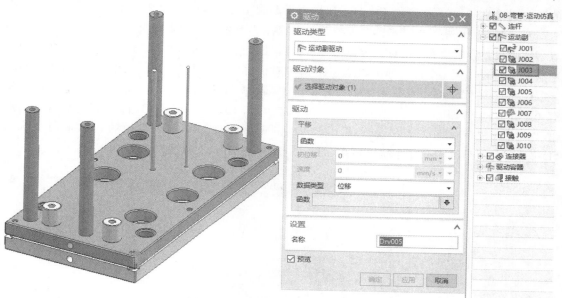

图 8-83 定义顶针板运动副的驱动

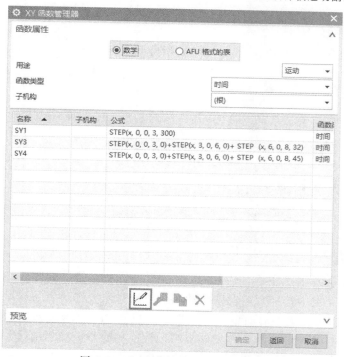

图 8-84 "XY 函数管理器"对话框

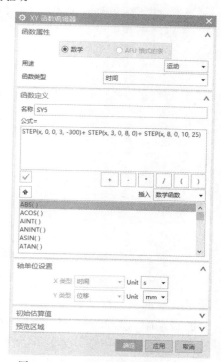

图 8-85 "XY 函数编辑器"对话框

接着在"公式"下面的文本框中粘贴从记事本中复制的 STEP（x，0，0，3，－300）＋ STEP（x，3，0，8，0）＋STEP（x，8，0，10，25）的函数。最后连续点击"确定"按钮，完成顶针板上运动副的函数驱动。第 5 个驱动的名称采用默认值"Drv005"，在后续的操作中也可以用"Drv005"代表第 5 个驱动。

⑥ 定义吸盘圆柱体运动副的驱动。点击"主页"→"机构"→"驱动"图标，打开如图 8-86 所示的对话框。在"驱动类型"下拉菜单中选择"运动副驱动"，"驱动对象"选择吸盘圆柱体的滑动副（即 J010），注意由于在显示区域中滑动副不好选择，可以在"运动导航器"中选择滑动副，更方便一些。在"平移"下拉菜单中选择"函数"，"数据类型"选择"位移"，然后点击"函数"后面"↓"图标，再点击"函数管理器"弹出如图 8-87 所示对话框，在对话框中点击下面的"✎"图标，弹出如图 8-88 所示对话框，"名称"后面的文本框中输入"SY6"，接着在"公式"下面的文本框中粘贴从记事本中复制的 STEP（x，0，0，3，－300）＋STEP（x，3，0，8，0）＋STEP（x，8，0，10，25）＋STEP（x，10，0，12，50）的函数。最后连续点击"确定"按钮，完成吸盘圆柱体上运动副的函数驱动。第 6 个驱动的名称采用默认值"Drv006"，在后续的操作中也可以用"Drv006"代表第 6 个驱动。

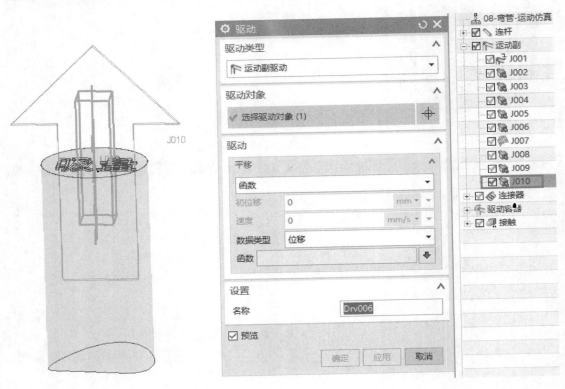

图 8-86 定义吸盘圆柱体驱动

⑦ 定义产品和流道运动副的驱动。点击"主页"→"机构"→"驱动"图标，打开如图 8-89 所示的对话框。在"驱动类型"下拉菜单中选择"运动副驱动"，"驱动对象"选择产品和流道的滑动副（即 J009），注意由于在显示区域中滑动副不好选择，可以在"运动导航器"中选择滑动副，更方便一些。在"平移"下拉菜单中选择"函数"，"数据类型"选择"位移"，然后点击"函数"后面"↓"图标，再点击"函数管理器"弹出如图 8-90 所示对话框，在

图 8-87 "XY 函数管理器"对话框

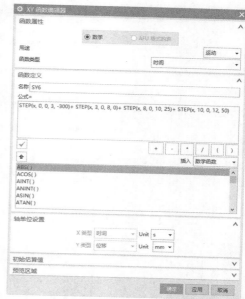

图 8-88 "XY 函数编辑器"对话框

对话框中点击下面的"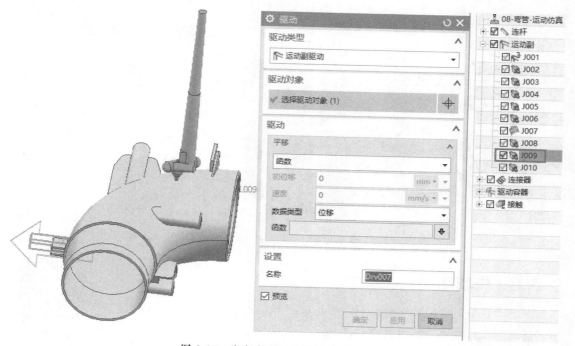"图标，弹出如图 8-91 所示对话框，"名称"后面的文本框中输入"SY7"，接着在"公式"下面的文本框中粘贴从记事本中复制的 STEP（x，0，0，12，0）+STEP（x，12，0，15，500）的函数。最后连续点击"确定"按钮，完成产品和流道上运动副的函数驱动。第 7 个驱动的名称采用默认值"Drv007"，在后续的操作中也可以用"Drv007"代表第 7 个驱动。

图 8-89 定义产品和流道运动副的驱动

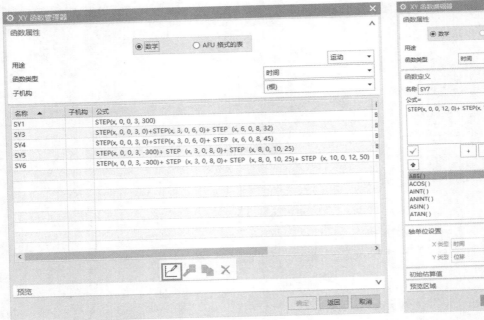

图 8-90 "XY 函数管理器"对话框

图 8-91 "XY 函数编辑器"对话框

8.6.7 解算方案及求解

点击"主页"→"解算方案"→"解算方案"图标，打开如图 8-92 所示的对话框。由于在函数中所用的总时间是 15s，所以在解算方案中的时间就是 15s，步数可以取时间的 30 倍，即 450 步。在"按'确定'进行求解"的复选框中打钩，点击"确定"后会自动进行求解。

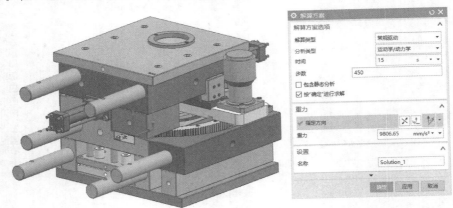

图 8-92 "解算方案"对话框

8.6.8 生成动画

点击"分析"→"运动"→"动画"图标，打开如图 8-93 所示的对话框。点击"播放"按钮即可播放弯管模具的运动仿真动画。图中是弯管模具开模后的状态图。弯管模具运动仿真的动画可用手机扫描二维码播放。

弯管模具运动
仿真动画

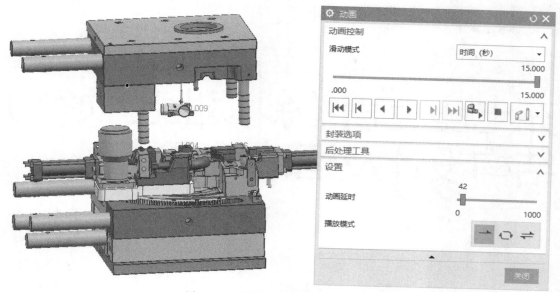

图 8-93 弯管模具的运动仿真动画

第**9**章

充电座上盖（斜顶上出顶针）结构设计及运动仿真

充电座上盖
模具结构

9.1 充电座上盖产品分析

本章以某模具公司设计生产的一套充电座上盖模具为实例来讲解斜顶上出顶针结构的设计原理、经验参数及运动仿真。充电座上盖两侧面外观要求较高，属于外观件产品，但由于在产品的长度方向的两侧面都有外倒扣，因此产品长度方向的两侧均需要设计滑块结构。在产品的宽度方向的两侧面虽然没有倒扣，但宽度方向的两侧面没有拔模角度（即直升面），上下的高度非常高，而且还是外观面，如果直接脱模顶出会拉伤产品，如果采用滑块脱模则可解决此问题。因此虽然宽度方向的两侧面没有倒扣，也采用滑块结构。设计滑块时滑块尽量包住产品的整个侧面，以减少产品外观上的夹线。模具设计时需要注意浇口的位置及浇口的形式，不允许在外观面上有明显的浇口疤痕，另外由于产品的四面都是滑块结构，如图 9-1 所示，而产品的上表面均属于内观件，因此浇口的位置及浇口的形式选择窗口比较大。本案例由于产品的尺寸比较大，为了更好、更容易地充填产品，产品采用直接进胶形式，此进胶形式的优点是产品更容易充填及保压，注射机所需要的注射压力也较小。缺点是产品需要后加工（即每个产品都需要人工剪断），增加了人力成本，而且产品上有明显的胶口疤痕。另外，在产品上有四个金属套，因此此套模具也属于包金属模具。充电座上盖的塑胶材料一般选择综合性能比较好、机械强度高、抗冲击能力强、耐磨性好的 ABS 材料，根据以往的经验，客户给出的缩水率是 1.005（即千分之五）。用手机扫描二维码可以观看充电座上盖模具结构。

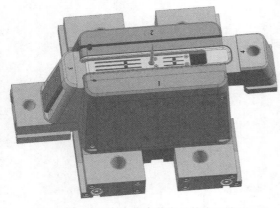

图 9-1 充电座上盖产品的浇口位置

9.1.1 产品出模方向及分型

在模具设计的前期，首先要分析产品的出模方向、分型线、产品的前后模面及倒扣。产品如图9-2所示。产品最大外围尺寸（长、宽、高）为46.23mm×296.37mm×165.83mm，产品的主壁厚为2.3mm。产品四面都需要滑块结构才可脱模，滑块尽可能包住产品的整个侧面以减少产品上的夹线。产品的出模方向选择正Z方向，产品的分型线及结构如图9-3～图9-5所示。

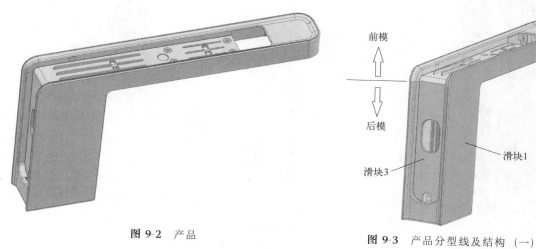

图9-2　产品

图9-3　产品分型线及结构（一）

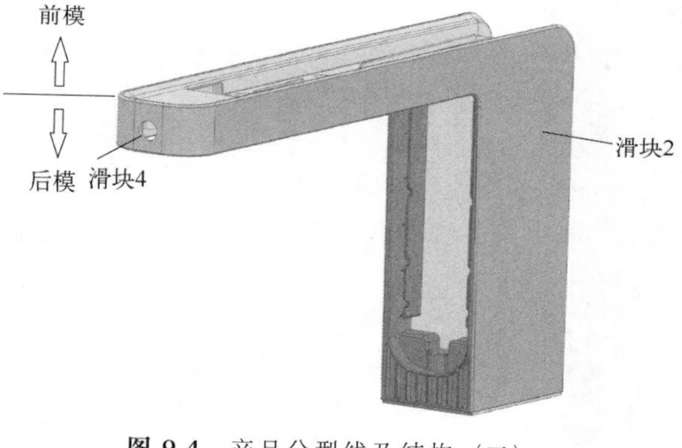

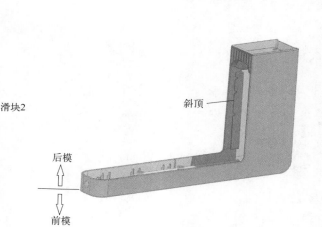

图9-4　产品分型线及结构（二）

图9-5　产品分型线及结构（三）

9.1.2　产品的前后模面

产品的前后模面如图9-6和图9-7所示。由于产品结构，大部分前模面出在滑块上。直升面主要位于滑块区域，由于滑块是侧向抽芯机构，因此直升面可以不用做拔模斜度。

9.1.3　产品的倒扣

产品倒扣如图9-8所示，倒扣区域需要设计滑块机构或者斜顶机构。产品两个比较大的外表面都以白色显示，是因为这两个大面是直升面，没有拔模角度，如果出在后模或者前模，在顶出或者脱模过程中容易拉伤，所以两侧面也设计成滑块结构。本案例共设计四个滑块机构和一个斜顶机构。

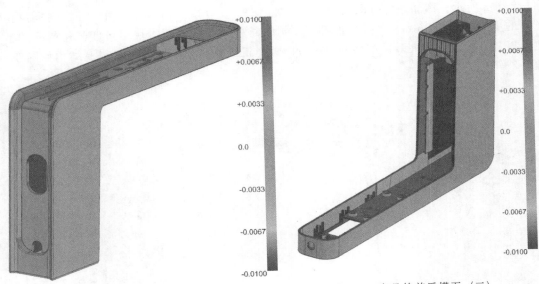

图 9-6　产品的前后模面（一）　　　　　　　图 9-7　产品的前后模面（二）

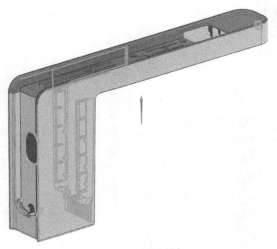

图 9-8　产品倒扣

9.1.4　产品的浇注系统

　　由于产品是外观件，对产品的外观要求比较高，因此不能从产品的边缘进胶，即不能选择侧浇口，而且由于产品的四面都是滑块结构，也不方便设计侧浇口的结构。浇口位置只能选择在产品的上表面（即产品的前模面）。由于产品的上表面是装配位，对产品的外观没有影响，因此浇口的方案有两种：第一种方案是细水口点浇口，如图 9-9 所示；第二种方案是大水口直接进胶，如图 9-10 所示。第一种方案的优点是，浇口与产品在开模时自动分离，无需后加工，浇口的疤痕也较小；缺点是由于产品较大，一点进胶无法满足填充要求，需最少设计两点进胶或更多点进胶。两点进胶或多点进胶会在两点之间或多点之间产生熔接线，会影响产品的外观和强度。另外，由于点浇口直径较小，产品注射时压力损失较大，需要更高的压力注射才行。第二种方案的优点是，产品直接进胶压力损失较小，产品的充填、保压效果更好，一点进胶也不会产生熔接线；缺点是产品需要后加工，即产品注射生产后需要人工把每个产品流道从产品上剪下来，增加人力成本，另外产品的浇口疤痕也比较大。两种案例经过综合对比，选择第二种方案，原因是产品的产量不大，而且第二种方案的填充、保压效果更好，产品出现问题的可能性更小。第二种方案的浇注系统，顶部直径 3mm，底部直径大约 8mm，在前内模与 A 板接触处的流道要设计台阶，以防止流道在脱模时由于前内模与 A 板的装配公差而导致流道产生倒扣。第二种方案的浇注系统经模流分析验证，可以保证产品的充填及保压需求。

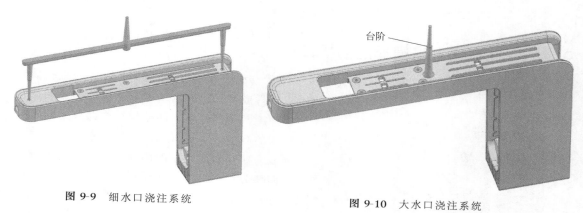

图 9-9　细水口浇注系统　　　　　　　图 9-10　大水口浇注系统

9.2　充电座上盖模具结构分析

9.2.1　充电座上盖模具的模架

本产品采用直接进胶形式的浇注系统，因此选择大水口模架，模架型号为 CI4055 A190 B130 C180，模架如图 9-11 所示。模架为大水口工字形模架，浇注系统处于模具的正中心，因此不需要设置成偏心形式。由于产品的大部分区域处于 A 板中，A 板的厚度较厚，另外由于产品较高，顶针板的顶出行程较大，因此方铁的高度在标准方铁的基础上有所加高。本案例的模具是二板模结构，开模时仅开 A 板与 B 板之间即可。

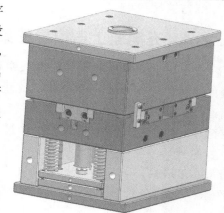

9.2.2　充电座上盖模具的前模仁

充电座上盖模具的前模仁如图 9-12 所示。前模仁的结构较为简单，在前模仁上有四根前模镶针，前模镶针的主要作用是安装金属件，一般情况下金属件都放入前模中，在放金属件的地方都要设计镶针。

图 9-11　充电座上盖模具的模架

由于产品的四面都设计有滑块结构，前模仁与后模仁在分型面区域没有接触，因此前模仁上没有设计虎口定位机构。由于是大水口直接进胶，唧嘴没有深入前模仁中（即模仁中直接设计流道通道），前模仁在进胶处设计有凸起钢料，0.8mm 高，目的就是在产品上减胶，剪断浇注系统后的浇口疤痕不影响装配。

第 9 章　充电座上盖（斜顶上出顶针）结构设计及运动仿真 ___ 267

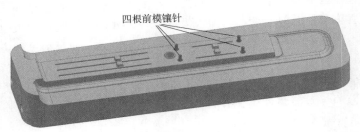

四根前模镶针

图 9-12　充电座上盖模具的前模仁

9.2.3　充电座上盖模具的后模仁

充电座上盖模具的后模仁如图 9-13 所示。后模仁由于存在较大的高度差，因此把后模

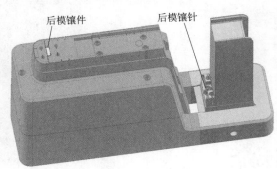

后模镶件　　　后模镶针

图 9-13　充电座上盖模具的后模仁

仁拆成两部分，以增加后模仁的寿命和便于加工。后模仁左半部分与右半部分之间有较大的高度差，CNC 在加工的时候刀头非常容易撞到两侧的凸起部分，如果把它拆分成两部分，则可避免此问题。后模仁左半部分设计有燕尾槽，拆成两部分后也便于燕尾槽的加工。后模镶件的作用是便于排气和省模。后模镶针的作用是便于加工和更换，因为后模镶针与斜顶接触，斜顶运动时与后模镶针摩擦，后模镶针的寿命较短，设计成镶

针后便于更换。后模上筒状胶位较多，后模设计有 8 根司筒（即推管），4 根顶针另加一个大斜顶构成模具的顶出系统。后模仁拆分成两部分后，每一部分都要设计运水，每一部分都需要螺钉锁紧。

9.2.4　充电座上盖模具的第一组滑块结构

充电座上盖模具的第一组滑块结构如图 9-14 所示。由于滑块镶件比较大，因此滑块镶件与滑块座设计成一个整体。滑块比较大，在滑块后面设计滑块座延伸块，使滑块底面运动接触面更大，滑块运动更平稳，滑块座延伸块一定要设计"冬菇头"定位，滑块座延伸块与滑块座没有设计成一个整体结构是为了节省材料，此结构主要用于模具寿命不长的模具结构中。斜导柱设计在滑块座延伸块上，而没有设计在滑块的顶部，是因为滑块高度较高，如果斜导柱设计在滑块的顶部，与滑块压块的落差较大，滑块运动时不平衡。滑块深入 A 板较深，直接用 A 板锁紧滑块，因此锁紧块就不用单独设计成采用 A 板原身留形式。滑块较大，在滑块上必须设计运水，运水在滑块上必须设计三条。另外也因为滑块较大，在滑块的中间设计滑块导向块，使滑块的导向更平稳。滑块的定位机构采用波珠螺钉，笔者认为这么大的滑块最好采用滑块夹，不过好在模具生产时滑块处于水平方向运动，因此波珠螺钉定位也可勉强接受，不过一定要在滑块的后面设计限位螺钉，防止模具在运输或安装过程中滑块掉出模具之外而砸伤人。滑块的经验参数和结构原理可参考第 1 章模具结构设计基础。

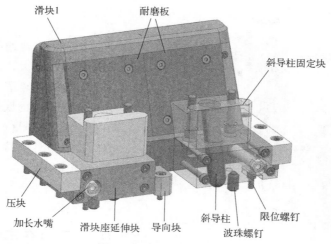

图 9-14　第一组滑块结构

9.2.5　充电座上盖模具的第二组滑块结构

充电座上盖模具的第二组滑块结构如图 9-15 所示。第二组滑块结构与第一组滑块结构完全一样，只是与第一组滑块结构是镜像关系。其结构形式在前面已经讲解，此处不再赘述。滑块结构中的耐磨板设计成两组，如果耐磨板设计成一组，则耐磨板的长度太长，耐磨板在淬火时容易变形。滑块长度太长，有 315mm，斜导柱及斜导柱固定块必须设计成两组，滑块座延伸块由于水嘴位置及限位螺钉位置不同，属于镜像关系，出图纸时分别出左右滑块座延伸块两张图纸。另外在第一组滑块结构及第二组滑块结构中都没有设计滑块座耐磨板，这是因为模具寿命不长，可节省模具成本。

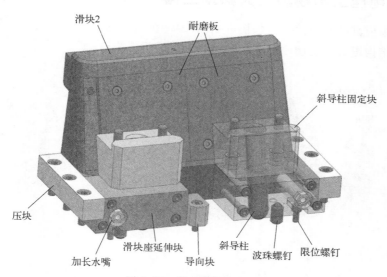

图 9-15　第二组滑块结构

9.2.6　充电座上盖模具的第三组滑块结构

充电座上盖模具的第三组滑块结构如图 9-16 所示。充电座上盖模具的第三组滑块结构

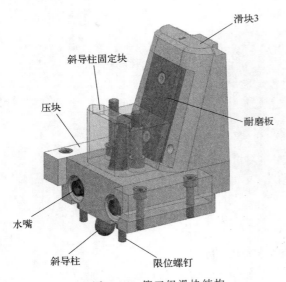

图 9-16　第三组滑块结构

也属于普通的滑块结构，其运动原理及经验参数与前面讲解的滑块基本相同，运水采用普通线形运水排位，由于滑块镶件较大，滑块镶件与滑块座设计成整体式。滑块高度较高，斜导柱设计在滑块的底部，使滑块运动更平稳。滑块的限位机构只设计限位螺钉而没有设计弹簧是因为第三组滑块位于模具的地侧，当斜导柱脱离滑块后，滑块因为重力不会向上运动，故没有设计弹簧。

9.2.7　充电座上盖模具的第四组滑块结构

充电座上盖模具的第四组滑块结构如图 9-17 所示。充电座上盖模具的第四组滑块结构也属于普通的滑块结构，其运动原理及经验参数与前面讲解的滑块基本相同。由于滑块较小，没有设计运水，滑块镶件与滑块座设计成整体式。由于滑块深入 A 板中而且又是后模滑块，因此在滑块下面设计滑块支撑块，滑块处于模具的天侧，滑块由于重力会向下运动，因此滑块限位机构中的弹簧一定要设计足够的弹力，保证滑块不因重力向下运动。第四组滑块虽然较小，但也设计两组弹簧，另外弹簧的预压也有所加大。

9.2.8　充电座上盖模具的大斜顶结构

充电座上盖模具的大斜顶结构如图 9-18 所示。在后面的章节中会重点讲解充电座上盖模具的大斜顶结构组成、运动原理及经验参数，这里不再赘述。

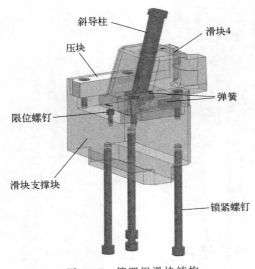

图 9-17　第四组滑块结构

图 9-18　充电座上盖模具的大斜顶结构

9.3 斜顶上出顶针结构组成

斜顶上出顶针结构组成如图 9-19 所示。机构中各个部件的作用如下。

① 斜顶。斜顶是整个斜顶上出顶针结构的主体，斜顶的作用是脱产品上面的内倒扣区域。斜顶的运动轨迹是斜向运动，即一边向上顶出一边向后运动，从而脱离产品的内倒扣。斜顶的底部与顶针板相连接并在顶针板上滑动。斜顶的顶出高度是 105mm，斜顶的角度是 10°，斜顶的后退行程是 18.51mm。

② 燕尾块。燕尾块的作用是作为整个斜顶上出顶针机构的导轨。由于后模仁拆分成两部分，而两部分中间恰好处于斜顶位置，后模仁的两部分装配到 B 板中存在装配公差，利用后模仁装配位给斜顶导向是不允许的，因此设计燕尾块与后模仁的燕尾槽配合给斜顶导向。

③ 顶针。斜顶上出顶针结构的顶针作用是顶着产品内倒扣的骨位，防止产品骨位随着斜顶一起向外运动，从而拉伤产品的骨位。本案例中共设计 4 根顶针，分别位于最薄弱骨位的四个角。顶针安装在顶针板上，跟随顶针板一起运动。顶针也起到给整个斜顶顶出机构导向的作用。

④ 顶针面板。斜顶针面板是安装顶针的面板，顶针的杯头安装在面板上，顶针面板与顶针底板组合构成了斜顶针板。顶针面板的材料要求不高，一般选择 1050 或者 S50C 的材料。

⑤ 顶针底板。斜顶针底板是安装顶针的底板，顶针底板主要起固定作用，与顶针面板一起夹装顶针。顶针面板与顶针底板要用螺钉锁紧。顶针底板的材料要求也不高，一般选择 1050 或者 S50C 的材料。

⑥ 弹簧。斜顶上出顶针结构的弹簧作用是，弹簧的弹力使顶针及斜顶顶针板处于回位状态。弹簧的直径尽量大，弹簧的预压也尽量给长一些。

⑦ 限位螺钉。限位螺钉的作用是限制斜顶顶针板的行程，当斜顶顶出后，如果不设计限位螺钉，则斜顶顶针板在弹簧的作用下弹出整个斜顶。

⑧ 导向块。斜顶导向块的作用是给斜顶导向，由于斜顶的顶出高度比较大，燕尾槽处于斜顶的上端，单靠燕尾槽导向，则斜顶运动时不平稳。设计导向块的目的就是在斜顶的上下两侧都有导向，斜顶运动时更平稳一些。导向块一般选择耐磨性较好的青铜材料。

⑨ 管钉。斜顶上管钉的作用是让斜顶与模具顶针板相连接，并能保证斜顶的滑动。通常情况下管钉安装在模具的顶针面板上，但本案例中如果管钉设计在模具的顶针面板上，则与旁边的司筒相干涉，因此本案例的管钉设计在模具的顶针底板上，然后在模具的顶针底板底部再设计一块压板并用螺钉锁紧。由于顶针板的材料比较差，如果模具寿命比较长，则需要在顶针板上增加耐磨板。

⑩ 直升位。直升位是斜顶上出顶针结构的关键因素，刚开始时斜顶后退而顶针不运动的原因就是斜顶的顶针板与后模仁之间有一段直升位，如图 9-20 所示，此直升位顶着斜顶顶针板使其不能跟随斜顶一起后退运动，从而顶针起着顶出作用。

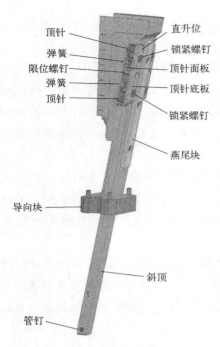

图 9-19 斜顶上出顶针结构

图中标注（从上到下、左到右）：

顶针
弹簧
限位螺钉
弹簧
顶针

直升位
锁紧螺钉
顶针面板
顶针底板
锁紧螺钉

燕尾块

导向块

斜顶

管钉

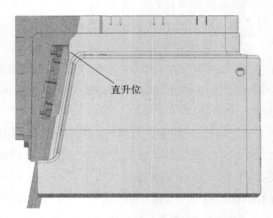

直升位

图 9-20 斜顶上的直升位

9.4 斜顶上出顶针运动原理

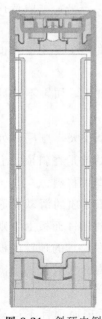

图 9-21 斜顶内倒
扣区域中跟随
斜顶运动骨位

斜顶上出顶针结构中，产品的内倒扣区域中有较多的骨位，如图 9-21 所示，细实线框中骨位较厚，而与产品侧面相连的骨位较薄，较厚的骨位远离产品的侧壁，骨位是整个通框的，而斜顶的行程又较长，在斜顶顶出时骨位随斜顶一起向外运动会拉伤骨位，因此在斜顶上设计顶针，斜顶向后运动时顶针不动，防止产品骨位粘斜顶。

斜顶上的顶出机构是随着斜顶一起向上运动的，只是斜顶后退，而斜顶上的顶出机构不后退。斜顶上的顶出机构不后退的原因是斜顶上的顶针底板与后模仁之间有一段直升位，直升位顶着斜顶顶出机构使其不向后运动，如图 9-22 所示。这样就达到了顶针顶着产品骨位的目的。此时，斜顶顶出机构中的弹簧处于压缩状态，限位螺钉处于打开状态。此处斜顶的顶出机构与模具的顶出机构有所不同，斜顶的顶出机构是顶针与产品不运动，斜顶后退，而模具的顶出机构是顶针与产品一起向上运动而后模仁不运动。然后斜顶带着斜顶的顶出机构继续向上运动，不过斜顶的顶出机构由于没有直升位的限制，而弹簧又处于压缩状态，弹簧的弹力会释放出来，推动斜顶的顶出机构向后运动，直至限位螺钉限位，此时状态如图 9-23 所示。最后斜顶及斜顶顶出机构回位时，在斜顶针底板的底部设计有斜面，此斜面的作用是斜顶顶出机构回位时经过后模仁直升位再把斜顶顶出机构压进去，经过直升位后，斜顶顶出机构再次复位。

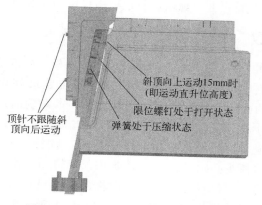

图 9-22　斜顶向上运动 15mm 时斜顶及斜顶顶出机构状态

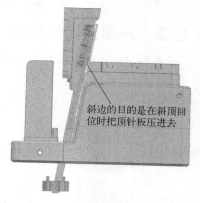

图 9-23　斜顶及斜顶顶出机构顶出状态

9.5　斜顶上出顶针经验参数

9.5.1　斜顶的经验参数

本案例斜顶的倒扣区域较大，而且倒扣的深度很深，如图 9-24 所示，斜顶的后退行程＝斜顶的倒扣长度 16.82mm＋余量 3～5mm≈20mm。产品的总高度是 165.83mm，这么高这么大的产品如果完全顶出会摔伤产品，因此顶出行程是产品高度的三分之二，顶出行程约等于 110mm。斜顶的三角函数如图 9-25 所示，已知斜顶的后退行程是 20mm，斜顶的顶出行程是 110mm，根据三角函数可计算出斜顶的角度约等于 10.3°，一般情况下斜顶的角度取整数，即斜顶取 10°，斜顶的顶出行程还是 110mm。根据三角函数计算可知，斜顶的后退行程是 19.4mm，余量约是 2.6mm，也勉强可以。斜顶厚度的经验值一般取 8～12mm，但由于斜顶较大，所以本案例斜顶的厚度取经验值 13mm，斜顶的宽度较宽，有 44.82mm，在斜顶的底部斜顶的宽度可取经验值 15mm。由于斜顶在后模仁中的导轨是由两块后模仁拼接而成，无法保证斜顶的导向，因此在斜顶上设计燕尾块，与后模仁的燕尾槽配合，给斜顶进行导向。燕尾的角度一般取经验值 60°，燕尾的厚度取经验值 6mm，燕尾块的宽度设计成斜顶宽度的三分之一到二分之一之间，本案例燕尾块宽度设计成斜顶宽度的三分之一即 12mm。燕

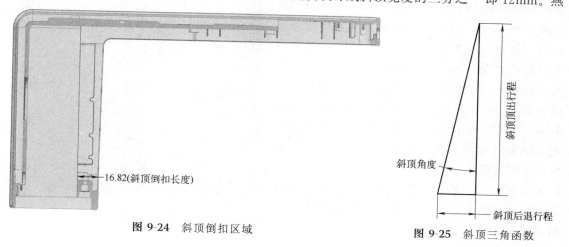

图 9-24　斜顶倒扣区域

图 9-25　斜顶三角函数

尾块在斜顶上要设计"冬菇头"进行定位。在斜顶上要预留出斜顶顶出机构的安装空间。

9.5.2 斜顶顶出机构的经验参数

斜顶顶出机构由左右两组构成，每组顶出机构由顶针、顶针面板、针底板、限位螺钉和弹簧组成，

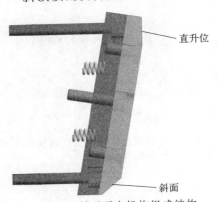

图 9-26 斜顶顶出机构组成结构

如图 9-26 所示。顶针的位置最好设计在骨位的两端，顶针的直径尽可能大，本案例的顶针直径设计成 5mm，因为此顶针不仅有顶出作用，还要给整个斜顶的斜顶机构起导向作用。顶针上有骨位，顶针的杯头必须设计定位，防止顶针转动。由于斜顶上面的空间位置有限，顶针面板的厚度设计成 9mm，顶针底板的厚度设计成 8mm，顶针面板的厚度之所以厚一些，是因为在顶针面板上要安装顶针，而 5mm 顶针杯头有 6mm 厚，顶针的杯头又是避空的，如果顶针面板设计得太薄，顶针在顶针面板的定位部分就不多了。如果要加长顶针在顶针面板的安装位，

也可适当把顶针的杯头减薄一些。斜顶顶出机构中的弹簧直径也可适当设计大一些，弹簧的预压也可适当加长一些，弹簧的弹力大可使斜顶顶出机构快速回位。本案例选择直径为 6mm 的弹簧。在斜顶顶出机构的顶针底板的上端设计有直升位，此直升位与后模仁上的直升位配合，保证斜顶在后退过程中斜顶顶出机构不运动，可以理解成产品与斜顶顶出机构不运动，斜顶后退。在顶针底板的底部设计有斜面，此斜面的作用是：由于斜顶顶出后，斜顶上的顶出机构在弹簧作用下会再次后退，然后在限位螺钉作用下停止运动；当斜顶回位时，顶针底板上的斜面与后模仁上的斜顶配合，再把斜顶的顶出机构压回位；当斜顶完全回位后，斜顶上的顶出机构在弹簧的作用下再次后退，最后在限位螺钉作用下停止运动。

9.5.3 直升位的三角函数

斜顶顶出机构中的顶针底板上端的直升位与后模仁直升位的配合高度是 15mm，如图 9-27 所示。此直升位是保证斜顶后退而斜顶上的顶出机构不后退的关键所在。直升位的三角函数如图 9-28 所示。斜顶顶出机构中顶针板的角度要求与斜顶的角度完全一致，也是 10°，配合直升位的高度是 15mm，根据三角函数可计算出顶出机构后退行程是 2.64mm。而图 9-27 中，斜顶距斜顶顶出机构中顶针面板的距离是 3mm，根据三角函数可计算出斜顶距斜顶顶出机构中顶针面板的实际距离是 2.95mm。顶出机构后退行程 2.64mm＜实际距离 2.95mm，因此斜顶顶出机构后退行程是没有问题的，即直升位配合高度 15mm 也是合适的，也可根据三角函数反算出配合直升位的高度。

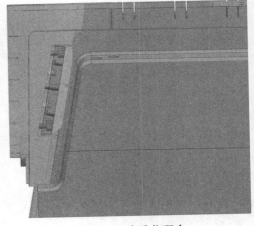

图 9-27 直升位配合

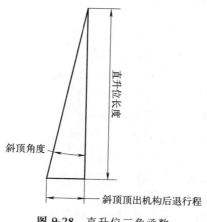

图 9-28 直升位三角函数

图中标注：直升位长度、斜顶角度、斜顶顶出机构后退行程

9.6　充电座上盖模具的运动仿真

本案例以整套模具的形式讲解充电座上盖模具的运动仿真，既讲到模具开模动作、顶出动作，也讲到模具结构中普通滑块、斜顶上出顶针结构的运动仿真。本案例后模滑块都属于普通滑块结构。斜顶上出顶针的结构非常罕见，而斜顶上出顶针的运动过程对于想象力比较差的读者是非常难以理解的。如果能够用运动仿真的形式把模具结构模拟出来，对于斜顶上出顶针结构的认识将由困难变得容易。用手机扫描二维码可以观看充电座上盖模具运动仿真。

本案例是以整套模具的形式模拟模具的运动仿真，让大家对于模具的开模动作及模具结构有更清晰的认知。由于本案例是以整套模具来讲解其运动仿真，因此知识量非常大，模具的动作也非常多，各个动作之间有先后顺序之分，最好的控制方法就是使用函数。通过对本案例的学习，大家可以更深入地学习函数并熟练掌握函数。

9.6.1　充电座上盖模具的运动分解

充电座上盖模具属于二板模模具结构，因此模具只要开 A 板与 B 板之间。有四组滑块结构及一组斜顶结构，四组滑块结构都属于普通滑块结构，因此需 A、B 板边开模四组滑块边向后运动。最后是顶针板顶出，顶针板顶出时斜顶也跟随顶针板一起顶出，斜顶运动时斜顶上的顶出机构也随之运动。因为每次运动都有先后顺序之分，所以要用到运动函数中的STEP 函数。由于本案例讲解整套模具的运动仿真，运动仿真时要分解的连杆非常多，建议把每组连杆首先在建模模块放入不同的图层，这样在运动仿真时定义连杆更容易更清楚一些。充电座上盖模具运动可分解成以下步骤：

① 整体前模不运动，整体后模向后运动（即 A、B 板开模），开模过程中四组普通滑块在各自斜导柱作用下向后运动。

② 顶针板向上顶出（即斜顶向上运动）。

③ 斜顶上的顶出机构开始运动。

④ 机械手取出产品。

9.6.2 连杆

在定义连杆之前首先打开以下目录的文件：注塑模具复杂结构设计及运动仿真实例＼第9章-充电座上盖（斜顶上出顶针）\09-充电座上盖-运动仿真.prt。进入运动仿真模块，接着点击"主页"→"解算方案"→"新建仿真"图标，新建运动仿真，其它选项可选择默认设置。

① 定义固定连杆。在本案例中，前模（即 A 板、面板、前模仁、斜导柱及标准件）是固定不运动的，因此可将它们定义为固定连杆。A 板、面板、前模仁、斜导柱及标准件在图层的第 2 层，打开第 2 层并关闭其它图层，把第 1 层设置为工作层。点击"主页"→"机构"→"连杆"图标，打开如图 9-29 所示的对话框。点击"连杆对象"下面的"选择对象"按钮，选取第 2 层中 A 板、面板、前模仁、斜导柱及标准件定义成第 1 个连杆。注意一定要在对话框中"□固定连杆"的复选框中打钩。定义第 1 个连杆后，会在运动导航器中显示第 1 个连杆的名称（L001）及第 1 个运动副的名称（J001）。

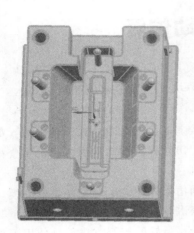

图 9-29 定义固定连杆

② 定义第 2 个连杆。B 板、后模仁、方铁、底板、滑块压块、滑块导向块、滑块支撑块及其标准件向后运动，因此把 B 板、后模仁、方铁、底板、滑块压块、滑块导向块、滑块支撑块及其标准件定义为第 2 个连杆。B 板、后模仁、方铁、底板、滑块压块、滑块导向块、滑块支撑块及其标准件在图层的第 3 层，打开第 3 层并关闭其它图层。点击"主页"→"机构"→"连杆"图标，打开如图 9-30 所示的对话框。点击"连杆对象"下面的"选择对象"按钮，选择 B 板、后模仁、方铁、底板、滑块压块、滑块导向块、滑块支撑块及其标准件定义成第 2 个连杆，由于 B 板、后模仁、方铁、底板、滑块压块、滑块导向块、滑块支撑块及其标准件需要向后运动，所以不能在"□固定连杆"的复选框中打钩。第 2 个连杆的名称采用默认值"L002"。

③ 定义第 3 个连杆。顶针面板、顶针底板、顶针、司筒及其标准件向后运动，因此把顶针面板、顶针底板、顶针、司筒及其标准件定义为第 3 个连杆。顶针面板、顶针底板、顶针、司筒及其标准件在图层的第 4 层，打开第 4 层并关闭其它图层。点击"主页"→"机构"→"连杆"图标，打开如图 9-31 所示的对话框。点击"连杆对象"下面的"选择对象"按钮，选择顶针面板、顶针底板、顶针、司筒及其标准件定义成第 3 个连杆，由于顶针面

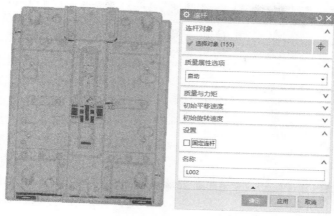

图 9-30 定义第 2 个连杆

板、顶针底板、顶针、司筒及其标准件需要向后运动，所以不能在"□固定连杆"的复选框中打钩。第 3 个连杆的名称采用默认值"L003"。

④ 定义第 4 个连杆。第 1 组滑块、滑块座耐磨板、滑块座延伸块及其标准件要侧向运动，因此把第 1 组滑块、滑块座耐磨板、滑块座延伸块及其标准件定义为第 4 个连杆。第 1 组滑块、滑块座耐磨板、滑块座延伸块及其标准件在图层的第 5 层，打开第 5 层并关闭其它图层。点击"主页"→"机构"→"连杆"图标，打开如图 9-32 所示的对话框。点击"连杆对象"下面的"选择对象"按钮，选择第 1 组滑块、滑块座耐磨板、滑块座延伸块及其标准件定义成第 4 个连杆，由于第 1 组滑块、滑块座耐磨板、滑块座延伸块及其标准件需要侧向运动，所以不能在"□固定连杆"的复选框中打钩。第 4 个连杆的名称采用默认值"L004"。

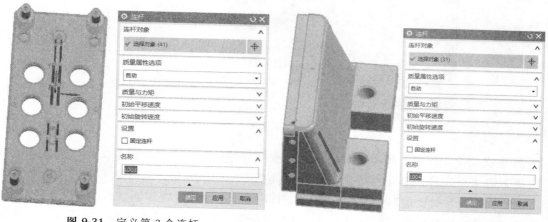

图 9-31 定义第 3 个连杆　　　　　　　**图 9-32** 定义第 4 个连杆

⑤ 定义第 5 个连杆。第 2 组滑块、滑块座耐磨板、滑块座延伸块及其标准件要侧向运动，因此把第 2 组滑块、滑块座耐磨板、滑块座延伸块及其标准件定义为第 5 个连杆。第 2 组滑块、滑块座耐磨板、滑块座延伸块及其标准件在图层的第 6 层，打开第 6 层并关闭其它图层。点击"主页"→"机构"→"连杆"图标，打开如图 9-33 所示的对话框。点击"连杆对象"下面的"选择对象"按钮，选择第 2 组滑块、滑块座耐磨板、滑块座延伸块及其标准件

定义成第5个连杆，由于第2组滑块、滑块座耐磨板、滑块座延伸块及其标准件需要侧向运动，所以不能在"□固定连杆"的复选框中打钩。第5个连杆的名称采用默认值"L005"。

⑥ 定义第6个连杆。第3组滑块、滑块座耐磨板及其标准件要侧向运动，因此把第3组滑块、滑块座耐磨板及其标准件定义为第6个连杆。第3组滑块、滑块座耐磨板及其标准件在图层的第7层，打开第7层并关闭其它图层。点击"主页"→"机构"→"连杆"图标，打开如

图 9-33 定义第5个连杆

图9-34所示的对话框。点击"连杆对象"下面的"选择对象"按钮，选择第3组滑块、滑块座耐磨板及其标准件定义成第6个连杆，由于第3组滑块、滑块座耐磨板及其标准件需要侧向运动，所以不能在"□固定连杆"的复选框中打钩。第6个连杆的名称采用默认值"L006"。

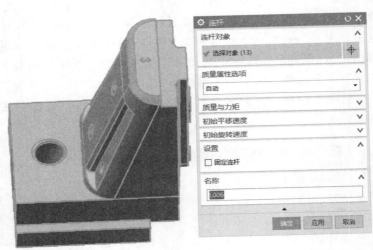

图 9-34 定义第6个连杆

⑦ 定义第7个连杆。第4组滑块及其标准件要侧向运动，因此把第4组滑块及其标准件定义为第7个连杆。第4组滑块及其标准件在图层的第8层，打开第8层并关闭其它图层。点击"主页"→"机构"→"连杆"图标，打开如图9-35所示的对话框。点击"连杆对象"下面的"选择对象"按钮，选择第4组滑块及其标准件定义成第7个连杆，由于第4组滑块及其标准件需要侧向运动，所以不能在"□固定连杆"的复选框中打钩。第7个连杆的名称采用默认值"L007"。

⑧ 定义第8个连杆。斜顶、斜顶燕尾块及管钉要斜向运动，因此把斜顶、斜顶燕尾块及管钉定义为第8个连杆。斜顶、斜顶燕尾块及管钉在图层的第9层，打开第9层并关闭其它图层。点击"主页"→"机构"→"连杆"图标，打开如图9-36所示的对话框。点击"连杆对象"下面的"选择对象"按钮，选择斜顶、斜顶燕尾块及管钉定义成第8个连杆，由于斜

图 9-35　定义第 7 个连杆

顶、斜顶燕尾块及管钉需要斜向运动，所以不能在"□固定连杆"的复选框中打钩。第 8 个连杆的名称采用默认值"L008"。

⑨ 定义第 9 个连杆。斜顶上的第 1 组顶出机构不但要顶着产品，还要跟随斜顶一起运动，因此把斜顶上的第 1 组顶出机构定义为第 9 个连杆。斜顶上的第 1 组顶出机构在图层的第 10 层，打开第 10 层并关闭其它图层。点击"主页"→"机构"→"连杆"图标，打开如图 9-37 所示的对话框。点击"连杆对象"下面的"选择对象"按钮，选择斜顶上的第 1 组顶出机构定义成第 9 个连杆，由于斜顶上的第 1 组顶出机构不但要顶着产品，还要跟随斜顶一起运动，所以不能在"□固定连杆"的复选框中打钩。第 9 个连杆的名称采用默认值"L009"。

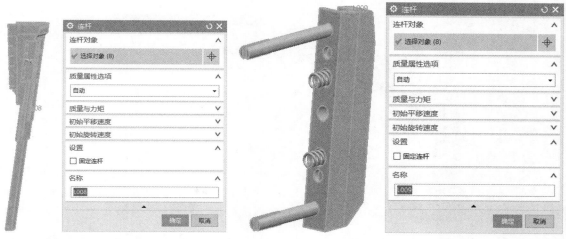

图 9-36　定义第 8 个连杆　　　　　　图 9-37　定义第 9 个连杆

⑩ 定义第 10 个连杆。斜顶上的第 2 组顶出机构不但要顶着产品，还要跟随斜顶一起运动，因此把斜顶上的第 2 组顶出机构定义为第 10 个连杆。斜顶上的第 2 组顶出机构在图层的第 11 层，打开第 11 层并关闭其它图层。点击"主页"→"机构"→"连杆"图标，打开如图 9-38 所示的对话框。点击"连杆对象"下面的"选择对象"按钮，选择斜顶上的第 2 组顶

出机构定义成第 10 个连杆，由于斜顶上的第 2 组顶出机构不但要顶着产品，还要跟随斜顶一起运动，所以不能在 "□固定连杆" 的复选框中打钩。第 10 个连杆的名称采用默认值 "L010"。

图 9-38　定义第 10 个连杆

⑪ 定义第 11 个连杆。产品和流道不但跟随顶针板在开模时向后运动，在顶出时还要向前运动，而且本案例还设计成机械手或人工取出产品，因此还要再向前运动（如果不向前运动，取产品时会撞上滑块），最后产品向操作者侧运动，因此把产品和流道定义为第 11 个连杆。产品和流道在图层的第 12 层，打开第 12 层并关闭其它图层。点击 "主页"→"机构"→"连杆" 图标，打开如图 9-39 所示的对话框。点击 "连杆对象" 下面的 "选择对象" 按钮，选择产品和流道定义成第 11 个连杆，由于产品和流道在模具开模过程中要做几个方向的运动，所以不能在 "□固定连杆" 的复选框中打钩。第 11 个连杆的名称采用默认值 "L011"。

图 9-39　定义第 11 个连杆

⑫ 定义第 12 个连杆。本案例准备把产品设计成在开模时跟随顶针板向后运动，在顶出时跟随顶针板向前顶出，而且在顶出后用机械手或人工带动产品先向前运动，让产品完全脱离顶针及斜顶，最后再向上下或者向左右取出产品，因此运动有两个方向，而 STEP 函数提供的运动方向只有一个。所以本案例在产品的顶部设计了一个圆柱体，上面刻了两个字 "吸盘"，作

为产品向另一个方向运动的基本连杆，定义完圆柱体连杆及运动副后，可以把圆柱体设置成完全透明方式或者把圆柱体图层关闭，在进行运动仿真时不显示圆柱体。圆柱体不但跟随顶针板在开模时向后运动在顶出时向前运动，而且作为产品的基本连杆还要再向前运动，因此把圆柱体定义为第 12 个连杆。圆柱体在图层的第 13 层，打开第 13 层并关闭其它图层。点击"主页"→"机构"→"连杆"图标，打开如图 9-40 所示的对话框。点击"连杆对象"下面的"选择对象"按钮，选择圆柱体定义成第 12 个连

图 9-40　定义第 12 个连杆

杆，由于圆柱体在模具开模过程中要向后及向前运动，所以不能在"□固定连杆"的复选框中打钩。第 12 个连杆的名称采用默认值"L012"。

9.6.3　运动副

① 定义第 1 个运动副。由于 B 板、后模仁、方铁、底板、滑块压块、滑块导向块、滑块支撑块及其标准件向后运动，因此把它定义成一个滑动副。点击"主页"→"机构"→"接头"图标，打开如图 9-41 所示的对话框。在"类型"下拉菜单中选择"滑块"，然后在"操作"下面"选择连杆"中直接选择 B 板上的边，这样既会选择上面定义的第 2 个连杆，还会定义滑动副的原点和方向，注意一定要选择与滑动副方向一样的边。如图 9-41 所示在 B 板的边上显示滑动副的原点和方向，这样下面两步"指定原点"和"指定矢量"就不用再定义了，节省操作时间。第 1 个运动副的名称采用默认值"J002"。

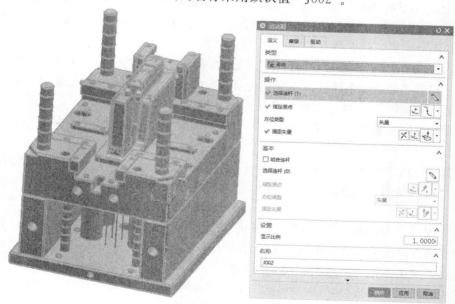

图 9-41　定义第 1 个运动副

② 定义第 2 个运动副。由于顶针面板、顶针底板、顶针、司筒及其标准件不但向后运动，而且还要向前顶出，因此把它定义成一个滑动副。点击"主页"→"机构"→"接头"图标，打开如图 9-42 所示的对话框。在"类型"下拉菜单中选择"滑块"，然后在"操作"下面"选择连杆"中直接选择顶针面板上的边，这样既会选择上面定义的第 3 个连杆，还会定义滑动副的原点和方向，注意一定要选择与滑动副方向一样的边。如图 9-42 所示在顶针面板的边上显示滑动副的原点和方向，这样下面两步"指定原点"和"指定矢量"就不用再定义了，节省操作时间。第 2 个运动副的名称采用默认值"J003"。

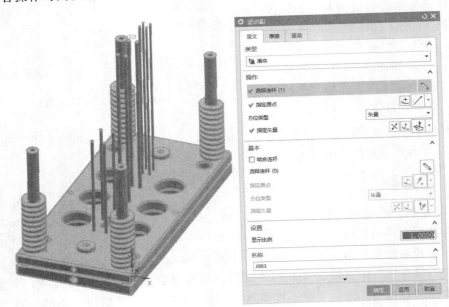

图 9-42 定义第 2 个运动副

③ 定义第 3 个运动副。由于第 1 组滑块、滑块座耐磨板、滑块座延伸块及其标准件不仅需要沿导轨方向运动，而且跟随 B 板、后模仁、方铁及底板运动，因此把它定义成一个滑动副。点击"主页"→"机构"→"接头"图标，打开如图 9-43 所示的对话框。在"类型"下拉菜单中选择"滑块"，然后在"操作"下面"选择连杆"中直接选择滑块上的边，这样既会选择上面定义的第 4 个连杆，还会定义滑动副的原点和方向，注意一定要选择与滑动副方向一样的边。如图 9-43 所示在滑块的边上显示滑动副的原点和方向，这样下面两步"指定原点"和"指定矢量"就不用再定义了，节省操作时间。第 3 个运动副的名称采用默认值"J004"。

重要提示：由于滑块要跟随 B 板、后模仁、方铁及底板运动，所以必须单击"基本"选项下的"选择连杆"，选择 B 板、后模仁、方铁及底板的连杆（即 L002），如图 9-44 所示。

④ 定义第 4 个运动副。由于第 2 组滑块、滑块座耐磨板、滑块座延伸块及其标准件不仅需要沿导轨方向运动，而且跟随 B 板、后模仁、方铁及底板运动，因此把它定义成一个滑动副。点击"主页"→"机构"→"接头"图标，打开如图 9-45 所示的对话框。在"类型"下拉菜单中选择"滑块"，然后在"操作"下面"选择连杆"中直接选择滑块上的边，这样既会选择上面定义的第 5 个连杆，还会定义滑动副的原点和方向，注意一定要选择与滑动副

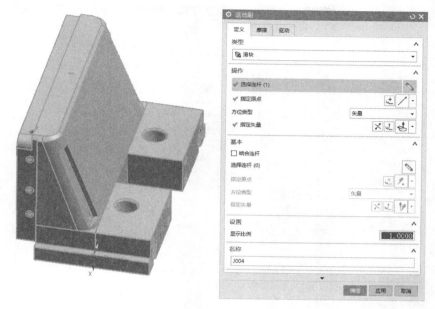

图 9-43 定义第 3 个运动副

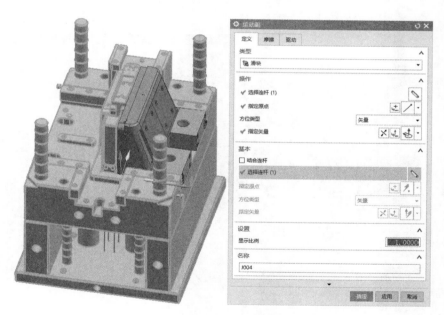

图 9-44 定义第 3 个运动副的连杆

方向一样的边。如图 9-45 所示在滑块的边上显示滑动副的原点和方向，这样下面两步"指定原点"和"指定矢量"就不用再定义了，节省操作时间。第 4 个运动副的名称采用默认值"J005"。

重要提示：由于滑块要跟随 B 板、后模仁、方铁及底板运动，所以必须单击"基本"选项下的"选择连杆"，选择 B 板、后模仁、方铁及底板的连杆（即 L002），如图 9-46 所示。

图 9-45 定义第 4 个运动副

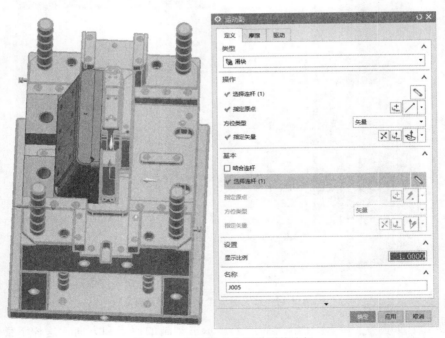

图 9-46 定义第 4 个运动副的连杆

⑤ 定义第 5 个运动副。由于第 3 组滑块、滑块座耐磨板及其标准件不仅需要沿导轨方向运动，而且跟随 B 板、后模仁、方铁及底板运动，因此把它定义成一个滑动副。点击"主页"→"机构"→"接头"图标，打开如图 9-47 所示的对话框。在"类型"下拉菜单中选择"滑块"，然后在"操作"下面"选择连杆"中直接选择滑块上的边，这样既会选

择上面定义的第 6 个连杆，还会定义滑动副的原点和方向，注意一定要选择与滑动副方向一样的边。如图 9-47 所示在滑块的边上显示滑动副的原点和方向，这样下面两步"指定原点"和"指定矢量"就不用再定义了，节省操作时间。第 5 个运动副的名称采用默认值"J006"。

图 9-47 定义第 5 个运动副

重要提示：由于滑块要跟随 B 板、后模仁、方铁及底板运动，所以必须单击"基本"选项下的"选择连杆"，选择 B 板、后模仁、方铁及底板的连杆（即 L002），如图 9-48 所示。

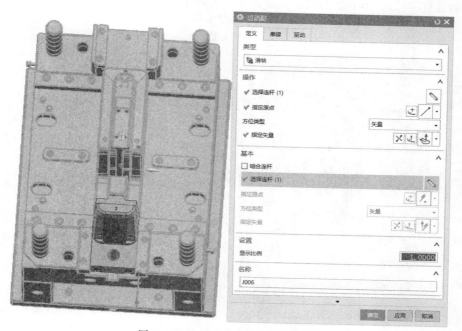

图 9-48 定义第 5 个运动副的连杆

⑥ 定义第 6 个运动副。由于第 4 组滑块及其标准件不仅需要沿导轨方向运动，而且跟随 B 板、后模仁、方铁及底板运动，因此把它定义成一个滑动副。点击"主页"→"机构"→"接头"图标，打开如图 9-49 所示的对话框。在"类型"下拉菜单中选择"滑块"，然后在"操作"下面"选择连杆"中直接选择滑块上的边，这样既会选择上面定义的第 7 个连杆，还会定义滑动副的原点和方向，注意一定要选择与滑动副方向一样的边。如图 9-49 所示在滑块的边上显示滑动副的原点和方向，这样下面两步"指定原点"和"指定矢量"就不用再定义了，节省操作时间。第 6 个运动副的名称采用默认值"J007"。

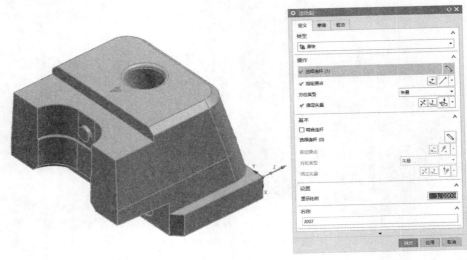

图 9-49 定义第 6 个运动副

重要提示：由于滑块要跟随 B 板、后模仁、方铁及底板运动，所以必须单击"基本"选项下的"选择连杆"，选择 B 板、后模仁、方铁及底板的连杆（即 L002），如图 9-50 所示。

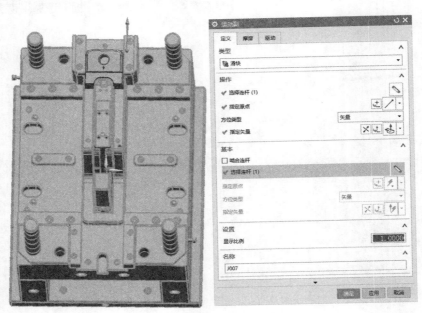

图 9-50 定义第 6 个运动副的连杆

⑦ 定义第7个运动副。由于斜顶、斜顶燕尾块及管钉不但要斜向运动，而且要跟随B板、后模仁、方铁及底板运动，因此把它定义成一个滑动副。点击"主页"→"机构"→"接头"图标，打开如图9-51所示的对话框。在"类型"下拉菜单中选择"滑块"，然后在"操作"下面"选择连杆"中直接选择斜顶上的边，这样既会选择上面定义的第8个连杆，还会定义滑动副的原点和方向，注意一定要选择与滑动副方向一样的边。如图9-51所示在斜顶的边上显示滑动副的原点和方向，这样下面两步"指定原点"和"指定矢量"就不用再定义了，节省操作时间。第7个运动副的名称采用默认值"J008"。重要提示：由于斜顶、斜顶燕尾块及管钉要跟随B板、后模仁、方铁及底板运动，所以必须单击"基本"选项下的"选择连杆"，选择B板、后模仁、方铁及底板的连杆（即L002），如图9-52所示。

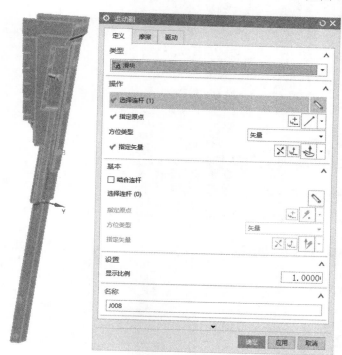

图 9-51 定义第7个运动副

⑧ 定义第8个运动副。由于斜顶、斜顶燕尾块及管钉不但要斜向运动，而且顶出过程中要侧向运动，并且要跟随顶针板运动，因此把它定义成一个滑动副。点击"主页"→"机构"→"接头"图标，打开如图9-53所示的对话框。在"类型"下拉菜单中选择"滑块"，然后在"操作"下面"选择连杆"中直接选择斜顶底部的边，这样既会选择上面定义的第8个连杆，还会定义滑动副的原点和方向，注意一定要选择与滑动副方向一样的边。如图9-53所示在斜顶底部的边上显示滑动副的原点和方向，这样下面两步"指定原点"和"指定矢量"就不用再定义了，节省操作时间。第8个运动副的名称采用默认值"J009"。

重要提示：由于斜顶、斜顶燕尾块及管钉要跟随顶针板运动，所以必须单击"基本"选项下的"选择连杆"，选择顶针板的连杆（即L003），如图9-54所示。

⑨ 定义第9个运动副。由于斜顶上的第1组顶出机构不但要顶着产品，还要跟随斜顶一起运动，因此把它定义成一个滑动副。点击"主页"→"机构"→"接头"图标，打开如图9-55所示的对话框。在"类型"下拉菜单中选择"滑块"，然后在"操作"下面"选择连

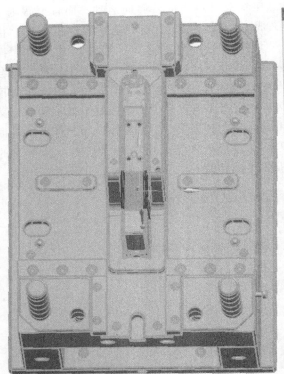

图 9-52 定义第 7 个运动副的连杆

图 9-53 定义第 8 个运动副

图 9-54 定义第 8 个运动副的连杆

杆"中直接选择斜顶上的第 1 组顶出机构中顶针面板底部的边,这样既会选择上面定义的第 9 个连杆,还会定义滑动副的原点和方向,注意一定要选择与滑动副方向一样的边。如图 9-55 所示在斜顶上的第 1 组顶出机构中顶针面板底部的边上显示滑动副的原点和方向,这样下面两步"指定原点"和"指定矢量"就不用再定义了,节省操作时间。注意滑动副的方向一定要选择顶出机构向前顶的方向,因为顶出机构中的弹簧朝内弹,与滑动副的方向一定要相反。第 9

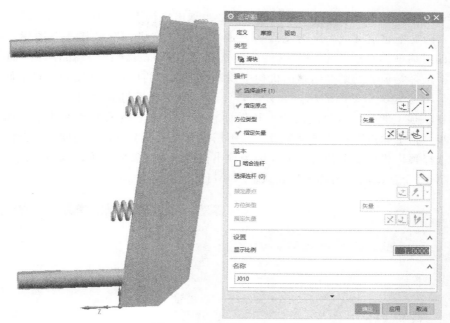

图 9-55 定义第 9 个运动副

个运动副的名称采用默认值"J010"。

重要提示：由于斜顶上的第 1 组顶出机构要跟随斜顶一起运动，所以必须单击"基本"选项下的"选择连杆"，选择斜顶的连杆（即 L008），如图 9-56 所示。

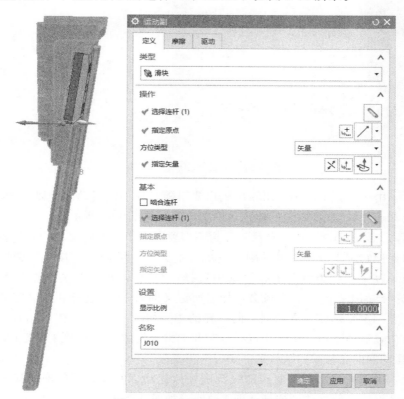

图 9-56 定义第 9 个运动副的连杆

⑩ 定义第 10 个运动副。由于斜顶上的第 2 组顶出机构不但要顶着产品，还要跟随斜顶一起运动，因此把它定义成一个滑动副。点击"主页"→"机构"→"接头"图标，打开如图 9-57 所示的对话框。在"类型"下拉菜单中选择"滑块"，然后在"操作"下面"选择连杆"中直接选择斜顶上的第 2 组顶出机构中顶针面板底部的边，这样既会选择上面定义的第 10 个连杆，还会定义滑动副的原点和方向，注意一定要选择与滑动副方向一样的边。如图 9-57 所示在斜顶上的第 2 组顶出机构中顶针面板底部的边上显示滑动副的原点和方向，这样下面两步"指定原点"和"指定矢量"就不用再定义了，节省操作时间。注意滑动副的方向一定要选择顶出机构向前顶的方向，因为顶出机构中的弹簧朝内弹，与滑动副的方向一定要相反。第 10 个运动副的名称采用默认值"J011"。

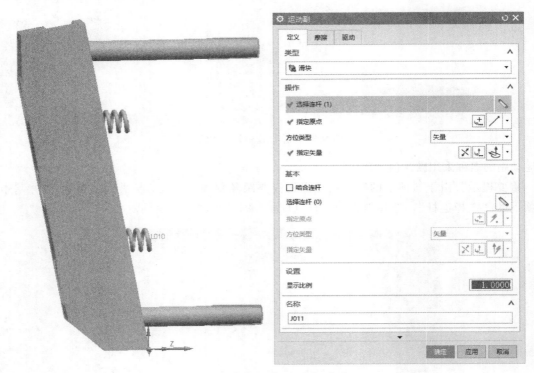

图 9-57　定义第 10 个运动副

重要提示：由于斜顶上的第 2 组顶出机构要跟随斜顶一起运动，所以必须单击"基本"选项下的"选择连杆"，选择斜顶的连杆（即 L008），如图 9-58 所示。

⑪ 定义第 11 个运动副。由于产品和流道不但要向操作者方向运动，而且要跟随吸盘圆柱体运动，因此把它定义成一个滑动副。点击"主页"→"机构"→"接头"图标，打开如图 9-59 所示的对话框。在"类型"下拉菜单中选择"滑块"，然后在"操作"下面"选择连杆"中直接选择产品上的边，这样既会选择上面定义的第 11 个连杆，还会定义滑动副的原点和方向，注意一定要选择与滑动副方向一样的边。如图 9-59 所示在产品的边上显示滑动副的原点和方向，这样下面两步"指定原点"和"指定矢量"就不用再定义了，节省操作时间。第 11 个运动副的名称采用默认值"J012"。

重要提示：由于产品和流道要跟随吸盘圆柱体运动，所以必须单击"基本"选项下的"选择连杆"，选择吸盘圆柱体的连杆（即 L012），如图 9-60 所示。

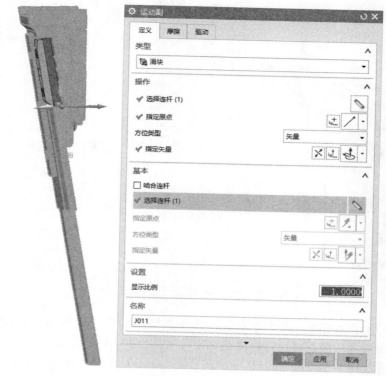

图 9-58 定义第 10 个运动副的连杆

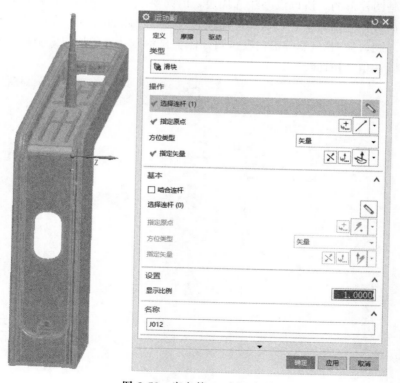

图 9-59 定义第 11 个运动副

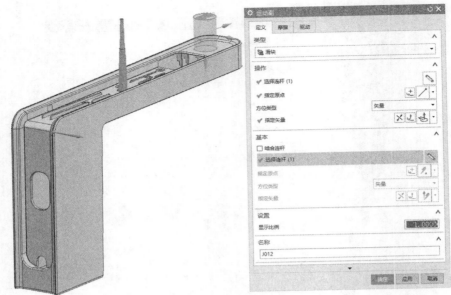

图 9-60 定义第 11 个运动副的连杆

⑫ 定义第 12 个运动副。由于吸盘圆柱体不但要跟随顶针板运动，而且还要再向前运动，从而使产品避开后模及滑块，因此把它定义成一个滑动副。点击"主页"→"机构"→"接头"图标，打开如图 9-61 所示的对话框。在"类型"下拉菜单中选择"滑块"，然后在"操作"下面"选择连杆"中直接选择吸盘圆柱体，这样既会选择上面定义的第 12 个连杆，由于吸盘圆柱体是圆柱形的，所以没办法选择边，因此要定义运动副的原点和方向。在"指定原点"选项后面选择"圆弧中心"捕捉，捕捉到吸盘圆柱体的圆心，接着在"指定矢量"选项后选择"ZC 轴"，如图 9-61 所示在吸盘圆柱体上显示滑动副的原点和方向。第 12 个运动副的名称采用默认值"J013"。

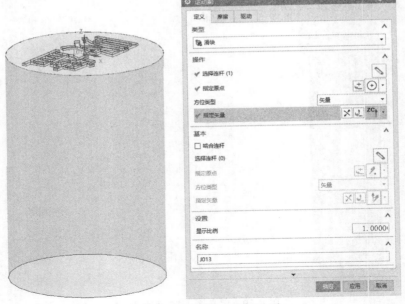

图 9-61 定义第 12 个运动副

重要提示：由于吸盘圆柱体要跟随顶针板运动，所以必须单击"基本"选项下的"选择连杆"，选择顶针板的连杆（即 L003），如图 9-62 所示。最后可以关闭图层 13 层，使吸盘圆柱体不可见。

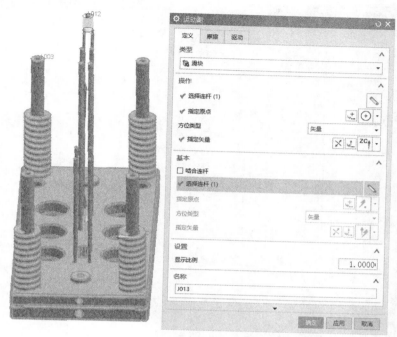

图 9-62 定义第 12 个运动副的连杆

9.6.4 3D 接触

① 定义第 1 个 3D 接触。由于第 1 组滑块需要侧向运动，滑块运动的动力来源于前模的斜导柱，因此设计成斜导柱与滑块 3D 接触，由斜导柱带动滑块侧向运动。点击"主页"→"接触"→"3D 接触"图标，打开如图 9-63 所示的对话框。在"类型"中选择"CAD 接触"，在"操作"下面"选择体"中选择第 1 组滑块所对应的前模斜导柱，注意一定要选择实体，在"基本"下面"选择体"中选择第 1 组滑块的滑块座延伸块，也一定要选择实体。3D 接触的名称采用默认值"G001"，在后续的操作中也可以用"G001"代表第 1 个 3D 接触。

② 定义第 2 个 3D 接触。由于第 2 组滑块需要侧向运动，滑块运动的动力来源于前模的斜导柱，因此设计成斜导柱与滑块 3D 接触，由斜导柱带动滑块侧向运动。点击"主页"→"接触"→"3D 接触"图标，打开如图 9-64 所示的对话框。在"类型"中选择"CAD 接触"，在"操作"下面"选择体"中选择第 2 组滑块所对应的前模斜导柱，注意一定要选择实体，在"基本"下面"选择体"中选择第 2 组滑块的滑块座延伸块，也一定要选择实体。3D 接触的名称采用默认值"G002"，在后续的操作中也可以用"G002"代表第 2 个 3D 接触。

③ 定义第 3 个 3D 接触。由于第 3 组滑块需要侧向运动，滑块运动的动力来源于前模的斜导柱，因此设计成斜导柱与滑块 3D 接触，由斜导柱带动滑块侧向运动。点击"主页"→"接触"→"3D 接触"图标，打开如图 9-65 所示的对话框。在"类型"中选择"CAD 接触"，在"操作"下面"选择体"中选择第 3 组滑块所对应的前模斜导柱，注意一定要选择实体，

在"基本"下面"选择体"中选择第 3 组滑块，也一定要选择实体。3D 接触的名称采用默认值"G003"，在后续的操作中也可以用"G003"代表第 3 个 3D 接触。

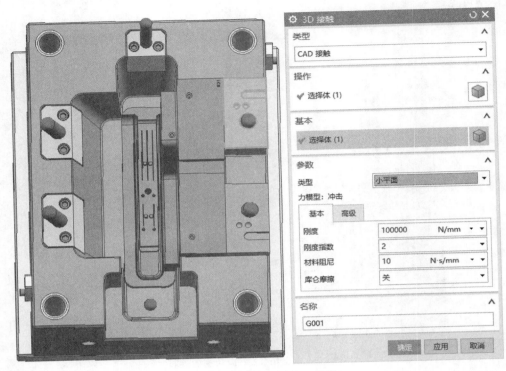

图 9-63　定义第 1 个 3D 接触

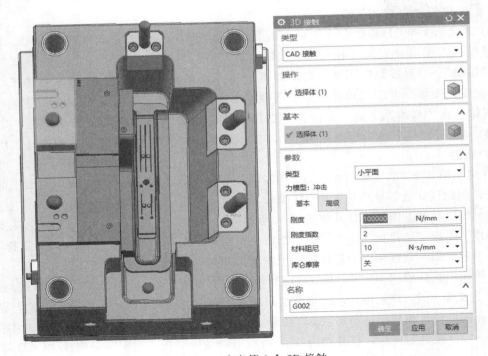

图 9-64　定义第 2 个 3D 接触

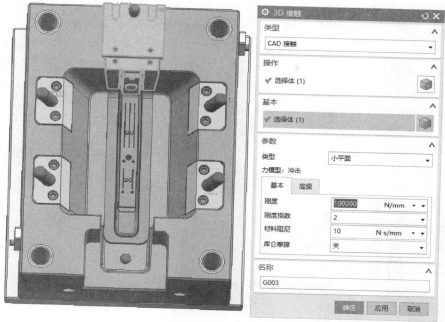

图 9-65 定义第 3 个 3D 接触

　　④ 定义第 4 个 3D 接触。由于第 4 组滑块需要侧向运动，滑块运动的动力来源于前模的斜导柱，因此设计成斜导柱与滑块 3D 接触，由斜导柱带动滑块侧向运动。点击"主页"→"接触"→"3D 接触"图标，打开如图 9-66 所示的对话框。在"类型"中选择"CAD 接触"，在"操作"下面"选择体"中选择第 4 组滑块所对应的前模斜导柱，注意一定要选择实体，在"基本"下面"选择体"中选择第 4 组滑块，也一定要选择实体。3D 接触的名称采用默认值"G004"，在后续的操作中也可以用"G004"代表第 4 个 3D 接触。

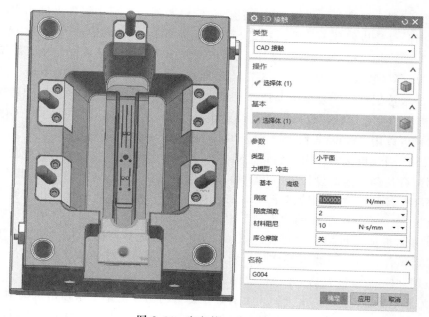

图 9-66 定义第 4 个 3D 接触

⑤ 定义第 5 个 3D 接触。由于斜顶上第 1 组顶出机构的顶针底板上的直升位与后模仁上的直升位要配合运动，因此设计成斜顶上第 1 组顶出机构中的顶针底板与后模仁 3D 接触。点击"主页"→"接触"→"3D 接触"图标，打开如图 9-67 所示的对话框。在"类型"中选择"CAD 接触"，在"参数"下面的"类型"中选择"小平面"，在"操作"下面"选择体"中选择斜顶上第 1 组顶出机构中的顶针底板，注意一定要选择实体，在"基本"下面"选择体"中选择后模仁，也一定要选择实体。3D 接触的名称采用默认值"G005"，在后续的操作中也可以用"G005"代表第 5 个 3D 接触。

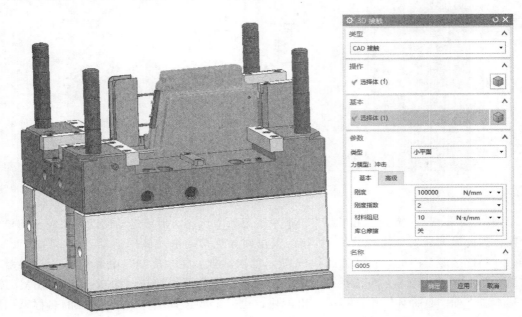

图 9-67 定义第 5 个 3D 接触

⑥ 定义第 6 个 3D 接触。由于斜顶上的限位螺钉与斜顶上第 1 组顶出机构中的顶针面板进行限位，因此设计成斜顶上的限位螺钉与斜顶上第 1 组顶出机构中的顶针面板 3D 接触。点击"主页"→"接触"→"3D 接触"图标，打开如图 9-68 所示的对话框。在"类型"中选择"CAD 接触"，在"参数"下面的"类型"中选择"小平面"，在"操作"下面"选择体"中选择斜顶上的限位螺钉，注意一定要选择实体，在"基本"下面"选择体"中选择斜顶上第 1 组顶出机构中的顶针面板，也一定要选择实体。3D 接触的名称采用默认值"G006"，在后续的操作中也可以用"G006"代表第 6 个 3D 接触。

⑦ 定义第 7 个 3D 接触。由于斜顶上第 2 组顶出机构的顶针底板上的直升位与后模仁上的直升位要配合运动，因此设计成斜顶上第 2 组顶出机构中的顶针底板与后模仁 3D 接触。点击"主页"→"接触"→"3D 接触"图标，打开如图 9-69 所示的对话框。在"类型"中选择"CAD 接触"，在"参数"下面的"类型"中选择"小平面"，在"操作"下面"选择体"中选择斜顶上第 2 组顶出机构中的顶针底板。注意一定要选择实体，在"基本"下面"选择体"中选择后模仁，也一定要选择实体。3D 接触的名称采用默认值"G007"，在后续的操作中也可以用"G007"代表第 7 个 3D 接触。

⑧ 定义第 8 个 3D 接触。由于斜顶上的限位螺钉与斜顶上第 2 组顶出机构中的顶针面板进行限位，因此设计成斜顶上的限位螺钉与斜顶上第 2 组顶出机构中的顶针面板 3D 接触。

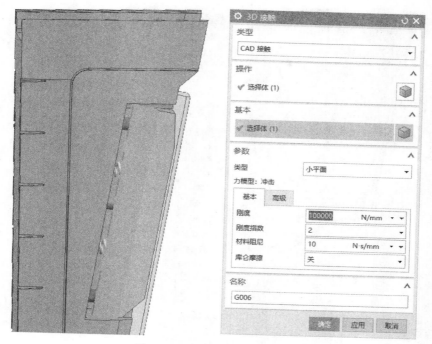

图 9-68 定义第 6 个 3D 接触

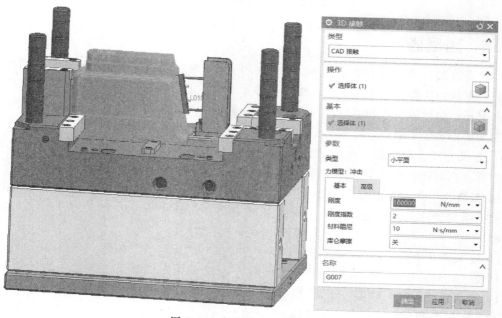

图 9-69 定义第 7 个 3D 接触

点击 "主页" → "接触" → "3D 接触" 图标，打开如图 9-70 所示的对话框。在 "类型" 中选择 "CAD 接触"，在 "参数" 下面的 "类型" 中选择 "小平面"，在 "操作" 下面 "选择体" 中选择斜顶上的限位螺钉。注意一定要选择实体，在 "基本" 下面 "选择体" 中选择斜顶上第 2 组顶出机构中的顶针面板，也一定要选择实体。3D 接触的名称采用默认值 "G008"，在后续的操作中也可以用 "G008" 代表第 8 个 3D 接触。

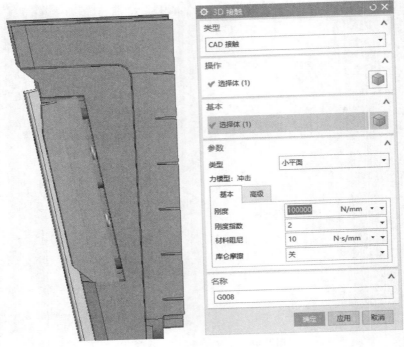

图 9-70 定义第 8 个 3D 接触

9.6.5 阻尼器

由于滑块的运动驱动力是靠斜导柱与滑块的 3D 接触实现的，因此当斜导柱与滑块脱离接触后，滑块由于惯性会继续运动。在运动仿真中为了消除滑块的惯性运动，可以在滑块上添加阻尼器，阻尼器可以使斜导柱与滑块脱离接触后，滑块即停止运动，本案例四组滑块的运动副均要添加阻尼器。

① 定义第 1 个阻尼器。点击"主页"→"连接器"→"阻尼器"图标，打开如图 9-71 所示的对话框。在对话框中"附着"选择"滑动副"，"运动副"选择第 1 组滑块的运动副（即 J004），或者在"运动导航器"下面选择"J004"运动副，会更容易些。其它选项均采用默认参数。阻尼器的名称采用默认值"D001"，在后续的操作中也可以用"D001"代表第 1 个阻尼器。

② 定义第 2 个阻尼器。点击"主页"→"连接器"→"阻尼器"图标，打开如图 9-72 所示的对话框。在对话框中"附着"选择"滑动副"，"运动副"选择第 2 组滑块的运动副（即 J005），或者在"运动导航器"下面选择"J005"运动副，会更容易些。其它选项均采用默认参数。阻尼器的名称采用默认值"D002"，在后续的操作中也可以用"D002"代表第 2 个阻尼器。

③ 定义第 3 个阻尼器。点击"主页"→"连接器"→"阻尼器"图标，打开如图 9-73 所示的对话框。在对话框中"附着"选择"滑动副"，"运动副"选择第 3 组滑块的运动副（即 J006），或者在"运动导航器"下面选择"J006"运动副，会更容易些。其它选项均采用默认参数。阻尼器的名称采用默认值"D003"，在后续的操作中也可以用"D003"代表第 3 个阻尼器。

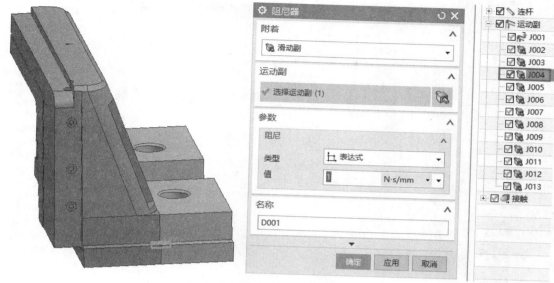

图 9-71　定义第 1 个阻尼器

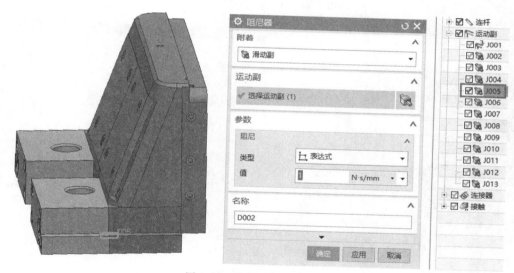

图 9-72　定义第 2 个阻尼器

④ 定义第 4 个阻尼器。点击"主页"→"连接器"→"阻尼器"图标，打开如图 9-74 所示的对话框。在对话框中"附着"选择"滑动副"，"运动副"选择第 4 组滑块的运动副（即 J007），或者在"运动导航器"下面选择"J007"运动副，会更容易些。其它选项均采用默认参数。阻尼器的名称采用默认值"D004"，在后续的操作中也可以用"D004"代表第 4 个阻尼器。

9.6.6　弹簧

斜顶上的两组顶出机构在斜顶回位时是靠弹簧的弹力使顶出机构回位的，因此在斜顶的两组顶出机构中需要定义弹簧。案例中斜顶的每组顶出机构均有两组弹簧，但在运动仿真中只要定义一个弹簧即可。

图 9-73　定义第 3 个阻尼器

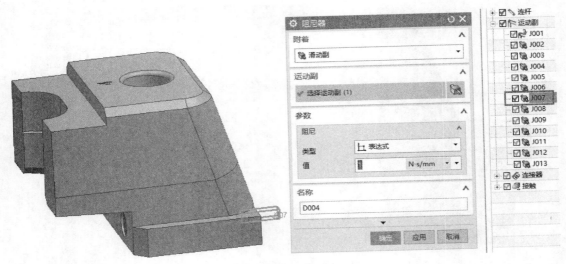

图 9-74　定义第 4 个阻尼器

　　① 定义第 1 个弹簧。第 1 个弹簧定义为斜顶第 1 组顶出机构（连杆 L009）的弹簧。点击 "主页"→"连接器"→"弹簧" 图标，打开如图 9-75 所示的对话框。在 "附着" 中选择 "滑动副"，在 "运动副" 下面 "选择运动副" 中选择斜顶第 1 组顶出机构的运动副（运动副 J010），在右侧的导航器中选择更加方便。注意弹簧的方向一定要与运动副的方向相反，在 "安装长度" 后面的文本框中输入 12，因为斜顶后退而顶出机构不运动的行程是 2.64mm，可取整数 3mm，再加上 3mm 的预压，弹簧自由长度＝（行程 3mm＋预压 3mm）/压缩比 0.4＝15mm。在 "弹簧参数" 下面的 "执行器" 的 "值" 后面的文本框中输入 3。在 "阻尼器" 下面 "创建阻尼器" 的复选框中打钩，此处阻尼器的阻尼力不宜过大，因此在 "值" 后面文本框中输入 0.2。弹簧的名称采用默认值 "S001"，在后续的操作中也可以用 "S001" 代表第 1 个弹簧。

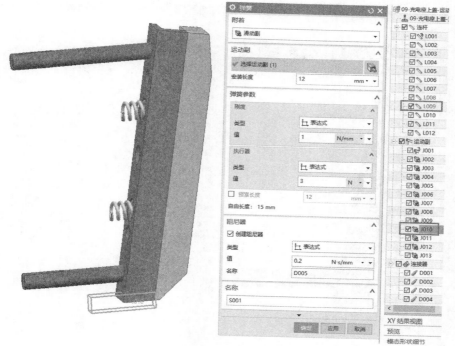

图 9-75　定义第 1 个弹簧

② 定义第 2 个弹簧。第 2 个弹簧定义为斜顶第 2 组顶出机构（连杆 L010）的弹簧。点击"主页"→"连接器"→"弹簧"图标，打开如图 9-76 所示的对话框。在"附着"中选择"滑动副"，在"运动副"下面"选择运动副"中选择斜顶第 2 组顶出机构的运动副（运动副 J011），在右侧的导航器中选择更加方便。注意弹簧的方向一定要与运动副的方向相反，在"安装长度"后面的文本框中输入 12，因为斜顶后退而顶出机构不运动的行程是 2.64mm，可取整数 3mm，再加上 3mm 的预压，弹簧自由长度＝（行程 3mm＋预压 3mm)/压缩比 0.4＝15mm。在"弹簧参数"下面的"执行器"的"值"后面的文本框中输入 3。在"阻尼器"下面"创建阻尼器"前面的复选框中打钩，此处阻尼器的阻尼力不宜过大，因此在"值"后面文本框中输入 0.2。弹簧的名称采用默认值"S002"，在后续的操作中也可以用"S002"代表第 2 个弹簧。

9.6.7　驱动

本案例的模具是二板模模具，因此只需要打开 A、B 板即可。在 A、B 板打开的过程中，四组滑块在前模斜导柱的驱动下向后运动，接着是顶针板的顶出，斜顶跟随顶针板一起向上运动，而斜顶的顶出机构又跟随斜顶一起运动，在斜顶运动时斜顶上的顶出机构在直升位作用下不向后运动，从而起到顶着产品的作用。本案例顶针板中的斜顶、顶针、司筒把产品顶出后，用吸盘圆柱体模拟机械手或者人工把产品再向外顶出一段距离，使产品完全脱离模仁、顶针及四组滑块，最后产品向操作者方向运动。由于模具中每块板的开模顺序不同，每块板的开模时间也不一样，对于这样比较复杂的模具运动仿真，利用运动仿真中的 STEP 函数来控制模具中的开模顺序比较容易。下面就详细讲解每块板的运动驱动函数。

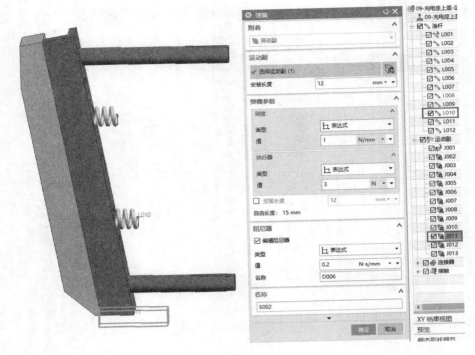

图 9-76 定义第 2 个弹簧

① B 板的运动函数。首先是 B 板运动仿真，B 板开模后向后运动，0～4s 向后运动 450mm，函数 STEP（x，0，0，4，450）。

② 顶针板的运动函数。顶针板的运动仿真分两部分：第一部分是顶针板 0～4s 向后运动 −450mm（顶针板运动副方向朝上，因此是负数），函数 STEP（x，0，0，4，−450）；第二部分顶针板 4～6s 向上运动 110mm，函数 STEP（x，4，0，6，110）。

③ 吸盘圆柱体的运动函数。吸盘圆柱体的运动仿真也分两部分：第一部分是吸盘圆柱体 0～6s 跟随顶针板运动，函数 STEP（x，0，0，6，0）；第二部分吸盘圆柱体 6～8s 向上运动 80mm，函数 STEP（x，6，0，8，80）。

④ 产品及流道的运动函数。产品及流道的运动仿真也分两部分：第一部分是产品及流道 0～8s 跟随吸盘圆柱体运动，函数 STEP（x，0，0，8，0）；第二部分产品及流道 8～10s 向操作者方向运动 500mm，函数 STEP（x，8，0，10，500）。

虽然本案例的函数不多，但为了减少出错的机率，建议在记事本中把函数记录下来，然后在运动仿真中复制粘贴。本案例函数在记事本中的记录如图 9-77 所示。

最后就是为模具的各个连杆的运动副定义驱动。

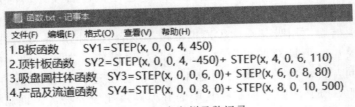

图 9-77 本案例函数记录

① 定义 B 板运动副的驱动。点击"主页"→"机构"→"驱动"图标，打开如图 9-78 所示的对话框。在"驱动类型"下拉菜单中选择"运动副驱动"，"驱动对象"选择 B 板的滑动副（即 J002），注意由于在显示区域中滑动副不好选择，可以在"运动导航器"中选择滑动副，更方便一些。在"平移"下拉菜单中选择"函数"，"数据类型"选择"位移"，然后点击"函数"后面"↓"图标，再点击"函数管理器"弹出如图 9-79 所示对话框，在对话框中点击下面的"✏"图标，弹出如图 9-80 所示对话框，"名称"后面的文本框中输入"SY1"，接着在"公式"下面的文本框中粘贴从记事本中复制的 STEP（x，0，0，4，450）的函数。最后连续点击"确定"按钮，完成 B 板上运动副的函数驱动。第 1 个驱动的名称采用默认值"Drv001"，在后续的操作中也可以用"Drv001"代表第 1 个驱动。

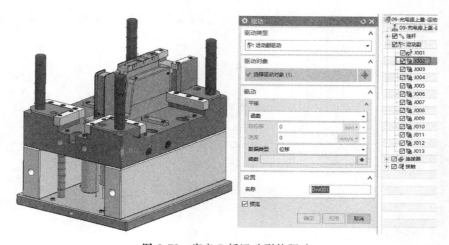

图 9-78 定义 B 板运动副的驱动

图 9-79 "XY 函数管理器"对话框

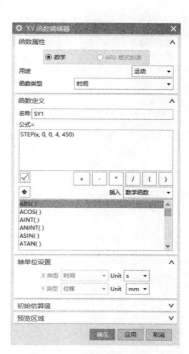

图 9-80 "XY 函数编辑器"对话框

② 定义顶针板运动副的驱动。点击"主页"→"机构"→"驱动"图标，打开如图 9-81 所示的对话框。在"驱动类型"下拉菜单中选择"运动副驱动"，"驱动对象"选择顶针板的滑动副（即 J003），注意由于在显示区域中滑动副不好选择，可以在"运动导航器"中选择滑动副，更方便一些。在"平移"下拉菜单中选择"函数"，"数据类型"选择"位移"，然后点击"函数"后面"↓"图标，再点击"函数管理器"弹出如图 9-82 所示对话框，在对话框中点击下面的"✎"图标，弹出如图 9-83 所示对话框，"名称"后面的文本框中输入"SY2"，接着在"公式"下面的文本框中粘贴从记事本中复制的 STEP（x，0，0，4，−450）＋STEP（x，4，0，6，110）的函数。最后连续点击"确定"按钮，完成顶针板上运动副的函数驱动。第 2 个驱动的名称采用默认值"Drv002"，在后续的操作中也可以用"Drv002"来代表第 2 个驱动。

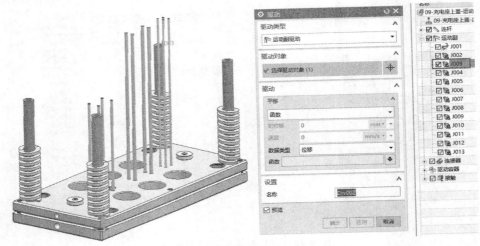

图 9-81 定义顶针板运动副的驱动

图 9-82 "XY 函数管理器"对话框

图 9-83 "XY 函数编辑器"对话框

③ 定义吸盘圆柱体运动副的驱动。点击"主页"→"机构"→"驱动"图标，打开如图 9-84 所示的对话框。在"驱动类型"下拉菜单中选择"运动副驱动"，"驱动对象"选择吸盘圆柱体的滑动副（即 J013），注意由于在显示区域中滑动副不好选择，可以在"运动导航器"中选择滑动副，更方便一些。在"平移"下拉菜单中选择"函数"，"数据类型"选择"位移"，然后点击"函数"后面"↓"图标，再点击"函数管理器"弹出如图 9-85 所示对话框，在对话框中点击下面的"✐"图标，弹出如图 9-86 所示对话框，"名称"后面的文本框中输入"SY3"，接着在"公式"下面的文本框中粘贴从记事本中复制的 STEP（x，0，0，6，0）+STEP（x，6，0，8，80）的函数。最后连续点击"确定"按钮，完成吸盘圆柱体上运动副的函数驱动。第 3 个驱动的名称采用默认值"Drv003"，在后续的操作中也可以用"Drv003"代表第 3 个驱动。

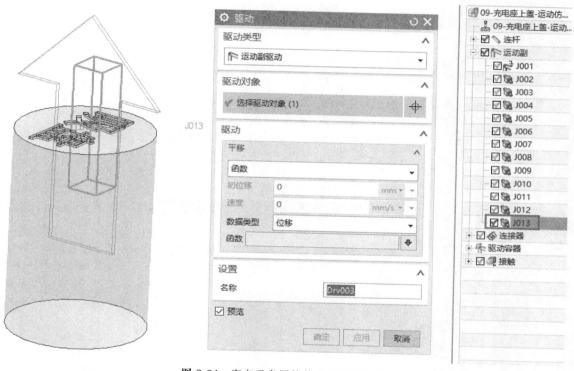

图 9-84 定义吸盘圆柱体运动副的驱动

④ 定义产品和流道运动副的驱动。点击"主页"→"机构"→"驱动"图标，打开如图 9-87 所示的对话框。在"驱动类型"下拉菜单中选择"运动副驱动"，"驱动对象"选择产品和流道的滑动副（即 J012），注意由于在显示区域中滑动副不好选择，可以在"运动导航器"中选择滑动副，更方便一些。在"平移"下拉菜单中选择"函数"，"数据类型"选择"位移"，然后点击"函数"后面"↓"图标，再点击"函数管理器"弹出如图 9-88 所示对话框，在对话框中点击下面的"✐"图标，弹出如图 9-89 所示对话框，"名称"后面的文本框中输入"SY4"，接着在"公式"下面的文本框中粘贴从记事本中复制的 STEP（x，0，0，8，0）+STEP（x，8，0，10，500）的函数。最后连续点击"确定"按钮，完成产品和流道上运动副的函数驱动。第 4 个驱动的名称采用默认值"Drv004"，在后续的操作中也可以用"Drv004"代表第 4 个驱动。

图 9-85 "XY 函数管理器"对话框

图 9-86 "XY 函数编辑器"对话框

图 9-87 定义产品和流道运动副的驱动

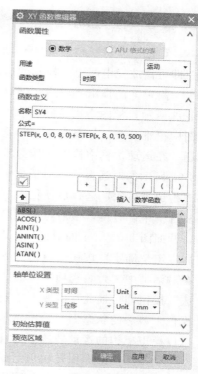

图 9-88 "XY 函数管理器"对话框   图 9-89 "XY 函数编辑器"对话框

9.6.8 解算方案及求解

点击"主页"→"解算方案"→"解算方案"图标，打开如图 9-90 所示的对话框。由于在函数中所用的总时间是 10s，所以在解算方案中的时间就是 10s，步数可以取时间的 30 倍，即 300 步。在"按'确定'进行求解"的复选框中打钩，点击"确定"后会自动进行求解。

图 9-90 "解算方案"对话框

9.6.9 生成动画

点击"分析"→"运动"→"动画"图标，打开如图 9-91 所示的对话框。点击"播放"按钮即可播放充电座上盖模具的运动仿真。图中是充电座上盖模具开模后的状态图。

斜顶上的顶出机构中，顶针底板与后模仁在直升位上侧位置发生了轻微的干涉，如图 9-92 所示，从图中可见斜顶上的顶出机构顶针底板与后模仁已经重叠，此问题在模具静态图中很难发现，如果直接试模会导致模具干涉，如果使用运动仿真就非常容易检查此类问题。在运动仿真中检查干涉的步骤如下：点击"分析"→"运动"→"干涉"图标，打开如图 9-93 所示的对话框。在对话框中"第一组选择对象"选择斜顶顶出机构中的顶针底板。"第二组选择对象"选择后模仁。"模式"选择"精确实体"，在"事件发生时停止"及"激活"复选框中都打钩，最后点击"确定"按钮。点击"主页"→"解算方案"→"解算方案"图标，打开如图 9-94 所示的对话框。时间还是输入 10s，步数依然输入 300，名称采用默认值，最后点击"确定"按钮。点击"分析"→"运动"→"动画"图标，打开如图 9-95 所示的对话框。在对话框中"封装选项"下面的"干涉"和"事件发生时停止"复选框中打钩。点击"播放"按钮即可播放充电座上盖模具的运动仿真。图中是斜顶上的顶出机构中的顶针底板与后模仁干涉后的状态图。图中显示"部件干涉"动画事件。从本案例可以看出，运动仿真不但可以模拟机构的运动轨迹，而且可以提示部件间的相互干涉。

干涉产生的原因是斜顶上顶出机构中限位螺钉的避空直径太小，如图 9-96 所示的剖视图，限位螺钉已经撞上斜顶顶出机构中顶针面板的避空位，导致斜顶顶出机构中的顶针底板与后模仁产生干涉。

干涉的解决方法是，把斜顶上顶出机构中限位螺钉在顶针面板的避空直径由 6mm 改成 7mm 即可。在"运动导航器"中选择"09-充电座上盖"的文件，然后单击鼠标的右键，在弹出的对话框中点击"在窗口中打开主仿真"，如图 9-97 所示。然后在建模模式下把斜顶上

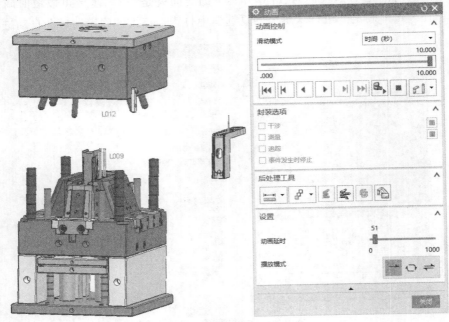

图 9-91 充电座上盖模具的运动仿真动画

的两组顶出机构的顶针面板上面的限位螺钉避空孔偏置 0.5mm。最后进行保存，再次进入运动仿真的窗口中，点击"主页"→"解算方案"→"解算方案"图标，打开如图 9-98 所示的对话框。时间还是输入 10s，步数依然输入 300，名称采用默认值，最后点击"确定"按钮。点击"分析"→"运动"→"动画"图标，点击"播放"按钮即可播放充电座上盖模具的运动仿真。此次斜顶顶出机构中的顶针底板与后模仁已无干涉。

充电座上盖模具
运动仿真动画

  充电座上盖模具运动仿真动画可用手机扫描二维码观看。

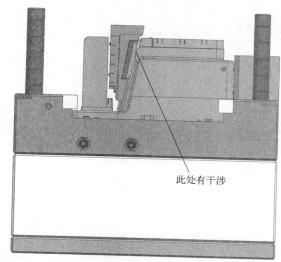

此处有干涉

图 9-92 斜顶上顶出机构中顶针底板与后模仁的干涉

图 9-93 "干涉"对话框

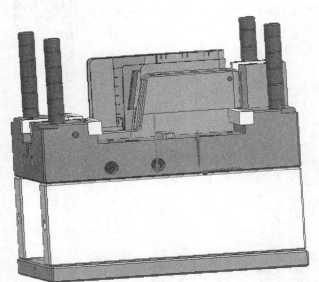
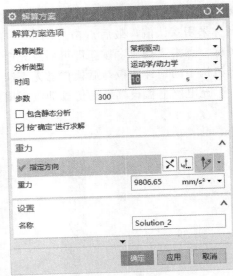

图 9-94 "解算方案"对话框

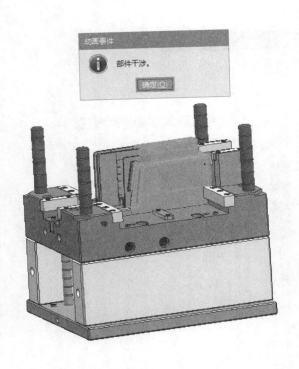
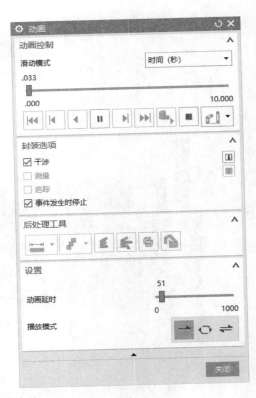

图 9-95 部件干涉动画

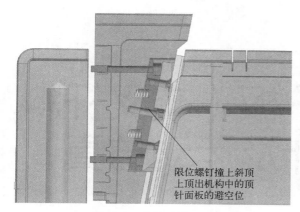

限位螺钉撞上斜顶
上顶出机构中的顶
针面板的避空位

图 9-96 部件干涉原因

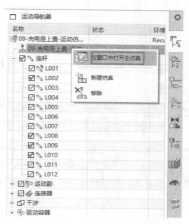

图 9-97 运动导航器

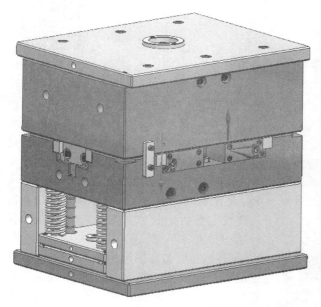

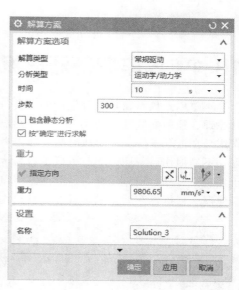

图 9-98 "解算方案"对话框

第 **10** 章

汽车后备厢护板（交叉杆斜顶）结构设计及运动仿真

汽车后备厢护
板模具结构

10.1 汽车后备厢护板产品分析

　　本章以某模具公司设计生产的一套汽车后备厢护板模具为实例来讲解交叉杆斜顶结构的设计原理、经验参数及运动仿真。汽车后备厢护板位于汽车的后备厢内，如图 10-1 所示，主要作用是在汽车发生交通事故时吸收撞击力，减轻对乘坐人员的伤害，并且可以增加后备厢的硬度，不易损伤后备厢，同时可以更容易清理及清洗后备厢。汽车后备厢护板外观要求较高，属于外观件产品，模具设计时需要注意浇口的位置及浇口的形式，不允许在外观面上有明显的浇口疤痕。根据汽车后备厢护板的模具结构及外观要求，浇注系统采用三点式顺序阀热流道转冷流道六点鸭舌潜伏式进胶。汽车后备厢护板的塑胶材料一般选择 PP＋TD20 材料。PP 料是汽车后备厢护板的基体，PP 料具有流动性好、成型工艺较宽、耐热性好、屈服强度高、密度小、质量小等优点，但 PP 料也有刚度不足、耐候性差、容易翘曲变形等缺点。TD20 的含义是材料中加入 20％的滑石粉，滑石粉的作用是提高汽车后备厢护板的刚度，以弥补 PP 料刚度不足、容易翘曲变形的缺点。根据以往的经验，客

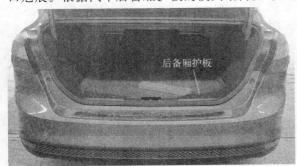

图 10-1 汽车后备厢护板实物

户给出的缩水率是 1.012。用手机扫描二维码可以观看汽车后备厢护板模具结构。

10.1.1 产品出模方向及分型

　　在模具设计前期，首先要分析产品的出模方向、分型线、产品的前后模面及倒扣。产品如图 10-2 所示。产品最大外围尺寸（长、宽、高）为 249.87mm×843.54mm×220.68mm，产品的主壁厚为 2.5mm。产品为左右完全镜像关系，因此在产品分模及设计斜顶时可以先设计产品的一半，设计完成后再镜像另一半。产品的出模方向选择正 Z 方向，产品的分型线及结构如图 10-3～图 10-5 所示。

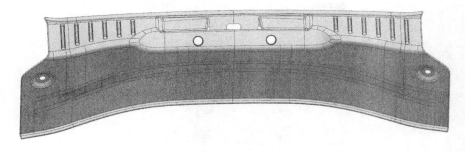

图 10-2　产品

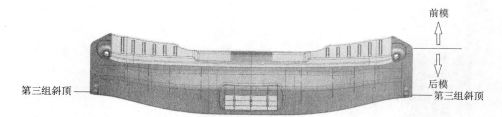

图 10-3　产品分型线及结构（一）

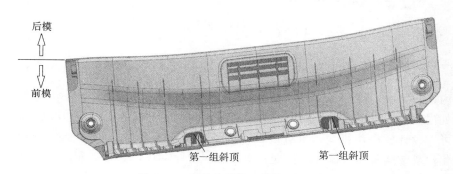

图 10-4　产品分型线及结构（二）

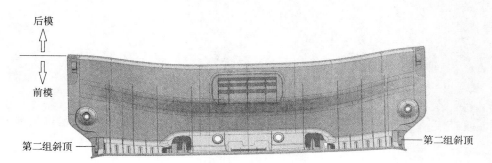

图 10-5　产品分型线及结构（三）

10.1.2　产品的前后模面

产品的前后模面如图 10-6 和图 10-7 所示。后模共有左右对称的三组倒扣区域。

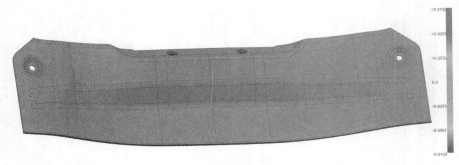

图 10-6　产品的前后模面（一）

图 10-7　产品的前后模面（二）

10.1.3　产品的内倒扣

产品内倒扣如图 10-8 所示，倒扣区域需要设计滑块机构或者斜顶机构。产品中间左右对称的两处内倒扣区域需要设计斜顶机构，产品两侧左右对称的四处倒扣区域由于靠近产品的外侧，可以设计成滑块机构，也可以设计成斜顶机构。经综合考虑，最终设计成斜顶机构，可简化模具结构及缩小模具的长度。本案例共设计左右对称的六个斜顶机构。

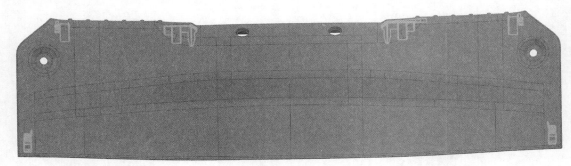

图 10-8　产品内倒扣

10.1.4　产品的浇注系统

由于产品是外观件，对外观要求比较高，因此浇口位置不能设计在产品的外观面上。本案例经过反复利弊权衡，最终选择鸭舌式浇口，鸭舌式浇口与牛角浇口一样都属于潜伏式浇口，但鸭舌式浇口比牛角浇口进胶的截面积更大，在相同的时间内可以充填更多的塑料。鸭舌式浇口也潜伏于产品的内观面，因此对产品的外观影响不大。鸭舌式浇口与牛角浇口一样不易加工，不易加工的浇口区域要设计成镶件形式。浇注系统采用三点式顺序阀热流道转冷流道，为了加大产品的充填，使产品更容易充填及保压，在每组冷流道上又设计两组鸭舌式浇口。冷流道采用 U 形截面形状，冷流道截面直径为 9mm，浇口平均厚度约 0.6mm，浇口宽 4.5mm，如图 10-9 所示。三点式顺序阀热流道进胶的顺序是，首先打开产品中间的阀浇口，两侧的阀浇口处于关闭状态，当产品的流动前沿经过两侧的阀浇口时，两侧阀浇口打开，阀浇口充填就像 400m 接力比赛一样，由一棒传给另一棒。阀浇口热流道的优点是产品的充填质量更好，两个浇口之间基本没有熔接线，而且本案例的阀浇口热流道是整体式装配的，因此成本更高，但整体式热流道可以保证热流道的装配精度与可靠性。整个浇注系统经模流分析验证，可以满足产品的充填及保压需求。

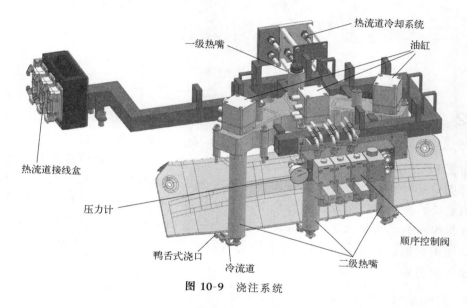

图 10-9　浇注系统

10.2　汽车后备厢护板模具结构分析

10.2.1　汽车后备厢护板模具的模架

　　本产品采用针阀式热流道转冷流道的浇注系统，因此选择大水口模架。由于产品比较大，前后模均采用整体式的，即没有内模仁的模具结构，直接在 A、B 板上加工胶位形状，因此模架采用非标准模架，模架长宽高分别为 1180mm×580mm×948mm，模架为大水口工字形模架，模架的最大外围尺寸为 1430mm×980mm×948mm，模架如图 10-10 所示。A、B 板均采用 1.2738 的预硬钢料，其它板均采用 S55C 钢料。由于模具比较大，在顶出机构上设计油缸带动顶针板顶出、复位，使用油缸（液压动力）带动顶针板，可以使顶出机构在顶出、复位的过程中更平稳、平衡及安全可靠。本案例的模具是二板模结构，开模时仅开 A 板与 B 板之间即可。

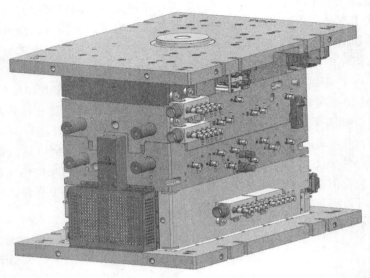

图 10-10 汽车后备厢护板模具的模架

10.2.2 汽车后备厢护板模具的前模

汽车后备厢护板模具的前模 A 板是整体式的，整个前模如图 10-11 所示。A 板上封胶位分型面宽度一般取 40～50mm，其余位置分型面均避空 1mm。在模具四角位置即导柱周围设计虎口对模具进行定位，虎口的插穿角度为 3°，为便于加工和合模，在虎口的两侧设计耐磨块。在热嘴对面及两侧的分型面上设计排气槽对模具进行排气。在模具的基准侧设计进出水的两块集水块，集水块一般用于进出水较多的大型模具中，由于进出水管较多，注塑机的接口不够，利用集水块把所有水管集合在一起，在方便接水的同时，也保证水压的稳定。

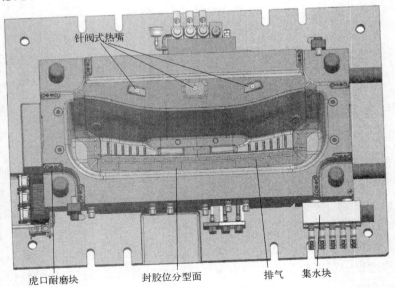

图 10-11 汽车后备厢护板模具的前模

10.2.3　汽车后备厢护板模具的后模

汽车后备厢护板模具的后模 B 板也是整体式的，整个后模如图 10-12 所示。B 板上封胶位分型面宽度一般取 40～50mm，其余位置分型面均避空 1mm。在分型面四周的侧面设计有多块耐磨块，耐磨块的作用是便于加工和合模。耐磨块的设计原则一般是设计在凸起的部分，比如在 B 板上热嘴的对面及两侧的分型面是凸起部分，因此在此三面设计耐磨块，而在 B 板上热嘴的这面分型面是凹入部分，因此在 A 板上设计耐磨块。在凸起部分设计耐磨块的原因是更容易加工。在 B 板的四周设计有平衡块，因为整个模具除绿色封胶位分型面外，其余部分都是避空的，平衡块与 A 板接触保证模具的平衡。在 B 板上鸭舌式浇口的区域无法加工，因此设计成镶件形式，镶件采用盲镶形式。在 B 板上还有三处镶件，设计镶件的原因是此区域有深骨位，设计镶件的目的是便于加工及排气，镶件也采用盲镶形式。顶出机构的油缸也固定在 B 板上，并且在 B 板上设计有油路通道，在油缸的外围设计有防尘网，保证垃圾不掉入顶针板内。在 B 板的基准侧也设计有后模运水的进出水集水块。

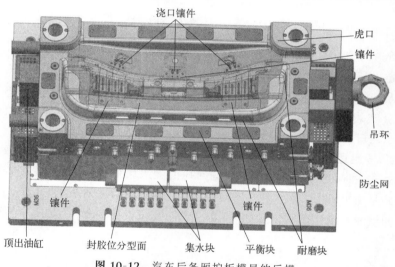

图 10-12　汽车后备厢护板模具的后模

10.2.4　汽车后备厢护板模具的前模冷却系统

汽车后备厢护板模具的前模冷却系统如图 10-13 所示，由于模具比较大，因此冷却水管道直径设计为 15mm，管道与胶位的距离为 20～25mm，两条运水管道的距离是管道直径的 5 倍左右。前模冷却管道设计为随形运水（运水跟随产品的形状），在热嘴的附近要重点进行冷却。本案例的前模运水共设计 3 组，分别用不同的颜色表示：E1 代表第 1 组运水入口，S1 代表第 1 组运水出口；E2 代表第 2 组运水入口，S2 代表第 2 组运水出口；E3 代表第 3 组运水入口，S3 代表第 3 组运水出口。每组运水的流长大致相等，运水的流长不宜超过 3m。每组运水的出入口分别与对应的集水块相连。

10.2.5　汽车后备厢护板模具的后模冷却系统

汽车后备厢护板模具的后模冷却系统如图 10-14 所示，由于模具比较大，因此冷却水管道直径设计为 15mm，第三组运水主要是冷却后模镶件，因此冷却管道直径设计为 8mm，水井直

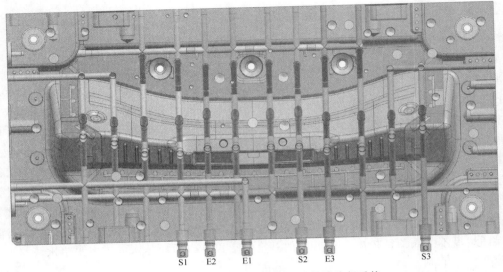

图 10-13　汽车后备厢护板模具的前模冷却系统

径为 12mm，管道与胶位的距离为 20～25mm，两条运水管道的距离是管道直径的 5 倍左右。后模冷却管道也设计为随形运水（运水跟随产品的形状），第三组运水除外，第三组运水主要冷却后模镶件及冷流道。本案例的后模运水共设计 5 组，分别用不同的颜色表示：E1 代表第 1 组运水入口，S1 代表第 1 组运水出口；E2 代表第 2 组运水入口，S2 代表第 2 组运水出口；E3 代表第 3 组运水入口，S3 代表第 3 组运水出口；E4 代表第 4 组运水入口，S4 代表第 4 组运水出口；E5 代表第 5 组运水入口，S5 代表第 5 组运水出口。每组运水的流长大致相等，运水的流长不宜超过 3m。每组运水的出入口分别与对应的集水块相连。图 10-14 中特别指明了油缸油路，油缸油路是顶出机构中油缸油路的通道，由于油缸安装在 B 板上，因此油路也设计在 B 板上。由于有两组油缸设计在顶针板的两侧，油路一定要设计平衡。

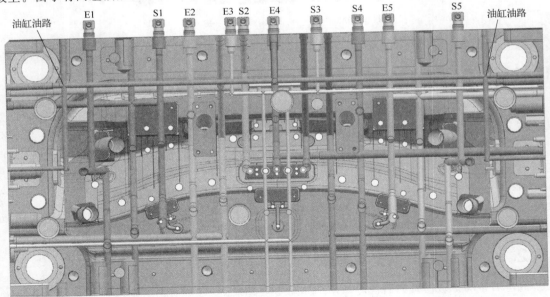

图 10-14　汽车后备厢护板模具的后模冷却系统

10.2.6 汽车后备厢护板模具的顶出机构

汽车后备厢护板模具的顶出机构如图 10-15 所示，顶出机构的动力来源于顶针板两侧的油缸，对于大型模具，顶出机构使用液压油缸作为动力，可以使顶出机构在顶出、复位的过程中更平稳、平衡及安全可靠。油缸选择 HPS 惠普斯方形油缸。油缸的缸径是 50mm，油缸的最大行程是 160mm，油缸的缸径可根据公式计算出来，即顶出机构的质量乘以系数（1.5～2）然后再除以油缸的数量。当斜顶、直顶、顶针较多时选择系数 2。油缸的油路一定要设计平衡，油路可设计在 B 板或者方铁上。油缸连接的顶针底板两侧要加长。本案例顶出机构由左右对称的三组斜顶及 35 根顶针和六根司筒组成。顶出机构中安装有两组行程开关，行程开关的作用是使油缸与注塑机保持同步。对于大型汽车模具，为了斜顶的合模与加工方便，需要在顶针底板与后模底板之间设计 6 个工艺螺钉，最好在工艺螺钉旁边刻上"工艺螺钉"字码，因为工艺螺钉在模具生产时是要拆除的，刻字的目的是便于钳工识别。

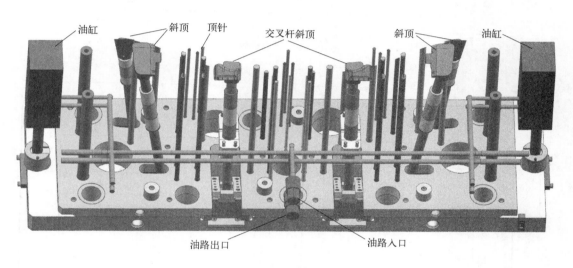

图 10-15　汽车后备厢护板模具的顶出机构

10.2.7 汽车后备厢护板模具的铭牌

汽车模具属于出口模具，一般出口模具都要设计铭牌，不过汽车模具的铭牌更多，除了出口模具常规的铭牌外，还要设计水路铭牌、油路铭牌及动作铭牌。铭牌的制作材料通常为铝片，厚度 2mm。模具铭牌通常要大一些，一般长 150mm×宽 100mm；水路铭牌、油路铭牌及动作铭牌要小一些，一般长 80mm×宽 120mm。模具铭牌表达的主要内容是模具名称、编号、材料、缩水率、重量等信息，如图 10-16 所示，不同模具厂家铭牌表达的内容略有不同。水路铭牌表达的主要内容是每组运水的走势、每组运水的标号、产品的外围形状及基准。水路铭牌又分为前模水路铭牌（图 10-17）和后模水路铭牌（图 10-18）。油路铭牌表达的主要内容是油路的走势、油路的出入口、产品的外围形状及基准，如图 10-19 所示。动作铭牌表达的主要内容是模具运动的过程，如图 10-20 所示。对于大型模具或动作比较复杂的模具，设计动作铭牌可以保证模具的安全生产。

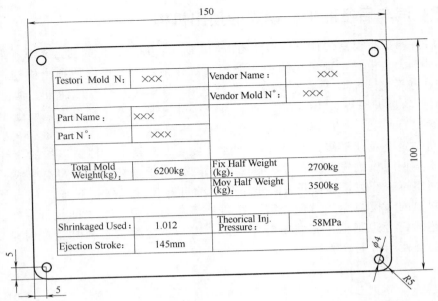

Testori Mold N:	×××	Vendor Name:		×××
		Vendor Mold N°:		×××
Part Name:	×××			
Part N°:	×××			
Total Mold Weight(kg):	6200kg	Fix Half Weight (kg):		2700kg
		Mov Half Weight (kg):		3500kg
Shrinkaged Used:	1.012	Theorical Inj. Pressure:		58MPa
Ejection Stroke:	145mm			

图 10-16 模具铭牌

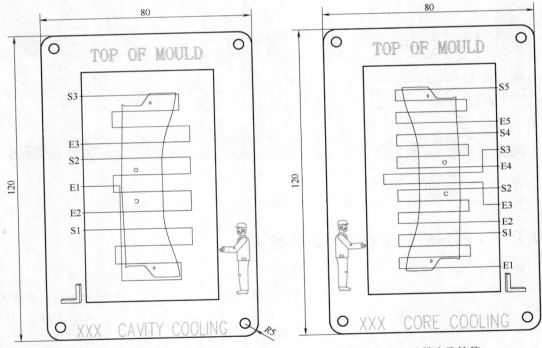

图 10-17 前模水路铭牌　　　　　图 10-18 后模水路铭牌

10.2.8 汽车后备厢护板模具的第一组斜顶结构

汽车后备厢护板模具左右对称的第一组斜顶结构如图 10-21 所示。由于第一组的两个斜顶是左右完全对称的，因此只讲解其中一个斜顶。汽车模斜顶由于斜顶头部比较大，一般采用分体式，即斜顶头部与斜顶杆分开设计。斜顶头部通称斜顶，靠近胶位的面要设计成直升面，

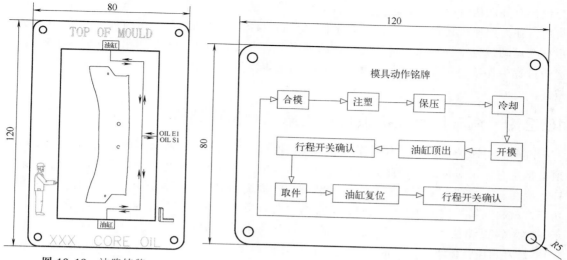

图 10-19　油路铭牌

图 10-20　动作铭牌

两侧面一般设计 5°的斜度，直升面对面的面设计的角度一般比斜顶杆的角度大 1°～2°，由于两侧面有 5°的斜度，因此需要在两侧面上设计夹装位，斜顶上还要设计加工基准，斜顶头部如图 10-22 所示。斜顶的头部还设计有管钉孔，用管钉把斜顶与斜顶杆连接起来，本案例使用的管钉是开口管钉。斜顶杆是连接斜顶与万向座的连杆，斜顶杆一般选择 SKD61 材料。导套在斜顶杆运动时给斜顶杆起导向作用，导套一般选择标准件，导套最好设计两个，使斜顶杆在运动时更平稳。支撑套主要起支撑作用，支撑套的外径与导套的外径一样大，内径比斜顶杆直径大 0.5mm，起避空作用。在最下面导套的底部安装有卡簧，卡簧的作用是给导套定位。万向座就像万向节一样可以 360°旋转，适合任何斜度的斜顶，万向座安装在斜顶杆的底部。在万向座的下面有螺钉，螺钉锁紧在万向座与斜顶杆上，万向座一般选择高力黄铜材料。高力黄铜是一种合金材料，最大优点就是耐磨。耐磨块安装在万向座两侧的圆柱上，耐磨块在斜顶座的导向槽中滑动，因此耐磨块的材料选择高力黄铜，并且在耐磨块上要设计圆孔，里面安装石墨，在耐磨块运动时起润滑作用。斜顶座由左右对称的两块组成，斜顶座

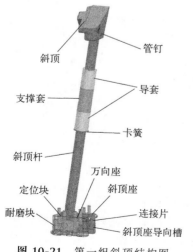

图 10-21　第一组斜顶结构图

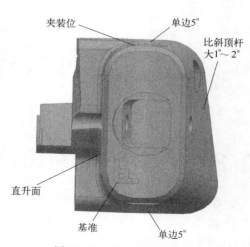

图 10-22　第一组斜顶头部

上设计有导向槽，引导斜顶的导向，斜顶座要设计锁紧螺钉及管钉，斜顶座也选择高力黄铜材料。在万向座中还设计有定位块，定位块与斜顶杆上的平面配合，给斜顶杆定位，防止斜顶杆在运动过程中旋转。连接片安装在斜顶座上，有前后两块，主要作用是在斜顶座安装及运输过程中保证斜顶座不散架。汽车模斜顶与常规斜顶的运动原理是完全一样的，此处不再赘述。

10.2.9 汽车后备厢护板模具的第二组斜顶结构

汽车后备厢护板模具左右对称的第二组斜顶结构如图 10-23 所示。由于第二组的两个斜顶也是左右完全对称的，因此只讲解其中一个斜顶。第二组斜顶也是由斜顶头、管钉、斜顶杆、导套、支撑套、卡簧、万向座、耐磨块、定位块、斜顶座、连接块组成，其经验参数、功能、材料与第一组斜顶完全相同，不过第二组斜顶中斜顶头部骨位是斜的，如图 10-24 所示，常规斜顶无法脱模，必须设计双斜度斜顶。由图 10-24 中可知，骨位的平面斜度是5.18°，因此在斜顶座导向槽的斜度设计成与骨位斜度相等或者大 1°。本案例中斜顶座导向槽的斜度设计为 6°，斜顶向外运动时沿斜顶座导向槽的方向运动，从而顺序脱离骨位。

10.2.10 汽车后备厢护板模具的第三组斜顶结构

汽车后备厢护板模具左右对称的第三组斜顶结构如图 10-25 所示。第三组斜顶有斜顶杆与辅助杆相互交叉，因此叫交叉杆斜顶，交叉杆斜顶是本案例的重点内容，在后面的章节中会重点讲解汽车后备厢护板模具第三组斜顶结构组成、运动原理及经验参数，这里不再赘述。

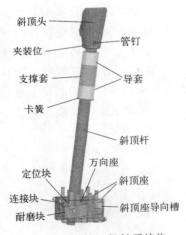

图 10-23 第二组斜顶结构

图 10-24 第二组斜顶头部骨位斜度

图 10-25 第三组斜顶结构

10.3 交叉杆斜顶结构组成

交叉杆斜顶结构组成如图 10-26 所示。机构中各个部件的作用如下。

① 斜顶。斜顶也叫斜顶头，是斜顶的头部。汽车模斜顶通常比较大，一般采用分体式设计，即斜顶头与斜顶杆分开设计，便于斜顶的加工及安装并且节省材料。倒扣区域的胶位都出在斜顶头上，在斜顶中靠近胶位的一面设计成直升面，主要用于加工时的定位。斜顶的

两侧面一般设计 3°～5°的拔模角度，可以减少斜顶与后模的摩擦，增加斜顶的寿命。斜顶直升面的对面角度比斜顶杆的角度大 1°～2°，主要原因也是减少斜顶与后模的摩擦，增加斜顶的寿命。由于斜顶是不规则形状，因此在斜顶的底部要设计夹装位。另外，在斜顶的底部还要设计基准位，便于加工时确认方向。斜顶上的管钉孔位要远离封胶位。

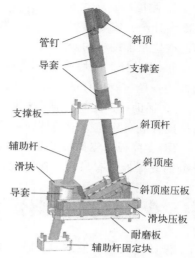

图 10-26　交叉杆斜顶结构

② 管钉。管钉是连接斜顶与斜顶杆的枢纽，本案例中的管钉采用开口管钉，开口管钉的优点是使斜顶与斜顶杆连接得更紧，因为开口管钉具有弹性。

③ 斜顶杆。斜顶杆是斜顶与斜顶座的中间部分，主要作用是使斜顶与斜顶座相连。在斜顶杆的头部一般设计成圆形或者方形与斜顶配合定位，在斜顶杆的底部设计直升位与斜顶座配合定位。斜顶杆直径规格有 16mm、20mm、25mm、30mm、35mm、40mm、50mm，根据斜顶的大小选择合适规格的斜顶杆，斜顶杆一般选择 SKD61 材料。

④ 导套。导套的作用是给斜顶杆及辅助杆导向，增加斜顶运动的稳定性，导套最好设计两个，因为两个导套可以使斜顶杆在运动时更平稳。导套直径及长度通常选择标准件。斜顶杆通常设计两个标准导套，中间多余部分安装支撑套。辅助杆一般设计一个标准导套，导套上面安装卡簧对导套进行锁紧限位。导套要选择石墨导套，即在导套上钻规则的多排通孔，在孔中安装石墨块，在斜顶杆运动时与石墨摩擦，石墨起到润滑的作用。

⑤ 支撑套。支撑套的作用主要是调节斜顶杆与导套的配合长度，如果后模较厚，导套的长度过长，斜顶杆与导套的配合长度就太长，斜顶杆的运动就不顺畅，与顶针在内模的配合位长度是 25～35mm，其它地方都避空是一样的道理。支撑套的外径与导套的外径相同，内径比斜顶杆直径大 0.5～1mm，因此支撑套与斜顶杆是避空的。支撑套一般用 S55C 钢料。

⑥ 斜顶座。斜顶座的作用是与斜顶杆相连接并且保证斜顶杆的定位，使斜顶能够在滑块上滑动，在斜顶座的下面有杯头螺钉，杯头螺钉使斜顶座与斜顶杆锁紧。斜顶座上面设计有定位块，定位块与斜顶杆的直升位配合，保证斜顶杆在运动时不旋转。斜顶座一般选择铍青铜材料，铍青铜的硬度比较高，耐磨性也比较好。

⑦ 斜顶座压板。斜顶座压板的作用是压住斜顶座，使其不能上下运动并且给斜顶座导向，斜顶座压板四周都是避空的，因此斜顶座压板上面除设计锁紧螺钉外，还要设计管钉定位。斜顶座压板一般用高力黄铜制作，并且在滑动面设计圆孔安装石墨，石墨在斜顶座滑动时起润滑作用。

⑧ 滑块。滑块的作用就是在顶针板内滑动。滑块在辅助杆的作用下向外移动，与斜顶杆配合使斜顶沿特定的角度运动，滑块一般选择铍青铜材料。在滑块上要设计斜顶座锁紧螺钉的避空位。

⑨ 滑块压板。滑块压板的作用是压住滑块使其不能上下运动并且给滑块导向，滑块压板四周都是避空的，因此滑块压板上面除设计锁紧螺钉外，还要设计管钉定位。滑块压板一般用高力黄铜制作，并且在滑动面设计圆孔安装石墨，石墨在滑块滑动时起润滑作用。

⑩ 耐磨板。耐磨板的作用是增加滑块的寿命，耐磨板一般用高力黄铜制作，并且在滑动面设计圆孔安装石墨，石墨在滑块滑动时起润滑作用。在耐磨板上要设计斜顶座锁紧螺钉的避空位及辅助杆的避空位。

⑪ 辅助杆。滑块就是在辅助杆的作用下向外运动，辅助杆固定在 B 板与底板之间，辅助杆的直径与斜顶杆的直径一样大。辅助杆一般选择 SKD61 材料。

⑫ 辅助杆固定块。辅助杆固定块安装在后模底板，其作用是固定辅助杆的底部，并且给辅助杆底部定位。辅助杆固定块可选择 S55C 钢料。

⑬ 支撑板。支撑板安装在 B 板，其作用是固定辅助杆的顶部，并且给辅助杆顶部定位。此处的支撑板还有另一个作用就是锁紧导套。支撑板一般也选择 S55C 钢料。

10.4　交叉杆斜顶运动原理

设计交叉杆斜顶结构的原因是产品的内倒扣区域中的空间不够大，如图 10-27 所示。产品顶部 b 角度是 9.97°，可以设计成双斜度斜顶，但双斜度斜顶的后退空间太小，后退空间距离 L_1 只有 4.52mm，后退空间远远不够，斜顶如果沿着倒扣斜度方向后退是可以的，但倒扣斜度 a 角度是 52.14°，双斜度斜顶的底部角度极限值是 25°，双斜度斜顶不能满足角度条件，因此采用交叉杆斜顶结构。交叉杆斜顶的斜顶角度暂定 52.14°，交叉杆斜顶的后退行程是 33.14mm。

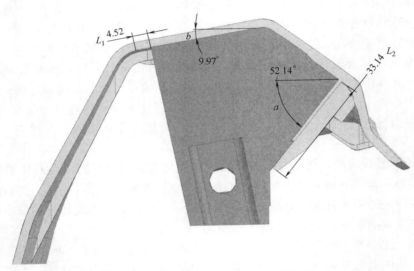

图 10-27　交叉杆斜顶内倒扣区域角度

交叉杆斜顶结构主要由斜顶、斜顶杆、导套、支撑套、斜顶座、滑块、压板、辅助杆、辅助杆固定块及支承板等组成。斜顶、斜顶杆及斜顶座组成一个整体，斜顶座在滑块中滑动，而滑块又在顶针板中滑动。辅助杆与斜顶杆的方向是相反的，当顶针板向上运动时，滑块在辅助杆的作用下向外运动，斜顶、斜顶杆、斜顶座加速向下运动，因此交叉杆斜顶也叫加速斜顶，斜顶座向下滑动的叫下坡加速斜顶，斜顶座向上滑动的叫上坡加速斜顶。图 10-28 是交叉杆斜顶向上顶出一半时的状态。图 10-29 是交叉杆斜顶完全顶出时的状态。

图 10-28　交叉杆斜顶向上顶出一半时的状态　　　　图 10-29　交叉杆斜顶完全顶出时的状态

10.5　交叉杆斜顶经验参数

10.5.1　交叉杆斜顶角度的经验参数

　　交叉杆斜顶结构中角度共有四个，如图 10-30 所示，分别是斜顶角度 A、斜顶杆角度 B、辅助杆角度 C、斜顶座角度 D。斜顶的角度是由斜顶杆角度、辅助杆角度、斜顶座角度共同确定的。

　　斜顶杆的角度不宜超过 12°，当辅助杆角度 C 与斜顶座角度 D 已定时，减小斜顶杆角度 B，斜顶角度 A 会随着斜顶杆角度减小而加大，因此一般情况下斜顶杆角度通常取经验值 8°～10°。

　　辅助杆的角度不宜超过 20°，当斜顶杆角度 B 与斜顶座角度 D 已定时，减小辅助杆角度 C，斜顶角度 A 会随着辅助杆角度减小而减小，因此一般情况下辅助杆角度通常取经验值 12°～15°。辅助杆角度与斜顶杆角度不宜相差太大。

　　斜顶座分为上坡斜顶座和下坡斜顶座，上坡斜顶座的角度不宜超过 20°；下坡斜顶座运动时比上坡斜顶座运动时更顺畅，因此下坡斜顶座的角度不宜超过 30°。当斜顶杆角度 B 与辅助杆角度 C 已定时，减小斜顶座角度 D，斜顶角度 A 会随着斜顶座角度减小而减小，因此当已确定斜顶角度 A、斜顶杆角度 B、辅助杆角度 C 时，斜顶座角度 D 的值也确定了。

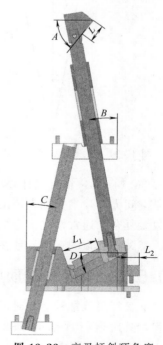

图 10-30　交叉杆斜顶角度
及后退行程

本案例中斜顶角度通过测量可知是 52.14°，斜顶杆角度取经验值 10°，辅助杆角度取经验值 12°，通过三角函数计算可知斜顶座角度是 27.42°。本案例中斜顶座属于下坡斜顶座，下坡斜顶座的角度不宜超过 30°，计算出的斜顶座角度是 27.42°，符合设计要求，但斜顶座角度一般取整数，根据上面的经验可知，当斜顶杆与辅助杆的角度已定时，减小斜顶座角度则斜顶角度也减小，因此斜顶座角度取整数 27°，再次根据三角函数计算可知斜顶角度是 51.57°，小于斜顶的实际角度 52.14°。此处计算结果比实际角度小是可以的，斜顶在运动时逐渐脱离胶位，与滑块镶件的两侧设计斜度，滑块镶件运动时不与模仁摩擦的原理是一样的，但计算结果千万不能比实际角度大，如果计算结果比实际角度大，斜顶在运动时会拉伤产品。L_1 为斜顶座的后退行程，L_2 为滑块的后退行程。

10.5.2　交叉杆斜顶的三角函数

交叉杆斜顶的三角函数比较复杂，主要是由两组三角函数构成，一组是斜顶杆的三角函数，另一组是辅助杆的三角函数，通过两组函数组合可计算出斜顶座的角度。交叉杆斜顶的三角函数如图 10-31 所示，A 代表斜顶角度，通过测量产品可知是 52.14°，斜顶行程通过测量产品可知是 33.14mm，B 代表斜顶杆角度，采用经验值 10°，C 代表辅助杆角度，采用经验值 12°，D 代表斜顶座角度。已知 A、B、C 的数据，根据三角函数可计算出 D 的角度是 27.42°，小于下坡斜顶座角度的最大值 30°，斜顶座角度符合要求，不过斜顶座角度通常设计成整数，通常情况下都会按 0.5°的台阶舍掉，如 27.42°舍掉后就是 27°，比如 27.92°舍掉后就是 27.5°。当斜顶座角度调整成 27°后，根据三角函数可计算出斜顶角度 A 是 51.57°，比测量的斜顶角度小，符合要求。斜顶的后退行程与顶出高度有关，斜顶后退行程与斜顶杆角度、辅助杆角度和斜顶座角度关系不大，顶出高度越大，斜顶后退行程越长。本案例通过三角函数计算出当顶出高度为 145mm 时，斜顶后退行程是 33.65mm，大于斜顶实际后退

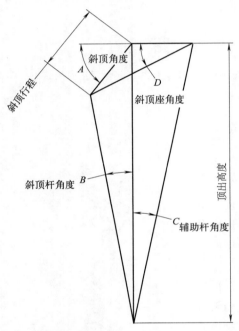

图 10-31　交叉杆斜顶的三角函数

行程 33.14mm，符合设计要求，此处后退余量只有 0.51mm，略小。没有把余量加大的原因是空间太小，当再加大顶出高度时，斜顶会与产品的侧壁相干涉。由于交叉杆斜顶的三角函数太复杂，通常情况下会把三角函数分解成如图 10-32 所示形式，降低三角函数的复杂程度。交叉杆斜顶的三角函数在草图中设计非常方便。

10.5.3　交叉杆斜顶后退行程的三角函数

交叉杆斜顶结构运动时需要后退的有两个部件，分别为滑块的后退行程和斜顶座的后退行程，其后退行程都可以通过三角函数计算出来，交叉杆斜顶后退行程的三角函数如图 10-33 所示。图中 A、B、C、D 所代表的角度值在上小节已讲解过，此处不再赘述。已知 A、B、C、D 的角度值，根据三角函数可计算出滑块后退行程是 30.82mm，斜顶座后退

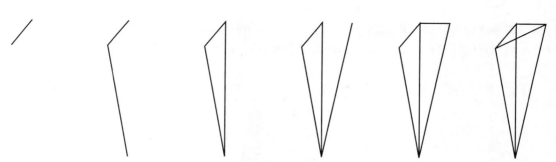

图 10-32　交叉杆斜顶的三角函数分解

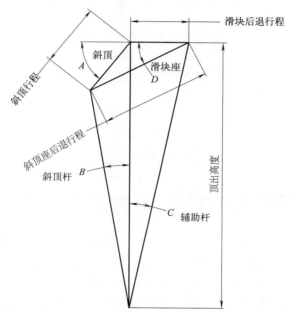

图 10-33　交叉杆斜顶后退行程的三角函数

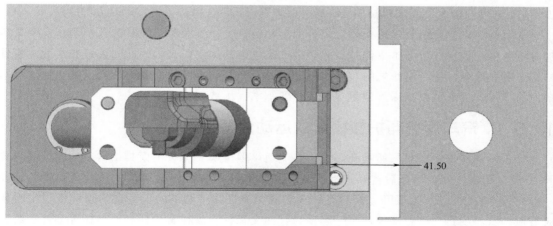

图 10-34　交叉杆斜顶中滑块后退行程

行程是 58.07mm。滑块的设计后退行程要大于计算出的滑块后退行程，滑块设计后退行程如图 10-34 所示，图中滑块设计后退行程是 41.50mm，远远大于计算出的滑块后退行程 30.82mm，因此滑块后退过程中不会与其它部件干涉。斜顶座的设计后退行程要大于计算出的斜顶座后退行程，斜顶座设计后退行程如图 10-35 所示，图中斜顶座设计后退行程是 66.49mm，远远大于计算出的斜顶座后退行程 58.07mm，因此斜顶座后退过程中不会与滑块干涉。

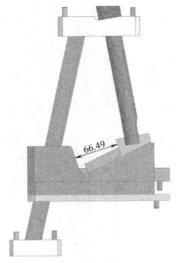

图 10-35　交叉杆斜顶中斜顶座后退行程

10.6　汽车后备厢护板模具的运动仿真

本案例以整套模具的形式讲解汽车后备厢模具的运动仿真，既讲到模具开模动作、顶出动作，也讲到模具结构中普通斜顶、双斜度斜顶、交叉杆斜顶结构的运动仿真。本案例中普通斜顶、双斜度斜顶都属于普通斜顶结构，但交叉杆斜顶结构在常规模具中比较少见，而且交叉杆斜顶的运动过程对于普通模具设计工程师是一个非常大的挑战。如果能够用运动仿真的形式把模具结构模拟出来，对于交叉杆斜顶结构的认识将由困难变得容易。用手机扫描二维码可以观看汽车后备厢护板模具运动仿真视频。

汽车后备厢护板模具运动仿真

本案例是以整套模具的形式模拟模具的运动仿真，让大家对于模具的开模动作及模具结构有更清晰的认知。由于本案例是以整套模具来讲解其运动仿真，因此知识量非常大，模具的动作也非常多，各个动作之间有先后顺序之分，最好的控制方法就是使用函数。通过对本案例的学习，大家可以更深入地学习函数并熟练掌握函数。

10.6.1　汽车后备厢护板模具的运动分解

汽车后备厢护板模具虽然具有阀浇口热流道，但也属于二板模模具结构，因此模具只要开 A 板与 B 板之间，汽车后备厢护板模具有左右对称的一组普通斜顶、一组双斜度斜顶和一组交叉杆斜顶。A、B 板开完模后顶针板在两个油缸的带动下向上运动，顶针板顶出时普通斜顶、双斜度斜顶也跟随顶针板一起顶出，而交叉杆斜顶在斜顶杆和辅助杆等部件的组合作用下加速顶出，顶针板顶出后冷流道自动脱落或人工取出，最后是机械手或手工取出产品。由于每次运动都有先后顺序之分，因此要用到运动函数中的 STEP 函数。由于本案例讲解整套模具的运动仿真，运动仿真时要分解的连杆非常多，建议把每组连杆首先在建模模块放入不同的图层，这样在运动仿真时定义连杆更容易、更清楚一些。汽车后备厢护板模具运动可分解成以下步骤。

① 整体前模不运动，整体后模向后运动（即 A、B 板开模）。

② 顶针板向上顶出（即斜顶向上运动）。

③ 斜顶上的交叉杆结构开始运动。

④ 冷流道自动脱落。

⑤ 机械手或人工取出产品。

10.6.2 连杆

在定义连杆之前首先打开以下目录的文件：注塑模具复杂结构设计及运动仿真实例\第 10 章-汽车后备厢护板（交叉杆斜顶）\10-汽车后备厢护板-运动仿真 . prt。进入运动仿真模块，接着点击"主页"→"解算方案"→"新建仿真"图标，新建运动仿真，其它选项可选择默认设置。

① 定义固定连杆。在本案例中前模（即 A 板、面板、热流道板、热流道及标准件）是固定不运动的，因此可将它们定义为固定连杆。A 板、面板、热流道板、热流道及标准件在图层的第 2 层，打开第 2 层并关闭其它图层，并把第 1 层设置为工作层。点击"主页"→"机构"→"连杆"图标，打开如图 10-36 所示的对话框。点击"连杆对象"下面的"选择对象"按钮，选取第 2 层中 A 板、面板、热流道板、热流道及标准件定义成第 1 个连杆。注意一定要在对话框中"□固定连杆"的复选框中打钩。定义第 1 个连杆后，会在运动导航器中显示第 1 个连杆的名称（L001）及第 1 个运动副的名称（J001）。

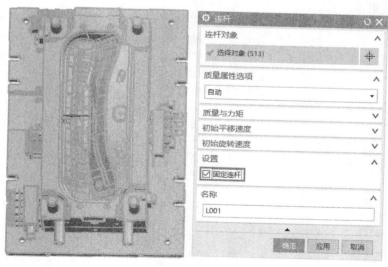

图 10-36 定义固定连杆

② 定义第 2 个连杆。B 板、后模镶件、方铁、底板、顶针板油缸、交叉杆斜顶中的辅助杆及标准件向后运动，因此把 B 板、后模镶件、方铁、底板、顶针板油缸、交叉杆斜顶中的辅助杆及标准件定义为第 2 个连杆。B 板、后模镶件、方铁、底板、顶针板油缸、交叉杆斜顶中的辅助杆及标准件在图层的第 3 层，打开第 3 层并关闭其它图层。点击"主页"→"机构"→"连杆"图标，打开如图 10-37 所示的对话框。点击"连杆对象"下面的"选择对象"按钮，选择 B 板、后模镶件、方铁、底板、顶针板油缸、交叉杆斜顶中的辅助杆及标

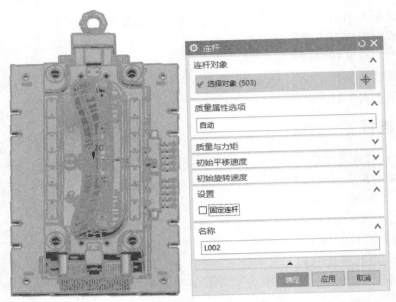

图 10-37　定义第 2 个连杆

准件定义成第 2 个连杆，由于 B 板、后模镶件、方铁、底板、顶针板油缸、交叉杆斜顶中的辅助杆及标准件需要向后运动，所以不能在"□固定连杆"的复选框中打钩。第 2 个连杆的名称采用默认值"L002"。

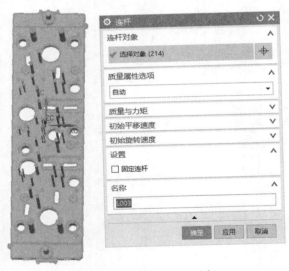

图 10-38　定义第 3 个连杆

③ 定义第 3 个连杆。顶针面板、顶针底板、顶针、司筒、普通斜顶的斜顶座、双斜度斜顶的斜顶座、交叉杆斜顶的滑块压板及标准件向后运动，因此把顶针面板、顶针底板、顶针、司筒、普通斜顶的斜顶座、双斜度斜顶的斜顶座、交叉杆斜顶的滑块压板及标准件定义为第 3 个连杆。顶针面板、顶针底板、顶针、司筒、普通斜顶的斜顶座、双斜度斜顶的斜顶座、交叉杆斜顶的滑块压板及标准件在图层的第 4 层，打开第 4 层并关闭其它图层。点击"主页"→"机构"→"连杆"图标，打开如图 10-38 所示的对话框。点击"连杆对象"下面的"选择对象"按钮，选择顶针面板、顶针底板、顶针、司筒、普通斜顶的斜顶座、双斜度斜顶的斜顶座、交叉杆斜顶的滑块压板及标准件定义成第 3 个连杆，由于顶针面板、顶针底板、顶针、司筒、普通斜顶的斜顶座、双斜度斜顶的斜顶座、交叉杆斜顶的滑块压板及其标准件需要向后运动，所以不能在"□固定连杆"的复选框中打钩。第 3 个连杆的名称采用默认值"L003"。

④ 定义第 4 个连杆。左右对称的普通斜顶中右侧的斜顶、斜顶杆、万向座、耐磨块及

标准件要斜向运动，因此把左右对称的普通斜顶中右侧的斜顶、斜顶杆、万向座、耐磨块及标准件定义为第 4 个连杆。左右对称的普通斜顶中右侧的斜顶、斜顶杆、万向座、耐磨块及标准件在图层的第 5 层，打开第 5 层并关闭其它图层。点击"主页"→"机构"→"连杆"图标，打开如图 10-39 所示的对话框。点击"连杆对象"下面的"选择对象"按钮，将其定义成第 4 个连杆，由于左右对称的普通斜顶中右侧的斜顶、斜顶杆、万向座、耐磨块及标准件要斜向运动，所以不能在"□固定连杆"的复选框中打钩。第 4 个连杆的名称采用默认值"L004"。

⑤ 定义第 5 个连杆。左右对称的普通斜顶中左侧的斜顶、斜顶杆、万向座、耐磨块及标准件要斜向运动，因此把左右对称的普通斜顶中左侧的斜顶、斜顶杆、万向座、耐磨块及标准件定义为第 5 个连杆。左右对称的普通斜顶中左侧的斜顶、斜顶杆、万向座、耐磨块及标准件在图层的第 6 层，打开第 6 层并关闭其它图层。点击"主页"→"机构"→"连杆"图标，打开如图 10-40 所示的对话框。点击"连杆对象"下面的"选择对象"按钮，选择左右对称的普通斜顶中左侧的斜顶、斜顶杆、万向座、耐磨块及标准件定义成第 5 个连杆，由于左右对称的普通斜顶中左侧的斜顶、斜顶杆、万向座、耐磨块及标准件需要斜向运动，所以不能在"□固定连杆"的复选框中打钩。第 5 个连杆的名称采用默认值"L005"。

图 10-39　定义第 4 个连杆　　　　　图 10-40　定义第 5 个连杆

⑥ 定义第 6 个连杆。左右对称的双斜度斜顶中右侧的斜顶、斜顶杆、万向座、耐磨块及标准件要斜向运动，因此把左右对称的双斜度斜顶中右侧的斜顶、斜顶杆、万向座、耐磨块及标准件定义为第 6 个连杆。左右对称的双斜度斜顶中右侧的斜顶、斜顶杆、万向座、耐磨块及标准件在图层的第 7 层，打开第 7 层并关闭其它图层。点击"主页"→"机构"→"连杆"图标，打开如图 10-41 所示的对话框。点击"连杆对象"下面的"选择对象"按钮，选择左右对称的双斜度斜顶中右侧的斜顶、斜顶杆、万向座、耐磨块及标准件定义成第 6 个连杆，由于左右对称的双斜度斜顶中右侧的斜顶、斜顶杆、万向座、耐磨块及标准件需要斜向运动，所以不能在"□固定连杆"的复选框中打钩。第 6 个连杆的名称采用默认值"L006"。

⑦ 定义第7个连杆。左右对称的双斜度斜顶中左侧的斜顶、斜顶杆、万向座、耐磨块及标准件要斜向运动，因此把左右对称的双斜度斜顶中左侧的斜顶、斜顶杆、万向座、耐磨块及标准件定义为第7个连杆。左右对称的双斜度斜顶中左侧的斜顶、斜顶杆、万向座、耐磨块及标准件在图层的第8层，打开第8层并关闭其它图层。点击"主页"→"机构"→"连杆"图标，打开如图10-42所示的对话框。点击"连杆对象"下面的"选择对象"按钮，选择左右对称的双斜度斜顶中左侧的斜顶、斜顶杆、万向座、耐磨块及标准件定义成第7个连杆，由于左右对称的双斜度斜顶中左侧的斜顶、斜顶杆、万向座、耐磨块及标准件需要斜向运动，所以不能在"□固定连杆"的复选框中打钩。第7个连杆的名称采用默认值"L007"。

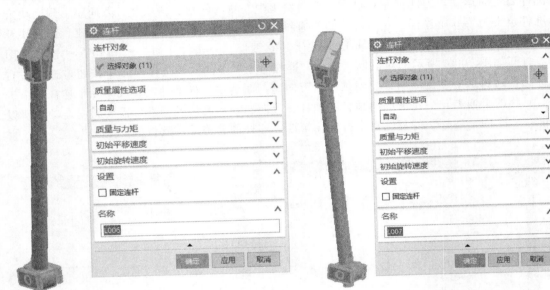

图10-41　定义第6个连杆　　　　　图10-42　定义第7个连杆

⑧ 定义第8个连杆。左右对称的交叉杆斜顶中右侧的斜顶、斜顶杆、万向座及标准件要斜向运动，因此把左右对称的交叉杆斜顶中右侧的斜顶、斜顶杆、万向座及标准件定义为第8个连杆。左右对称的交叉杆斜顶中右侧的斜顶、斜顶杆、万向座及标准件在图层的第9层，打开第9层并关闭其它图层。点击"主页"→"机构"→"连杆"图标，打开如图10-43所示的对话框。点击"连杆对象"下面的"选择对象"按钮，选择左右对称的交叉杆斜顶中右侧的斜顶、斜顶杆、万向座及标准件定义成第8个连杆，由于左右对称的交叉杆斜顶中右侧的斜顶、斜顶杆、万向座及标准件需要斜向运动，所以不能在"□固定连杆"的复选框中打钩。第8个连杆的名称采用默认值"L008"。

⑨ 定义第9个连杆。左右对称的交叉杆斜顶中右侧的滑块、斜顶座压板及标准件要侧向运动，因此把左右对称的交叉杆斜顶中右侧的滑块、斜顶座压板及标准件定义为第9个连杆。左右对称的交叉杆斜顶中右侧的滑块、斜顶座压板及标准件在图层的第10层，打开第10层并关闭其它图层。点击"主页"→"机构"→"连杆"图标，打开如图10-44所示的对话框。点击"连杆对象"下面的"选择对象"按钮，选择左右对称的交叉杆斜顶中右侧的滑块、斜顶座压板及标准件定义成第9个连杆，由于左右对称的交叉杆斜顶中右侧的滑块、斜顶座压板及标准件还要侧向运动，所以不能在"□固定连杆"的复选框中打钩。第9个连杆的名称采用默认值"L009"。

图 10-43　定义第 8 个连杆

图 10-44　定义第 9 个连杆

⑩ 定义第 10 个连杆。左右对称的交叉杆斜顶中左侧的斜顶、斜顶杆、斜顶座及标准件要斜向运动，因此把左右对称的交叉杆斜顶中左侧的斜顶、斜顶杆、斜顶座及标准件定义为第 10 个连杆。左右对称的交叉杆斜顶中左侧的斜顶、斜顶杆、斜顶座及标准件在图层的第 11层，打开第 11 层并关闭其它图层。点击"主页"→"机构"→"连杆"图标，打开如图 10-45 所示的对话框。点击"连杆对象"下面的"选择对象"按钮，选择左右对称的交叉杆斜顶中左侧的斜顶、斜顶杆、斜顶座及标准件定义成第 10 个连杆，由于左右对称的交叉杆斜顶中左侧的斜顶、斜顶杆、斜顶座及标准件要斜向运动，所以不能在"□固定连杆"的复选框中打钩。第 10 个连杆的名称采用默认值"L010"。

⑪ 定义第 11 个连杆。左右对称的交叉杆斜顶中左侧的滑块、斜顶座压板及标准件要侧向运动，因此把左右对称的交叉杆斜顶中左侧的滑块、斜顶座压板及标准件定义为第 11 个连杆。左右对称的交叉杆斜顶中左侧的滑块、斜顶座压板及标准件在图层的第 12 层，打开第 12 层并关闭其它图层。点击"主页"→"机构"→"连杆"图标，打开如图 10-46 所示的对

图 10-45　定义第 10 个连杆

图 10-46　定义第 11 个连杆

话框。点击"连杆对象"下面的"选择对象"按钮，选择左右对称的交叉杆斜顶中左侧的滑块、斜顶座压板及标准件定义成第 11 个连杆，由于左右对称的交叉杆斜顶中左侧的滑块、斜顶座压板及标准件要侧向运动，所以不能在"□固定连杆"的复选框中打钩。第 11 个连杆的名称采用默认值"L011"。

⑫ 定义第 12 个连杆。冷流道不但跟随顶针板在开模时向后运动，在顶出时还要向前运动，顶针板顶出完成后自动向地侧脱落，因此把冷流道定义为第 12 个连杆。冷流道在图层的第 13 层，打开第 13 层并关闭其它图层。点击"主页"→"机构"→"连杆"图标，打开如图 10-47 所示的对话框。点击"连杆对象"下面的"选择对象"按钮，选择三个冷流道定义成第 12 个连杆，由于冷流道在模具顶出完成后自动向地侧脱落，所以不能在"□固定连杆"的复选框中打钩。第 12 个连杆的名称采用默认值"L012"。

图 10-47　定义第 12 个连杆

⑬ 定义第 13 个连杆。产品不但跟随顶针板在开模时向后运动，在顶出时还要向前运动，而且本案例还设计成机械手或人工取出产品，因此还要再向前运动（如果不向前运动，取产品时会撞上后模），最后产品向操作者侧运动，因此把产品定义为第 13 个连杆。产品在图层的第 14 层，打开第 14 层并关闭其它图层。点击"主页"→"机构"→"连杆"图标，打开如图 10-48 所示的对话框。点击"连杆对象"下面的"选择对象"按钮，选择产品定义成第 13 个连杆，由于产品在模具开模过程中要做几个方向的运动，所以不能在"□固定连杆"的复选框中打钩。第 13 个连杆的名称采用默认值"L013"。

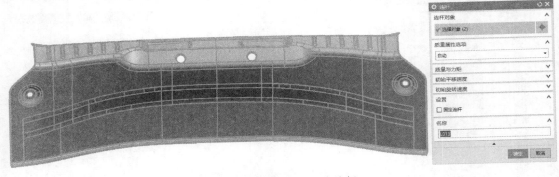

图 10-48　定义第 13 个连杆

⑭ 定义第 14 个连杆。本案例准备把产品设计成在开模时跟随顶针板向后运动，在顶出时跟随顶针板向前顶出，而且在顶出后用机械手或人工带动产品先向前运动，让产品完全脱

离顶针及斜顶，最后再向上下或者向左右取出产品，因此运动有两个方向，而 STEP 函数提供的运动方向只有一个，所以本案例在产品的顶部设计了一个圆柱体，上面刻了两个字"吸盘"作为产品向另一个方向运动的基本连杆。定义完圆柱体连杆及运动副后，可以把圆柱体设置成完全透明方式或者把圆柱体图层关闭，在进行运动仿真时不显示圆柱体。圆柱体不但跟随顶针板在开模时向后运动在顶出时向前运动，而且作为产品的基本连杆还要再向前运动，因此把圆柱体定义为第 14 个连杆。圆柱体在图层的第 15 层，打开第 15 层并关闭其它图层。点击"主页"→"机构"→"连杆"图标，打开如图 10-49 所示的对话框。点击"连杆对象"下面的"选择对象"按钮，选择圆柱体定义成第 14 个连杆，由于圆柱体在模具开模过程中要向后及向前运动，所以不能在"□固定连杆"的复选框中打钩。第 14 个连杆的名称采用默认值"L014"。

图 10-49　定义第 14 个连杆

10.6.3　运动副

① 定义第 1 个运动副。由于 B 板、后模镶件、方铁、底板、顶针板油缸、交叉杆斜顶中的辅助杆及标准件向后运动，因此把它定义成一个滑动副。点击"主页"→"机构"→"接头"图标，打开如图 10-50 所示的对话框。在"类型"下拉菜单中选择"滑块"，然后在"操作"下面"选择连杆"中直接选择 B 板上的边，这样既会选择上面定义的第 2 个连杆，还会定义滑动副的原点和方向，注意一定要选择与滑动副方向一样的边。如图 10-50 所示在B 板的边上显示滑动副的原点和方向，这样下面两步"指定原点"和"指定矢量"就不用再定义了，节省操作时间。第 1 个运动副的名称采用默认值"J002"。

② 定义第 2 个运动副。由于顶针面板、顶针底板、顶针、司筒、普通斜顶的斜顶座、双斜度斜顶的斜顶座、交叉杆斜顶的滑块压板及标准件不但向后运动，而且还要向前顶出，因此把它定义成一个滑动副。点击"主页"→"机构"→"接头"图标，打开如图 10-51 所示的对话框。在"类型"下拉菜单中选择"滑块"，然后在"操作"下面"选择连杆"中直接选择顶针面板上的边，这样既会选择上面定义的第 3 个连杆，还会定义滑动副的原点和方向，注意一定要选择与滑动副方向一样的边。如图 10-51 所示在顶针面板的边上显示滑动副的原

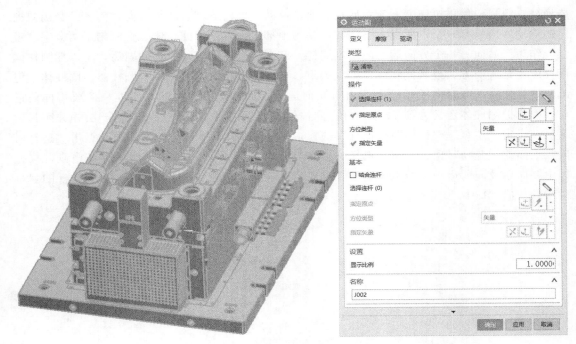

图 10-50 定义第 1 个运动副

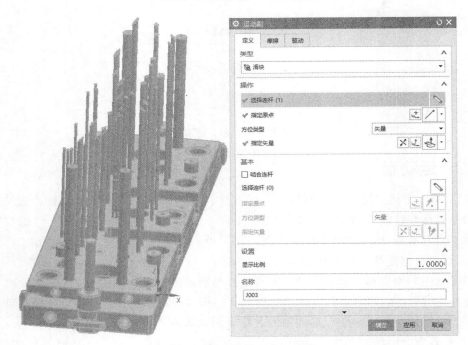

图 10-51 定义第 2 个运动副

点和方向，这样下面两步"指定原点"和"指定矢量"就不用再定义了，节省操作时间。第 2 个运动副的名称采用默认值"J003"。

③ 定义第 3 个运动副。由于左右对称的普通斜顶中右侧的斜顶、斜顶杆、万向座、耐磨块及标准件（连杆 L004）不但要斜向运动，而且要跟随 B 板、方铁、底板及其标准件

（连杆 L002）运动，因此把它定义成一个滑动副。点击"主页"→"机构"→"接头"图标，打开如图 10-52 所示的对话框。在"类型"下拉菜单中选择"滑块"，然后在"操作"下面"选择连杆"中直接选择斜顶杆的直升面上的边，这样既会选择上面定义的第 4 个连杆，还会定义滑动副的原点和方向，注意一定要选择与滑动副方向一样的边。如图 10-52 所示在斜顶杆的边上显示滑动副的原点和方向，这样下面两步"指定原点"和"指定矢量"就不用再定义了，节省操作时间。第 3 个运动副的名称采用默认值"J004"。

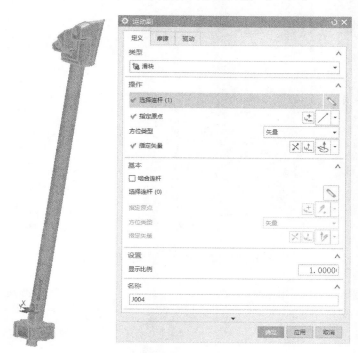

图 10-52 定义第 3 个运动副

重要提示：由于左右对称的普通斜顶中右侧的斜顶、斜顶杆、万向座、耐磨块及标准件（连杆 L004）要跟随 B 板、方铁、底板及其标准件（连杆 L002）运动，所以必须单击"基本"选项下的"选择连杆"，选择 B 板、方铁、底板及其标准件的连杆（即 L002），如图 10-53 所示。

④ 定义第 4 个运动副。由于左右对称的普通斜顶中右侧的斜顶、斜顶杆、万向座、耐磨块及标准件（连杆 L004）不但要斜向运动，而且顶出过程中要侧向运动，并且要跟随顶针板（连杆 L003）运动，因此把它定义成一个滑动副。点击"主页"→"机构"→"接头"图标，打开如图 10-54 所示的对话框。在"类型"下拉菜单中选择"滑块"，然后在"操作"下面"选择连杆"中直接选择耐磨块上的边，这样既会选择上面定义的第 4 个连杆，还会定义滑动副的原点和方向，注意一定要选择与滑动副方向一样的边。如图 10-54 所示在耐磨块的边上显示滑动副的原点和方向，这样下面两步"指定原点"和"指定矢量"就不用再定义了，节省操作时间。第 4 个运动副的名称采用默认值"J005"。

重要提示：由于左右对称的普通斜顶中右侧的斜顶、斜顶杆、万向座、耐磨块及标准件（连杆 L004）要跟随顶针板（连杆 L003）运动，所以必须单击"基本"选项下的"选择连杆"，选择顶针板的连杆（即 L003），如图 10-55 所示。

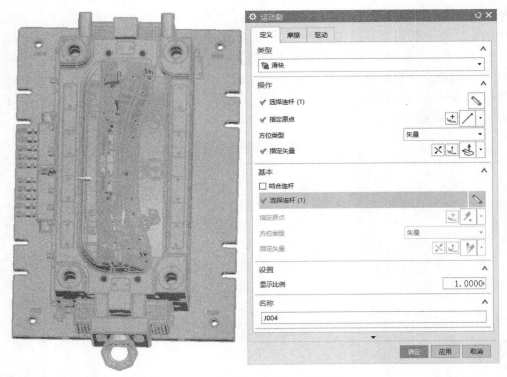

图 10-53 定义第 3 个运动副的连杆

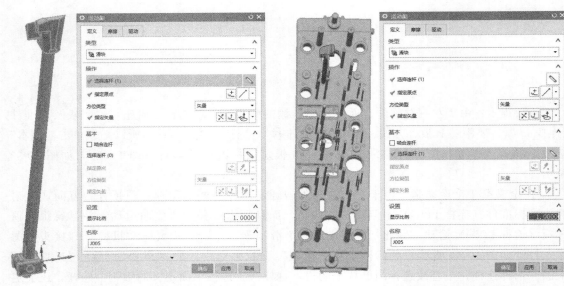

图 10-54 定义第 4 个运动副   **图 10-55** 定义第 4 个运动副的连杆

⑤ 定义第 5 个运动副。由于左右对称的普通斜顶中左侧的斜顶、斜顶杆、万向座、耐磨块及标准件（连杆 L005）不但要斜向运动，而且要跟随 B 板、方铁、底板及其标准件（连杆 L002）运动，因此把它定义成一个滑动副。点击"主页"→"机构"→"接头"图标，打开如图 10-56 所示的对话框。在"类型"下拉菜单中选择"滑块"，然后在"操作"下面"选择连杆"中直接选择斜顶杆的直升面上的边，这样既会选择上面定义的第 5 个连杆，还

会定义滑动副的原点和方向，注意一定要选择与滑动副方向一样的边。如图10-56所示在斜顶杆的边上显示滑动副的原点和方向，这样下面两步"指定原点"和"指定矢量"就不用再定义了，节省操作时间。第 5 个运动副的名称采用默认值"J006"。

重要提示：由于左右对称的普通斜顶中左侧的斜顶、斜顶杆、万向座、耐磨块及标准件（连杆 L005）要跟随 B 板、方铁、底板及其标准件（连杆 L002）运动，所以必须单击"基本"选项下的"选择连杆"，选择 B 板、方铁、底板及其标准件的连杆（即 L002），如图 10-57 所示。

⑥ 定义第 6 个运动副。由于左右对称的普通斜顶中左侧的斜顶、斜顶杆、万向座、耐磨块及标准件（连杆 L005）

图 10-56 定义第 5 个运动副

不但要斜向运动，而且顶出过程中要侧向运动，并且要跟随顶针板（连杆 L003）运动，因此把它定义成一个滑动副。点击"主页"→"机构"→"接头"图标，打开如图 10-58 所示的对

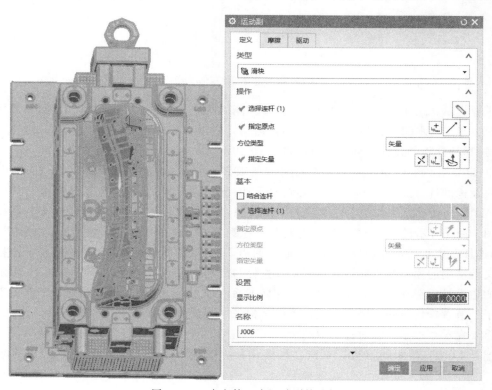

图 10-57 定义第 5 个运动副的连杆

话框。在"类型"下拉菜单中选择"滑块",然后在"操作"下面"选择连杆"中直接选择耐磨块上的边,这样既会选择上面定义的第5个连杆,还会定义滑动副的原点和方向,注意一定要选择与滑动副方向一样的边。如图10-58所示在耐磨块的边上显示滑动副的原点和方向,这样下面两步"指定原点"和"指定矢量"就不用再定义了,节省操作时间。第6个运动副的名称采用默认值"J007"。

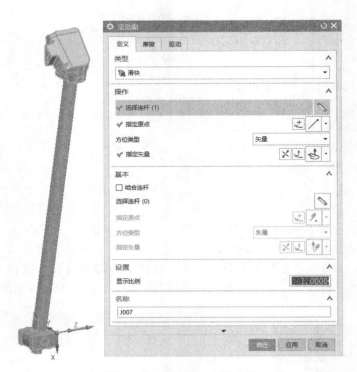

图 10-58 定义第6个运动副

重要提示:由于左右对称的普通斜顶中左侧的斜顶、斜顶杆、万向座、耐磨块及标准件(连杆 L005)要跟随顶针板(连杆 L003)运动,所以必须单击"基本"选项下的"选择连杆",选择顶针板的连杆(即 L003),如图10-59所示。

⑦ 定义第7个运动副。由于左右对称的双斜度斜顶中右侧的斜顶、斜顶杆、万向座、耐磨块及标准件(连杆 L006)不但要斜向运动,而且要跟随 B 板、方铁、底板及其标准件(连杆 L002)运动,因此把它定义成一个滑动副。点击"主页"→"机构"→"接头"图标,打开如图10-60所示的对话框。在"类型"下拉菜单中选择"滑块",然后在"操作"下面"选择连杆"中直接选择斜顶杆的直升面上的边,这样既会选择上面定义的第6个连杆,还会定义滑动副的原点和方向,注意一定要选择与滑动副方向一样的边。如图10-60所示在斜顶杆的边上显示滑动副的原点和方向,这样下面两步"指定原点"和"指定矢量"就不用再定义了,节省操作时间。第7个运动副的名称采用默认值"J008"。

重要提示:由于左右对称的双斜度斜顶中右侧的斜顶、斜顶杆、万向座、耐磨块及标准件(连杆 L006)要跟随 B 板、方铁、底板及其标准件(连杆 L002)运动,所以必须单击"基本"选项下的"选择连杆",选择 B 板、方铁、底板及其标准件的连杆(即 L002),如图10-61所示。

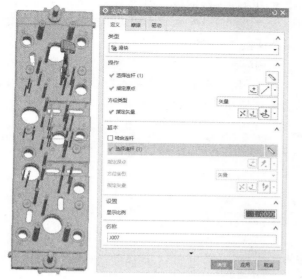

图 10-59　定义第 6 个运动副的连杆

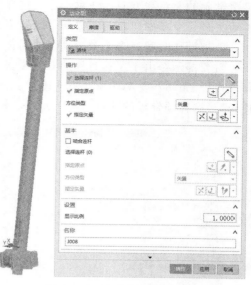

图 10-60　定义第 7 个运动副

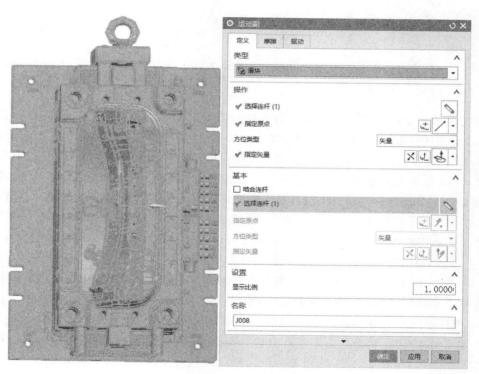

图 10-61　定义第 7 个运动副的连杆

⑧ 定义第 8 个运动副。由于左右对称的双斜度斜顶中右侧的斜顶、斜顶杆、万向座、耐磨块及标准件（连杆 L006）不但要斜向运动，而且顶出过程中要侧向运动，并且要跟随顶针板（连杆 L003）运动，因此把它定义成一个滑动副。点击"主页"→"机构"→"接头"图标，打开如图 10-62 所示的对话框。在"类型"下拉菜单中选择"滑块"，然后在"操作"下面"选择连杆"中直接选择耐磨块上的边，这样既会选择上面定义的第 6 个连杆，还会定

义滑动副的原点和方向，注意一定要选择与滑动副方向一样的边。如图 10-62 所示在耐磨块的边上显示滑动副的原点和方向，这样下面两步"指定原点"和"指定矢量"就不用再定义了，节省操作时间。第 8 个运动副的名称采用默认值"J009"。

重要提示：由于左右对称的双斜度斜顶中右侧的斜顶、斜顶杆、万向座、耐磨块及标准件（连杆 L006）要跟随顶针板（连杆 L003）运动，所以必须单击"基本"选项下的"选择连杆"，选择顶针板的连杆（即 L003），如图 10-63 所示。

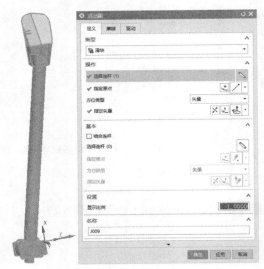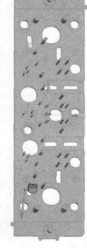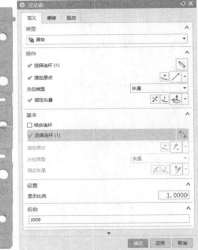

图 10-62　定义第 8 个运动副　　　　　　　图 10-63　定义第 8 个运动副的连杆

⑨ 定义第 9 个运动副。由于左右对称的双斜度斜顶中左侧的斜顶、斜顶杆、万向座、耐磨块及标准件（连杆 L007）不但要斜向运动，而且要跟随 B 板、方铁、底板及其标准件（连杆 L002）运动，因此把它定义成一个滑动副。点击"主页"→"机构"→"接头"图标，打开如图 10-64 所示的对话框。在"类型"下拉菜单中选择"滑块"，然后在"操作"下面"选择连杆"中直接选择斜顶杆的直升面上的边，这样既会选择上面定义的第 7 个连杆，还会定义滑动副的原点和方向，注意一定要选择与滑动副方向一样的边。如图 10-64 所示在斜顶杆的边上显示滑动副的原点和方向，这样下面两步"指定原点"和"指定矢量"就不用再定义了，节省操作时间。第 9 个运动副的名称采用默认值"J010"。

重要提示：由于左右对称的双斜度斜顶中左侧的斜顶、斜顶杆、万向座、耐磨块及标准件（连杆 L007）要跟随 B 板、方铁、底板及其标准件（连杆 L002）运动，所以必须单击"基本"选项下的"选择连杆"，选择 B 板、方铁、底板及其标准件的连杆（即 L002），如图 10-65 所示。

⑩ 定义第 10 个运动副。由于左右对称的双斜度斜顶中左侧的斜顶、斜顶杆、万向座、耐磨块及标准件（连杆 L007）不但要斜向运动，而且顶出过程中要侧向运动，并且要跟随顶针板（连杆 L003）运动，因此把它定义成一个滑动副。点击"主页"→"机构"→"接头"图标，打开如图 10-66 所示的对话框。在"类型"下拉菜单中选择"滑块"，然后在"操作"下面"选择连杆"中直接选择耐磨块上的边，这样既会选择上面定义的第 7 个连杆，还会定义滑动副的原点和方向，注意一定要选择与滑动副方向一样的边。如图 10-66 所示在耐磨块的边上显示滑动副的原点和方向，这样下面两步"指定原点"和"指定矢量"就不用再定义了，节省操作时间。第 10 个运动副的名称采用默认值"J011"。

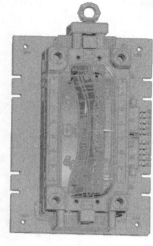

图 10-64　定义第 9 个运动副　　　　　　　　图 10-65　定义第 9 个运动副的连杆

重要提示：由于左右对称的双斜度斜顶中左侧的斜顶、斜顶杆、万向座、耐磨块及标准件（连杆 L007）要跟随顶针板（连杆 L003）运动，所以必须单击"基本"选项下的"选择连杆"，选择顶针板的连杆（即 L003），如图 10-67 所示。

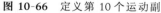
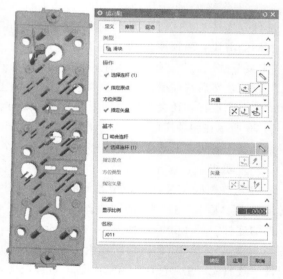

图 10-66　定义第 10 个运动副　　　　　　　图 10-67　定义第 10 个运动副的连杆

⑪ 定义第 11 个运动副。由于左右对称的交叉杆斜顶中右侧的斜顶、斜顶杆、斜顶座及标准件（连杆 L008）不但要斜向运动，而且要跟随 B 板、方铁、底板及其标准件（连杆 L002）运动，因此把它定义成一个滑动副。点击"主页"→"机构"→"接头"图标，打开如图 10-68 所示的对话框。在"类型"下拉菜单中选择"滑块"，然后在"操作"下面"选择连杆"中直接选择斜顶杆的直升面上的边，这样既会选择上面定义的第 8 个连杆，还会定义滑动副的原点和方向，注意一定要选择与滑动副方向一样的边。如图 10-68 所示在斜顶杆的边上显示滑动副的原点和方向，这样下面两步"指定原点"和"指定矢量"就不用再定义了，节省操作时间。第 11 个运动副的名称采用默认值"J012"。

重要提示：由于左右对称的交叉杆斜顶中右侧的斜顶、斜顶杆、斜顶座及标准件（连杆 L008）要跟随 B 板、方铁、底板及其标准件（连杆 L002）运动，所以必须单击"基本"选项下的"选择连杆"，选择 B 板、方铁、底板及其标准件的连杆（即 L002），如图 10-69 所示。

图 10-68　定义第 11 个运动副

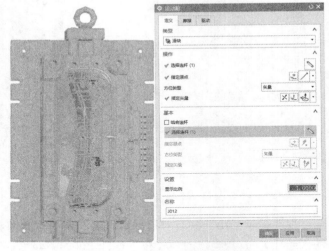

图 10-69　定义第 11 个运动副的连杆

⑫ 定义第 12 个运动副。由于左右对称的交叉杆斜顶中右侧的斜顶、斜顶杆、万向座及标准件（连杆 L008）不但要斜向运动，而且顶出过程中要侧向运动，并且要跟随交叉杆斜顶中右侧的滑块、斜顶座压板及标准件（连杆 L009）运动，因此把它定义成一个滑动副。点击"主页"→"机构"→"接头"图标，打开如图 10-70 所示的对话框。在"类型"下拉菜单中选择"滑块"，然后在"操作"下面"选择连杆"中直接选择斜顶座上的边，这样既会选择上面定义的第 8 个连杆，还会定义滑动副的原点和方向，注意一定要选择与滑动副方向一样的边。如图 10-70 所示在斜顶座的边上显示滑动副的原点和方向，这样下面两步"指定原点"和"指定矢量"就不用再定义了，节省操作时间。第 12 个运动副的名称采用默认值"J013"。

重要提示：由于左右对称的交叉杆斜顶中右侧的斜顶、斜顶杆、万向座及标准件（连杆 L008）要跟随交叉杆斜顶中右侧的滑块、斜顶座压板及标准件（连杆 L009）运动，所以必须单击"基本"选项下的"选择连杆"，选择交叉杆斜顶中右侧的滑块、斜顶座压板及标准件的连杆（即 L009），如图 10-71 所示。

⑬ 定义第 13 个运动副。由于左右对称的交叉杆斜顶中右侧的滑块、斜顶座压板及标准件（连杆 L009）不但要侧向运动，而且顶出过程中跟随顶针板（连杆 L003）运动，因此把它定义成一个滑动副。点击"主页"→"机构"→"接头"图标，打开如图 10-72 所示的对话框。在"类型"下拉菜单中选择"滑块"，然后在"操作"下面"选择连杆"中直接选择滑块上的边，这样既会选择上面定义的第 9 个连杆，还会定义滑动副的原点和方向，注意一定要选择与滑动副方向一样的边。如图 10-72 所示在滑块的边上显示滑动副的原点和方向，这样下面两步"指定原点"和"指定矢量"就不用再定义了，节省操作时间。第 13 个运动副的名称采用默认值"J014"。

重要提示：由于左右对称的交叉杆斜顶中右侧的滑块、斜顶座压板及标准件（连杆 L009）要跟随顶针板（连杆 L003）运动，所以必须单击"基本"选项下的"选择连杆"，选择顶针板的连杆（即 L003），如图 10-73 所示。

图 10-70　定义第 12 个运动副　　　　　　　　　　图 10-71　定义第 12 个运动副的连杆

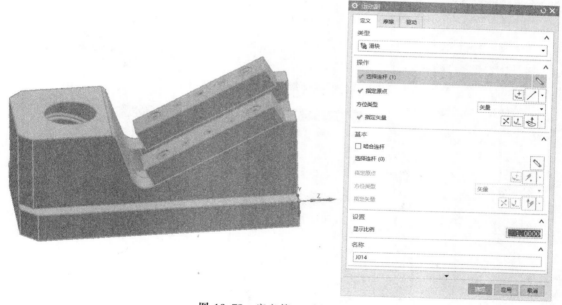

图 10-72　定义第 13 个运动副

⑭ 定义第 14 个运动副。由于左右对称的交叉杆斜顶中左侧的斜顶、斜顶杆、斜顶座及标准件（连杆 L010）不但要斜向运动，而且要跟随 B 板、方铁、底板及其标准件（连杆 L002）运动，因此把它定义成一个滑动副。点击"主页"→"机构"→"接头"图标，打开如图 10-74 所示的对话框。在"类型"下拉菜单中选择"滑块"，然后在"操作"下面"选择连杆"中直接选择斜顶杆的直升面上的边，这样既会选择上面定义的第 10 个连杆，还会定义滑动副的原点和方向，注意一定要选择与滑动副方向一样的边。如图 10-74 所示在斜顶杆的边上显示滑动副的原点和方向，这样下面两步"指定原点"和"指定矢量"就不用再定义了，节省操作时间。第 14 个运动副的名称采用默认值"J015"。

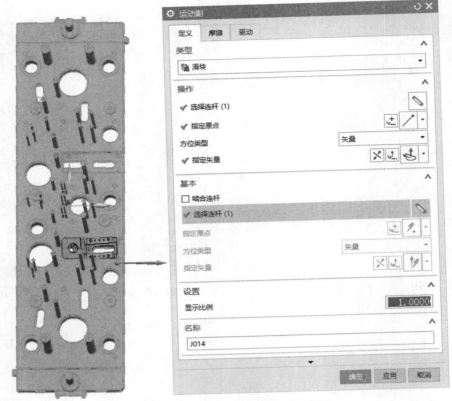

图 10-73 定义第 13 个运动副的连杆

图 10-74 定义第 14 个运动副

重要提示：由于左右对称的交叉杆斜顶中左侧的斜顶、斜顶杆、斜顶座及标准件（连杆 L010）要跟随 B 板、方铁、底板及其标准件（连杆 L002）运动，所以必须单击"基本"选项下的"选择连杆"，选择 B 板、方铁、底板及其标准件的连杆（即 L002），如图 10-75 所示。

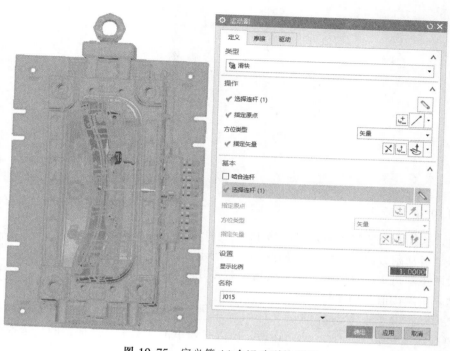

图 10-75 定义第 14 个运动副的连杆

⑮ 定义第 15 个运动副。由于左右对称的交叉杆斜顶中左侧的斜顶、斜顶杆、斜顶座及标准件（连杆 L010）不但要斜向运动，而且顶出过程中要侧向运动，并且要跟随交叉杆斜顶中左侧的滑块、斜顶座压板及标准件（连杆 L011）运动，因此把它定义成一个滑动副。点击"主页"→"机构"→"接头"图标，打开如图 10-76 所示的对话框。在"类型"下拉菜单中选择"滑块"，然后在"操作"下面"选择连杆"中直接选择斜顶座上的边，这样既会选择上面定义的第 10 个连杆，还会定义滑动副的原点和方向，注意一定要选择与滑动副方向一样的边。如图 10-76 所示在斜顶座的边上显示滑动副的原点和方向，这样下面两步"指定原点"和"指定矢量"就不用再定义了，节省操作时间。第 15 个运动副的名称采用默认值"J016"。

重要提示：由于左右对称的交叉杆斜顶中左侧的斜顶、斜顶杆、斜顶座及标准件（连杆 L010）要跟随交叉杆斜顶中左侧的滑块、斜顶座压板及标准件（连杆 L011）运动，所以必须单击"基本"选项下的"选择连杆"，选择交叉杆斜顶中左侧的滑块、斜顶座压板及标准件的连杆（即 L011），如图 10-77 所示。

⑯ 定义第 16 个运动副。由于左右对称的交叉杆斜顶中左侧的滑块、斜顶座压板及标准件（连杆 L011）不但要侧向运动，而且顶出过程中跟随顶针板（连杆 L003）运动，因此把它定义成一个滑动副。点击"主页"→"机构"→"接头"图标，打开如图 10-78 所示的对话框。在"类型"下拉菜单中选择"滑块"，然后在"操作"下面"选择连杆"中直接选择滑

图 10-76　定义第 15 个运动副

图 10-77　定义第 15 个运动副的连杆

块上的边，这样既会选择上面定义的第 11 个连杆，还会定义滑动副的原点和方向，注意一定要选择与滑动副方向一样的边。如图 10-78 所示在滑块的边上显示滑动副的原点和方向，这样下面两步"指定原点"和"指定矢量"就不用再定义了，节省操作时间。第 16 个运动副的名称采用默认值"J017"。

　　重要提示：由于左右对称的交叉杆斜顶中左侧的滑块、斜顶座压板及标准件（连杆 L011）要跟随顶针板（连杆 L003）运动，所以必须单击"基本"选项下的"选择连杆"，选择顶针板的连杆（即 L003），如图 10-79 所示。

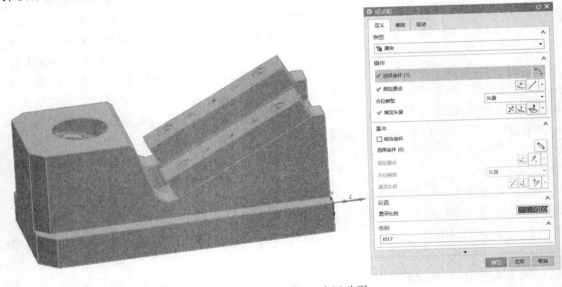

图 10-78　定义第 16 个运动副

　　⑰ 定义第 17 个运动副。由于冷流道（连杆 L012）在顶出过程中跟随顶针板（连杆 L003）运动，顶出后由于重力要向地侧掉落，因此把它定义成一个滑动副。点击"主页"→"机构"→

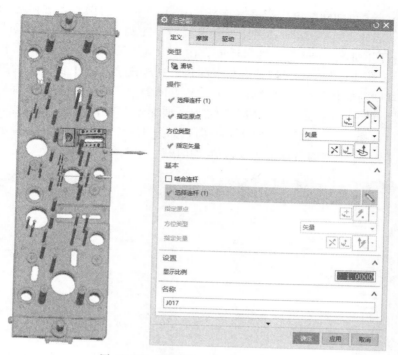

图 10-79 定义第 16 个运动副的连杆

"接头"图标，打开如图 10-80 所示的对话框。在"类型"下拉菜单中选择"滑块"，然后在"操作"下面"选择连杆"中直接选择中间冷流道底部的边，这样既会选择上面定义的第 12 个连杆，还会定义滑动副的原点和方向，注意一定要选择与滑动副方向一样的边。如图 10-80 所示在滑块的边上显示滑动副的原点和方向，这样下面两步"指定原点"和"指定矢量"就不用再定义了，节省操作时间。第 17 个运动副的名称采用默认值"J018"。

重要提示：由于冷流道（连杆 L012）要跟随顶针板（连杆 L003）运动，所以必须单击"基本"选项下的"选择连杆"，选择顶针板的连杆（即 L003），如图 10-81 所示。

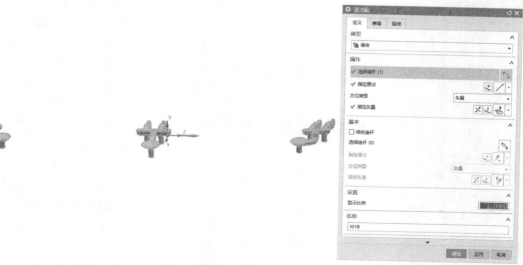

图 10-80 定义第 17 个运动副

⑱ 定义第 18 个运动副。由于产品（连杆 L013）不但要向操作者方向运动，而且要跟随吸盘圆柱体（连杆 L014）运动，因此把它定义成一个滑动副。点击"主页"→"机构"→"接头"图标，打开如图 10-82 所示的对话框。在"类型"下拉菜单中选择"滑块"，然后在"操作"下面"选择连杆"中直接选择产品上的边，这样既会选择上面定义的第 13 个连杆，由于产品是不规则的形状，产品上没有平行于 Y 方向的边，因此要定义运动副的原点和方向。在"指定原点"选项后面选择"端点"捕捉，捕捉到产品中间边上的端点，接着在"指定矢量"选项后选择"-XC 轴"，即操作者方向，如图 10-82 所示在产品上显示滑动副的原点和方向。第 18 个运动副的名称采用默认值"J019"。

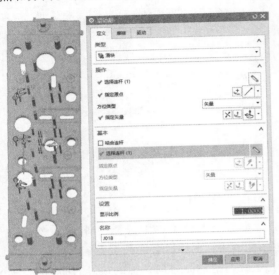

图 10-81　定义第 17 个运动副的连杆

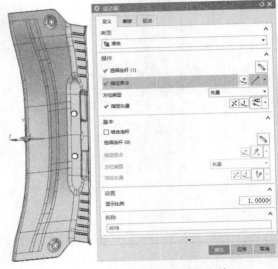

图 10-82　定义第 18 个运动副

重要提示：由于产品要跟随吸盘圆柱体运动，所以必须单击"基本"选项下的"选择连杆"，选择吸盘圆柱体的连杆（即 L014），如图 10-83 所示。

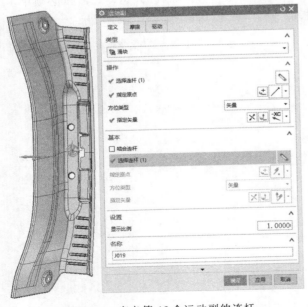

图 10-83　定义第 18 个运动副的连杆

⑲ 定义第 19 个运动副。由于吸盘圆柱体（连杆 L014）不但要跟随顶针板（连杆 L003）运动，而且还要再向前运动，从而使产品避开后模，因此把它定义成一个滑动副。点击"主页"→"机构"→"接头"图标，打开如图 10-84 所示的对话框。在"类型"下拉菜单中选择"滑块"，然后在"操作"下面"选择连杆"中直接选择吸盘圆柱体（连杆 L014），这样既会选择上面定义的第 14 个连杆，由于吸盘圆柱体是圆柱形的，所以没办法选择边，因此要定义运动副的原点和方向。在"指定原点"选项后面选择"圆弧中心"捕捉，捕捉到吸盘

圆柱体的圆心，接着在"指定矢量"选项后选择"ZC轴"，如图10-84所示在吸盘圆柱体上显示滑动副的原点和方向。第19个运动副的名称采用默认值"J020"。

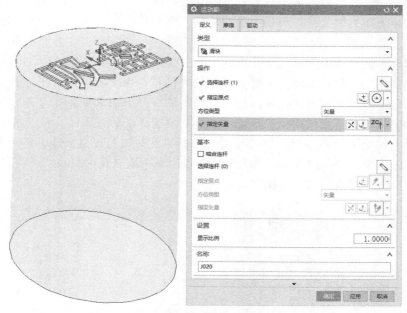

图 10-84 定义第 19 个运动副

重要提示：由于吸盘圆柱体要跟随顶针板运动，所以必须单击"基本"选项下的"选择连杆"，选择顶针板的连杆（即 L003），如图 10-85 所示。最后可以关闭图层 15 层，使吸盘圆柱体不可见。

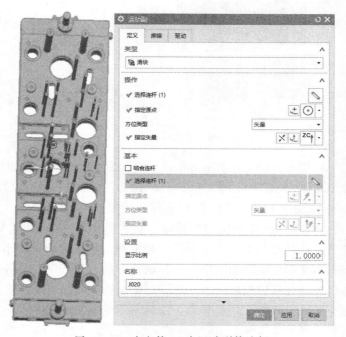

图 10-85 定义第 19 个运动副的连杆

10.6.4　3D 接触

① 定义第 1 个 3D 接触。由于左右对称的交叉杆斜顶结构中右侧的滑块要侧向运动，滑块运动的动力来源于右侧交叉杆斜顶中的辅助杆，因此设计成辅助杆与滑块 3D 接触，顶针板带动滑块向上运动的过程中滑块在辅助杆的作用下侧向运动。点击"主页"→"接触"→"3D 接触"图标，打开如图 10-86 所示的对话框。在"类型"中选择"CAD 接触"，在"操作"下面"选择体"中选择右侧交叉杆斜顶中的辅助杆，由于辅助杆处于连杆 L002 中，并且周围被实体包围，因此很难选择辅助杆。选择辅助杆的方法如下：打开连杆 L002 并关闭其它连杆，用实体过滤器隐藏后模底板，注意一定要选择辅助杆实体，在"基本"下面"选择体"中选择右侧交叉杆斜顶中滑块的导套，选择导套时先打开连杆 L009，用实体过滤器隐藏滑块，也一定要选择导套实体。3D 接触的名称采用默认值"G001"，在后续的操作中也可以用"G001"代表第 1 个 3D 接触。

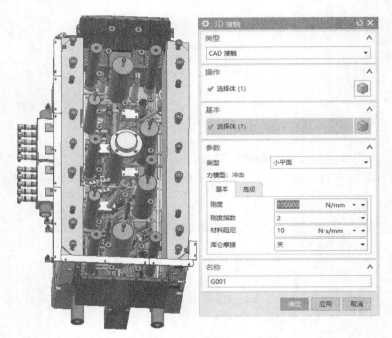

图 10-86　定义第 1 个 3D 接触

② 定义第 2 个 3D 接触。由于左右对称的交叉杆斜顶结构中左侧的滑块要侧向运动，滑块运动的动力来源于左侧交叉杆斜顶中的辅助杆，因此设计成辅助杆与滑块 3D 接触，顶针板带动滑块向上运动的过程中滑块在辅助杆的作用下侧向运动。点击"主页"→"接触"→"3D 接触"图标，打开如图 10-87 所示的对话框。在"类型"中选择"CAD 接触"，在"操作"下面"选择体"中选择左侧交叉杆斜顶中的辅助杆，由于辅助杆处于连杆 L002 中，并且周围被实体包围，因此很难选择辅助杆。选择辅助杆的方法如下：打开连杆 L002 并关闭其它连杆，用实体过滤器隐藏后模底板，注意一定要选择辅助杆实体，在"基本"下面"选择体"中选择左侧交叉杆斜顶中滑块的导套，选择导套时先打开连杆 L011，用实体过滤器隐藏滑块，也一定要选择导套实体。3D 接触的名称采用默认值"G002"，在后续的操作中也可以用"G002"代表第 2 个 3D 接触。

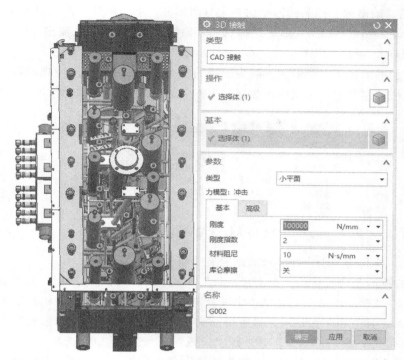

图 10-87 定义第 2 个 3D 接触

10. 6. 5 驱动

本案例的模具是二板模模具，因此只需要打开 A、B 板即可。A、B 板打开后就是顶针板在油缸的拉动下进行顶出，普通斜顶、双斜度斜顶及交叉杆斜顶跟随顶针板一起向上运动，而交叉杆斜顶中的滑块在辅助杆的作用下侧向运动，加速交叉杆斜顶的运动。本案例顶针板中的斜顶、顶针、司筒把产品顶出后，冷流道在重力作用下自动向地侧脱落，然后用吸盘圆柱体模拟机械手或者人工把产品再向外顶出一段距离，使产品完全脱离模仁、顶针及斜顶，最后产品向操作者方向运动。由于模具中的每块板的开模顺序不同，每块板的开模时间也不一样，对于这样比较复杂的模具运动仿真，利用运动仿真中的 STEP 函数来控制模具中的开模顺序比较容易。下面详细讲解每块板的运动驱动函数。

① B 板的运动函数。首先是 B 板运动仿真，B 板开模后向后运动，0～5s 向后运动 600mm，函数 STEP（x，0，0，5，600）。

② 顶针板的运动函数。顶针板的运动仿真分两部分：第一部分是顶针板 0～5s 向后运动 −600mm（顶针板运动副方向朝上，因此是负数），函数 STEP（x，0，0，5，−600）；第二部分顶针板 5～8s 向上运动 145mm，函数 STEP（x，5，0，8，145）。

③ 冷流道的运动函数。冷流道的运动仿真也分两部分：第一部分是产品及流道 0～8s 跟随顶针板运动，函数 STEP（x，0，0，8，0）；第二部分冷流道 8～10s 向地侧方向运动 800mm，函数 STEP（x，8，0，10，800）。

④ 吸盘圆柱体的运动函数。吸盘圆柱体的运动仿真也分两部分：第一部分是吸盘圆柱体从 0～8s 跟随顶针板运动，函数 STEP（x，0，0，8，0）；第二部分吸盘圆柱体 8～10s 向上运动 100mm，函数 STEP（x，8，0，10，100）。

⑤ 产品的运动函数。产品的运动仿真也分两部分：第一部分是产品及流道 0~10s 跟随吸盘圆柱体运动，函数 STEP（x，0，0，10，0）；第二部分产品及流道 10~12s 向操作者方向运动 700mm，函数 STEP（x，10，0，12，700）。

虽然本案例的函数不多，但为了减少出错的机率，建议在记事本中把函数记录下来，然后在运动仿真中复制粘贴。本案例函数在记事本中的记录如图 10-88 所示。

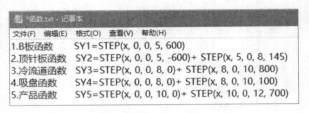

图 10-88　本案例函数记录

最后就是为模具的各个连杆的运动副定义驱动。

① 定义 B 板运动副的驱动。点击"主页"→"机构"→"驱动"图标，打开如图 10-89 所示的对话框。在"驱动类型"下拉菜单中选择"运动副驱动"，"驱动对象"选择 B 板的滑动副（即 J002），注意由于在显示区域中滑动副不好选择，在"运动导航器"中选择滑动副更方便一些。在"平移"下拉菜单中选择"函数"，"数据类型"选择"位移"，然后点击"函数"后面"⬇"图标，再点击"函数管理器"弹出如图 10-90 所示对话框，在对话框中点击下面的"✎"图标，弹出如图 10-91 所示对话框，"名称"后面的文本框中输入"SY1"，接着在"公式"下面的文本框中粘贴从记事本中复制的 STEP（x，0，0，5，600）的函数。最后连续点击"确定"按钮，完成 B 板上运动副的函数驱动。第 1 个驱动的名称采用默认值"Drv001"，在后续的操作中也可以用"Drv001"代表第 1 个驱动。

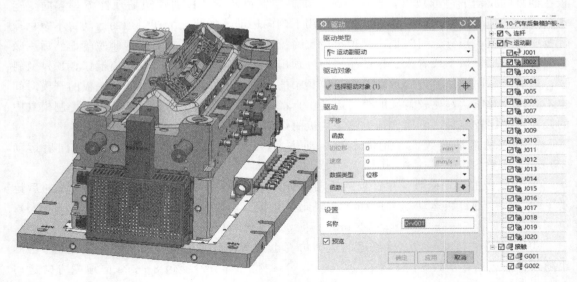

图 10-89　定义 B 板运动副的驱动

② 定义顶针板运动副的驱动。点击"主页"→"机构"→"驱动"图标，打开如图 10-92 所示的对话框。在"驱动类型"下拉菜单中选择"运动副驱动"，"驱动对象"选择顶针板的

图 10-90 "XY 函数管理器"对话框   图 10-91 "XY 函数编辑器"对话框

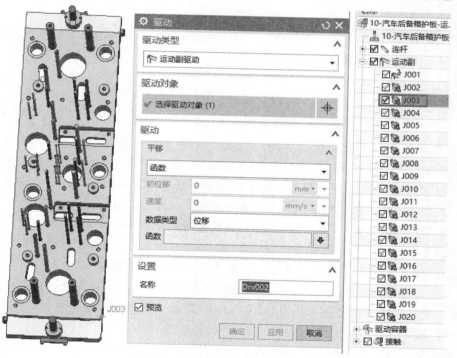

图 10-92 定义顶针板运动副的驱动

滑动副（即 J003），注意由于在显示区域中滑动副不好选择，可以在"运动导航器"中选择滑动副，更方便一些。在"平移"下拉菜单中选择"函数"，"数据类型"选择"位移"，然后点击"函数"后面"↓"图标，再点击"函数管理器"弹出如图 10-93 所示对话框，在对话框中点击下面的"✎"图标，弹出如图 10-94 所示对话框，"名称"后面的文本框中输入"SY2"，接着在"公式"下面的文本框中粘贴从记事本中复制的 STEP（x，0，0，5，－600）＋STEP（x，5，0，8，145）的函数。最后连续点击"确定"按钮，完成顶针板上运动副的函数驱动。第 2 个驱动的名称采用默认值"Drv002"，在后续的操作中也可以用"Drv002"代表第 2 个驱动。

图 10-93　"XY 函数管理器"对话框　　　　图 10-94　"XY 函数编辑器"对话框

③ 定义冷流道运动副的驱动。点击"主页"→"机构"→"驱动"图标，打开如图 10-95 所示的对话框。在"驱动类型"下拉菜单中选择"运动副驱动"，"驱动对象"选择冷流道的滑动副（即 J018），注意由于在显示区域中滑动副不好选择，可以在"运动导航器"中选择滑动副，更方便一些。在"平移"下拉菜单中选择"函数"，"数据类型"选择"位移"，然后点击"函数"后面"↓"图标，再点击"函数管理器"弹出如图 10-96 所示对话框，在对话框中点击下面的"✎"图标，弹出如图 10-97 所示对话框，"名称"后面的文本框中输入"SY3"，接着在"公式"下面的文本框中粘贴从记事本中复制的 STEP（x，0，0，8，0）＋STEP（x，8，0，10，800）的函数。最后连续点击"确定"按钮，完成冷流道上运动副的函数驱动。第 3 个驱动的名称采用默认值"Drv003"，在后续的操作中也可以用"Drv003"代表第 3 个驱动。

④ 定义吸盘圆柱体运动副的驱动。点击"主页"→"机构"→"驱动"图标，打开如图 10-98 所示的对话框。在"驱动类型"下拉菜单中选择"运动副驱动"，"驱动对象"选择吸盘圆柱体的滑动副（即 J020），注意由于在显示区域中滑动副不好选择，可以在"运动导航器"中选择滑动副，更方便一些。在"平移"下拉菜单中选择"函数"，"数据类型"选择"位移"，

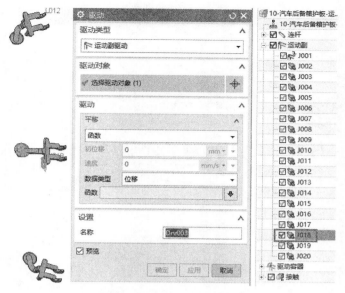

图 10-95　定义冷流道运动副的驱动

图 10-96　"XY 函数管理器"对话框

图 10-97　"XY 函数编辑器"对话框

　　然后点击"函数"后面"⬇"图标，再点击"函数管理器"弹出如图 10-99 所示对话框，在对话框中点击下面的"✎"图标，弹出如图 10-100 所示对话框，"名称"后面的文本框中输入"SY4"，接着在"公式"下面的文本框中粘贴从记事本中复制的 STEP（x，0，0，8，0）＋STEP（x，8，0，10，100）的函数。最后连续点击"确定"按钮，完成吸盘圆柱体

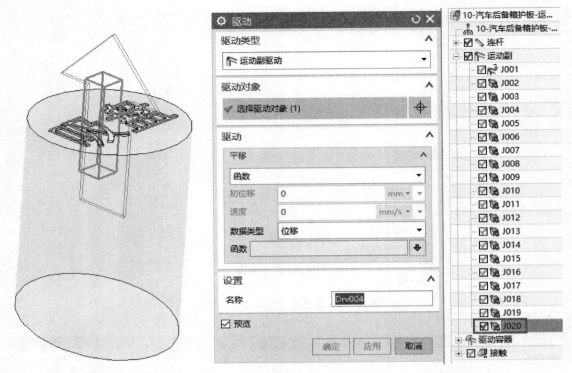

图 10-98　定义吸盘圆柱体运动副的驱动

图 10-99　"XY 函数管理器"对话框

上运动副的函数驱动。第 4 个驱动的名称采用默认值"Drv004"，在后续的操作中也可以用"Drv004"代表第 4 个驱动。

⑤ 定义产品运动副的驱动。点击"主页"→"机构"→"驱动"图标，打开如图 10-101 所示的对话框。在"驱动类型"下拉菜单中选择"运动副驱动"，"驱动对象"选择产品的滑动副（即 J019），注意由于在显示区域中滑动副不好选择，可以在"运动导航器"中选择滑动副，更方便一些。在"平移"下拉菜单中选择"函数"，"数据类型"选择"位移"，然后点击"函数"后面"↓"图标，再点击"函数管理器"弹出如图 10-102 所示对话框，在对话框中点击下面的"✎"图标，弹出如图 10-103 所示对话框，"名称"后面的文本框中输入"SY5"，接着在"公式"下面的文本框中粘贴从记事本中复制的 STEP（x，0，0，10，0）+STEP（x，10，0，12，700）的函数。最后连续点击"确定"按钮，完成产品上运动副的函数驱动。第 5 个驱动的名称采用默认值"Drv005"，在后续的操作中也可以用"Drv005"代表第 5 个驱动。

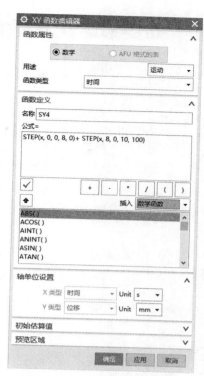

图 10-100 "XY 函数编辑器"对话框

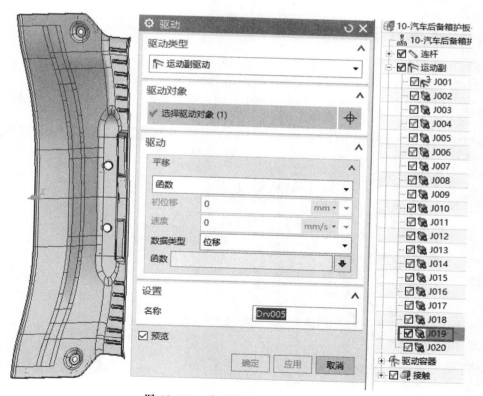

图 10-101 定义产品运动副的驱动

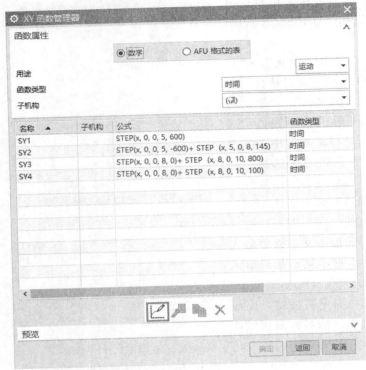

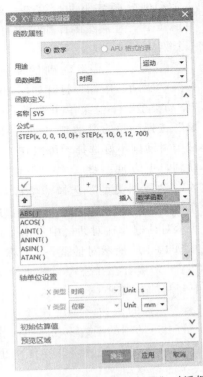

图 10-102 "XY 函数管理器"对话框   图 10-103 "XY 函数编辑器"对话框

10.6.6 解算方案及求解

点击"主页"→"解算方案"→"解算方案"图标,打开如图 10-104 所示的对话框。由于在函数中所用的总时间是 12s,所以在解算方案中的时间就是 12s,步数可以取时间的 30 倍,即 360 步。在"按'确定'进行求解"的复选框中打钩,点击"确定"后会自动进行求解。

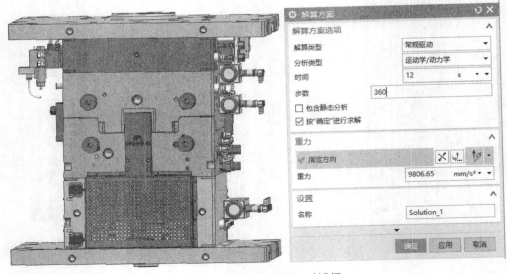

图 10-104 "解算方案"对话框

10.6.7 生成动画

点击"分析"→"运动"→"动画"图标，打开如图 10-105 所示的对话框。点击"播放"按钮即可播放汽车后备厢护板模具的运动仿真动画。图中是汽车后备厢护板模具开模后的状态图。汽车后备厢护板模具运动仿真的动画可用手机扫描二维码观看。

汽车后备厢护板
模具运动仿真动画

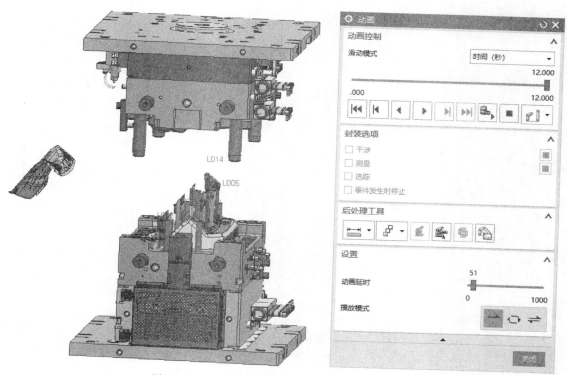

图 10-105　汽车后备厢护板模具的运动仿真动画